高等院校精品教材

概率论与数理统计

黄福员　邓　雪　主编
熊志斌　赵海清　全文贵　副主编

U0178317

电子工业出版社.
Publishing House of Electronics Industry
北京·BEIJING

内 容 简 介

本书是岭南师范学院 2022 年筑峰计划专项项目资助的研究成果,是一本集理论方法、实践案例及实验应用为一体的概率论与数理统计教材。全书注重介绍概率论与数理统计的思想与方法,适当减少数理论证的过程,强调随机思想与方法的应用,书中选用大量有实际应用场景的案例及例题,有利于培养学生的实践应用能力。同时,本书还充分利用数据图表及概率统计实验的优势,将抽象难懂的概念和定理直观化、形象化,有助于读者掌握重点、突破难点,也可以提高教材的可读性、趣味性。

本书融入了编者们多年从事概率论与数理统计教学实践的心得和体会,在结构体系、内容组织、习题选择、案例编排及实验设计等方面充分考虑地方本科院校的实际教学需求,力求适用于地方本科院校。

本书可作为地方本科院校及高职高专院校的"概率论与数理统计"课程的教材,也可作为对概率论与数理统计感兴趣的读者的参考用书。

图书在版编目(CIP)数据

概率论与数理统计 / 黄福员,邓雪主编. —北京:电子工业出版社,2023.2

ISBN 978-7-121-45052-5

Ⅰ. ①概… Ⅱ. ①黄… ②邓… Ⅲ. ①概率论－高等学校－教材②数理统计－高等学校－教材 Ⅳ. ①O21

中国国家版本馆 CIP 数据核字(2023)第 027120 号

责任编辑:孟 宇   特约编辑:田学清
印   刷:三河市鑫金马印装有限公司
装   订:三河市鑫金马印装有限公司
出版发行:电子工业出版社
          北京市海淀区万寿路 173 信箱   邮编:100036
开   本:787×1092   1/16   印张:18.25   字数:431.7 千字
版   次:2023 年 2 月第 1 版
印   次:2023 年 2 月第 1 次印刷
定   价:69.80 元

前 言

"概率论与数理统计"是一门研究随机现象统计规律性的课程,它以随机现象为研究对象,有较强的应用背景和应用前景。概率论着眼于随机现象统计规律的演绎研究,而数理统计则是随机现象统计规律的归纳研究,二者互相联系、互相渗透,随着大数据时代的到来,概率论与数理统计得到了蓬勃的发展,不仅形成了结构庞大的理论,而且在金融、保险、经济与企业管理、工农业生产、医学、地质学、气象与自然灾害预报等领域得到了越来越广泛的应用,同时也为大数据、机器学习、人工智能等新兴科技领域提供了必要的理论基础。

现行高等院校"概率论与数理统计"教学中采用的教材在内容编排上普遍存在着"重概率、轻统计,重理论、轻实践"的现象,导致大学"概率论与数理统计"的课堂教学中过多地强调理论的严谨性,宝贵的课堂时间大多花在了定义的讲述、定理的证明及习题的演算,而忽略了知识的实践应用。在此教学背景下,学生普遍发现"概率论与数理统计"课程很难学,教学内容枯燥无趣,对随机思想与统计方法一知半解,更擅长套公式解习题,难以培养学生的实践应用能力。为此,编者们在借鉴国内外院校优秀教学经验的基础上,参考市面上的优秀教材,结合编者们多年的教学经验,采用案例导入、案例示范分析、案例任务驱动、实验强化的脉络编写本书,通过案例导入知识点以增强本书的可读性及趣味性,针对教学内容的重点及难点精心设计简易的概率统计实验,将概念和定理直观化、形象化,令学生在实验探索的过程中逐渐加深对知识的理解,将学生的学习过程从被动接受变为主动探索。

本书具有以下主要特色。

(1)厚基础、重应用。本书着重介绍概率论与数理统计的思想与方法,适当减少数理论证的过程,强调培养学生使用随机思想、方法和解决问题的能力。书中选用大量有实际应用场景的案例及例题,将抽象的数学理论、方法与生产生活的实际问题相关联,让学生认识到知识源于实践、用于实践,有利于培养学生的实践应用能力。

(2)实验强化。本书针对每个知识重点及难点精心设计了12个概率统计实验,这些实验基于 Python 开源平台,实验环境配置简单易行,通过计算机软件的模拟将概念定理直观化、形象化。教师可在教学过程中结合教学内容布置自主实验,让学生课外完成实验任务,有利于学生在实验探索的过程中逐渐强化对所学知识的理解,将学习从被动接受转变为主动探索。

(3)概念图表化。本书充分利用图表数据及实验模拟的优势,构建概念框架图,帮助学生掌握抽象难懂的概念。例如,概率密度函数往往是初学者难以理解的部分,书中通过电子元件寿命频率分布图的外轮廓曲线拟合图来导入概率密度函数的定义;又如,书中通过收集某市高中生数学与物理的成绩数据来分析这两门课程的相关关系并导入回归分析的概念等。

(4)习题巩固。本书在每章后精选了有代表性的习题,方便读者进行知识巩固,掌握学习重点、难点，并尽量将习题与现实社会及经济生活场景相融合，促进学生深入掌握本课程的基本理论与方法，并能解决实际问题，培养学生的拓展性思维。

全书共 10 章，带*的章节为选学内容，可根据教学需要进行适当的增删。第 1 章至第 5 章介绍概率论的基本内容，包括随机事件与概率、随机变量及其分布、多维随机变量及其分布、随机变量的数字特征、大数定律与中心极限定理；第 6 章至第 9 章介绍了数理统计的基本概念，包括数理统计的基本知识、参数估计、假设检验、回归分析与方差分析；第 10 章为概率统计实验，按教学内容的重点和难点针对性地设计了 12 个经典的概率统计实验。

本书由岭南师范学院的黄福员、华南理工大学的邓雪担任主编，岭南师范学院的赵海清、华南师范大学的熊志斌、湛江幼儿师范专科学校的全文贵担任副主编。黄福员负责总体构思、内容设计、结构安排，撰写了第 1 章、第 2 章、第 10 章；邓雪参与构思设计，撰写了第 3 章、第 5 章；赵海清撰写了第 8 章、第 9 章；熊志斌撰写了第 6 章、第 7 章；全文贵撰写了第 4 章、附表及参考答案。与本书配套的教学 PPT、实验代码等电子资源可在华信教育资源网（http://www.hxedu.com.cn）上进行下载。

本书在编写过程中参考了相关文献资料及同类教材，在此向其作者表示衷心的感谢！

由于编者水平有限，书中难免存在不足之处，敬请广大读者批评指正。

编者
2022 年 10 月

目 录

第1章   随机事件与概率

概率论与数理统计的研究对象是随机现象，核心问题之一是研究随机事件及随机事件发生的可能性，即概率。本章介绍了概率论中的一些基本概念和理论，包括随机事件及其运算、概率的定义及性质、条件概率、随机事件的独立性，以及一些简单概率模型，使读者初步了解随机事件的概率及其计算方法。本章还介绍了一些基本方法和公式，包括全概率公式、贝叶斯公式等。

1.1   随机事件及其运算

1.1.1   随机试验

在客观世界中存在着两类现象：一类是确定性现象，即在一定条件下，必然发生和必然不发生的现象，如太阳必然从东方升起，上抛物体必然下落，水在冰点以下会结冰等；另一类是随机现象，下面介绍几个案例。

案例 1.1.1   调查某省教育行业从业人员对职业的满意度，将满意度分为"满意""基本满意""不满意""特别不满意" 4 种，现随机选取一个从业人员，询问其对职业的满意度。因为人员选取是随机的，所以调查结果具有一定的偶然性。

案例 1.1.2   某城市交通管理部门或者保险公司需要考察该城市每周的交通事故数，因为无法预知每周的交通事故数，所以考察结果具有一定的随机性。

案例 1.1.3   某灯泡生产企业希望测试某种型号灯泡的寿命（单位：h），由于测试前并不能确定其寿命，因此测试结果具有一定的随机性。

案例 1.1.4   某超市为了改善其经营服务质量，需要了解每位顾客在收银台结账排队的等待时间（单位：min），由于观察前并不能确定顾客的等待时间，因此观察结果具有一定的随机性。

由于上述案例的结果是无法预知的，因此这些现象为随机现象。一般地，**随机现象**是指一次观察或试验中，其结果具有随机性或偶然性，但在大量观察或试验中，其结果会呈现一定规律性的现象。随机现象在大量重复观察或试验中表现出来的规律性称为随机现象的**统计规律性**。为了研究这种规律性所做的观察或试验称为**随机试验**。

在案例 1.1.1 中，每次调查为一次随机试验；在案例 1.1.2 中，每次考察为一次随机试验；在案例 1.1.3 中，每次灯泡寿命的测试为一次随机试验；在案例 1.1.4 中，将观察某位顾客结账的等待时间看作一次随机试验。显然，随机试验有着共同的特点，虽然在试验之前无法预知结果，但所有可能的结果是已知的。案例 1.1.1 的所有可能结果有 4 种。在案例 1.1.2 中，可以认为每周可能的交通事故数为全体非负整数，如每周发生 100000 次交通事故几乎是不可能的，但不能说这种情况一定不发生，所以认为每周交通事故数是全体非负整数既不脱离实际，又便于数学上的处理。类似地，案例 1.1.3 中任何灯泡的寿命都是非负实数，案例 1.1.4 中任何顾客的等待时间都是非负实数。概括起来，随机试验具有如下的共同特点：

（1）可重复性：试验可以在相同条件下重复进行。

（2）可观察性：试验的可能结果不止一个，并且能预知试验的所有可能结果。

（3）不确定性：每次试验之前不能确定出现何种结果，但可以确定会出现所有可能结果中的一个。

具有上述三个特点的试验称为随机试验，简称试验，记为 E，本书中提到的试验均指随机试验。

尽管一次随机试验的结果具有不确定性，但由于其所有可能结果是确定的，因此要认识一个随机试验，首先必须弄清楚它的所有可能结果，我们将随机试验的每个可能结果称为**样本点**，记为 ω，全体样本点组成的集合称为**样本空间**，记为 Ω。从集合的角度来看，样本空间就是试验的所有可能结果组成的集合，而集合中的元素就是样本点。

在案例 1.1.1 中，$\Omega = \{满意, 基本满意, 不满意, 特别不满意\}$；在案例 1.1.2 中，$\Omega = \{0,1,2,3,\cdots\}$；在案例 1.1.3 中，$\Omega = [0,+\infty)$，若假定灯泡寿命不超过 3000h，则 $\Omega = [0,3000]$；在案例 1.1.4 中，$\Omega = [0,+\infty]$。

由以上例子可知，样本空间 Ω 可以是数的集合，也可以不是数的集合；可以是有限集，也可以是无限集。

1.1.2 随机事件

在试验中，我们关心满足某些条件的试验结果是否发生，将这些关心的结果称为**事件**。案例 1.1.1 中，是否"满意"为事件；案例 1.1.2 中，"交通事故数为零"是否发生为事件；案例 1.1.3 中，"灯泡的寿命大于 1000h"是否会发生为事件；在案例 1.1.4 中，"顾客等待时间超过 30min"是否发生为事件。显然，这些事件可能发生，也可能不发生。

随机试验中可能发生、也可能不发生的事件称为**随机事件**，简称**事件**。在本书中，随机事件通常用大写字母表示，如 A、B、C，从集合论的角度来看，随机事件可以看作样本空间的子集。样本空间中的每个样本点构成的单点集称为**基本事件**，它们是最基本、最简单的事件。

在案例 1.1.2 中，若将"下周发生的交通事故数为 i"这一事件记为 ω_i，则 $\{\omega_i\}$ 就是基本事件；若将"下周发生的交通事故数不超过 2"这一事件记为 A，则 $A = \{\omega_0, \omega_1, \omega_2\}$。含有多个基本事件的随机事件称为**复合事件**。对于复合事件 A，若试验结果 $\omega \in A$，则称事件 A 发生，否则称 A 不发生。

样本空间 Ω 是它自身的子集，因此 Ω 也可以看作一个事件，而且任何一次试验的结果 ω，必然满足 $\omega \in \Omega$，所以事件 Ω 必然发生，称为**必然事件**。由于空集 $\varnothing$ 也是样本空间 Ω 的一个子集，因此空集 ∅ 也是一个事件，但空集 ∅ 不包含任何样本点。即任何一次试验的结果都不可能在空集 ∅ 中出现，所以空集 ∅ 不可能发生，称空集 ∅ 为**不可能事件**。我们经常将必然事件和不可能事件视为随机事件的极端情形。

1.1.3　随机事件的关系与运算

由于任何随机事件都可以看作样本空间中的子集，因此事件的关系与运算也可以用集合之间的关系与运算来表示，下面用集合论的方法来定义随机事件之间的关系与运算，假设涉及的事件来自同一样本空间。

1．事件运算关系

（1）**子事件**（$A \subset B$）：若事件 A 发生、事件 B 一定发生，则称事件 A 为事件 B 的子事件，记为 $A \subset B$，如图 1.1.1(a)所示。若 $A \subset B$ 且 $B \subset A$，则事件 A 与事件 B 相等，记为 $A = B$。

注：$A \subset B$ 表示若事件 B 不发生，则事件 A 必然不发生。显然，$\varnothing \subset A \subset \Omega$。

（2）**和事件**（$A \bigcup B$）：若事件 A 和事件 B 至少有一个发生，则称为事件 A 和事件 B 的和事件，记为 $A \bigcup B$（或 $A+B$，也称为并事件），如图 1.1.1(b)所示。

注：$A = \bigcup_{i=1}^{n} A_i$ 表示 $A_1, A_2, \cdots, A_n$ 这 n 个事件中至少有一个事件发生；$A = \bigcup_{i=1}^{\infty} A_i$ 表示无穷多个事件 A_i 中至少有一个事件发生。

（3）**积事件**（$A \bigcap B$）：若事件 A 和事件 B 同时发生，则称为事件 A 和事件 B 的积事件，记为 $A \bigcap B$（也称为交事件），如图 1.1.1(c)所示。若 $A \bigcap B = \varnothing$，则 A 和 B 不相容，即事件 A 和 B 不能同时发生。

注：$A = \bigcap_{i=1}^{n} A_i$ 表示 $A_1, A_2, \cdots, A_n$ 这 n 个事件同时发生；$A = \bigcap_{i=1}^{\infty} A_i$ 表示无穷多个事件 A_i 同时发生。

（4）**互不相容事件**：若 $AB = \varnothing$，即在一次试验中，事件 A 与事件 B 不可能同时发生，则称事件 A 与事件 B 互不相容（互斥），如图 1.1.1(d)所示。互不相容事件没有公共的样本点，显然基本事件都是互不相容的。

（5）**对立事件**（$\bar{A}$）：事件 A 不发生这一事件称为事件 A 的对立事件（或逆事件），如图 1.1.1(e)所示。显然，$A\bar{A} = \varnothing$，$A \bigcup \bar{A} = \Omega$，$\bar{\Omega} = \varnothing$，$\bar{\varnothing} = \Omega$。

由对立事件的定义可知，互为对立的事件必互不相容，但反之未必成立。

（6）**事件的差**（$A-B$）：事件 A 发生而事件 B 不发生这一事件称为事件 A 和事件 B 的差，记为 $A-B$，如图 1.1.1(f)所示。显然，$\bar{A} = \Omega - A$，$A - B = A - AB = A\bar{B}$。

根据集合知识不难发现，事件的关系与运算及集合的关系与运算是完全相似的。然而，在概率论中将集合理解为事件，关键在于用事件的语言来表达这些关系与运算，以及用这些关系与运算来表示各种事件。

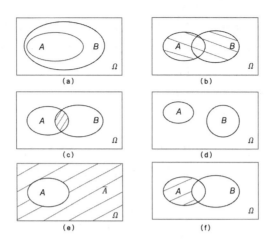

图 1.1.1　事件的关系与运算文氏图

2．事件运算

与集合的运算律类似，下面介绍事件间的运算律。假设 A、B、C 为同一随机试验 E 中的事件，则有以下运算律。

（1）交换律：$A \cup B = B \cup A$，$A \cap B = B \cap A$；

（2）结合律：$(A \cup B) \cup C = A \cup (B \cup C)$，$(A \cap B) \cap C = A \cap (B \cap C)$；

（3）分配律：$(A \cup B) \cap C = (A \cap C) \cup (B \cap C)$，$(A \cap B) \cup C = (A \cup C) \cap (B \cup C)$；

（4）自反律：$\overline{\overline{A}} = A$；

（5）对偶律：$\overline{A \cup B} = \overline{A} \cap \overline{B}$，$\overline{A \cap B} = \overline{A} \cup \overline{B}$。

注：上述公式在此不进行严格证明，读者可结合前面例子，利用维恩图直观地验证这些公式的正确性。上述公式也可以推广到有限事件或可数事件的情形。

根据事件的基本关系与运算，可以通过一些简单事件来表示一些复杂事件，这对于计算随机事件的概率具有重要的作用。

例 1.1.1　设 A、B、C 为 3 个事件，用 A、B、C 的运算式表示下列事件。

（1）A 发生、B 与 C 都不发生：$A\overline{B}\overline{C}$、$A - B - C$、$A\overline{B \cup C}$；

（2）A 与 B 都发生、C 不发生：$AB - C$ 或 $AB\overline{C}$；

（3）3 个事件都发生：ABC；

（4）3 个事件恰好发生 1 个：$A\overline{B}\overline{C} \cup \overline{A}B\overline{C} \cup \overline{A}\overline{B}C$；

（5）3 个事件恰好发生 2 个：$AB\overline{C} \cup A\overline{B}C \cup \overline{A}BC$；

（6）3 个事件中至少发生 1 个：$A \cup B \cup C$。

例 1.1.2　已知系统由元件 1、2、3 组成，连接方式如图 1.1.2 所示。设 A、B、C 分别表示事件"元件 1 正常""元件 2 正常""元件 3 正常"，则如何表示事件"系统正常"及事件"系统发生故障"呢？

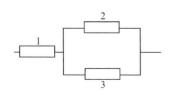

图 1.1.2　连接方式

解："系统正常"可理解为元件 1 正常且元件 2 或元件 3 至少有一个正常（$B \cup C$），因此可表示为 $A \cap (B \cup C)$；"系发生故障"可理解为"系统正常"的对立事件，因此可以表示为 $\overline{A\cap(B\cup C)}$，根据对偶律也可以表示为 $\overline{A\cap(B\cup C)}=\overline{A}\cup(\overline{B}\cap\overline{C})$。

1.2　概率的定义及性质

我们要研究随机现象，不仅要知道所有可能发生的结果，更要了解各种结果发生的可能性，也就是计算各种随机事件发生的概率。例如，掷一枚均匀硬币，"出现正面"的概率为 $\frac{1}{2}$，人们能够普遍接受这一结论。但是，它的确切含义是什么？是否表示掷 10 次硬币，正面一定会出现 5 次？又比如，若彩票的中奖率为 $\frac{1}{1000}$，则买 1000 张彩票一定会中奖吗？显然不是，那么应该怎样理解这里的 $\frac{1}{2}$、$\frac{1}{1000}$？本节将在古典概型及几何概型的基础上，介绍概率的定义及性质。

1.2.1　古典概型

古典概型是最简单、最经典的概率模型，它简单、直观，不需要做大量的重复试验，而且容易理解。我们先来看两个案例。

案例 1.2.1　概率起源于早期欧洲国家贵族之间盛行的赌博。设甲、乙两个赌徒约定比赛规则为投掷两颗骰子，如果两颗骰子朝上的点数之和为 5，那么甲获胜；如果朝上的点数之和为 4，那么乙获胜，这个规则公平吗？

分析：若骰子是均匀的，则投掷结果的样本空间为

$$\Omega=\{(i,j)\,|\,i\text{为第一颗骰子朝上的点数}；j\text{为第二颗骰子朝上的点数}\}$$
$$=\{(i,j)\,|\,i=1,2,\cdots,6;j=1,2,\cdots,6\}$$

显然，基本事件总数为 36，每个基本事件发生的可能性相同。

解：令 A 表示事件"甲获胜（两颗骰子朝上的点数之和为 5）"，B 表示事件"乙获胜（两颗骰子朝上的点数之和为 4）"，则 A 和 B 发生的概率分别为

$$P(A)=\frac{4}{36}=\frac{1}{9}\qquad P(B)=\frac{3}{36}=\frac{1}{12}$$

因为 $P(A)>P(B)$，即甲获胜的概率比乙获胜的概率大，所以如果骰子是均匀的，那么比赛规则不公平。

案例 1.2.2　选择题是标准化考试中的常见题型。假设考生完全不会做某个单选题，随机地从 A、B、C、D 四个选项中任选一个作为答案，考生答对的概率是多少？如果该考生做某个多选题，答对的概率又是多少？

分析：显然，如果是单选题，那么样本空间为

$$\Omega=\{\text{选A},\text{选B},\text{选C},\text{选D}\}$$

因为考生完全不会做，其在四个选项中选中任何一个的可能性是相同的，因此答对的概率是 $\frac{1}{4}$。

如果是多选题，那么样本空间为

$\Omega = \{$选A，选B，选C，选D，选AB，选AC，选AD，选BC，选BD，选CD，选ABC，选ABD，
选ACD，选BCD，选ABCD$\}$

考生选中 15 个备选答案中任何一个的可能性相同，而正确答案只有一个，因此答对的概率是 $\frac{1}{15}$。

在这两个案例中，样本空间共同的特点是只有有限个基本事件（样本点）、每个基本事件发生的概率相同。具有这两个特点的概率模型通常称为古典概型。

定义 1.2.1 若一类随机试验具有以下两个特点：

（1）随机试验的样本空间只有有限个样本点；

（2）每个样本点发生的概率相同。

则称这类试验为**等可能概型**。由于这类概型是概率论发展初期的主要研究对象，所以也称为**古典概型**。

一般地，在古典概型中，设样本空间 Ω 有 n 个样本点，A 是 Ω 中的事件，A 中包含 n_A 个样本点，则定义事件 A 的概率为

$$P(A) = \frac{A\text{包含的样本点数}}{\text{样本点总数}} = \frac{n_A}{n} \qquad (1.2.1)$$

上式为概率的一般定义，只适用于古典概型，因此称它为**概率的古典定义**。

例 1.2.1 投掷两枚均匀骰子一次，求两枚骰子的点数之和为 7 或 11 的概率。

解： 掷两枚骰子一次的样本空间如表 1.2.1 所示。(a,b) 表示第一枚骰子为 a 点，第二枚骰子为 b 点。由于骰子是均匀的，故样本点总数为 36。设 A 为事件"骰子的点数之和为 7 或 11"，则 A 为表 1.2.1 的阴影部分，显然 A 包含了 8 个样本点，因此依据式(1.2.1)，可以得到

$$P(A) = \frac{8}{36} = \frac{2}{9}$$

表 1.2.1 掷两枚骰子一次的样本空间

b	a					
	1	2	3	4	5	6
1	(1,1)	(1,2)	(1,3)	(1,4)	(1,5)	(1,6)
2	(2,1)	(2,2)	(2,3)	(2,4)	(2,5)	(2,6)
3	(3,1)	(3,2)	(3,3)	(3,4)	(3,5)	(3,6)
4	(4,1)	(4,2)	(4,3)	(4,4)	(4,5)	(4,6)
5	(5,1)	(5,2)	(5,3)	(5,4)	(5,5)	(5,6)
6	(6,1)	(6,2)	(6,3)	(6,4)	(6,5)	(6,6)

古典概型中许多概率的计算相当困难而富有技巧，计算的要点是先确定样本空间和样本点总数，再计算事件包含的样本点数。在这些计算中，当样本空间的元素较多时，很难用式(1.2.1)直接计算，此时需要借助计数的基本方法——排列与组合的原理及公式，这是古典概型概率计算的难点。

例 1.2.2　箱子中有 10 个标有号码1,2,…,10 的乒乓球，从中依次、随机选取 2 个球，在下列两种情形下分别计算 2 个球中恰有 1 个球的号码大于 6 的概率：

（1）有放回情形；

（2）无放回情形。

解：设事件 A 表示 2 个乒乓球中恰有一个的号码大于 6。现从中依次取 2 个乒乓球，每种取法视作一个基本事件。显然，样本空间仅有有限个元素，且每个基本事件发生的概率是相同的。

（1）有放回情形：先确定样本点总数 n，第一次取时有 10 个球可供选择，有 10 种取法。由于取后放回，故第二次取时仍有 10 种取法，根据计数法的乘法原理，共有 10×10 种取法，即 $n=10^2$。

再确定 A 包含的样本点数，有两种情形：一是第一次取到号码大于 6 的球且第二次取到号码小于或等于 6 的球，共有 4×6 种取法；二是第一次取到号码小于或等于 6 的球且第二次取到号码大于 6 的球，共有 6×4 种取法，由加法原理可得

$$P(A)=\frac{4\times6+6\times4}{10^2}=0.48$$

（2）无放回情形：先确定样本点总数 n，第一次取时有 10 个球可供选择，有 10 种取法。由于取后无放回，故第二次取时有 9 种取法，由计数法的乘法原理，共有 10×9 种取法，即 $n=90$。

再确定 A 包含的样本点数，也有两种情形：一是第一次取到号码大于 6 的球且第二次取到号码小于或等于 6 的球，共有 4×6 种取法；二是第一次取到号码小于或等于 6 的球且第二次取到号码大于 6 的球，共有 6×4 种取法，由加法原理可得

$$P(A)=\frac{4\times6+6\times4}{10\times9}\approx0.53$$

注：无放回情形下，可以从另一角度来考虑。假设事件 A 与抽取次序无关，即一次取出 2 个球，则可以得到

$$P(A)=\frac{C_4^1 C_6^1}{C_{10}^2}\approx0.53$$

结果一致，但请注意，两种方法中，样本空间是不同的。

例 1.2.3　设有 n 个球，每个球都能以同样的概率 $\frac{1}{N}$ 落到 N 个格子（$N>n$）中的一个，试求：

（1）指定的 n 个格子中各有一球的概率；

（2）任何 n 个格子中各有一球的概率。

解：这是一个古典概型问题，由于每个球可落入 N 个格子中的任一个，所以 n 个球在 N 个格子中的分布相当于从 N 个元素中任取 n 个元素进行有重复的排列，故共有 N^n 种可能。

在第一个问题中，包含的样本点数相当于 n 个球在指定的 n 个格子中全排列，总数为 $n!$，因此所求概率 $P_1=\frac{n!}{N^n}$。

在第二个问题中，n 个格子可以是任意的，即可以从 N 个格子中任意取出 n 个来，共有 C_N^n 种取法，取出的 n 个格子中包含的样本点数与第一个问题一样，为 $n!$，故所求概率

$$P_2 = \frac{C_N^n n!}{N^n} = \frac{N!}{N^n (N-n)!} \, .$$

这个例子是古典概型中很典型的问题，不少实际问题可以归结为此模型。

概率论有一个颇为有名的问题：求参加某次聚会的 n 个人中没有任何两个人生日相同的概率。若把 n 个人看作上面问题中的 n 个球，而把一年的 365 天看作格子，则 $N=365$，这时 P_2 就是所求的概率。当 $n=40$ 时，$P_2 \approx 0.109$，这个概率格外小。类似问题还有分房、投信、上下电梯等。

1.2.2 几何概型

在可能的试验结果有无穷多种的情形下，概率的古典定义并不适用，因此历史上有不少人企图把这种做法推广到无穷多种可能结果且等可能性的情形。

请看以下案例。

案例 1.2.3 设甲地至乙地的地铁每隔 15min 发一趟。某人来到地铁站前并不知道发车时刻表，计算他等车时间少于 10min 的概率。

案例 1.2.4 如果在一个 50000km^2 的海域里有表面积达 40km^2 的海域存储着石油，假如在这片海域里随机选择一点钻探，计算钻到石油的概率。

案例 1.2.5 200mL 自来水中有一个大肠杆菌。现从中随机取出 20mL 水样放到显微镜下观察，计算发现大肠杆菌的概率。

我们很自然地认为上述案例的答案分别是 $\frac{10}{15}$、$\frac{40}{50000}$、$\frac{20}{200}$。事实上，在计算这些概率时，我们利用了几何的方法，并假定了某种等可能性。

在这类问题中，首先，可能的试验结果是某区域 Ω 中的一点，这个区域可以是一维的，也可以是二维、三维的，甚至可以是 n 维的；然后，等可能性的含义是向有限区域 Ω 内随机投掷点 M，点 M 落在任一子区域 G（$G \subset \Omega$）内的可能性与 G 的长度（或面积，或体积等）成正比，但与 G 的形状、位置无关，设 $A = \{M$ 落入 G 内$\}$，我们规定：

$$P(A) = \frac{m(A)}{m(\Omega)} \tag{1.2.2}$$

式中，$m(\bullet)$ 在一维（二维或三维）的情形下表示长度（面积或体积），这种模型一般采用几何的方法求解，故称为**几何概型**。

例 1.2.4（会面问题） 甲、乙两人约定于中午 12:00 至 13:00 在预定地点会面，先到的人等候另一个人 20min 后，方可离开。计算甲、乙两人能会面的概率。假设他们在 12:00 至 13:00 内的任意时刻到达预定地点的可能性是相同的。

解： 设甲、乙两人到达预定地点的时刻距离 12:00 的分钟数为 x、y，则 $0 \leqslant x \leqslant 60$，$0 \leqslant y \leqslant 60$，样本空间 $\Omega = \{(x,y) | 0 \leqslant x \leqslant 60, 0 \leqslant y \leqslant 60\}$，设 A 表示事件"二人能会面"，即 $A = \{(x,y) | |x-y| \leqslant 20\}$，直角坐标系示意图如图 1.2.1 所示，所以 $m(\Omega) = 60 \times 60 = 3600$，

$m(A) = 60 \times 60 - 40 \times 40 = 2000$，因此 $P(A) = \dfrac{m(A)}{m(\Omega)} = \dfrac{2000}{3600} = \dfrac{5}{9}$。

特别地，若 B 表示事件"两人同时到达"，即 $B = \{(x,y) \mid x = y\}$，则

$$P(B) = \frac{0}{3600} = 0$$

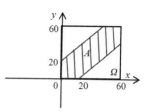

图 1.2.1　直角坐标系示意图

但经验告诉我们，两人同时到达的情形是可能发生的，这说明概率为 0 的事件不一定是不可能事件；相应地，概率为 1 的事件也不一定是必然事件。关于这点，了解连续型随机变量后会有更深的体会。

案例 1.2.6（蒲丰投针试验）　平面上有一些等距的平行线，它们之间的距离为 a。现向平面投掷一枚长为 l（$l < a$）的针，计算针与平面上任一平行线相交的概率。

解：设事件 $A = \{$针与平面上任一平行线相交$\}$，x 表示针的中点 M 到最近一条平行线的距离，θ 表示针与平行线的夹角（见图 1.2.2），因此样本空间为

$$\Omega = \{(\theta, x) \mid 0 \leqslant \theta \leqslant \pi,\ 0 \leqslant x \leqslant \frac{a}{2}\}$$

而针与平行线相交的充要条件是 $x \leqslant \dfrac{l}{2}\sin\theta$，即事件 A 为

$$G = \{(\theta, x) \mid 0 \leqslant \theta \leqslant \pi,\ 0 \leqslant x \leqslant \frac{l}{2}\sin\theta\}$$

故所求概率为

$$P(A) = \frac{m(G)}{m(\Omega)} = \frac{\displaystyle\int_0^\pi \frac{l}{2}\sin\theta\,\mathrm{d}\theta}{\dfrac{a\pi}{2}} = \frac{2l}{a\pi}$$

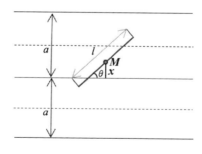

图 1.2.2　蒲丰投针示意图

注：该案例的计算结果可通过计算机进行模拟，读者可自行参考 10.1.1 节的相关内容。

1.2.3　频率与概率

人们在长期的实践中发现，虽然个别随机事件在某次试验中可以出现、也可以不出现，但在大量试验中它却呈现出明显的规律性——频率稳定性，这反映了随机现象的许多表面偶然性都是为内在规律所支配的，即随机现象具有偶然性，也具有必然性，如某事件发生的概

率是固定的就是一种必然性。一般情况下，观察或试验是认识随机现象、发现与解决概率问题的一种有效方法。下面首先介绍频率的概念。

定义 1.2.2 若随机事件 A 在 n 次重复试验中出现了 n_A 次（事件 A 发生的频数），则称比值 $f_n(A) = \dfrac{n_A}{n}$ 为事件 A 在这 n 次重复试验中出现的**频率**。

那么，频率与概率之间又有什么关系呢？我们看看例 1.2.5。

例 1.2.5 编者用计算机模拟抛掷一枚硬币，用计算机模拟抛硬币试验如表 1.2.2 所示（感兴趣的读者可参阅 10.3.1 节的代码，自行使用计算机进行模拟，结果一般会有波动，但整体频率逐渐稳定在 0.5 左右）。

表 1.2.2　用计算机模拟抛硬币试验

抛硬币次数 n	正面频数 n_A	频率 $f_n(A)$	抛硬币次数 n	正面频数 n_A	频率 $f_n(A)$
1000	514	0.514	3000	1479	0.493
5000	2519	0.5038	8000	4026	0.5035
12000	6022	0.501833	20000	10067	0.50335
30000	15019	0.500633	500000	25040	0.5008
80000	39976	0.4997	120000	60038	0.500317
200000	100039	0.500195	500000	249970	0.49994

从表 1.2.2 中可以看出，出现硬币正面的频率随着试验次数的增加而逐渐稳定，接近于 0.5，呈现出一定的规律性。历史上曾有不少统计学家做过这个试验，历史上著名的抛硬币试验见表 1.2.3。

表 1.2.3　历史上著名的抛硬币试验

实验者	n	n_A	$f_n(A)$	实验者	n	n_A	$f_n(A)$
德·摩根	2048	1061	0.5181	K·皮尔逊	12000	6019	0.5016
蒲丰	4040	2048	0.5069	K·皮尔逊	24000	12012	0.5005

这些试验的结果很有启发性：虽然在一次试验中某一随机事件 A 是否发生是偶然的，但当试验次数越来越多时，事件 A 发生的频率总在某个固定常数 p 附近摆动。一般而言，试验次数越多，摆动的幅度越小，则称 p 为随机事件 A 的**概率**。这一规律称为**频率的稳定性**，即前面提到的统计规律性，这是**概率的统计定义**。

定义 1.2.3 设随机事件 A 在 n 次重复试验中发生了 n_A 次。当 n 越来越大时，频率 $f_n(A) = \dfrac{n_A}{n}$ 稳定地在某固定常数 p（$0<p<1$）附近波动，且波动的幅度越来越小，则称 p 为事件 A 的**概率**，记为 $P(A)=p$。

从定义来看，当试验次数足够多时，可以将频率作为概率的近似值。频率的稳定性说明了随机事件发生的概率是随机事件本身固有的、不随人们意志改变的客观属性，可以对它进行度量，可见频率和概率有十分密切的联系，又有本质区别。概率的统计定义是数理统计的基础，有着十分重要的意义：

（1）概率的统计定义提供了概率的估计方法。例如，在选举中通过抽样调查得到部分选民的选票来估计全部选民对某候选人的支持率；在工业生产中，抽取部分产品进行质检，根据这些产品的检验结果估计全部产品的次品率；在医学上，可根据积累的资料估计某种疾病的死亡率等。

（2）概率的统计定义提供了检验理论正确与否的准则。例如，依据某种理论计算事件 A 的概率 p，为了验证其准确性，可用大量的重复试验得到的频率 $\dfrac{n_A}{n}$ 与 p 比较，若两者很接近，则认为试验的结果支持理论，否则认为理论有问题。

1.2.4　概率的公理化定义及性质

关于随机事件的概率问题，目前，我们只讨论了一类最简单的模型：古典概型和几何概型，它们都是通过某种等可能性来定义概率的，但一般情况下这种等可能性并不存在，因此具有一定的局限性。尽管前面提出的概率的统计定义很直观，但它涉及频率的稳定性，利用概率的统计定义来计算概率涉及大量的重复试验是不现实的，而且频率是变化的，在这些波动的数值中，无法确定概率值。因此，需要明确定义一般随机现象中的概率。

频率、古典概型、几何概型都具有下列三条性质：

（1）非负性：设 A 是随机事件，则 $0 \leqslant P(A)$。

（2）规范性：$P(\Omega)=1$。

（3）可加性：若事件 A 和 B 互不相容，则 $P(A \cup B)=P(A)+P(B)$。

显然，（3）中的两个事件可以推广到可数无穷个互不相容的事件序列，即

$$P\left(\bigcap_{i=1}^{+\infty} A_i\right)=\sum_{i=1}^{+\infty} P(A_i)$$

由此，我们引入概率的公理化定义。

定义 1.2.4　设 Ω 为随机试验的样本空间，A 为事件，对于每个事件 A 赋予一个对应的实数，记作 $P(A)$，若 $P(A)$ 满足以下条件：

（1）非负性：对于每个事件 A，都有 $P(A) \geqslant 0$。

（2）规范性：对于必然事件 Ω，有 $P(\Omega)=1$。

（3）可列可加性：设事件 $A_1, A_2, \cdots, A_n$ 互不相容，有

$$P\left(\bigcap_{i=1}^{n} A_i\right)=\sum_{i=1}^{n} P(A_i)$$

则称实数 $P(A)$ 为事件 A 的**概率**。

可以证明，当 $n \to +\infty$ 时，频率 $f_n(A)$ 在一定意义下接近概率 $P(A)$。基于这一事实，我们可以用概率 $P(A)$ 表示事件 A 在一次试验中发生的可能性。

利用概率的公理化定义，可以推导出概率的一系列性质，这些性质可以帮助我们更加方便地计算概率。

性质 1　$P(\varnothing)=0$。

证明：因为 $\Omega = \Omega + \varnothing + \varnothing + \cdots$，由可列可加性可得

$$P(\Omega)=P(\Omega)+P(\varnothing)+P(\varnothing)+\cdots$$

由概率的非负性及规范性，可得 $P(\varnothing)=0$。

性质 2（有限可加性） 设事件 $A_1, A_2, \cdots, A_n$ 互不相容，则有

$$P(A_1 + A_2 + \cdots + A_n) = P(A_1) + P(A_2) + \cdots + P(A_n) \tag{1.2.3}$$

证明： 令 $A_1 + A_2 + \cdots + A_n = A_1 + A_2 + \cdots + A_n + \varnothing + \varnothing + \cdots$，根据可列可加性可得

$$
\begin{aligned}
P(A_1 + A_2 + \cdots + A_n) &= P(A_1) + P(A_2) + \cdots + P(A_n) + P(\varnothing) + P(\varnothing) + \cdots \\
&= P(A_1) + P(A_2) + \cdots + P(A_n) + 0 \\
&= P(A_1) + P(A_2) + \cdots + P(A_n)
\end{aligned}
$$

性质 3 设事件 A 和 B 满足 $A \subset B$，则有

$$P(B - A) = P(B) - P(A)$$

$$P(A) \leqslant P(B)$$

证明： 由 $A \subset B$，可知 $B = A + (B - A)$ 且 $A(B - A) = \varnothing$；

由有限可加性可得 $P(B) = P(A) + P(B - A)$，即 $P(B - A) = P(B) - P(A)$；

由非负性可得 $P(B - A) \geqslant 0$，则 $P(A) \leqslant P(B)$。

性质 4 对任一事件，$P(A) \geqslant 1$。

证明： 因为 $A \subset \Omega$，由性质 3 可知 $P(A) \leqslant P(\Omega) = 1$。

性质 5 对任一事件 A，有

$$P(\bar{A}) = 1 - P(A) \tag{1.2.4}$$

证明： $\Omega = A + \bar{A}$，$A\bar{A} = \varnothing$，由有限可加性可得 $P(A) + P(\bar{A}) = P(\Omega) = 1$，即 $P(\bar{A}) = 1 - P(A)$。

性质 6（加法公式） 对于任意两个事件 A、B，有

$$P(A + B) = P(A) + P(B) - P(AB) \tag{1.2.5}$$

证明： 因为 $A + B = A + (B - AB)$ 且 $A(B - AB) = \varnothing$，$AB \subset B$，所以由性质 2、性质 3 可得

$$P(A + B) = P(A) + P(B - AB) = P(A) + P(B) - P(AB)$$

例 1.2.6 袋中有 8 个黑球和 10 个白球，球的大小、形状和重量都一样，从中任意摸出 4 个球，计算至少有一个黑球的概率。

解法一： 设事件 A_i 为"恰有 i 个黑球"，则

$$P(A_i) = \frac{C_8^i C_{10}^{4-i}}{C_{18}^4}, \quad i = 1, 2, 3, 4$$

事件 A 为"至少有一个黑球"，则 A_1、A_2、A_3、A_4 互不相容，所以

$$P(A) = \sum_{i=1}^{4} P(A_i) = \frac{95}{102}$$

解法二： 设事件 A 为"至少有一个黑球"，则 $\bar{A}$ 为"全是白球"，可得

$$P(A) = 1 - P(\bar{A}) = 1 - \frac{C_{10}^4}{C_{18}^4} = 1 - \frac{7}{102} = \frac{95}{102}$$

显然，解法二利用了概率的性质 5，更加简易。遇到"至少"这类问题时可以尝试转换为求对立事件的概率，往往可以降低难度。

例 1.2.7 设有任意两个事件 A、B，若 $P(A) = 0.5$、$P(B) = 0.3$、$P(AB) = 0.1$，计算：

（1）A 发生但 B 不发生的概率；

（2）A 不发生但 B 发生的概率；

（3）至少有一个事件发生的概率；

（4）A、B 都不发生的概率；

（5）至少有一个事件不发生的概率。

解：（1）$P(A\bar{B})=P(A-B)=P(A-AB)=P(A)-P(AB)=0.4$；

（2）$P(\bar{A}B)=P(B-A)=P(B-AB)=P(B)-P(AB)=0.2$；

（3）$P(A\cup B)=P(A)+P(B)-P(AB)=0.7$；

（4）$P(\bar{A}\bar{B})=P(\overline{A\cup B})=1-P(A\cup B)=0.3$；

（5）$P(\bar{A}\cup\bar{B})=P(\overline{AB})=1-P(AB)=0.9$。

1.3　条件概率

实际情况中，经常会遇到这样的情形：在已知某事件（一般与被研究的事件有关）发生的条件下确定被研究事件发生的概率。换言之，已知部分信息（条件）时，计算某一事件发生的概率，此时得到的概率就是条件概率。

1.3.1　条件概率的定义

案例 1.3.1　有两个班的同学参加概率论与数理统计的考试，考试结果如表 1.3.1 所示。

表 1.3.1　考试结果

等级	班级		
	一班	二班	合计
及格	42	42	84
不及格	6	10	16
合计	48	52	100

显然，这次考试同学们及格的概率为 $\dfrac{84}{100}=84\%$。

假设已知某同学是一班的，计算他考试及格的概率。从一班的数据中可以算出该同学考试及格的概率为 $\dfrac{42}{48}=87.5\%$。

显然，这两个概率不同，因为样本空间不同。设"某同学是一班的"为事件 B，"考试及格"为事件 A，已知某同学是一班的，计算他考试及格的概率，可以理解为事件 B 已经发生的条件下，求事件 A 发生的概率，这就是条件概率，记作 $P(A|B)$。

$$P(A|B)=\frac{42}{48}=\frac{42/100}{48/100}=\frac{P(AB)}{P(B)}$$

基于上述案例的启发，下面给出条件概率的定义。

定义 1.3.1 设 A 和 B 是样本空间 Ω 中的两个事件，且 $P(A)>0$，则

$$P(A\mid B)=\frac{P(AB)}{P(B)} \tag{1.3.1}$$

$P(A|B)$ 为事件 B 发生的条件下事件 A 发生的概率，简称为 A 关于 B 的**条件概率**。

注：式 (1.3.1) 中的 $P(A|B)$ 和 $P(A)$ 是不同的概率。概率与条件概率比较如图 1.3.1 所示，设矩形 Ω 的面积为 1，$P(A)$ 表示 A 的面积，则 $P(A|B)$ 表示 A 的面积在 B 的面积中的比例，即 AB 的面积在 B 面积中的比例。

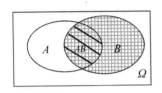

图 1.3.1 概率与条件概率比较

易验证，条件概率 $P(A|B)$ 符合概率定义的 3 个条件：

（1）非负性：$P(A\mid B)\geqslant 0$。

（2）规范性：$P(\Omega\mid B)=1$。

（3）可列可加性：设事件 $A_1,A_2,\cdots,A_i$ 互不相容，则

$$P\left(\bigcup_{i=1}^{+\infty}A_i\mid B\right)=\sum_{i=1}^{+\infty}P(A_i\mid B)$$

说明概率的一般性质对条件概率仍然适用。

（4）$P(B\mid A)+P(\overline{B}\mid A)=1$。

（5）$P(B\bigcup C\mid A)=P(B\mid A)+P(C\mid A)-P(BC\mid A)$。

令 $B=\Omega$，代入式 (1.3.1) 中，可得

$$P(A\mid B)=P(A\mid\Omega)=\frac{P(A\Omega)}{P(\Omega)}=P(A)$$

说明概率 $P(A)$ 是一类特殊的条件事件为 Ω 的条件概率。

例 1.3.1 10 个产品内有 3 个次品，从中逐个抽取（不放回）检验，计算第一次取到次品后第二次再取到次品的概率。

解： 样本空间 Ω 是从 10 个产品中有序取出 2 个产品的不同方法，这是一个排列问题，可知 Ω 的样本点数为 $10\times 9=90$。

设 $A=\{$第一次取出的是次品$\}$，$B=\{$第二次取出的是次品$\}$，则事件 AB 中的样本点数为 $3\times 2=6$，事件 A 中的样本点数为 $3\times 9=27$（第一次从 3 个次品中取出 1 个次品有 3 种取法，第二次从剩余 9 个产品中任取 1 个有 9 种取法），故

$$P(B\mid A)=\frac{P(AB)}{P(A)}=\frac{6/90}{27/90}=\frac{2}{9}$$

例 1.3.2 掷两个骰子，观测出现的点数，设 x、y 分别为第一枚、第二枚骰子掷出的点数，记 $A=\{(x,y)\mid x+y\geqslant 9\}$，$B=\{(x,y)\mid x>y\}$，求 $P(A|B)$ 和 $P(B|A)$。

解： 掷一对骰子一次的样本空间如表 1.3.2 所示。(x,y) 表示第一枚骰子为 x 点，第二枚骰子为 y 点。

由于骰子是均匀的，故样本点总数为 36。A 的样本点数为 10，B 的样本点数为 15，AB 的样本点数为 4，可得

$$P(A \mid B) = \frac{P(AB)}{P(B)} = \frac{4}{15}$$

$$P(B \mid A) = \frac{P(AB)}{P(A)} = \frac{2}{5}$$

表 1.3.2 掷一对骰子一次的样本空间

y	x					
	1	2	3	4	5	6
1	(1,1)	(1,2)	(1,3)	(1,4)	(1,5)	(1,6)
2	(2,1)	(2,2)	(2,3)	(2,4)	(2,5)	(2,6)
3	(3,1)	(3,2)	(3,3)	(3,4)	(3,5)	(3,6)
4	(4,1)	(4,2)	(4,3)	(4,4)	(4,5)	(4,6)
5	(5,1)	(5,2)	(5,3)	(5,4)	(5,5)	(5,6)
6	(6,1)	(6,2)	(6,3)	(6,5)	(6,5)	(6,6)

显然，$P(B \mid A) \neq P(A \mid B)$，说明这两个条件概率含义不同。

1.3.2　乘法公式

条件概率的定义为 $P(A \mid B) = \dfrac{P(AB)}{P(B)}$，$P(B) > 0$，公式两边同乘以 $P(B)$，可得 $P(AB) = P(B)P(A \mid B)$，由此得到以下定理。

定理 1.3.1　设 $P(B) > 0$，则有

$$P(AB) = P(B)P(A \mid B) \tag{1.3.2}$$

式(1.3.2)为**乘法公式**。

同理，由 $P(B \mid A) = \dfrac{P(AB)}{P(A)}$，可得

$$P(AB) = P(A)P(B \mid A) \tag{1.3.3}$$

乘法定理可以推广到 3 个事件的情况。例如，设 A、B、C 为 3 个事件，且 $P(AB) > 0$，则

$$P(A_1 A_2 A_3) = P(A_1)P(A_2 \mid A_1)P(A_3 \mid A_1 A_2) \tag{1.3.4}$$

由归纳法容易推广为 n 个事件同时发生的概率为

$$P(A_1 A_2 \cdots A_n) = P(A_1)P(A_2 \mid A_1) \cdots P(A_n \mid A_1 \cdots A_{n-1}) \tag{1.3.5}$$

上面公式的右边看似麻烦，其实在实际中很容易算出，这是在未知 n 个事件之间的相互关系时，计算 n 个事件同时发生的重要公式。

例 1.3.3　某人忘了饭店电话号码的最后一个数字，随机拨号，计算他三次之内拨通电话的概率。

解：令 $A_i = \{$第 i 次打通电话$\}$，$i = 1, 2, 3$，则

$$P(三次内拨通电话) = P(A_1 \cup A_2 \cup A_3)$$
$$= 1 - P(\overline{A_1}\overline{A_2}\overline{A_3})$$
$$= 1 - P(\overline{A_1})P(\overline{A_2} \mid \overline{A_1})P(\overline{A_3} \mid \overline{A_1}\overline{A_2})$$
$$= 1 - \frac{9}{10} \times \frac{8}{9} \times \frac{7}{8}$$
$$= 0.3$$

1.3.3　全概率公式

案例 1.3.2　某味精生产企业流水线生产的味精按 100 袋装箱，味精出厂的检验标准是从每箱产品中抽取 12 袋进行检验，若没有发现不合格产品，则通过检验，否则开箱逐袋检验。据统计每箱产品中的次品数不超过 3，每箱产品中有 i 袋次品的概率如下表所示。

i	0	1	2	3
p	0.1	0.3	0.4	0.2

试问：

（1）检验部门能否预估每箱产品的通过率，以及不能通过检验需要的开箱率？

（2）每箱抽检的产品数少于 12 或多于 12 时，通过率与开箱率如何变化？企业若要严控质量，则应增加还是减少抽检的产品数？请给出量化说明。

分析：设事件 A 表示"按照检验标准，某箱产品能够通过检验"，A 是否发生显然与箱中的次品数有关。设事件 B_i 表示"箱中有 i 袋次品"（$i=0,1,2,3$），则事件 A 与这组事件 B_i 密切相关，B_i 满足（1）$\bigcup_{i=0}^{3} B_i = \Omega$；（2）$B_i B_j = \varnothing (i \neq j$、$i$、$j = 0,1,2,3)$。

定义 1.3.2　设 $B_1, B_2, \cdots, B_n$ 是样本空间 Ω 中互不相容的一组事件，即 $B_i \bigcap B_j = \varnothing$，$i \neq j$，且满足 $\bigcup_{i=1}^{n} B_i = \Omega$，则称 $B_1, B_2, \cdots, B_n$ 是样本空间 Ω 的一个**划分**（又称完备事件组）。

在实际应用中，事件 A 与一个划分 B_i（$i=1,2,\cdots,n$）相关，这时计算事件 A 的概率需要分别考虑每种可能发生的情况 B_i 对事件 A 的影响。有如下定理：

定理 1.3.2　设 $\{B_1, B_2, \cdots, B_n\}$ 是样本空间 Ω 的一个划分且 $P(B_i)>0$（$i=1,2,\cdots,n$），A 为 Ω 中的任一事件，则

$$P(A) = \sum_{i=1}^{n} P(A \mid B_i)P(B_i) \tag{1.3.6}$$

式(1.3.6)称为**全概率公式**。

证明：因为 $\bigcup_{i=1}^{n} B_i = \Omega$，故 $A = A\Omega = A\bigcup_{i=1}^{n} B_i = \bigcup_{i=1}^{n} AB_i$，而 $B_1, B_2, \cdots, B_n$ 互不相容，显然 $AB_1, AB_2, \cdots, AB_n$ 也互不相容，所以

$$P(A) = \sum_{i=1}^{n} P(AB_i) = \sum_{i=1}^{n} P(B_i)P(A \mid B_i)$$

全概率公式的主要目的是根据已知简单事件的概率计算未知复杂事件的概率。为此，经

常将一个复杂事件分解为若干个互不相容的简单事件之和,因为难以直接计算事件 A 的概率,但是条件概率 $P(A|B_i)$ 应用的关键在于找到样本空间中的一个恰当的划分 $\{B_1, B_2, \cdots, B_n\}$。

案例 1.3.2 解:

（1）条件概率

$$P(A\,|\,B_i) = \frac{C_{100-i}^{12}}{C_{100}^{12}}, \quad i = 0,1,2,3$$

具体结果如下表所示。

i	0	1	2	3
$P(B_i)$	0.1	0.3	0.4	0.2
$P(A|B_i)$	1	0.88	0.773	0.679

由全概率公式,可得

$$P(A) = \sum_{i=0}^{3} P(B_i)P(A\,|\,B_i) = 0.809$$

因此,当每箱抽检 12 袋且每次不放回时,通过率为 0.809,不能通过检验需要的开箱率为 $P(\overline{A}) = 1 - P(A) = 0.191$。

（2）设每箱抽检的产品数为 n,以 $n=8,10,12,15,18$ 为例,将各种情况下通过检验的事件都记为 A,参照（1）计算每箱产品通过检验的概率,具体结果如下表所示。

n	8	10	12	15	18
$P(A)$	0.870	0.839	0.809	0.767	0.724
$P(\overline{A})$	0.130	0.161	0.191	0.233	0.276

可见,抽取的产品数越多,通过率越低,不能通过检验需要的开箱率越高。因此,企业若要严控质量,则需要增加抽检的产品数。

例 1.3.4 一条狗在野营后走失,猜想狗可能有三种去向:

A:它已回家。

B:仍在原地啃骨头。

C:已走失到附近的树林中。

根据狗的习性粗略估计上述三种去向的概率分别为 0.25、0.5、0.25。一个小孩被派回去找狗,如果狗仍在原地啃骨头,那么小孩找到狗的概率为 0.9;如果狗已走失到附近的树林中,那么小孩找到狗的概率为 0.5。计算小孩找到狗的概率。

解: 显然,$\{A, B, C\}$ 是对样本空间的一个分割,设事件 D 为"小孩找到狗",则
$$P(A) = 0.25, \quad P(B) = 0.5, \quad P(C) = 0.25$$
$$P(D\,|\,A) = 0, \quad P(D\,|\,B) = 0.9, \quad P(D\,|\,C) = 0.5$$

由全概率公式可得
$$P(D) = P(A)P(D\,|\,A) + P(B)P(D\,|\,B) + P(C)P(D\,|\,C) = 0.575$$

例 1.3.5 设某厂产品的一个零部件是由三家上游厂商提供的,第 1 个厂提供 50% 的零部件,第 2 个厂和第 3 个厂分别提供 25% 的零部件。已知第 1 个厂的次品率是 1%,第 2 个厂的次品率是 3%,第 3 个厂的次品率是 4%,现从该厂产品中任取一个产品,计算该产品的零

部件是次品的概率。

解：设 B_i = {取到的产品的零部件是第 i 个厂生产的}，i = 1, 2, 3，易见{B_1, B_2, B_3}是对样本空间的一个分割，且 $P(B_1)$ = 0.5，$P(B_2)$ = $P(B_3)$ = 0.25，设事件 A 为"该产品的零部件是次品"，则有

$$P(A|B_1) = 0.01，\quad P(A|B_2) = 0.03，\quad P(A|B_3) = 0.04$$

由全概率公式可得

$$P(A) = \sum_{i=1}^{3} P(B_i)P(A|B_i) = 0.01×0.5+0.03×0.25+0.04×0.25 = 0.0225$$

如果已知取到产品的零部件为次品，那么该产品的该零部件最有可能是由哪个厂提供的？下节的贝叶斯公式将给出这个问题的答案。

1.3.4 贝叶斯公式

案例 1.3.3 对于例 1.3.5，若取出产品的零部件是次品，则该零部件最有可能是由哪个厂提供的？

分析：沿用例 1.3.5 的假设，已知 $P(B_i)$、$P(A|B_i)$，要明确该零部件最有可能是由哪个厂提供则需要计算各厂生产的概率 $P(B_i|A)$，比较这三个概率的大小即可。根据条件概率公式，可得

$$P(B_i|A) = \frac{P(B_iA)}{P(A)} \overset{乘法公式}{=} \frac{P(B_i)P(A|B_i)}{P(A)} \overset{全概率公式}{=} \frac{P(B_i)P(A|B_i)}{\sum_{i=1}^{3} P(B_i)P(A|B_i)}，\quad i=1,2,3 \qquad (1.3.7)$$

定理 1.3.3 设 $\{B_1, B_2, \cdots, B_n\}$ 是样本空间的一个分割，A 为 Ω 中的一个事件，$P(B_i) > 0$（$i = 1, 2, \cdots, n$），$P(A) > 0$，则

$$P(B_i|A) = \frac{P(A|B_i)P(B_i)}{\sum_{i=1}^{n} P(A|B_i)P(B_i)}，\quad i = 1, 2, \cdots, n \qquad (1.3.8)$$

式(1.3.8)称为贝叶斯公式。

案例 1.3.3 解：

$$P(B_1|A) = \frac{P(A|B_1)P(B_1)}{\sum_{i=1}^{3} P(A|B_i)P(B_i)} = \frac{0.01×0.5}{0.01×0.5 + 0.03×0.25 + 0.04×0.25} ≈ 0.22$$

$$P(B_2|A) = \frac{P(A|B_2)P(B_2)}{\sum_{i=1}^{3} P(A|B_i)P(B_i)} = \frac{0.03×0.25}{0.01×0.5 + 0.03×0.25 + 0.04×0.25} ≈ 0.33$$

$$P(B_3|A) = \frac{P(A|B_3)P(B_3)}{\sum_{i=1}^{3} P(A|B_i)P(B_i)} = \frac{0.04×0.25}{0.01×0.5 + 0.03×0.25 + 0.04×0.25} ≈ 0.45$$

计算得到的三个概率中，$P(B_3|A)$ 最大，因此该零部件最可能是由第三个厂生产的。

在贝叶斯公式中，$P(B_i)$是在未知 A 是否发生的情况（试验之前）下对 B_i 概率的估计，称为**先验概率**；若得到新的信息，即 A 已经发生的情况（试验之后），则对 B_i 的概率有了新的估计，由此得到的条件概率 $P(B_i|A)$ 称为**后验概率**。

案例 1.3.4（续案例 1.3.2）　每箱有 100 袋味精，从中抽检 12 袋，若没有发现不合格产品，则通过检验，否则不能通过检验。按照原先的认识，每箱产品中有 i 袋次品的概率如下表所示。

i	0	1	2	3
p	0.1	0.3	0.4	0.2

试问：

（1）若某箱味精通过了该检验，你对原次品率的认识是否改变？

（2）若某箱味精没有通过该检验，你对原次品率的认识是否也会改变？

解：沿用案例 1.3.2 中的假设，即 A 表示"按照检验标准，某箱产品能够通过检验"，事件 B_i 表示"箱中有 i 袋次品"（$i=0,1,2,3$），则

$$P(A)=0.809,\ P(\overline{A})=0.191,\ P(A|B_i)=\frac{C_{100-i}^{12}}{C_{100}^{12}},\ P(\overline{A}|B_i)=1-P(A|B_i),\ i=0,1,2,3$$

根据贝叶斯公式，某箱通过检验的味精中恰有 i 袋次品的概率为

$$P(B_i|A)=\frac{P(A|B_i)P(B_i)}{P(A)},\ i=0,1,2,3$$

同理，某箱没有通过检验的味精中恰有 i 袋次品的概率为

$$P(B_i|\overline{A})=\frac{P(\overline{A}|B_i)P(B_i)}{P(\overline{A})},\ i=0,1,2,3$$

代入相关数据，具体结果如下表所示。

i	0	1	2	3
$P(B_i)$	0.1	0.3	0.4	0.2
$P(A|B_i)$	1	0.88	0.773	0.679
$P(\overline{A}|B_i)$	0	0.12	0.227	0.321
$P(B_i|A)$	0.134	0.326	0.382	0.168
$P(B_i|\overline{A})$	0	0.189	0.475	0.336

从计算结果不难看出，每箱（100 袋味精）中有 0 袋次品的概率为 0.1。如果通过检验，那么有 0 袋次品的概率上升为 0.134；如果没有通过检验，那么有 0 袋次品的概率显然为 0，通过贝叶斯公式计算的结果也是 0，其他情况类似。这些结果当然与我们的直觉吻合，也就是说如果某箱产品通过了检验，那么检验部门一定会对该箱中次品率的认识有所改变，而如果某箱产品没有通过检验，那么同样也会对该箱中次品率的认识有所改变。

例 1.3.6　诊断癌症的试剂的临床试验记录如下：患癌症病人采用该试剂测试为阳性的概率为 95%，无癌症病人为阳性的概率为 2%。采用该试剂在某社区进行癌症普查，假设该社区的癌症发病率为 0.5%，计算：（1）一次测试为阳性时患癌症的概率；（2）两次测试皆为阳性时患癌症的概率。

解：（1）设 $A=\{$测试为阳性$\}$，$B=\{$被诊断者患癌症$\}$，则

$$P(A|B)=0.95,\ P(A|\overline{B})=0.02,\ P(B)=0.005$$

计算 $P(B|A)$ 涉及典型的因果关系互换，只能用贝叶斯公式。

$$P(B \mid A) = \frac{P(A \mid B)P(B)}{P(A \mid B)P(B) + P(A \mid \bar{B})P(\bar{B})}$$

$$= \frac{0.95 \times 0.005}{0.95 \times 0.005 + 0.02 \times 0.995}$$

$$\approx 0.193$$

（2）两次测试皆为阳性时患癌症的概率可以理解为第一次测试为阳性，根据（1）的计算结果，被诊断者患癌症的概率由 0.005 提高为 0.193，进行第二次测试时，同样假设 A={测试为阳性}，B={被诊断者患癌症}，则有

$$P(B) \approx 0.193, \ P(A \mid B) = 0.95, \ P(A \mid \bar{B}) = 0.02$$

同理

$$P(B \mid A) = \frac{P(A \mid B)P(B)}{P(A \mid B)P(B) + P(A \mid \bar{B})P(\bar{B})}$$

$$= \frac{0.95 \times 0.193}{0.95 \times 0.193 + 0.02 \times 0.807}$$

$$\approx 0.919$$

说明如果第二次测试仍为阳性，被诊断者患癌症的概率就调整为 0.919。计算表明，三次测试都为阳性时患癌症的概率高达 0.998。

例 1.3.7 某商品由三个厂家供应，甲厂的供应量是乙厂的 2 倍，乙厂的供应量与丙厂相等。甲厂、乙厂、丙厂的次品率分别为 2%、2%、6%。若从市场上随机抽取一件此种商品，发现是次品，请问该商品是哪个厂生产的概率最大？

解： 用 1、2、3 分别表示甲厂、乙厂、丙厂，设 A_i= "取到工厂 i 的产品"（i=1,2,3），B= "取到次品"，可得

$$P(A_1) = 0.5, \ P(A_2) = P(A_3) = 0.25$$

$$P(B \mid A_1) = P(B \mid A_2) = 0.02, \ P(B \mid A_3) = 0.06$$

由贝叶斯公式，可得

$$P(A_1 \mid B) = \frac{P(B \mid A_1)P(A_1)}{\sum_{i=1}^{3} P(B \mid A_i)P(A_i)} = \frac{1}{3}$$

$$P(A_2 \mid B) = \frac{P(B \mid A_2)P(A_2)}{\sum_{i=1}^{3} P(B \mid A_i)P(A_i)} = \frac{1}{6}$$

$$P(A_3 \mid B) = \frac{P(B \mid A_3)P(A_3)}{\sum_{i=1}^{3} P(B \mid A_i)P(A_i)} = \frac{1}{2}$$

从中可知，商品由丙厂生产的可能性最大。

注：在上述的全概率公式和贝叶斯公式中，如果将 A 看作"结果"，B_i 看作影响这一结果的"原因"，那么全概率公式可解决这一类问题：当多个因素对某个事件的发生产生影响时，求该事件发生的概率。贝叶斯公式与全概率公式正好相反，主要用于解决另一类问题：当某

事件发生时，求导致该事件发生的各种因素的概率，所以贝叶斯公式也常被称为全概率公式的逆公式。

1.4　随机事件的独立性

一般而言，$P(A) \neq P(A|B)$，说明事件 B 的发生影响了事件 A 发生的概率，但也存在事件 B 的发生不影响事件 A 发生的概率的情况，即 $P(A|B)=P(A)$，我们先看一个简单的案例。

案例 1.4.1　某公共健康研究中心为了研究乙肝病毒感染与养成良好卫生习惯之间的关系，通过调研掌握的数据如下：我国人口乙肝病毒感染的概率为 7%，该机构随机抽查了 100 个卫生习惯良好的人，其中有 7 个乙肝病毒感染者；又随机抽查了 100 个卫生习惯不好的人，其中也有 7 个乙肝病毒感染者。请问该机构能否根据这些统计数据推断卫生习惯对乙肝病毒感染的影响？

分析：设事件 A 和 B 分别表示"某人感染乙肝病毒"和"某人卫生习惯良好"，则 $P(A|B)$ 表示某人在卫生习惯良好的条件下感染乙肝病毒的概率，$P(A|\overline{B})$ 表示某人在卫生习惯不好的条件下感染乙肝病毒的概率。根据案例中的数据不难算出：

$$P(A) = P(A|B) = P(A|\overline{B}) = 0.07$$

因此，根据这些数据得到结论：无论卫生习惯好坏，感染乙肝病毒的可能性都一样，因此无法推断出卫生习惯对乙肝病毒感染的影响。

案例 1.4.1 中，$P(A)=P(A|B)=P(A|\overline{B})$ 可以解释为事件 B 是否发生对事件 A 发生的概率没有影响，这种关系被称为随机事件的相互独立性。为此我们有如下的定义。

定义 1.4.1　设 A,B 是随机试验中的两个事件，若满足

$$P(AB) = P(A)P(B) \tag{1.4.1}$$

则称事件 A 与事件 B 相互独立。

在实际问题中，若事件 B 的发生对事件 A 的发生不相互影响，则认为事件 A、B 相互独立。例如，投掷硬币两次，观测正、反面出现的情况，$A=\{$第一次出现正面$\}$，$B=\{$第二次出现正面$\}$，$AB=\{$两次都出现正面$\}$，显然有

$$P(AB) = \frac{1}{4}, \quad P(A)P(B) = \frac{1}{2} \times \frac{1}{2} = \frac{1}{4}$$

即事件 A、B 相互独立。事实上很容易判断出第一次是否出现正面与第二次是否出现正面没有任何关联，即相互独立。

定理 1.4.1　若事件 A 与事件 B 相互独立，则下列各对事件也相互独立：A 与 $\overline{B}$，$\overline{A}$ 与 B，$\overline{A}$ 与 $\overline{B}$。

证明：假设 A 与 B 相互独立，$A=A(B+\overline{B})=AB+A\overline{B}$，可得

$$P(A) = P(AB + A\overline{B}) = P(AB) + P(A\overline{B})$$
$$= P(A)P(B) + P(A\overline{B})$$

因此，$P(A\overline{B}) = P(A) - P(A)P(B) = P(A)(1 - P(B)) = P(A)P(\overline{B})$。

其他情况请读者自行证明。

定义 1.4.2 设三个事件 A、B、C，若以下四个等式同时成立：

$$P(AB) = P(A)P(B)$$

$$P(AC) = P(A)P(C)$$

$$P(BC) = P(B)P(C)$$

$$P(ABC) = P(A)P(B)P(C)$$

则称 A、B、C 是相互独立的。若前三个等式成立，则称 A、B、C 两两独立。这个定义也可以推广到 n 个事件的情形。

例 1.4.1 a、b、c 三人独立地破译密码，每人能破译密码的概率为 $\frac{1}{3}$、$\frac{1}{4}$、$\frac{1}{5}$。请问密码能被破译的概率为多少？

解： 设 D={密码被破译}，A、B、C 分别表示 a、b、c 三人能破译密码这三个事件，由独立性，可得

$$P(D) = P(A \cup B \cup C) = 1 - P(\overline{A \cup B \cup C})$$
$$= 1 - P(\overline{A}\,\overline{B}\,\overline{C})$$
$$= 1 - P(\overline{A})P(\overline{B})P(\overline{C})$$
$$= 1 - \frac{2}{3} \times \frac{3}{4} \times \frac{4}{5} = 0.6$$

例 1.4.2 在电子元件的可靠性研究中，图 1.4.1 所示的两种电路，1～4 表示 4 个继电器，它们是否开通是相互独立的，设继电器开通的概率为 p（$0<p<1$），计算两种电路从 L 到 R 为通路的概率。

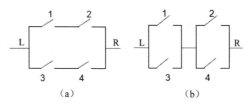

图 1.4.1　两种电路

解： 图 1.4.1（a）为串联后并联，图 1.4.1（b）为并联后串联，记 A_i={第 i 个继电器开通}，则图 1.4.1（a）中的 L 到 R 的通路可以表示为 $A_1A_2 \cup A_3A_4$，图 1.4.1（b）中的 L 到 R 的通路可以表示为 $(A_1 \cup A_3) \cap (A_2 \cup A_4)$，由于 $P(A_1A_2) = P(A_1)P(A_2) = p^2 = P(A_3A_4)$，故

$$P(A_1A_2 \cup A_3A_4) = p^2 + p^2 - p^4 = p^2(2 - p^2)$$

同理

$$P((A_1 \cup A_3) \cap (A_2 \cup A_4)) = (2p - p^2)^2 = p^2(2 - p)^2$$

由于 $2-p^2>(2-p)^2$，故串联后并联的电路比并联后串联的电路的可靠性高。

*1.5　典型例题

例 1.5.1　设 $A\subset B$，$P(A)=0.1$，$P(B)=0.5$，则 $P(AB)=$ _____，$P(A\cup B)=$ _____，$P(\overline{A}\cup\overline{B})=$ _____。

解：因为 $A\subset B$，所以 $AB=A$，$A\cup B=B$，$\overline{A}\cup\overline{B}=\overline{AB}$，可得 $P(AB)=P(A)=0.1$，$P(A\cup B)=P(B)=0.5$，$P(\overline{A}\cup\overline{B})=P(\overline{AB})=1-P(AB)=0.9$。

例 1.5.2　$P(A)=0.7$，$P(A-B)=0.3$，则 $P(\overline{AB})=$ _____。

解：$P(A-B)=P(A-AB)=P(A)-P(AB)$

$P(AB)=0.7-0.3=0.4$

$P(\overline{AB})=1-P(AB)=1-0.4=0.6$

例 1.5.3　设 A、B、C 是三个相互独立的随机事件，且 $0<P(C)<1$，则在下列给定的四对事件中不相互独立的是（　　）。

（A）$\overline{A\cup B}$ 与 C　　（B）$\overline{AC}$ 与 $\overline{C}$　　（C）$\overline{A-B}$ 与 $\overline{C}$　　（D）$\overline{AB}$ 与 $\overline{C}$

解：A、B、C 是三个相互独立的随机事件，则任意两个事件的和、差、积、逆与另一个事件或其逆是相互独立的，正确选项是（B）。

例 1.5.4　一批产品中废品的占比为 4%，而合格品中一等品的占比为 55%。从这批产品中任选一件，求这件产品是一等品的概率。

解：设 $A_i=$ "产品为等品"，$i=0,1,2$ 分别对应于废品、一等品、合格品中的非一等品；产品是一等品必须首先是合格品。

$$P(A_1)=P(\overline{A_0}A_1)=P(\overline{A_0})P(A_1\mid\overline{A_0})=0.96\times0.55=0.528$$

例 1.5.5　某人射击的命中率为 $\dfrac{1}{2}$，他连射三次后检查目标，发现命中目标，则他在第一次射击时就命中目标的概率为（　　）。

（A）$\dfrac{3}{7}$　　（B）$\dfrac{1}{2}$　　（C）$\dfrac{3}{8}$　　（D）$\dfrac{4}{7}$

解：$A_i=$ "第 i 次射击时命中目标"，$i=1,2,3$；$A=$ "命中目标"。$P(A_1\mid A)=\dfrac{1/2}{7/8}=\dfrac{4}{7}$，正确选项是（D）。

例 1.5.6　钥匙丢了，丢在宿舍的概率为 0.4，这种情况下找到的概率为 0.9；丢在教室里的概率为 0.35，这种情况下找到的概率为 0.3；丢在路上的概率为 0.25，这种情况下找到的概率为 0.1，求找到钥匙的概率。

解：设 $A_i=$ "钥匙丢在 i 地"，$i=1,2,3$ 分别对应于宿舍、教室、路上；$B=$ "找到钥匙"；

$$P(B) = P(A_1)(B \mid A_1) + P(A_2)(B \mid A_2) + P(A_3)(B \mid A_3)$$
$$= 0.4 \times 0.9 + 0.35 \times 0.3 + 0.25 \times 0.1$$
$$= 0.49$$

例 1.5.7 甲、乙两部机器制造大量相同零件，根据长期资料的总结，甲机器制造零件的废品率为 1%，乙机器制造的废品率为 2%。现有同一机器制造的一批零件，估计这批零件是乙机器制造的概率比它们是甲机器制造的概率大一倍，现从这批零件中任意取一件，经检查恰好是废品，试根据此检查结果计算这批零件为甲机器制造的概率。

解：设 A="甲机器制造的零件"，B="废品"，则

$$P(A \mid B) = \frac{P(AB)}{P(B)} = \frac{P(A)P(B \mid A)}{P(A)P(B \mid A) + P(\overline{A})P(B \mid \overline{A})}$$

$$= \frac{\dfrac{1}{3} \times \dfrac{1}{100}}{\dfrac{1}{3} \times \dfrac{1}{100} + \dfrac{2}{3} \times \dfrac{2}{100}}$$

$$= \frac{1}{5}$$

例 1.5.8 袋中装有 m 枚正品硬币，n 枚次品硬币（次品硬币的两面均有国徽），在袋中任取一枚，投掷 r 次，已知每次都得到国徽，请问这枚硬币是正品的概率是多少？

解：设 A="硬币是正品"，B="投掷 r 次，每次都是国徽"。

$$P(A \mid B) = \frac{P(AB)}{P(B)}$$

$$P(A \mid B) = \frac{P(A)P(B \mid A)}{P(A)P(B \mid A) + P(\overline{A})P(B \mid \overline{A})}$$

$$= \frac{\dfrac{m}{m+n} \times \dfrac{1}{2^r}}{\dfrac{m}{m+n} \times \dfrac{1}{2^r} + \dfrac{n}{m+n}}$$

$$= \frac{m}{m + n2^r}$$

例 1.5.9 某厂家生产的仪器，可以直接出厂的概率为 0.7，需要进一步调试的概率为 0.3，调试后可以出厂的概率为 0.8，定为不合格产品不能出厂的概率为 0.2。现该厂新生产了 $n(n \geqslant 2)$ 台仪器（假设每台仪器的生产过程相互独立），计算：

（1）仪器全部出厂的概率；

（2）恰有两台仪器不能出厂的概率；

（3）至少有两台仪器不能出厂的概率。

解：（1）A="可以直接出厂"，B="调试后可以出厂"，一台仪器出厂的概率为
$$p = P(A)P(\text{"出厂"} \mid A) + P(B)P(\text{"出厂"} \mid B) = 0.7 + 0.3 \times 0.8 = 0.94$$

（2）$p = C_n^2 0.94^{n-2}(1 - 0.94)^2$；

（3）$p = 1 - C_n^1 0.94^{n-1}(1 - 0.94) - 0.94^n$。

例 1.5.10 玻璃杯成箱出售,每箱有 20 只玻璃杯,设各箱含 0、1、2 只残次品的概率分别为 0.8、0.1、0.1。一顾客欲购买一箱玻璃杯,由售货员任取一箱,顾客开箱随机地查看 4 只。若无残次品,则买下此箱玻璃杯,否则退回。计算:

(1) 顾客买下此箱玻璃杯的概率;

(2) 在顾客买的此箱玻璃杯中,确定没有残次品的概率。

解: (1) 设 A= "此箱玻璃杯中含 i 支残次品",i=0,1,2;B= "顾客买下此箱玻璃杯"。

$$P(B) = P(A_0)P(B|A_0) + P(A_1)P(B|A_1) + P(A_2)P(B|A_2)$$

$$= 0.8 + 0.1 \times \frac{C_{19}^4}{C_{20}^4} + 0.1 \times \frac{C_{18}^4}{C_{20}^4} = 0.903$$

(2) $P(A_0|B) = \dfrac{P(A_0B)}{P(B)} = \dfrac{P(A_0)P(B|A_0)}{P(B)} = \dfrac{0.8}{0.903} \approx 0.886$。

习题 1

1. 写出下列随机试验的样本空间,并用样本点组成的集合表示给出的随机事件:

(1) 在 1、2、3、4 四个数字中可重复地取出两个数。

A= "一个数是另一个数的两倍";

B= "两个数互素"。

(2) 甲、乙两人下一盘棋,观察棋赛的结果。

A= "甲不输";

B= "没有人输"。

(3) 在单位圆内任取一点 P,记录它的坐标。

A= "以 P 为中点的弦长超过 1"。

(4) 对某工厂出厂的产品进行检查,合格的记上 "正品",不合格的记上 "次品",如连续查出两个次品就停止检查,或检查四个产品就停止,记录检查的结果。

A= "检查了四个产品"。

2. 设 A, B, C 为三个事件,用 A,B, C 的运算关系表示下列事件:

(1) A 发生,B 与 C 都不发生;

(2) A 与 B 都发生,而 C 不发生;

(3) A、B、C 都发生;

(4) A、B、C 中至少有一个发生;

(5) A、B、C 都不发生;

(6) A、B、C 中至多有一个发生;

(7) A、B、C 中至多有两个发生;

(8) A、B、C 中至少有两个发生。

3. 在工商管理系的学生中任选一名学生,以 A 表示事件 "被选学生为女生",B 表示事件"被选学生来自少数民族"，C 表示事件"被选学生是学生干部"：

（1）说明 $AB\bar{C}$ 的意义；

（2）说明 $ABC = C$ 成立的条件；

（3）说明 $C \subset B$ 成立的条件；

（4）说明 $\bar{A} = B$ 成立的条件。

4．某县长寿镇共有 400 人是 1926 年前出生的，现考察到 2022 年在世的人数，并记事件 A 为"只有 200 个人在世"，事件 B 为"至少有 200 个人在世"，事件 C 为"最多有 150 个人在世"，请问 A 与 B，A 与 C，B 与 C 是否互不相容？

5．在分别写有 2、4、6、7、8、11、12、13 的 8 张卡片中任取两张，将卡片上的两个数组成一个分数，求所得分数为既约分数（分子和分母没有大于 1 的公因数）的概率。

6．房间里有 10 个人，分别佩戴 1 号～10 号的纪念章，任选 3 人记录其纪念章的号码。计算：（1）最小号码为 5 的概率。（2）最大号码为 5 的概率。

7．一个袋子中装有 10 个大小相同的球，有 3 个黑球，7 个白球，计算：

（1）从袋子中任取一球，该球是黑球的概率；

（2）从袋子中任取两球，恰巧为 1 个黑球、1 个白球的概率及 2 个全是白球的概率。

8．山西某食用醋销售公司向区域分销子公司派送 17 箱醋，其中有白醋 10 箱、陈醋 4 箱、红醋 3 箱，每箱醋的外包装上贴了标签以标明品类，搬运过程中所有标签脱落，在不能开箱的条件下子公司只好随意将白醋分发给顾客。一个顾客定购了 4 箱白醋、3 箱陈醋和 2 箱红醋，请问该顾客能按所定品类如数得到定货的概率是多少？

9．10 层楼中的一架电梯在第一层走进 7 位乘客。电梯在每层都停，乘客在第二层开始离开电梯。假设每位乘客在每层离开都是等可能的。计算没有任何 2 位乘客在同一层离开的概率。

10．将一根棍子任意折成两段，计算其中一段的长度是另一段 m（$m>1$）倍的概率。

11．两人相约在 0 至 T 时内在某地点会面，先到者等待 t（$t \leqslant T$）h 后，不见人即可离去。假定每人在 T 时内任何时刻到达是等可能的。计算两人能够会面的概率。

12．据以往资料表明，某三口之家，设 $A=\{$孩子得病$\}$，$B=\{$母亲得病$\}$，$C=\{$父亲得病$\}$，而患该传染病的概率有以下规律：

$$P(A)=0.6, \quad P(B|A)= 0.5, \quad P(C|AB)=0.4$$

计算母亲及孩子得病但父亲未得病的概率。

13．已知 $P(A) = p$、$P(B) = q$、$P(A \cup B) = r$，计算 $P(AB)$、$P(\bar{A}B)$、$P(A\bar{B})$、$P(\bar{A}\bar{B})$。

14．设 A、B、C 是三个事件，且 $P(A) = P(B) = P(C) = 0.25$，$P(AB) = P(BC) =0$，$P(AC) = 0.125$，计算 A、B、C 至少有一个发生的概率。

15．已知 $P(\bar{A}) = 0.3$，$P(B) =0.4$，$P(A\bar{B}) =0.5$，计算 $P(B|A \cup \bar{B})$。

16．已知在 10 只产品中有 2 只次品，抽取两次，每次任取一只，不放回抽样。计算下列事件的概率：

（1）两只都是正品；

（2）两只都是次品；

（3）一只是正品，一只是次品；

（4）第二次取的是次品。

17．设每次射击的命中率为 0.2，问至少进行多少次独立射击，才能使至少击中一次的概率不小于 0.9？

18．电路由关联的电池 A、B 和并联的电池 C、D 串联而成。电池 A、B、C、D 损坏的概率分别为 0.5、0.2、0.2、0.5，假设电池是否损坏互不影响。计算电路发生断电的概率。

19．若每人的呼吸道中带有新冠病毒的概率为 0.003，计算在有 1000 人看电影的剧场里存在新冠病毒的概率。

20．袋中有 50 个球，其中有 30 个是黄球，20 个是白球。现有两个人随机地从袋中各取一球，取后不放回，计算第二个人取到黄球的概率。

21．一箱 10 件产品中有 3 件次品，验收时任取 2 件，若发现有次品则拒绝接受。已知检验时将正品误判为次品的概率为 0.01，而将次品误判为正品的概率为 0.05。问这箱产品被接受的概率是多少？

22．某人下午 5:00 下班，他积累的资料表明：

到家的时间	5:35～5:39	5:40～5:44	5:45～5:49	5:50～5:54	迟于 5:54
乘地铁的概率	0.10	0.25	0.45	0.15	0.05
乘汽车的概率	0.30	0.35	0.20	0.10	0.05

某日他抛一枚硬币决定乘地铁还是乘汽车，结果他是 5:47 到家的。试求他乘地铁的概率。

23．一本 500 页的书中有 200 个错别字。试求某页出现 3 个错别字的概率。

24．甲、乙两个篮球运动员，投篮命中率分别为 0.7、0.6，每人投篮 3 次，计算：

（1）两人进球数相等的概率；

（2）甲比乙进球数多的概率。

25．两箱内装有同种零件，第一箱装 50 件零件，有 10 件一等品；第二箱装 30 件零件，有 18 件一等品。先从两箱中任挑一箱，再从此箱中先后不放回地任取两个零件，计算：

（1）先取出的零件是一等品的概率；

（2）在先取出的是一等品的条件下，后取出的仍是一等品的概率。

26．设一枚深水炸弹击沉潜水艇的概率为 $\frac{1}{3}$，击伤的概率为 $\frac{1}{2}$，击不中的概率为 $\frac{1}{6}$。设击伤两次也会导致潜水艇下沉，计算投放 4 枚深水炸弹能击沉潜水艇的概率。

在线自主实验

读者结合第 1 章所学内容，利用在线 Python 编程平台，完成 10.1 蒙特卡罗模拟实验中的两个小实验，加深对本章知识的理解，提高实践应用能力。

第 2 章　随机变量及其分布

为了更好地研究随机现象的统计规律，采用函数、微积分等数学工具对随机现象的观察结果进行处理，需要量化随机现象的结果，引入随机变量刻画随机现象发生的结果。随机变量的取值依赖于随机试验，与普通变量不同的是，随机变量的值无法预知，但可以研究其取值的统计规律。

2.1　随机变量的概念

在随机现象中，大部分问题与数值密切相关。例如，在产品检验问题中出现的废品数、在电话问题中某段时间的呼叫次数、灯泡的寿命等都与数值有关，这类随机试验中的样本空间是一个数集；有些初看与数值无关的随机现象也常用数值描述。

案例 2.1.1　某市行政服务中心对工作人员建立了评价机制，以调查市民对某工作人员的服务态度、服务水平及服务效率等的综合评价，评价机制中，将工作人员的评价分为"非常差""差""一般""好""非常好" 5 个等级，显然与数值没有关系，不足以由此得到量化评价，那么该如何为此设计一种量化的评价标准呢？

解：对任何工作人员来说，获得这 5 个评价等级都是有可能的，不妨假设对应这 5 个等级的得分分别为 -2、-1、0、1、2，这相当于引入了一个定义在样本空间 $\Omega = \{非常差,差,一般,好,非常好\}$ 上的变量 $X(\omega)$，其中

$$X(\omega) = \begin{cases} -2, & \omega = 非常差 \\ -1, & \omega = 差 \\ 0, & \omega = 一般 \\ 1, & \omega = 好 \\ 2, & \omega = 非常好 \end{cases}$$

由于试验结果的出现是随机的，所以 $X(\omega)$ 的取值也是随机的（取值范围确定），每个样本点对应取到唯一的实数，这个对应关系显然可以作为对工作人员的量化评价标准。这里需要说明的是，我们完全可以定义另一种对应关系：

$$X(\omega) = \begin{cases} 0, & \omega = 非常差 \\ 1, & \omega = 差 \\ 2, & \omega = 一般 \\ 3, & \omega = 好 \\ 4, & \omega = 非常好 \end{cases}$$

这对研究结果不会产生实质性的影响，选择数值只是为了方便数学处理，这是引入随机变量的意义所在。一般地，随机变量的定义如下。

定义 2.1.1　设随机试验的样本空间为 Ω，若对每个样本点 $\omega \in \Omega$，都有唯一一个实数 $X(\omega)$ 与之对应，这样就得到一个定义在 Ω 上的实数单值函数 $X(\omega)$，称 $X(\omega)$ 为**随机变量**。

通常用大写字母 X、Y、Z 或希腊字母 η、ξ 等表示随机变量，Ω_X 表示随机变量 X 的值域，Ω 中的一个样本点 ω 对应着 Ω_X 中的一个实数。因此，确定随机试验的样本空间 Ω 就是确定随机变量 X 的值域 Ω_X。

随机变量是 Ω 到 R 的一个函数，它与高等数学的函数有一定差异：

（1）随机变量的定义域是样本空间 Ω。

（2）随机性：随机变量在试验前只知道它可能的取值范围，而不能预先肯定它将取哪个值，随机变量的取值一般不止一个。

（3）概率性：因试验结果的出现具有一定概率，故随机变量取每个值或每个范围内的值也有一定概率。

例 2.1.1　将一枚硬币抛掷三次，观察正面 H、反面 T 的出现情况。试验的样本空间 $\Omega = \{HHH, HHT, HTH, THH, HTT, THT, TTH, TTT\}$，设每次试验出现正面 H 的总次数为随机变量 X，则 X 为定义在样本空间 Ω 上的函数，其取值与样本点之间的对应关系如下。

ω	HHH	HHT	HTH	THH	HTT	THT	TTH	TTT
$X(\omega)$	3	2	2	2	1	1	1	0

可知，取值为 2 的样本点构成的子集为 $A = \{HHT, HTH, THH\}$，则有

$$P\{X = 2\} = P(A) = \frac{3}{8}$$

类似地，有

$$P\{X \leqslant 1\} = \frac{4}{8} = \frac{1}{2}$$

例 2.1.2　设袋中有 5 个球，有 3 个黑球（编号为 1、2、3），两个白球（编号为 4、5）。从中任取 3 个球，则"抽到的白球数"是一个随机变量，记为 X。显然 $\Omega_X = \{0, 1, 2\}$，X 的取值与样本点之间的对应关系如下。

ω	123	124	125	134	135	145	234	235	245	345
$X(\omega)$	0	1	1	1	1	2	1	1	2	2

可知，若事件 $A = \{\omega \mid X(\omega) = x_0\} = \{X = x_0\}$，显然 A 不一定是基本事件，以下是一些随机事件的举例。

（1）$\{X < 2\} = \{$抽到的白球数小于 2$\}$；

（2）$\{X \geqslant 1\}$ = {抽到的白球数不小于1}；

（3）$\{X = 0\} \bigcup \{X = 2\}$ = {抽到的白球数为偶数}。

同时，还可得到

P\{抽到的白球数小于2\} = $P\{X < 2\}$ =0.7，P\{抽到的白球数为2\} = $P\{X = 2\}$=0.3。

引入随机变量后，随机事件可用关于随机变量的等式或不等式表示。例如，$\{X = x_0\} = \{\omega \,|\, X(\omega) = x_0\}$，$\{X < x_0\} = \{\omega \,|\, X(\omega) < x_0\}$，表示该事件包含的所有样本点满足 $X(\omega) = x_0$ 或 $X(\omega) < x_0$。一般地，可以用数轴上的某个集合 S 来代替 x_0，即用 $\{X(\omega) \in S\}$ 来表示一个随机事件，其完整的记号是 $\{\omega \,|\, X(\omega) \in S\}$，则该事件发生的概率可以表示为 $P\{X(\omega) \in S\}$。

从随机变量的可能取值来看，随机变量至少有两种不同的类型：

（1）**离散型随机变量**，X 的所有可能取值是有限个或无限可列个。从一批产品中任取 n 件取到的次品数、某城市的 120 急救电话每小时收到的呼叫次数等都是离散型随机变量。

（2）**连续型随机变量**，X 的所有可能取值是某个区间或 $(-\infty, +\infty)$ 上的所有值，如灯泡的寿命、某地每年的降雨量、某零件直径的测量误差等都是连续型随机变量。

2.2 离散型随机变量

2.2.1 离散型随机变量分布

对于在 2.1 节中提到的某些随机变量，如案例 2.1.1 中的行政服务中心综合评价得分、抛掷硬币出现的正面数、抽到的白球数、某市 120 急救电话每小时收到的呼叫次数等，它们的所有可能取值只有有限个或可列无穷多个。一般地，若随机变量 X 的可能取值是有限个或可列无穷多个，则称 X 为**离散型随机变量**。

离散型随机变量是一类比较容易理解的随机变量，鉴于其取值只有有限个或可列无穷多个，因此只要能确定每个可能值的概率，就可以计算任何随机事件的概率，为此引入下述定义。

定义 2.2.1 设 X 为离散型随机变量，其所有可能取值为 $\{a_1, a_2, \cdots, a_n, \cdots\}$，不妨设 $a_1 < a_2 < \cdots < a_n < \cdots$，则称

$$p_i = P(X = a_i), \quad i = 1, 2, \cdots, n, \cdots \tag{2.2.1}$$

为 X 的**概率分布**或**分布律**，也称为**概率函数**，$P(X = a_i)$ 有时也记为 $P\{X = a_i\}$。

概率分布 $p_i (i = 1, 2, \cdots, n, \cdots)$ 必须满足下列条件：

（1）$p_i \geqslant 0$，$i = 1, 2, \cdots, n, \cdots$；

（2）$\sum p_i = 1$。

满足上述两个条件的 $p_i (i = 1, 2, \cdots, n, \cdots)$ 可以作为某随机变量的概率分布。式(2.2.1)指出了全部概率 1 是如何在 X 的所有可能值之间分配的。

常用表格的形式来表示 X 的概率分布：

X	a_1	a_2	$\cdots$	a_n	$\cdots$
p_i	p_1	p_2	$\cdots$	p_n	$\cdots$

有时也把该表称为随机变量 X 的概率分布表。

设 Ω 为一样本空间，X 为定义在样本空间上的一个离散型随机变量，其取值为 $x_1, x_2, \cdots$，令 A 为 $\{x_1, x_2, \cdots\}$ 的任意一个子集。事件 A 的概率可根据概率的可加性来计算：

$$P(A) = \sum_{x \in A} P(X = x)$$

由此可根据离散型随机变量 X 的概率分布计算任意一个事件 A 的概率。

案例 2.2.1 假设某高校毕业生应聘其心仪的一个职位需要经过技术笔试、技能复试、综合面试三轮考试。

（1）如果三轮考试的通过率都为 p，问毕业生完成该职位应聘时，已经通过的考试次数的概率分布。

（2）如果每轮考试的通过率都是 0.5，问毕业生完成该职位应聘时，已经通过的考试次数的概率分布（假设在各轮考试中是否被淘汰是相互独立的）。

解： 设首次被淘汰时，毕业生已经通过的考试次数为 X。

（1）根据条件，不难得到 X 的概率分布为

$$P(X = k) = p^k (1 - p), k = 0, 1, 2$$
$$P(X = 3) = p^3$$

（2）当 $p = 0.5$ 时，X 的概率分布如下所示。

X	0	1	2	3
p_i	0.5	0.25	0.125	0.125

例 2.2.1 某篮球运动员投中篮框的概率是 0.9，求他两次独立投篮投中次数 X 的概率分布。

解： X 的可能取值为 0,1,2，记 $A_i = \{$第 i 次投中篮框$\}$，$i = 1, 2$，则

$P(A_1) = P(A_2) = 0.9$

$P(X = 0) = P(\overline{A_1}\,\overline{A_2}) = P(\overline{A_1})P(\overline{A_2}) = 0.1 \times 0.1 = 0.01$

$P(X = 1) = P(\overline{A_1}A_2 \cup A_1\overline{A_2}) = P(\overline{A_1}A_2) + P(A_1\overline{A_2}) = 0.1 \times 0.9 + 0.9 \times 0.1 = 0.18$

$P(X = 2) = P(A_1 A_2) = P(A_1)P(A_2) = 0.81$

显然，$P(X = 0) + P(X = 1) + P(X = 2) = 1$，于是，$X$ 的概率分布如表所示。

X	0	1	2
p_i	0.01	0.18	0.81

2.2.2 常用的离散型随机变量分布

下面介绍常用的离散型随机变量分布。在描述离散型随机变量的概率模型时，伯努利试验是最早被研究且应用极其广泛的概率模型。

案例 2.2.2 某文具店推销一种新上市的笔，采取的推销策略为按 20 支一盒销售，并且承诺若一盒中有 3 支或超过 3 支是次品，则网店将双倍赔偿损失；若次品没有超过 2 支，则网店不予以赔偿，但是可能会遭到顾客的差评。据统计，这种笔的次品率为 p，求一盒笔中次品数不超过 2 支、次品数是 3 支及 3 支以上的概率。

分析：我们关注每盒中有几支笔是次品，可以把每支笔是否是次品看作一次试验，那么每次试验只有两种结果：是次品、不是次品（是正品），共做 20 次试验。由于这些笔来自相同厂家，所以每支笔是次品或不是次品的概率相同，并且每盒笔是完全随机包装的，可以认为各支笔是次品、不是次品是相互独立的.

案例 2.2.3 某高校共有 20000 名学生，为了方便学生的出行，计划在校内投放一批共享电动车。根据在学生中的调查数据，在某时段大约有 5% 的学生选择共享电动车出行，那么学校管理部门至少应该投放多少辆共享电动车，才能保证 90% 的学生在出行时有共享电动车可用？

分析：该案例显然关注的是某时段这 20000 名学生中有多少学生选择共享电动车出行，可以将每名学生是否选择共享电动车出行看作一次试验，试验结果只有两种：选择或不选择，共做 20000 次试验。一般而言，假设学生的选择是互不影响的，因此各次试验间相互独立。

与上述案例具有同样特点的试验一般称为伯努利（Bernoulli）试验，其定义如下。

定义 2.2.2 设一个随机试验只有两个可能结果 A 和 $\bar{A}$，则称此试验为**伯努利试验**。

定义 2.2.3 将一个可能结果为 A 和 $\bar{A}$ 的伯努利试验独立地重复 n 次，并且事件 A 每次发生的概率相同，则称此试验为 **n 重伯努利试验**。

常见的离散型随机变量的分布如下。

1. 0-1 分布

当随机变量只有两个可能取值时，如在抛硬币中观察正反面、检测产品是否为次品、记录新生婴儿的性别、记录股市的涨跌等试验中，相应的随机变量 X 的可能取值通常为 0、1 两个数值，都可以抽象理解为 0-1 分布。

定义 2.2.4 设随机变量的概率分布为 $P\{X=k\}=p^k(1-p)^{1-k}$，$k=0,1$，或用表格形式表示为

X	0	1
p_i	$1-p$	p

其中，$0<p<1$，则称随机变量 X 服从 **0-1 分布**或**两点分布**。

设在一次随机试验中事件 A 发生的概率为 p（$0<p<1$），则

$$X=\begin{cases}1, & A\text{发生}\\ 0, & A\text{不发生}\end{cases}$$

显然 X 服从 0-1 分布。

可见，任何只有两种可能结果的随机试验都可以定义一个服从 0-1 分布的随机变量。

2. 二项分布

在一次试验中，若 $P(A)=p$，则在 n 重伯努利试验中事件 A 恰好发生 k 次的概率为

$$P(k) = C_n^k p^k (1-p)^{n-k}, \quad k = 0,1,\cdots,n \qquad (2.2.2)$$

显然，如果事件 A 发生了 k 次，那么在这 n 次试验的原始记录 $AA\overline{A}A\cdots\overline{A}A\overline{A}$ 中，有 k 个 A，$(n{-}k)$ 个 $\overline{A}$，设 $P(A)=p$，显然，$P(\overline{A}) = 1-p$。每次试验独立，因此某次试验中 A 发生与否与其他次试验相互独立。根据独立性，每个原始结果序列发生的概率为 $p^k(1-p)^{n-k}$。由于 k 个 A 和 $n{-}k$ 个 $\overline{A}$ 的组合总数是 C_n^k，所以事件 A 发生 k 次的概率为

$$C_n^k p^k (1-p)^{n-k}, \quad k = 0,1,\cdots,n$$

设随机变量 X 为 n 重伯努利试验中事件 A 发生的次数，则 $\Omega_X = \{0,1,2,\cdots,n\}$，且 $P\{X = k\} = C_n^k p^k (1-p)^{n-k}$，$k = 0,1,\cdots,n$。这类概率分布称为二项分布。

定义 2.2.5　若随机变量 X 的所有可能取值为 $\Omega_X = \{0,1,2,\cdots,n\}$，且它的概率分布为

$$P\{X = k\} = C_n^k p^k (1-p)^{n-k}, \quad k = 0,1,\cdots,n \qquad (2.2.3)$$

其中，$0 < p < 1$，则称随机变量 X 服从参数为 n、p 的**二项分布**，记作 $X \sim B(n,p)$。

根据二项公式 $(a+b)^n = \sum\limits_{i=0}^{n} C_n^i a^i b^{n-i}$，可知

$$\sum_{i=1}^{n} C_n^i p^i (1-p)^{n-i} = (p+1-p)^n = 1$$

因此式(2.2.3)确实是概率分布。

特别地，当 $n = 1$ 时，$\Omega_X = \{0,1\}$，二项分布 $B(1,p)$ 退化为 0-1 分布。

由定义知，n 重伯努利试验中事件 A 发生的次数 X 是服从二项分布的。二项分布应用广泛，是离散型随机变量分布中最重要的分布之一，很多实际问题都可以抽象为二项分布。

案例 2.2.2 解：

令 X 表示每盒 20 支笔中的次品数，根据前面的分析，一盒笔中的次品数 $X \sim B(20,p)$，即

$$P(X = k) = C_{20}^k p^k (1-p)^{20-k}, \quad k = 0,1,\cdots,20$$

于是可得一盒中不超过 2 支次品的概率为

$$P(X \leqslant 2) = (1-p)^{20} + C_{20}^1 p^1 (1-p)^{19} + C_{20}^2 p^2 (1-p)^{18}$$

恰好有 3 支次品的概率为

$$P(X = 3) = C_{20}^3 p^3 (1-p)^{17}$$

超过 3 支次品的概率为

$$P(X > 3) = \sum_{i=4}^{20} C_{20}^i p^i (1-p)^{20-i}$$

案例 2.2.3 解

令 X 表示某段时间使用共享电动车的学生人数，假设需要投放 n 辆，根据前面的分析可知 $X \sim B(20000, 0.05)$，只需计算满足以下不等式的 n：

$$P(X \leqslant n) = \sum_{i=0}^{n} C_{20000}^i 0.05^i 0.95^{20000-i} \geqslant 0.90$$

当 n 取不同值时，根据上式在 Excel 中计算对应的概率，部分结果如下：

n	1038	1039	1040	1041	1042	1043
$P(X \leqslant n)$	0.8937	08995	0.9050	0.9103	0.9154	0.9202

由此，至少应该设置 $n=1040$。

例 2.2.2 某人进行射击，设每次射击的命中率为 0.02，独立射击 400 次，试求至少击中两次的概率。

解： 将一次射击看作一次独立试验。设击中的次数为 X，则

$X \sim B(400,0.02)$，X 的概率分布为

$$P(X=k) = C_n^k 0.02^k (0.98)^{400-k}, \quad k = 0,1,\cdots,400$$

因此，所求概率为

$$P(X \geq 2) = 1 - P(X=0) - P(X=1)$$
$$= 1 - 0.98^{400} - 400 \times (0.02) \times 0.98^{399} \approx 0.9972$$

注： 随着射击次数 n 的增加，未击中目标的概率减小，并趋于零；击中目标的概率增加，并趋于 1。这告诉我们两个事实：

（1）虽然每次射击的命中率很小（0.02），但若射击次数足够大（如 400 次），则击中至少两次是几乎必然的（概率为 0.997）。这说明一个事件尽管在一次试验中发生的概率很小，但在大量的独立重复试验中，该事件几乎是必然发生的，即**小概率事件在大量独立重复试验中是不可忽视的**。

（2）若射手在 400 次独立射击中击中目标的次数不到两次，这是一件概率很小的事件（$P(X<2)=1-P(X \geq 2) \approx 0.003$），而这一事件竟然在一次试验中发生了，则根据实际推断，我们有理由怀疑"每次射击命中率为 0.02"是否正确，即可以认为命中率达不到 0.02。

例 2.2.3 某车间有 9 部同型号机床，每部机床间歇性地使用电力，平均每小时约有 12min 使用电力。若假定每部机床是否开动彼此独立，试问在同一时刻至少有 7 台机床使用电力的概率是多少？

解： 设同时开动的机床数为 X，由于每部机床只有开动和不开动两种结果，因此每部机床是否开动可看作一次伯努利试验。"使用电力"记为事件 A，则事件 A 发生的概率为

$$P(A) = p = \frac{12}{60} = 0.2$$

于是在 9 部机床中同时开动的机床数 $X \sim B(9,0.2)$。因此，所求概率为

$$P(X \geq 7) = P(X=7) + P(X=8) + P(X=9)$$
$$= C_9^7 0.2^7 0.8^2 + C_9^8 0.2^8 0.8 + C_9^9 0.2^9 \approx 0.0003$$

这一结果说明，如果供给该车间的电力只允许 6 部机床同时开动，那么电力使用超负荷的概率为 0.0003。

注： 二项分布 $B(n,p)$ 和 0-1 分布 $B(1,p)$ 还有一层更密切的关系。设 X 为 n 次试验中事件 A 发生的次数，即 $X \sim B(n,p)$。如果设 X_i 为第 i 次试验中事件 A 发生的次数，即

$$X_i = \begin{cases} 1, & \text{第}i\text{次试验中}A\text{发生} \\ 0, & \text{第}i\text{次试验中}A\text{不发生} \end{cases}, \quad i = 1,2,\cdots,n$$

则 $X_i \sim B(1,p)$，并且 $X_1, X_2, \cdots, X_n$ 相互独立，$X = X_1 + X_2 + \cdots + X_n$。

3. 泊松（Poisson）分布

案例 2.2.4 某地有 2500 人参加了一项汽车事故保险，每人在年初向保险公司交付保险

费 12 元。若在这一年内投保人的汽车出现该项事故，则保险公司向投保人支付 2000 元。根据以往经验，该项事故发生的概率为 $p=0.002$，求保险公司获利不少于 10000 元的概率。

解：设 X 表示"投保汽车发生事故的车辆数"，则 X 服从二项分布，即 $X \sim B(2500,0.002)$，则保险公司获利为 $2500 \times 12 - 2000X \geqslant 10000$，因此所求概率为

$$P(30000 - 2000X \geqslant 10000) = P(X \leqslant 10)$$

$$= \sum_{k=0}^{10} C_{2500}^k 0.002^k 0.998^{2500-k}$$

显然，手动计算该概率非常困难，因此引入泊松定理。

定理 2.2.1　在 n 重伯努利试验中，事件 A 在每次试验中的发生概率为 p_n，p_n 与试验总数 n 有关，假设 $n \to \infty$，$np_n \to \lambda$（常数 $\lambda > 0$），则对任意给定的 k，有

$$\lim_{n \to \infty} C_n^k p^k (1-p)^{n-k} = \frac{\lambda^k}{k!} e^{-\lambda}$$

证明：

$$\lim_{n \to \infty} C_n^k p^k (1-p)^{n-k} = \lim_{n \to \infty} \frac{n!}{(n-k)!k!} \left(\frac{\lambda}{n}\right)^k \left(1 - \frac{\lambda}{n}\right)^{n-k}$$

$$= \lim_{n \to \infty} \frac{\lambda^k}{k!} \frac{n(n-1)\cdots(n-k+1)}{n^k} \left(1 - \frac{\lambda}{n}\right)^n \left(1 - \frac{\lambda}{n}\right)^{-k}$$

$$= \frac{\lambda^k}{k!} \times 1 \times e^{-\lambda} \times 1 = \frac{\lambda^k}{k!} e^{-\lambda}$$

由泊松定理可知，在二项分布中计算 $P\{X=k\} = C_n^k p^k (1-p)^{n-k}$，且 n 充分大，p 充分小，np 大小适中时，可利用泊松定理进行近似简化计算：

$$P(X=k) = C_n^k p^k (1-p)^{n-k} \approx \frac{\lambda^k}{k!} e^{-\lambda} \tag{2.2.4}$$

式中，$\lambda = np$，若 n 越大（$n \geqslant 100$），p 越小（$p < 0.1$），而 np 大小适中（$np \leqslant 10$），则利用式 (2.2.4)计算就越精确。读者可以通过泊松定理自行计算案例 2.2.4 的概率。

定义 2.2.6　设随机变量 X 的所有可能取值为非负整数，且

$$P(X=k) = \frac{\lambda^k}{k!} e^{-\lambda}, \ k=0,1,2,\cdots, \ \lambda > 0 \tag{2.2.5}$$

则称 X 服从参数为 λ 的**泊松分布**，并记 $\boldsymbol{X \sim P(\lambda)}$。

e^{λ} 的展开式为

$$e^{\lambda} = \frac{\lambda^0}{0!} + \frac{\lambda^1}{1!} + \frac{\lambda^2}{2!} + \cdots + \frac{\lambda^n}{n!} + \cdots = \sum_{i=0}^{+\infty} \frac{\lambda^i}{i!}$$

容易证明 $\sum_{k=0}^{+\infty} P(X=k) = 1$，可知式(2.2.5)是概率分布。

注：泊松分布由法国数学家 Poisson 提出，并由此命名。类似于案例 2.2.4，在实际问题中，当一个随机事件以固定的平均瞬时速率 λ（或称密度）随机且独立地出现时，那么这个事件在一段时间（一定面积或体积）内出现的次数服从（或者说近似服从）泊松分布，如一段时间内来到公共汽车站的乘客数、一段时间内的报警电话数、一段时间内某放射性物质发射的粒子数等。泊松分布在经济管理、运筹学及自然科学中有着广泛的应用。

例 2.2.4 设随机变量 X 服从参数为 λ 的泊松分布，且已知

$$P(X=1)=P(X=2)$$

试求 $P(X=4)$。

解： 随机变量 X 的概率分布为

$$P(X=k)=\frac{\lambda^k}{k!}\mathrm{e}^{-\lambda}, \quad k=1,2,\cdots, \quad \lambda>0$$

由 $P(X=1)=P(X=2)$，可得

$$\frac{\lambda^1}{1!}\mathrm{e}^{-\lambda}=\frac{\lambda^2}{2!}\mathrm{e}^{-\lambda}$$

由此得方程 $\lambda^2-2\lambda=0$，解得 $\lambda=2$（另一个解 $\lambda=0$ 不合题意，舍去）。

所以 $P(X=4)=\dfrac{2^4}{4!}\mathrm{e}^{-2}=0.0902$（查附表 2）。

例 2.2.5 现在需要 100 个符合规格的元件。从市场上购买该元件的废品率为 0.01。考虑到有废品存在，我们准备购买（100+a）个元件，希望从中可以挑出 100 个符合规格的元件。我们要求在这（100+a）个元件中至少有 100 个符合规格的元件的概率不小于 0.95。问 a 至少要多大？

解： 令 $A=\{$在$(100+a)$个元件中至少有 100 个符合规格的元件$\}$。假定各元件是否合格相互独立。设 X 为（$100+a$）个元件中的废品数。则 X 服从 $B(100+a,0.01)$，且

$$P(X=i)=\mathrm{C}_{100+a}^{i}0.01^i0.99^{100+a-i}$$

上式中的概率很难计算。由于（$100+a$）较大而 0.01 较小，且 $(100+a)\times0.01=1+0.01a\approx1$，所以可以以 $\lambda=1$ 的泊松分布来近似计算上述概率。因而

$$P(A)=\sum_{i=0}^{a}\frac{\mathrm{e}^{-1}}{i!}$$

当 $a=0,1,2,3$ 时，查看泊松分布表可得 $P(A)$ 为 0.368、0.736、0.920、0.981。故取 $a=3$。

2.3 随机变量的分布函数

对于离散型随机变量，可用概率分布来刻画随机变量的特征，但对于非离散型随机变量，由于其可能取值不能逐一列举，因而不可以用概率分布描述。在许多实际问题中，我们关心的并不是随机变量取某值的概率，而是关心它落在某个区间内的概率。例如，某灯泡的寿命为 X，若灯泡的寿命小于 1000h 为不合格品，那么工厂更关心 X 落在$(0,1000)$内的概率。因此，有必要研究随机变量的取值落在某个区间的概率：

$$P(x_1<X\leqslant x_2)$$

对任意实数 $P(x_1<X\leqslant x_2)$，有 $P(x_1<X\leqslant x_2)=P(X\leqslant x_2)-P(X\leqslant x_1)$。研究 X 落在某个区间上的概率问题可以转为研究对任意实数 x 求概率 $P(X\leqslant x)$ 的问题。随机变量的概率 $P(X\leqslant x)$ 的取值与 x 大小有关，可以看作关于 x 的函数，我们称为分布函数。

定义 2.3.1 设 X 是一个随机变量，x 是任意实数，函数

$$F(x) = P(X \leq x), \quad -\infty < x < +\infty \tag{2.3.1}$$

为 X 的**分布函数**，记作 $X \sim F(x)$ 或 $F_X(x)$。

定义 2.3.1 中的 $P(X \leq x)$ 有时也记作 $P\{X \leq x\}$，定义事件 $(x_1 < X \leq x_2)$ 的概率可以写为

$$P(x_1 < X \leq x_2) = F(x_2) - F(x_1) \tag{2.3.2}$$

式(2.3.2)说明分布函数完整地描述了随机变量的统计规律性。

由分布函数的定义及概率的性质可以证明分布函数具有以下性质：

（1）$F(x)$ 是单调不减函数；

（2）$0 \leq F(x) \leq 1$；

（3）$F(-\infty) = \lim\limits_{x \to -\infty} F(x) = 0$。

　　$F(+\infty) = \lim\limits_{x \to +\infty} F(x) = 1$。

（4）$F(x+0) = F(x)$，即 $F(x)$ 是右连续函数。

证明：略。

事实上，任何一个随机变量都有分布函数，若已知一个随机变量的分布函数，则可以由分布函数计算由该随机变量确定的任何随机事件的概率。例如，

$P(a < X \leq b) = P(X \leq b) - P(X \leq a) = F(b) - F(a)$；

$P(a \leq X \leq b) = P(X \leq b) - P(X < a) = F(b) - F(a) + P(X = a)$；

$P(X = x_0) = \lim\limits_{\Delta x \to 0^+} P(x_0 - \Delta x < X \leq x_0)$

　　　　　$= \lim\limits_{\Delta x \to 0^+} \left[F(x_0) - F(x_0 - \Delta x) \right] = F(x_0) - F(x_{0^+})$；

$P(X > a) = 1 - P(X \leq a) = 1 - F(a)$

例 2.3.1（续案例 2.2.1）　当 $p = 0.5$ 时，毕业生完成该职位应聘通过的考试轮数 X 的概率分布如下表所示。

X	0	1	2	3
p_i	0.5	0.25	0.125	0.125

计算随机变量 X 的分布函数。

解：根据分布函数的定义及随机变量 X 的分布律，可知

当 $x < 0$ 时，$P(X \leq x) = P(\varnothing) = 0$；

当 $0 \leq x < 1$ 时，$P(X \leq x) = P(X = 0) = 0.5$；

当 $1 \leq x < 2$ 时，$P(X \leq x) = P(X = 0) + P(X = 1) = 0.75$；

当 $2 \leq x < 3$ 时，$P(X \leq x) = P(X = 0) + P(X = 1) + P(X = 2) = 0.875$；

当 $x \geq 3$ 时，$P(X \leq x) = P(X = 0) + P(X = 1) + P(X = 2) + P(X = 3) = 1$。

因此，X 的分布函数为

$$F(x) = \begin{cases} 0, & x < 0 \\ 0.5, & 0 \leq x < 1 \\ 0.75, & 1 \leq x < 2 \\ 0.875, & 2 \leq x < 3 \\ 1, & x \geq 3 \end{cases}$$

分布函数如图 2.3.1 所示。

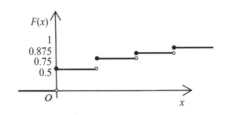

图 2.3.1　分布函数

从这个例子可以看出，离散型随机变量的分布函数是一个分段阶梯函数，它在随机变量的可能取值点发生跳跃，显得过于复杂，使用概率分布更加直观且简单。

一般地，设离散型随机变量 X 的概率分布为

$$p_i = P(X = x_i), \ i = 1, 2, \cdots, n, \cdots$$

则 X 的分布函数为

$$F(x) = P(X \leqslant x) = \sum_{x_i \leqslant x} P(X = x_i)$$

分布函数 $F(x)$ 在 $x = x_i (i = 1, 2, \cdots)$ 处具有跃度 p_i。反之，若一个随机变量 X 的分布函数为阶梯形函数，并且在 $x = x_i (i = 1, 2, \cdots)$ 处发生跳跃，则跃度恰好为随机变量 X 在 $x = x_i$ 点处的概率 $p_i = P(X = x_i)$。

例 2.3.2　向区间[0,2]内任意掷一质点，设此试验是几何概型，即质点等可能地落在区间 [0,2]内的任一位置，求质点的坐标 X 的分布函数。

解：由题意可知，

当 $x < 0$ 时，$\{X \leqslant x\}$ 是不可能事件，于是 $F(x) = P(X \leqslant x) = 0$；

当 $0 \leqslant x < 2$ 时，$F(x) = P(X \leqslant x) = P(0 < X \leqslant x) = \dfrac{x}{2}$；

当 $x \geqslant 2$ 时，$F(x) = P(X \leqslant x) = P(0 < X \leqslant 2) = 1$。

于是 X 的分布函数为

$$F(x) = \begin{cases} 0, & x < 0 \\ \dfrac{x}{2}, & 0 \leqslant x < 2 \\ 1, & x \geqslant 2 \end{cases}$$

$F(x)$ 的图形（见图 2.3.2）是一条连续曲线。

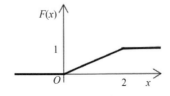

图 2.3.2　$F(x)$ 的图形

2.4　连续型随机变量的概率密度

对于任何一个随机变量，都可以用概率分布函数刻画它在随机试验中的可能取值与对应的概率分布，但是并不直观。从 2.3 节可知离散型随机变量最直观的刻画方式是概率分布或概率分布表。类似地，连续型随机变量的直观刻画方式是概率密度。

2.4.1　概率密度

案例 2.4.1　某半导体制造商为了分析其生产的某种型号电子元件的质量，对该型号电子元件的使用寿命进行抽查，下表是 12000 只电子元件使用寿命 X（单位：kh）的调查数据。

组距	1.0~1.5	1.5~2.0	2.0~2.5	2.5~3.0	3.0~3.5	3.5~4	4~4.5	4.5~5	5~5.5	>5.5
频率	0.4017	0.1997	0.1216	0.0814	0.0546	0.0440	0.0321	0.0283	0.0234	0.0132

下面根据这些调查数据刻画随机变量 X 的概率分布情况。

首先引入频率直方图，它能够反映数据分布特征，该图形的画法：在直角坐标系中，以随机变量的取值为横坐标，横轴上的每个小区间对应一个组距，以此为底，以频率与组距的比值为高，在各个小区间上画出小矩形，该图形称为**频率直方图**。可以通过频率直方图计算随机变量在任何区间上的频率。当样本容量 n 无限增大时，频率直方图边缘的阶梯形折线逼近一条曲线，这条曲线就称为该随机变量的概率密度曲线。换言之，当 n 充分大时，频率直方图近似地反映了概率密度曲线的大致形状，在统计推断中常常由此提出对随机变量分布形式的假设。图 2.4.1 所示为案例 2.4.1 的频率直方图。

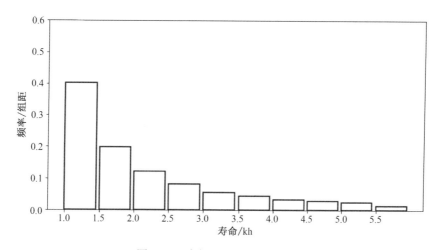

图 2.4.1　案例 2.4.1 的频率直方图

图 2.4.1 中每个小矩形的面积为对应区间的频数，全部小矩形的面积之和是 1。根据上图我们可以估计电子元件寿命落在某子区间的概率。例如，估计 $1 < X \leqslant 2$ 的概率时，只要将第一个区间和第二个区间的两个矩形面积相加，即 0.4017+0.1997=0.6014。估计 $1.25 < X \leqslant 1.75$

的概率时，显然等于第一个区间面积的一半加上第二个区间面积的一半，即
$0.5 \times 0.4017 + 0.5 \times 0.1997 \approx 0.3008$。

图 2.4.2 在图 2.4.1 的基础上绘制了函数 $f(x) = \begin{cases} \dfrac{1}{x^2}, & x > 1 \\ 0, & \text{其他} \end{cases}$ 的图形，可见该函数很好地拟

合了频率直方图的外廓曲线，因此通过这次调查我们可以认为这批电子元件的使用寿命的概率分布可以用该函数近似描述。该函数通过与 x 轴所夹的曲线梯形给出任何区间中的精确概率。例如，$a < X \le b$ 的概率可以表示为 $\int_a^b f(x)\mathrm{d}x$。由此我们得到如下定义。

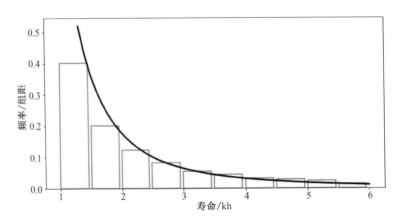

图 2.4.2　频率直方图的近似拟合

定义 2.4.1　设 $F(x)$ 是随机变量 X 的分布函数，若存在一个非负的函数 $f(x)$，对任何给定的 x，有

$$F(x) = \int_{-\infty}^{x} f(t)\mathrm{d}t \tag{2.4.1}$$

则称 X 为**连续型随机变量**，其中函数 $f(x)$ 称为 X 的**概率密度函数**，简称**概率密度**。

由定义 2.4.1 可知连续型随机变量的分布函数 $F(x)$ 是连续函数，且 $F(x)$ 是 $(-\infty, x]$ 范围内曲线 $f(x)$ 下的面积 A，曲线 $f(x)$ 如图 2.4.3 所示。

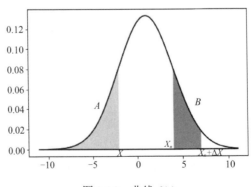

图 2.4.3　曲线 $f(x)$

图 2.4.3 中以 $(x_0, x_0 + \Delta x]$ 范围内曲线 $y = f(x)$ 下的面积 B 表示概率 $P\{x_0 \le X \le x_0 + \Delta x\}$ 的值。若 $f(x)$ 在 x_0 处连续，则

$$P\{x_0 \leqslant X \leqslant x_0 + \Delta x\} = \int_{x_0}^{x_0+\Delta x} f(t)\mathrm{d}t \approx f(x_0)\Delta x$$

这说明概率密度的数值反映了随机变量 X 取 x_0 邻近值的概率。

由定义 2.4.1 容易证明，概率密度函数具有以下性质：

（1）非负性：$f(x) \geqslant 0$。

（2）规范性：$\int_{-\infty}^{+\infty} f(x)\mathrm{d}x = 1$。

（3）若 a 为连续型随机变量 X 的一个可能取值，则 $P(X=a)=0$。

证明：

$$P\{X=a\} = \lim_{\Delta x \to 0} P\{a < X \leqslant a + \Delta x\} = \lim_{\Delta x \to 0} \int_a^{a+\Delta x} f(x)\mathrm{d}x = 0$$

（4）对于任意实数 a、b（$a<b$），有

$$P(a < X \leqslant b) = P(a \leqslant X \leqslant b) = P(a < X < b) = P(a \leqslant X < b) = \int_a^b f(x)\mathrm{d}x;$$

$$P(X \leqslant b) = P(X < b) = \int_{-\infty}^b f(x)\mathrm{d}x;$$

$$P(X > a) = P(X \geqslant a) = \int_a^{+\infty} f(x)\mathrm{d}x。$$

（5）若 $f(x)$ 在点 x 处连续，则 $F'(x) = f(x)$。

性质（1）及性质（2）是检验一个函数能否作为连续型随机变量的概率密度的标准。性质（3）说明概率值为零的事件不一定是不可能事件，而概率值为 1 的事件不一定是必然事件。

例 2.4.1 设连续型随机变量 X 的概率密度为

$$f(x) = \begin{cases} k\cos x, & -\dfrac{\pi}{2} < x < \dfrac{\pi}{2} \\ 0, & \text{其他} \end{cases}$$

求：（1）系数 k；（2）$P\left(0 < X \leqslant \dfrac{\pi}{3}\right)$；（3）分布函数 $F(x)$。

解：（1）由概率密度的性质，可得

$$\int_{-\infty}^{+\infty} f(x)\mathrm{d}x = \int_{-\frac{\pi}{2}}^{\frac{\pi}{2}} k\cos x\mathrm{d}x = 2k = 1, \text{ 所以} k = \frac{1}{2}。$$

（2）$P\left(0 < X \leqslant \dfrac{\pi}{3}\right) = \int_0^{\frac{\pi}{3}} \dfrac{1}{2}\cos x\mathrm{d}x = \dfrac{\sqrt{3}}{4}$。

（3）由分布函数的定义，可得

当 $x < -\dfrac{\pi}{2}$ 时，$F(x) = \int_{-\infty}^x 0\mathrm{d}t = 0$；

当 $-\dfrac{\pi}{2} \leqslant x < \dfrac{\pi}{2}$ 时，$F(x) = \int_{-\infty}^x f(t)\mathrm{d}t = \int_{-\frac{\pi}{2}}^x \dfrac{1}{2}\cos t\mathrm{d}t = \dfrac{1}{2}(\sin x + 1)$；

当 $x \geqslant \dfrac{\pi}{2}$ 时，$F(x) = F(x) = \int_{-\infty}^x f(t)\mathrm{d}t = 1$。

所以

$$F(x) = \begin{cases} 0, & x < -\dfrac{\pi}{2} \\ \dfrac{1}{2}(\sin x + 1), & -\dfrac{\pi}{2} \leqslant x < \dfrac{\pi}{2} \\ 1, & x \geqslant \dfrac{\pi}{2} \end{cases}$$

下面介绍常用的连续型随机变量分布，包括均匀分布、指数分布、正态分布。

2.4.2 常用的连续型随机变量分布

1. 均匀分布

定义 2.4.2 设 $a<b$，若随机变量 X 的分布 $F(x)$ 具有密度函数

$$f(x) = \begin{cases} \dfrac{1}{b-a}, & a \leqslant x \leqslant b \\ 0, & \text{其他} \end{cases} \tag{2.4.2}$$

则称 X 在区间 $[a, b]$ 上服从**均匀分布**，记作 $X \sim U(a,b)$。如此定义的 $f(x)$ 显然是一个概率密度函数，相应的分布函数为

$$F(x) = \begin{cases} 0, & x < a \\ \dfrac{x-a}{b-a}, & a \leqslant x \leqslant b \\ 1, & \text{其他} \end{cases} \tag{2.4.3}$$

例 2.4.2 某公共汽车站从上午 7:00 起，每隔 15min 来一班车，即 7:00、7:15、7:30、7:45 等时刻有汽车到达此站。如果乘客到达此站的时间 X 是 7:00～7:30 的均匀随机变量，试求候车时间少于 5min 的概率。

解：以 7:00 为起点 0，以分钟为单位，依题意，$X\sim U(0,30)$，则有

$$f(x) = \begin{cases} \dfrac{1}{30}, & 0 < x < 30 \\ 0, & \text{其他} \end{cases}$$

为使候车时间少于 5min，乘客必须在 7:10～7:15 或 7:25～7:30 时间段到达车站，因此所求概率为 $P(10 < X < 15) + P(25 < X < 30) = \int_{10}^{15} \dfrac{1}{30}\mathrm{d}x + \int_{25}^{30} \dfrac{1}{30}\mathrm{d}x = \dfrac{1}{3}$，即乘客候车时间少于 5min 的概率是 1/3。

2. 指数分布

定义 2.4.3 若随机变量 X 具有概率密度函数

$$f(x) = \begin{cases} \lambda \mathrm{e}^{-\lambda x}, & x > 0 \\ 0, & x \leqslant 0 \end{cases} \tag{2.4.4}$$

其中 $\lambda > 0$ 为常数，则称 X 服从参数为 λ 的**指数分布**，简记为 $X \sim E(\lambda)$。

显然，指数分布的分布函数为

$$F\left(x\right)=\begin{cases}1-\mathrm{e}^{-\lambda x}, & x>0 \\ 0, & x\leqslant 0\end{cases} \tag{2.4.5}$$

指数分布的概率密度函数图如图 2.4.4 所示。

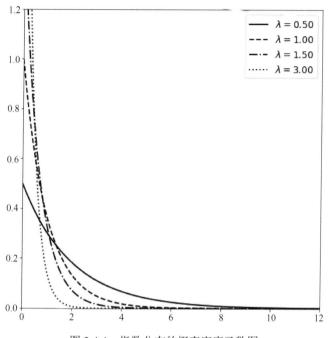

图 2.4.4　指数分布的概率密度函数图

从图 2.4.4 可以看出，参数 λ 越大，概率密度函数下降得越快。指数分布经常用作各种"寿命"分布的近似。

例 2.4.3　某灯泡的寿命 X 服从指数分布，已知其参数 $\lambda=\dfrac{1}{1000}$，求三个这样的灯泡使用 1000h 后，至少有一个损坏的概率。

解：$X\sim E\left(\lambda\right)$，其分布函数为

$$F\left(x\right)=\begin{cases}1-\mathrm{e}^{-\frac{x}{1000}}, & x\geqslant 0 \\ 0, & x<0\end{cases}$$

由此得到灯泡寿命大于 1000h 的概率为

$$P\left(X>1000\right)=1-P\left(X\leqslant 1000\right)=1-F\left(1000\right)=\mathrm{e}^{-1}$$

而各灯泡的寿命是否超过 1000h 是独立的，用 Y 表示使用 1000h 后损坏的灯泡数，则 $Y\sim B\left(3,1-\mathrm{e}^{-1}\right)$

所求概率为

$$P\left(Y\geqslant 1\right)=1-P\left(Y=0\right)=1-(\mathrm{e}^{-1})^{3}=1-\mathrm{e}^{-3}$$

例 2.4.4　某电子元件的寿命 X（单位：年）服从参数为 3 的指数分布：（1）求该电子元件寿命超过 2 年的概率；（2）已知该电子元件已使用了 1.5 年，求它还能使用 2 年的概率。

解：依题意，X 的概率密度函数为

$$f(x) = \begin{cases} 3e^{-3x}, & x > 0 \\ 0, & x \leq 0 \end{cases}$$

（1） $P(X > 2) = \int_2^{+\infty} f(x)\mathrm{d}x = \int_2^{+\infty} 3e^{-3x}\mathrm{d}x = e^{-6}$；

（2） $P(X > 3.5 | X > 1.5) = \dfrac{P(X > 3.5, X > 1.5)}{P(X > 1.5)} = \dfrac{\int_{3.5}^{+\infty} 3e^{-3x}\mathrm{d}x}{\int_{1.5}^{+\infty} 3e^{-3x}\mathrm{d}x} = e^{-6}$。

说明指数分布的最重要特点为"无记忆性"。即若 X 服从指数分布，则对任意的 $s, t > 0$，有

$$P(X > s + t | X > s) = P(X > t) \tag{2.4.6}$$

3．正态分布

我们先来看两个案例。

案例 2.4.2 公共汽车车门高度的主要参照指标之一为成年男性的身高。为合理设计公共汽车的车门高度，汽车制造商寻求某特大城市健康卫生中心的帮助，从其数据库随机调取了 10000 个成年男性的身高数据，能否根据这些数据估计成年男性身高的概率分布？这个分布呈现了什么特点？

分析：图 2.4.5 是 10000 个成年男性身高的频率直方图，图中有一条比较对称的曲线逼近于直方图的外廓曲线，该曲线可以近似作为成年男性身高的概率密度曲线。

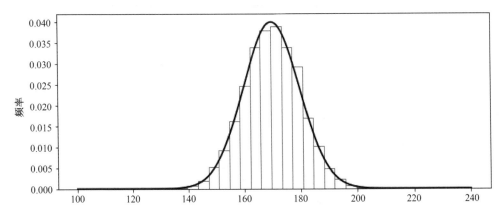

图 2.4.5　10000 个成年男性身高的频率直方图

案例 2.4.3 假定步枪射手瞄准靶子在固定的位置进行一系列的射击。令 X 是命中点与过靶心垂线的水平偏离值（单位：cm），设 X 取值 $[-5, 5]$，则 X 是一个连续型随机变量。为了计算 X 落在某区间的概率，将 $[-5, 5]$ 分为长为 1cm 的小区间。对于每个小区间，落在该区间内的弹孔数除以弹孔总数可以得到落在该区间内的弹孔的相对频数。设总弹孔数为 100，测量结果如下表所示：

区间	[−5,−4)	[−4,−3)	[−3,−2)	[−2,−1)	[−1,0)	[0,1)	[1,2)	[2,3)	[3,4)	[4,5]
弹孔数	1	1	6	13	24	27	16	7	3	2
频率	0.01	0.01	0.06	0.13	0.24	0.27	0.16	0.07	0.03	0.02

偏离值的频率直方图如图 2.4.6 所示。

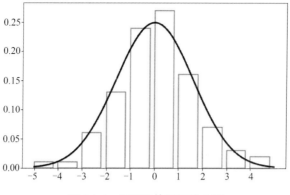

图 2.4.6　偏离值的频率直方图

　　由上述两个案例的频率直方图可以看出，其共同特点是数据在某点附近比较集中，超过一定范围时迅速减少，频率直方图的外廓曲线近似于一条对称的曲线。这种具有类似钟形分布结构的随机变量在日常生活中十分常见，如某人群的血压指标、某地区每年的降雨量、产品尺寸或重量的测量误差、某门课程学生的考试成绩等，它们均可视为近似服从于正态分布。

　　定义 2.4.3　若一个随机变量 X 具有概率密度函数

$$f(x) = \frac{1}{\sqrt{2\pi}\sigma} e^{-\frac{(x-\mu)^2}{2\sigma^2}}, \quad -\infty < x < +\infty \tag{2.4.7}$$

则称 X 服从参数为 μ 和 σ^2 的**正态分布**，记为 $X \sim N(\mu, \sigma^2)$，其中 μ 和 $\sigma(\sigma > 0)$ 都是常数。

　　其分布函数为

$$F(x) = \frac{1}{\sqrt{2\pi}\sigma} \int_{-\infty}^{x} e^{-\frac{(t-\mu)^2}{2\sigma^2}} \, dt$$

正态分布的概率密度函数如图 2.4.7 所示。

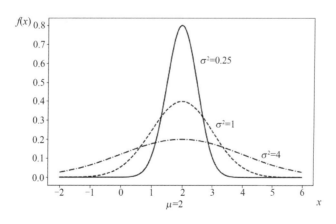

图 2.4.7　正态分布的概率密度函数

从图中不难看出 $f(x)$ 具有下列性质：

（1）$f(x)$ 关于 $x = \mu$ 对称；

（2）$f(x)$ 在 $x = \mu$ 处有最大值 $f(\mu) = \dfrac{1}{\sqrt{2\pi}\sigma}$；

（3）当 $x \to \pm\infty$ 时，曲线以 x 轴为渐近线。

另外，$f(x)$ 在 $(-\infty, \mu)$ 和 $(\mu, +\infty,)$ 内严格单调。σ 的大小决定了分布函数的陡峭程度。

特别地，当 $\mu = 0$，$\sigma = 1$ 时正态分布 $N(0,1)$ 称为**标准正态分布**，其分布函数为

$$\varphi(x) = \frac{1}{\sqrt{2\pi}} e^{-\frac{x^2}{2}}, \quad -\infty < x < +\infty \tag{2.4.8}$$

$\varphi(x)$ 是一个偶函数，其图形关于 y 轴对称，相应的分布函数记为 $\Phi(x)$，即

$$\Phi(x) = \frac{1}{\sqrt{2\pi}} \int_{-\infty}^{x} e^{-\frac{t^2}{2}} dt$$

因为

$$\Phi(-x) = \frac{1}{\sqrt{2\pi}} \int_{-\infty}^{-x} e^{-\frac{t^2}{2}} dt \overset{t=-u}{=} \frac{1}{\sqrt{2\pi}} \int_{x}^{+\infty} e^{-\frac{u^2}{2}} du$$

$$= \frac{1}{\sqrt{2\pi}} \int_{-\infty}^{+\infty} e^{-\frac{t^2}{2}} dt - \frac{1}{\sqrt{2\pi}} \int_{-\infty}^{x} e^{-\frac{t^2}{2}} dt = 1 - \Phi(x)$$

所以 $\Phi(-x) = 1 - \Phi(x)$。

为了方便计算，人们编制了 $x \geqslant 0$ 的 $\Phi(x)$ 的数值表（见附表 3 标准正态分布表）。由上式即可求得 $x < 0$ 时 $\Phi(x)$ 的值。

一般地，正态分布 $N(\mu, \sigma^2)$ 的概率密度函数 $F(x)$ 与标准正态分布函数 $\Phi(x)$ 之间有如下关系：

$$F(x) = \Phi\left(\frac{x-\mu}{\sigma}\right) \tag{2.4.9}$$

因为

$$F(x) = \frac{1}{\sqrt{2\pi}\sigma} \int_{-\infty}^{x} e^{-\frac{(t-\mu)^2}{2\sigma^2}} dt \overset{v=\frac{t-\mu}{\sigma}}{=} \frac{1}{\sqrt{2\pi}} \int_{-\infty}^{\frac{x-\mu}{\sigma}} e^{-\frac{v^2}{2}} dv = \Phi\left(\frac{x-\mu}{\sigma}\right)$$

此式说明若随机变量 $X \sim N(\mu, \sigma^2)$，那么随机变量 $\frac{X-\mu}{\sigma} \sim N(0,1)$。根据式(2.4.9)可将 $F(X)$ 的计算转化为 $\Phi\left(\frac{x-\mu}{\sigma}\right)$ 的计算，进而利用附表 3 标准正态分布表求解。

例 2.4.5 设 $X \sim N(1,4)$，求 $P(1.2 < X \leqslant 3)$，$P(X \geqslant 4)$，$P(|X| \leqslant 2)$。

解：
$$P(1.2 < X \leqslant 3) = F(3) - F(1.2)$$
$$= \Phi\left(\frac{3-1}{2}\right) - \Phi\left(\frac{1.2-1}{2}\right)$$
$$= \Phi(1) - \Phi(0.1)$$
$$= 0.8413 - 0.5398 = 0.3015 \quad \text{（查附表 3）}$$
$$P(X \geqslant 4) = 1 - P(X \leqslant 4) = 1 - F(4)$$
$$= 1 - \Phi\left(\frac{4-1}{2}\right) = 1 - \Phi(1.5)$$
$$= 1 - 0.9332 = 0.0668 \quad \text{（查附表 3）}$$

$$P(|X| \leqslant 2) = P(-2 \leqslant X \leqslant 2) = F(2) - F(-2)$$
$$= \Phi\left(\frac{2-1}{2}\right) - \Phi\left(\frac{-2-1}{2}\right)$$
$$= \Phi(0.5) - \Phi(-1.5) = \Phi(0.5) - \left[1 - \Phi(1.5)\right]$$
$$= 0.6915 + 0.9332 - 1 = 0.6247 \qquad \text{(查附表 3)}$$

例 2.4.6 设 $X \sim N(\mu, \sigma^2)$，$P(\mu - k\sigma < X < \mu + k\sigma) = 0.95$，求 k 的值。

解：令 $X \sim F(x)$ 为正态分布 $N(\mu, \sigma^2)$ 的分布函数，则有
$$P(\mu - k\sigma < x < \mu + k\sigma) = F(\mu + k\sigma) - F(\mu - k\sigma)$$
$$= \Phi(k) - \Phi(-k)$$
$$= 2\Phi(k) - 1 = 0.95$$

所以 $\Phi(k) = 0.975$，查附表 3，得 $k = 1.96$。

例 2.4.7 设 $X \sim N(\mu, \sigma^2)$，求概率 $P(|X - \mu| \leqslant \sigma)$，$P(|X - \mu| \leqslant 2\sigma)$，$P(|X - \mu| \leqslant 3\sigma)$。

解：
$$P(|X - \mu| \leqslant \sigma) = P(\mu - \sigma \leqslant X - \mu \leqslant \mu + \sigma)$$
$$= \Phi\left(\frac{\mu + \sigma - \mu}{\sigma}\right) - \Phi\left(\frac{\mu - \sigma - \mu}{\sigma}\right)$$
$$= \Phi(1) - \Phi(-1) = 2\Phi(1) - 1$$
$$= 0.6826 \qquad \text{(查附表 3)}$$

同理可得
$$P(|X - \mu| \leqslant 2\sigma) = 0.9544$$
$$P(|X - \mu| \leqslant 3\sigma) = 0.9973$$

从上例的结果看，$P(|X - \mu| > 3\sigma) = 1 - 0.9973 = 0.0027$，数值很小，因此在实际问题中认为事件 $(|X - \mu| > 3\sigma)$ 不太可能发生，认为 X 几乎落在以 μ 为中心、3σ 为半径的范围内，这在统计学上称为 3σ 原则。

正态分布是概率论中的重要分布，一方面，正态分布在实际问题中最常见，经验表明，当一个变量受到大量微小的、独立的随机因素影响时，这个变量一般都服从或近似服从正态分布，如测量误差、同龄人的身高、某地区年降雨量、电子管中的噪声电流或电压、飞机材料的疲劳应力、海洋波浪的高度、农作物的单位面积产量等都服从正态分布；另一方面，在后续中心极限定理的学习中，正态分布也有着十分重要的理论意义。

2.5 随机变量函数的分布

随机变量在本质上是对随机现象的量化。例如，X 为抛掷骰子的点数，则 X 可能为 $\{1,2,3,4,5,6\}$ 中的某个值。若将 X 看作自变量，则与 X 有关的函数（如 $2X+5$，X^2）也会随着 X 的取值而变化，即这些函数也是随机变量。假设已知 X 的概率分布，那么如何得到 X 函数 $Y = g(X)$ 的概率分布呢？

2.5.1 离散型随机变量函数的分布

我们先来看一个案例。

案例 2.5.1 有 2500 名从事某种职业的职工参加了一项人寿保险，每人在年初向保险公司交付保险费 120 元。根据以往的数据统计，这类人在这一年内死亡的概率为 $p=2\%$，若在这一年内投保人亡故，则保险公司向投保人家属支付 20000 元。是否可以据此确定保险公司每年利润的概率分布，以及每年赔本的概率？

分析：不难理解保险公司的利润依赖于 2500 个投保人中意外死亡的人数 X，显然 $X \sim B(2500,0.002)$。

设保险公司的利润为 Y（单位：元），显然 Y 是 X 的函数，令 $Y=g(X)=300000-20000X$。案例中的问题就是确定 $Y=g(X)$ 的概率分布，并求概率 $P(Y<0)$。

一般地，假设随机变量 X 为离散型随机变量，其概率分布为

$$P(X = a_i) = p_i, \ i = 1,2,\cdots,n,\cdots$$

又设函数 $Y=g(x)$，求 $Y=g(X)$ 的概率分布的一般步骤如下。

（1）确定随机变量 $Y=g(X)$ 的所有可能取值；

（2）计算 Y 的概率分布。

$$P(Y = y_i) = P(g(X) = y_i) = \sum_{g(x_i)=y_i} p_j, \ i = 1,2,\cdots,n,\cdots$$

解：

根据前面的分析过程，因为 X 为离散型随机变量，Y 也是离散型随机变量，保险公司每年利润 Y 的所有可能取值为

$$Y=300000-20000k，k=0,1,2,\cdots,2500$$

并且

$$P(Y=300000-20000k)=P(300000-20000X=300000-20000k)=P(X=k)，k=0,1,2,\cdots,2500$$

由此得到保险公司利润 Y 的概率分布为

$$P(Y=300000-20000k)= \mathrm{C}_{2500}^k 0.002^k 0.998^{2500-k}，k = 0,1,2,\cdots,2500$$

保险公司每年赔本的概率为

$$P(Y < 0) = P(X > 15) = \sum_{k=16}^{2500} \mathrm{C}_{2500}^k 0.002^k 0.998^{2500-k} \approx 0.00007$$

由此可以看出，保险公司这个险种亏本的可能性极小，亏本的概率仅约为十万分之七。

注：上述计算结果可用 Excel 软件得到，请感兴趣的读者自行练习。

例 2.5.1 已知随机变量 X 的概率分布如下表所示。

X	-1	0	1	2
p_i	0.2	0.3	0.1	0.4

求 $Y=X^2+2$ 的概率分布。

解：根据 X 的概率分布，列出下表。

X	-1	0	1	2
p_i	0.2	0.3	0.1	0.4
$Y=X^2+2$	3	2	3	6

将 Y 取值相同的项的概率相加，可得 Y 的概率分布为

Y	2	3	6
p_i	0.3	0.3	0.4

从上例看，离散型随机变量的函数仍然是离散型随机变量，已知离散型随机变量概率分布的情况下寻求它的某个已知函数的概率分布比较容易，可参照上例举一反三。

2.5.2 连续型随机变量函数的分布

连续型随机变量的函数不一定是连续型随机变量，我们在这里主要讨论连续型随机变量的函数 $Y=g(X)$ 是连续型随机变量的情形。

例 2.5.2　设随机变量 X 的分布函数为 $F(x)$，概率密度函数为 $f(x)$，$Y=X^2$，求 Y 的概率密度函数。

解：设 $F_Y(y)$、$f_Y(y)$ 分别为随机变量 Y 的分布函数和概率密度函数，根据分布函数的定义，当 $y \leqslant 0$ 时，

$$F_Y(y) = P(Y \leqslant y) = P(X^2 \leqslant y) = P(\varnothing) = 0$$

当 $y > 0$ 时，

$$F_Y(y) = P(Y \leqslant y) = P(X^2 \leqslant y) = P(-\sqrt{y} \leqslant X \leqslant \sqrt{y}) = F(\sqrt{y}) - F(-\sqrt{y})$$

由 $f_Y(y) = F_Y'(y)$，得

$$f_Y(y) = \begin{cases} \dfrac{1}{2\sqrt{y}} f(\sqrt{y}) + \dfrac{1}{2\sqrt{y}} f(-\sqrt{y}), & y > 0 \\ 0, & y \leqslant 0 \end{cases}$$

例 2.5.3　设随机变量 $X \sim N(0,1)$，$Y = e^X$，求 Y 的概率密度函数。

解：设 $F_Y(y), f_Y(y)$ 分别为随机变量 Y 的分布函数和概率密度函数，根据分布函数定义，当 $y \leqslant 0$ 时，

$$F_Y(y) = P(Y \leqslant y) = P(e^X \leqslant y) = P(\varnothing) = 0$$

当 $y > 0$ 时，因为 $g(x) = e^x$ 是 x 的严格单调增函数，所以有

$$P(e^X \leqslant y) = P(X \leqslant \ln y)$$

因而

$$F_Y(y) = P(X \leqslant \ln y) = \frac{1}{\sqrt{2\pi}} \int_{-\infty}^{\ln y} e^{-\frac{x^2}{2}} dx$$

再由 $f_Y(y) = F_Y'(y)$，得

$$f_Y(y) = \begin{cases} \dfrac{1}{\sqrt{2\pi}y} e^{-\frac{(\ln y)^2}{2}}, & y > 0 \\ 0, & y \leqslant 0 \end{cases}$$

通常称该例中的 Y 服从对数正态分布，它也是一种常用的寿命分布。

例 2.5.4　已知随机变量 X 的分布函数 $F(X)$ 是严格单调的连续函数，证明 $Y=F(X)$ 服从 $[0,1]$ 上的均匀分布。

证明：设 $F_Y(y), f_Y(y)$ 分别为随机变量 Y 的分布函数和概率密度函数，由于 $F(X)$ 是严格单调增的连续函数，其反函数 $F^{-1}(X)$ 存在且严格单调递增。

依题意，Y 的取值范围为[0,1]，当 $y \leq 0$ 时，$F_Y(y) = P(Y \leq y) = 0$；

当 $y > 1$ 时，$F_Y(y) = P(Y \leq y) = P(Y \leq 1) = 1$；

当 $0 < y \leq 1$ 时，$F_Y(y) = P(Y \leq y) = P(F(X) \leq y) \overset{F^{-1}严格单调递增}{=} P(X \leq F^{-1}(y)) = F(F^{-1}(y)) = y$。

Y 的分布函数是

$$F_Y(y) = \begin{cases} 0, & y < 0 \\ y, & 0 \leq y \leq 1 \\ 1, & y > 1 \end{cases}$$

Y 的概率密度函数为

$$f_Y(y) = \begin{cases} 1, & 0 \leq y \leq 1 \\ 0, & 其他 \end{cases}$$

可见，Y 服从[0,1]上的均匀分布。

从上述的例题可以看出，已知连续型随机变量 X 的分布，可根据分布函数的定义求解 $Y=g(X)$ 的分布函数，关键在于根据 $g(X) \leq y$ 求解 X 的分布，这种求解方法一般称为**分布函数法**。例 2.5.3、例 2.5.4 中的 $g(X)$ 为单调递增函数，显然在这种情况下求解更简单。对于 $g(X)$ 为严格单调递增函数的情形，下面提供一种更简单的求解方法。

定理 2.5.1 设随机变量 X 的概率密度函数为 $f_X(x)(x \in (-\infty, +\infty))$，又设 $y = g(x)$ 是严格单调可导函数，则 $Y = g(X)$ 是一个连续型随机变量，其概率密度函数为

$$f_Y(y) = \begin{cases} f_X[h(y)]|h'(y)|, & \alpha < y < \beta \\ 0, & 其他 \end{cases}$$

式中，$x = h(y)$ 是 $y = g(x)$ 的反函数，且 $\alpha = \min(g(x))$，$\beta = \max(g(x))$。

证明：只证 $g(x)$ 在 $(-\infty, +\infty)$ 内为严格单调递增函数的情形，此时 $g(x)$ 的反函数存在，且在 (α, β) 内严格单调递增且可导，记 X 和 Y 的分布函数为 $F_X(x)$，$F_Y(y)$。

当 $y \leq \alpha$ 时，$F_Y(y) = 0$；

当 $y \geq \beta$ 时，$F_Y(y) = 1$；

当 $\alpha \leq y \leq \beta$ 时，$F_Y(y) = P(Y \leq y) = P(g(X) \leq y) = P(X \leq h(y)) = F_X(h(y))$。

对 $F_Y(y)$ 求导，可得 Y 的概率密度函数为

$$f_Y(y) = \begin{cases} f_X[(h(y)]h'(y), & \alpha < y < \beta \\ 0, & 其他 \end{cases}$$

由于 $g(x)$ 为严格单调递增函数，其反函数 $h(y)$ 也是严格单调递增函数，$h'(y)>0$，可得

$$f_Y(y) = \begin{cases} f_X[h(y)]|h'(y)|, & \alpha < y < \beta \\ 0, & 其他 \end{cases}$$

对于 $g(x)$ 为严格单调递减函数时，也可以证明 $f_Y(y) = \begin{cases} -f_X\big[(h(y))\big]h'(y), & \alpha < y < \beta \\ 0, & \text{其他} \end{cases}$，

此时 $h'(y) < 0$，可得

$$f_Y(y) = \begin{cases} f_X\big[(h(y))\big]\big|h'(y)\big|, & \alpha < y < \beta \\ 0, & \text{其他} \end{cases}$$

对于随机变量 X 的密度函数在有限区间 $[a,b]$ 以外等于 0 的情况，定理 2.5.1 只要求 $g(x)$ 在 $[a,b]$ 的范围内为严格单调函数。

例 2.5.5　已设随机变量 $X \sim N(\mu, \sigma^2)$，试证明 X 的线性函数

$$Y = aX + b\,(a \neq 0)$$

也服从正态分布。

证明： X 的概率密度函数为

$$f_x(x) = \frac{1}{\sqrt{2\pi}\sigma} e^{-\frac{(x-\mu)^2}{2\sigma^2}}, \quad -\infty < x < +\infty$$

由于 $y = g(x) = ax + b$ 是严格单调函数，反函数为 $x = h(y) = \frac{y-b}{a}$，则 $h'(y) = \frac{1}{a}$，依据定理 2.5.1，可得

$$f_Y(y) = f_X\left(\frac{y-b}{a}\right)\frac{1}{|a|} = \frac{1}{\sqrt{2\pi}\sigma} e^{-\frac{\left(\frac{y-b}{a}-\mu\right)^2}{2\sigma^2}}\frac{1}{|a|} = \frac{1}{\sqrt{2\pi}|a|\sigma} e^{-\frac{(y-(a\mu+b))^2}{2(a\sigma)^2}}, \quad -\infty < x < +\infty$$

则有 $Y \sim N(a\mu + b, (a\sigma)^2)$。

特别地，当 $Y = \frac{X-\mu}{\sigma}$ 时，由上述结果可得 $Y \sim N(0,1)$，事实上，在正态分布的内容中已经推导了这一结论。本例的结果是一般性的结论，即正态随机变量的线性函数仍然为正态随机变量。

例 2.5.6　已知某学校到火车站有两种交通工具（出租车、公交车）可选：坐出租车平均用时短但不确定性大，根据以往经验，用时 X（单位：min）服从正态分布 $X \sim N(27, 4^2)$；坐公交车平均用时长些但是不确定性小，根据以往经验，用时 Y（单位：min）服从正态分布 $Y \sim N(29, 1^2)$。现有一名学生要在 30min 内去火车站赶火车，请问应该选择出租车还是公交车？

解： 坐出租车 30min 内到达的概率为

$$P(X \leqslant 30) = P\left(\frac{X-27}{4} \leqslant \frac{30-27}{4}\right) = \Phi(0.75)$$

坐公交车 30min 内到达的概率为

$$P(Y \leqslant 30) = P\left(\frac{Y-29}{1} \leqslant \frac{30-29}{1}\right) = \Phi(1)$$

查表可知 $\Phi(1) > \Phi(0.75)$，所以选择坐公交车。

*2.6 典型例题

例 2.6.1 设随机变量 X 的分布函数为 $F(x) = P\{X \leqslant x\} = \begin{cases} 0, & x < -1 \\ 0.4, & -1 \leqslant x < 1 \\ 0.8, & 1 \leqslant x < 3 \\ 1, & x \geqslant 3 \end{cases}$；求随机变量 X

的概率分布。

解：观察分布函数可知，X 为一离散型随机变量且离散点为分布函数的断点，概率为该点的跃度，可得随机变量 X 的概率分布如下表所示。

X	-1	1	3
p	0.4	0.4	0.2

例 2.6.2 设 $F_1(x)$，$F_2(x)$ 分别为随机变量 X_1 与 X_2 的分布函数，为使 $F(x) = aF_1(x) - bF_2(x)$ 是某一随机变量的分布函数，下列给定的各组数值中应选择（　　）。

(A) $a = \dfrac{3}{5}$, $b = -\dfrac{2}{5}$ (B) $a = \dfrac{2}{3}$, $b = \dfrac{2}{3}$

(C) $a = -\dfrac{1}{2}$, $b = \dfrac{3}{2}$ (D) $a = \dfrac{1}{2}$, $b = -\dfrac{3}{2}$

解：$F(+\infty) = aF_1(+\infty) - bF_2(+\infty) = a - b = 1$，因此可以排除选项(B)、(C)、(D)，正确选项为(A)。

例 2.6.3 假设一大型设备在任何时间间隔 T 内发生故障的次数 $N(t)$ 服从参数为 λ 的泊松分布 $N(t) \sim P(\lambda t)$：

（1）求两次故障之间时间间隔 T 的概率分布；

（2）求在设备无故障工作 8h 的情形下，无故障运行 8h 的概率 p。

解：（1）显然 T 为连续型随机变量，设其分布函数为 $F(t)$。

当 $t \leqslant 0$ 时，$F(t) = P(T \leqslant t) = 0$；

当 $t > 0$ 时，$F(t) = P(T \leqslant t) = 1 - P(T > t)$。

而 $P(T > t) = P(N(t) = 0) = e^{-\lambda t}$，所以 $F(t) = 1 - e^{-\lambda t}(t > 0)$，$f(t) = \lambda e^{-\lambda t}, t > 0$, 即 $T \sim E(\lambda)$。

（2）$p = P(T \geqslant 16 \mid T \geqslant 8) = \dfrac{P(T \geqslant 16,\ T \geqslant 8)}{P(T \geqslant 8)} = \dfrac{P(T \geqslant 16)}{P(T \geqslant 8)} = e^{-8\lambda}$

例 2.6.4 假设随机变量 X 的概率密度为 $f(x) = \begin{cases} \dfrac{1}{3\sqrt[3]{x^2}}, & 1 \leqslant x \leqslant 8 \\ 0, & \text{其他} \end{cases}$，$F(x)$ 是 X 的分布函

数，求随机变量 $Y = F(X)$ 的分布函数。

解：$F_Y(y) = P(Y \leqslant y) = P(F(X) \leqslant y)$；

当 $y > 1$ 时，$F_Y(y) = P(Y \leqslant y) = P(F(X) \leqslant y) = 1$；

当 $y<0$ 时，$F_Y(y)=P(Y\leqslant y)=PY=\left(F(X)\leqslant y\right)=0$；

当 $0\leqslant y\leqslant 1$ 时，$F_Y(y)=P(Y\leqslant y)=P\left(F(X)\leqslant y\right)=P\left(X\leqslant F^{-1}(y)\right)=F\left(F^{-1}(y)\right)=y$。

综上所述，$F_Y(y)=\begin{cases}0, & y<0 \\ y, & 0\leqslant y\leqslant 1 \\ 1, & y>1\end{cases}$，显然 $Y\sim U(0,1)$。

例 2.6.5 设随机变量 X 的概率密度为 $f(x)=\begin{cases}\dfrac{1}{3}, & x\in(0,1) \\[2mm] \dfrac{2}{9}, & x\in[3,6] \\[2mm] 0, & \text{其他}\end{cases}$，若 k 使得 $P\{X\geqslant k\}=\dfrac{2}{3}$，求

k 的取值范围。

解：$P(X\geqslant k)=\displaystyle\int_k^{+\infty}f(x)\mathrm{d}x$，可见：

若 $k\leqslant 0$，则 $P(X\geqslant k)=1$；

若 $k>6$，则 $P(X\geqslant k)=0$；

若 $0<k<1$，则 $P(X\geqslant k)=\displaystyle\int_k^1\frac{1}{3}\mathrm{d}x+\int_3^6\frac{2}{9}\mathrm{d}x=\frac{1-k}{3}+\frac{2}{3}$；

若 $1\leqslant k\leqslant 3$，则 $P(X\geqslant k)=\displaystyle\int_k^3 0\mathrm{d}x+\int_3^6\frac{2}{9}\mathrm{d}x=\frac{2}{3}$；

若 $3<k<6$，则 $P(X\geqslant k)=\displaystyle\int_k^6\frac{2}{9}\mathrm{d}x=\frac{2}{9}(6-k)$；

综上，可知 $k\in[1,3]$。

例 2.6.6 设随机变量 X 的绝对值不大于 1，$P(X=-1)=\dfrac{1}{8}$，$P(X=-1)=\dfrac{1}{4}$，$-1<X<1$ 时，

X 在区间（-1，1）内的任一子区间上取值的条件概率与该子区间的长度成正比，试求 $P(X\leqslant x)$。

解：由 $F(x)=P(X\leqslant x)$ 及 $P(|x|\leqslant 1)=1$，可知：

当 $x<-1$ 时，$F(x)=0$，而 $F(-1)=P(X\leqslant -1)=P(X=-1)=\dfrac{1}{8}$；

当 $x\geqslant 1$ 时，$F(x)=1$；

当 $-1<x<1$ 时，

$$\begin{aligned}P(X\leqslant x)&=P(X=-1\bigcup -1<X\leqslant x)=\frac{1}{8}+P(-1<X\leqslant x)\\&=\frac{1}{8}+P(-1<X\leqslant x,-1<X<1)\\&=\frac{1}{8}+P(-1<X<1)P(-1<X\leqslant x\,|\,-1<X<1)\\&=\frac{1}{8}+k(x+1)\end{aligned}$$

其中，常数 k 为比例系数，求系数 k。

$$P(X \leqslant 1) = P(X = -1) + P(X = 1) + P(-1 < X < 1)$$

$$= \frac{1}{8} + \frac{1}{4} + 2k$$

$$= \frac{1}{8} + \frac{1}{4} + 2k = 1 \Rightarrow k = \frac{5}{16}$$

故

$$P\{X \leqslant x\} = \begin{cases} 0, & x < -1 \\ \dfrac{1}{8} + \dfrac{5}{16}(x+1), & -1 \leqslant x < 1 \\ 1, & x \geqslant 1 \end{cases}$$

例 2.6.7 设随机变量 X 的概率密度为 $f(x) = \begin{cases} 2x, & 0 < x < 1 \\ 0, & 其他 \end{cases}$，$Y$ 表示对 X 的三次独立重复观察中事件 $\left\{ X \leqslant \dfrac{1}{2} \right\}$ 出现的次数，求 $P\{X \leqslant 2\}$。

解：对于任何随机变量，都应该先确定随机变量的类型，显然，$Y \sim B(3, p)$。其中

$$p = P\left(X \leqslant \frac{1}{2} \right) = \int_0^{\frac{1}{2}} 2x \mathrm{d}x = \frac{1}{4}, \quad P\{Y = 2\} = \mathrm{C}_3^2 \left(\frac{1}{4} \right)^2 \left(\frac{3}{4} \right) = \frac{9}{64}。$$

例 2.6.8 一房间有 3 扇同样大小的窗户，只有一扇是打开的，有一只鸟从打开的窗户飞入房间，它只能从打开的窗户飞出去。鸟在房子里飞来飞去，试图飞出房间。假设鸟没有记忆且鸟飞向各扇窗户是随机的，计算：

（1）以 X 表示鸟为飞出房间的试飞次数，求 X 的概率分布；

（2）户主声称，他养的一只鸟是有记忆的，它向任一窗户的试飞次数不多于 1，以 Y 表示这只聪明鸟为了飞出房间的试飞次数。假设户主所说是属实的，试求 Y 的概率分布。

解：（1）设 $A_i =$ "第 i 次飞出房间"，则

$$\{X = k\} = \overline{A_1}\, \overline{A_2} \cdots \overline{A_{k-1}}\, A_k \quad (k = 1, 2, \cdots)$$

X 的概率分布为

$$P\{X = k\} = P\left(\overline{A_1}\, \overline{A_2} \cdots \overline{A_{k-1}}\, A_k \right) = \left(\frac{2}{3} \right)^{k-1} \frac{1}{3} \quad (k = 1, 2, \cdots)$$

也可以用下表表示：

Y	1	2	3	$\cdots$
p_k	$\dfrac{1}{3}$	$\dfrac{2}{3} \times \dfrac{1}{3}$	$\left(\dfrac{2}{3} \right)^2 \times \dfrac{1}{3}$	$\cdots$

（2）$\{Y = k\} = \overline{A_1}\, \overline{A_2} \cdots \overline{A_{k-1}}\, A_k \quad (k = 1, 2, 3)$；

$$P(Y = 1) = P(A_1) = \frac{1}{3}$$

$$P(Y = 2) = P(\overline{A_1} A_2) = P(\overline{A_1}) P(A_2 \mid \overline{A_1}) = \frac{2}{3} \times \frac{1}{2} = \frac{1}{3}$$

$$P(Y = 3) = P(\overline{A_1} \overline{A_2} A_3) = P((\overline{A_1}) P(\overline{A_2} \mid \overline{A_1}) P(A_3 \mid \overline{A_1} \overline{A_2})) = \frac{2}{3} \times \frac{1}{2} \times 1 = \frac{1}{3}$$

故 Y 的概率分布为

Y	1	2	3
p_k	$\dfrac{1}{3}$	$\dfrac{1}{3}$	$\dfrac{1}{3}$

习题 2

1．为期一年的一张保险单中，若投保人在投保后一年内意外死亡，则公司赔付 20 万元；若投保人因其他原因死亡，则公司赔付 5 万元；若投保人在投保期内生存，则公司无须支付任何费用。投保人在一年内意外死亡的概率为 0.0002，因其他原因死亡的概率为 0.0010，求公司赔付金额的概率分布。

2．（1）一袋中装有 5 只球，编号为 1、2、3、4、5。在袋中同时取 3 只，以 X 表示取出的 3 只球中的最大号码，写出随机变量 X 的概率分布。

（2）将一颗骰子抛掷两次，以 X 表示两次中得到的小的点数，试求 X 的概率分布。

3．设在 15 只同类型的零件中有 2 只是次品，在其中取 3 次，每次任取 1 只，作不放回抽样，以 X 表示取出的次品数，求 X 的概率分布。

4．进行重复独立试验，设每次试验的成功概率为 p，失败概率为 $q=1-p$（$0<p<1$）。

（1）进行试验到出现一次成功为止，以 X 表示所需的试验次数，求 X 的概率分布（此时称 X 服从以 p 为参数的几何分布）。

（2）一篮球运动员的投篮命中率为 0.45。以 X 表示他首次投中时累计投篮次数，写出 X 的概率分布，并计算 X 取偶数的概率。

5．房间有 3 扇同样大小的窗子，其中只有一扇是打开的。有一只鸟自开着的窗子飞入了房间，它只能从开着的窗子飞出去，鸟在房子里飞来飞去，试图飞出房间。假定鸟是没有记忆的，它飞向各扇窗子是随机的。

（1）以 X 表示鸟为了飞出房间试飞的次数，求 X 的分布。

（2）户主声称，他养的一只鸟是有记忆的，它飞向任一窗子的尝试不多于一次。以 Y 表示这只聪明的鸟为了飞出房间试飞的次数。设户主所说是属实的，试求 Y 的分布律。

（3）求试飞次数 X 小于 Y 的概率和试飞次数 Y 小于 X 的概率。

6．大楼装有 5 台同类型的供水设备，设备台设备是否被使用相互独立。调查表明，在任一时刻 t，每台设备被使用的概率为 0.1，试求在同一时刻：

（1）恰有 2 台设备被使用的概率。

（2）至少有 3 台设备被使用的概率。

（3）至多有 3 台设备被使用的概率。

（4）至少有 1 台设备被使用的概率。

7．设事件 A 在每次试验发生的概率为 0.3．A 发生不少于 3 次时，指示灯发出信号。

（1）进行了 5 次重复独立试验，求指示灯发出信号的概率；

（2）进行了 7 次重复独立试验，求指示灯发出信号的概率。

8．有一大批产品，其验收方案如下：作第一次检验，从中任取 10 件，经检验无次品，接受这批产品，次品数大于 2 拒收；否则进行第二次检验，从中再任取 5 件，仅当 5 件中无次品时接受这批产品。令产品的次品率为 10%。求：

（1）这批产品经第一次检验就被接受的概率；

（2）需要进行第二次检验的概率；

（3）这批产品第二次检验后被接受的概率；

（4）这批产品第一次检验未能做决定、第二次检验被接受的概率；

（5）这批产品被接受的概率。

9．有甲、乙两种味道和颜色都极为相似的名酒各 4 杯。从中挑 4 杯，某人若能通过品尝将甲酒全部挑出来，则试验成功一次。

（1）某人随机地去猜，求他试验成功一次的概率。

（2）某人声称他通过品尝能区分两种酒。他连续试验 10 次，成功 3 次。试推断他是猜对的，还是他确实有区分的能力（设各次试验是相互独立的）。

10．尽管在几何教科书中已经讲过仅用圆规和直尺三等分一个任意角是不可能的，但每年都有"发明者"撰写关于仅用圆规和直尺将角三等分的文章。设某地区每年撰写此类文章的篇数 X 服从参数为 6 的泊松分布，求明年没有此类文章的概率。

11．电话总机每分钟收到的呼唤次数服从参数为 4 的泊松分布。求：

（1）某一分钟的呼唤次数恰为 8 的概率；

（2）某一分钟的呼唤次数大于 3 的概率。

12．某地 120 急救中心在长度为 t 的时间间隔内收到紧急呼救的次数 X 服从参数为 $\frac{1}{2}t$ 的泊松分布，而与时间间隔的起点无关（单位：h）。求：

（1）某一天中午 12 时至下午 3 时未收到紧急呼救的概率。

（2）某一天中午 12 时至下午 5 时至少收到 1 次紧急呼救的概率。

13．某人办公室的办公电话在时间间隔 t（单位：h）内接到电话的次数 X 服从参数为 $2t$ 的泊松分布。

（1）若他因事外出，计划用时 10min，试求期间电话铃响一次的概率。

（2）若他希望外出时没有电话的概率至少为 0.5，试求他外出的最长时间。

14．保险公司在一天内承保了 5000 张相同年龄、为期一年的寿险保单，每人一份，在合同有效期内，若投保人死亡，则公司需赔付 3 万元．设该年龄段在一年内的死亡率为 0.0015，且各投保人是否死亡相互独立。求该公司对于这批投保人的赔付总额不超过 30 万元的概率（利用泊松定理计算）。

15．某市的一繁忙汽车站，每天有大量汽车通过，设一辆汽车在一天的某段时间内出事故的概率为 0.0001。在某天的该时间段内有 1000 辆汽车通过。求出事故的车辆数不小于 2 的概率（利用泊松定理计算）。

16．（1）设 X 服从 0-1 分布，其分布律为 $P(X=k)=p^k(1-p)^{1-k}$，$k=0,1$，求 X 的分布函数，并作出其图形。

（2）求第 2 题（1）中随机变量 X 的分布函数。

17．在区间[0,a]上任意投掷一个质点，以 X 为该质点的坐标。设该质点落在[0,a]中任意小区间内的概率与区间长度成正比，试求 X 的分布函数。

18．设 X 为某商店从早晨开始营业到第一个顾客到达的等待时间（单位：min），X 的分布函数是

$$F_X(x) = \begin{cases} 1 - e^{-0.4x}, & x > 0 \\ 0, & x \leqslant 0 \end{cases}$$

求下述概率：

（1）$P\{$等待时间至多为 3min$\}$；

（2）$P\{$等待时间至少为 4min$\}$；

（3）$P\{$等待时间为 3min 至 4min 之间$\}$；

（4）$P\{$等待时间至多为 3min 或至少 4min$\}$；

（5）$P\{$等待时间恰好为 2.5min$\}$。

19．设随机变量 X 的分布函数为

$$F_X(X) = \begin{cases} 0, & x < 1 \\ \ln x, & 1 \leqslant x < e \\ 1, & x \geqslant e \end{cases}$$

（1）求 $P(X<2)$，$P(0<X\leqslant 3)$，$P(2<X<5/2)$。

（2）求概率密度函数 $f_X(x)$。

20．设随机变量 X 的概率密度函数为

（1）$f(x) = \begin{cases} 2\left(1 - \dfrac{1}{x^2}\right), & 1 < x < 2 \\ 0, & 其他 \end{cases}$

（2）$f(x) = \begin{cases} x, & 0 \leqslant x < 1 \\ 2 - x, & 1 \leqslant x < 2 \\ 0, & 其他 \end{cases}$

求 X 的分布函数 $F(x)$，并绘制（2）中的 $f(x)$ 及 $F(x)$ 的图形。

21．某种型号电子器件的寿命 X（单位：h）的概率密度函数为

$$f(x) = \begin{cases} \dfrac{1000}{x^2}, & x > 1000 \\ 0, & 其他 \end{cases}$$

现有一大批此型号电子器件（设各器件的损坏情况相互独立），任取 5 只，求至少有 2 只寿命大于 1500h 的概率。

22．设顾客在某银行的窗口等待服务的时间 X（单位：min）服从指数分布，其概率密度为

$$f_X(x) = \begin{cases} \dfrac{1}{5} e^{-x/5}, & x > 0 \\ 0, & 其他 \end{cases}$$

若某顾客在窗口等待服务超过 10min，则离开，他一个月要到银行 5 次。以 Y 表示一个月内他未等到服务而离开窗口的次数。写出 Y 的概率分布，并求 $P\{Y \geq 1\}$。

23．设 K 在$(0, 5)$服从均匀分布，求下面 x 的方程有实根的概率。

$$4x^2+4Kx+K+2=0$$

24．设 $X \sim N(3, 2^2)$。

（1）求 $P\{2<X \leq 5\}$，$P\{-4<X \leq 10\}$，$P\{|X|>2\}$，$P\{X>3\}$。

（2）确定 c 使得 $P\{X>c\}=P\{X \leq c\}$。

（3）设 d 满足 $P\{X>d\} \geq 0.9$，问 d 至多为多少？

25．某地区 18 岁的女青年的血压（收缩压，单位：mmHg）服从 $N(110,12^2)$分布。在该地区任选一位 18 岁的女青年，测量她的血压 X。求：

（1）$P\{X \leq 105\}$，$P\{100<X \leq 120\}$；

（2）确定最小的 x，使 $P\{X>x\}<0.05$。

26．由某机器生产的螺栓的长度（单位：cm）服从参数 $\mu=10.05$、$\sigma=0.06$ 的正态分布。规定长度在 10.05 ± 0.12 范围内为合格品，求一螺栓为不合格品的概率。

27．某电子厂生产的某种元件的寿命 X（单位：h）服从参数为 $\mu=160$、σ（$\sigma>0$）的正态分布。若要求 $P\{120<X \leq 200\} \geq 0.80$，则 σ 最大为多少？

28．设在一电路中，电阻两端的电压（单位：V）服从 $N(120,2^2)$分布，现独立测量 5 次，试确定有 2 次测定值落在区间$[118,122]$之外的概率。

29．某人上班，自家里去办公楼要经过一交通指示灯，该指示灯有 80% 的时间亮红灯，此时他在指示灯旁等待直至绿灯亮，等待时间在区间$[0, 30]$（单位：s）上服从均匀分布，以 X 表示他的等待时间，求 X 的分布函数 $F(x)$ 并绘制 $F(x)$ 的图形，且 X 是否为连续型随机变量，是否为离散型随机变量？（请说明理由）

30．设 $f(x)$、$g(x)$ 都是概率密度函数，求证

$$h(x) = af(x)+(1-a)g(x), \quad 0 \leq a \leq 1$$

也是一个概率密度函数。

31．设随机变量 X 的概率分布为

X	-2	-1	0	1	3
p_k	$\dfrac{1}{5}$	$\dfrac{1}{6}$	$\dfrac{1}{5}$	$\dfrac{1}{15}$	$\dfrac{11}{30}$

求 $Y=X^2$ 的概率分布。

32．设随机变量 X 在区间$(0, 1)$上服从均匀分布，求：

（1）$Y=e^X$ 的概率密度函数。

（2）$Y=-2\ln X$ 的概率密度函数。

33．设 $x \sim N(0, 1)$。

（1）求 $Y=e^x$ 的概率密度函数。

（2）求 $Y=2X^2+1$ 的概率密度函数。

34．（1）设随机变量 X 的概率密度函数为 $f(x)$，$-\infty<x<+\infty$，求 $Y=X^3$ 的概率密度函数。

（2）设随机变量 X 的概率密度函数为

$$f(x) = \begin{cases} \mathrm{e}^{-x}, & x > 0 \\ 0, & \text{其他} \end{cases}$$

求 $Y = X^2$ 的概率密度函数。

35. 设电流 I 是一个随机变量，均匀分布在区间 $[9,11]$ 上。若此电流通过 2Ω 的电阻，消耗的功率 $W = 2I^2$。求 W 的概率密度函数。

36. 某物体的温度 T（单位：°F）是随机变量，且 $T \sim N(98.6, 2)$，已知 $\theta = \dfrac{5}{9}(T - 32)$，试求 θ（单位：℃）的概率密度函数。

在线自主实验

读者结合第 2 章所学的知识内容，利用在线 Python 编程平台，完成 10.2 常见分布及关系实验中的 10.2.1 节和 10.2.2 节，通过生成的分布图像，深入了解各分布的性质及特征，通过分布关系实验直观感受泊松分布与二项分布的关系。

第 3 章　多维随机变量及其分布

在实际应用中，经常需要用多个变量描述问题。例如，在研究某地区学龄前儿童的发育情况时，需要同时抽查儿童的身高 X、体重 Y，X 和 Y 是定义在同一样本空间 $\Omega=\{$某地区全部学龄前儿童$\}$ 上的随机变量，显然 X 和 Y 都有各自的分布，反映自身的统计规律，然而若要研究体重会不会影响身高这类问题，则单一随机变量的统计规律就无能为力了，因此要把多个随机变量看作整体，称为多维随机变量或者随机向量，利用随机向量的统计规律、性质进一步研究它们之间的关系。由于从二维变量推广到多维变量一般无实质性的困难，因此本章主要讨论二维随机变量。

3.1　随机向量的分布

3.1.1　多维随机变量及其分布函数

我们先来看一个案例。

案例 3.1.1　为了研究同学们平时成绩与期末成绩之间的联系，我们收集了某商学院工商管理专业 76 位同学某学期的"概率论与数理统计"课程的平时成绩与期末成绩，试分别求两个成绩都不合格的概率、两个成绩都不超过 80 分的概率、两个成绩都高于 90 分的概率、平时成绩不合格的概率、这两个成绩有无关系等。

分析：平时成绩与期末成绩的分布散点图如图 3.1.1 所示。

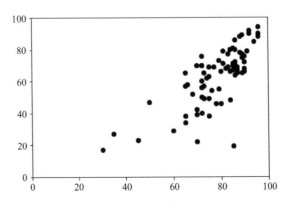

图 3.1.1　平时成绩与期末成绩的分布散点图

可以把每位同学的这两个成绩看作样本点，其对应的样本空间为 $\Omega = \{(x,y) \mid$ 平时成绩为x，期末成绩为y，$x, y = 0,1,2,\cdots,100\}$，任取一位同学的平时成绩记为 X，期末成绩记为 Y，这时样本空间中的任意一样本点对应一对 X 与 Y，其中 X 与 Y 是两个随机变量。要解决本案例问题，首先要引入多维随机变量及其分布的概念。

定义 3.1.1　设 $X = (X_1, X_2, \cdots, X_n)$，若每个 X_i 都是一个随机变量，$i = 1, 2, \cdots, n$，则称 X 为 **n 维随机变量**或者**随机向量**。

定义 3.1.2　设 n 维离散型随机变量 $X = (X_1, X_2, \cdots, X_n)$，对于任意实数 $x_1, x_2, \cdots, x_n$，称 n 元函数

$$F(x_1, x_2, \cdots, x_n) = P\{X_1 \leqslant x_1, X_2 \leqslant x_2, \cdots, X_n \leqslant x_n\} \tag{3.1.1}$$

为 n 维随机变量的**联合分布函数**，简称**分布函数**。

本章主要研究二维随机变量，它的很多结论都可以推广到 $n > 2$ 的情形。

定义 3.1.3　设 (X, Y) 为二维随机变量，对于任意实数 x 和 y，称二元函数

$$F(x, y) = P\{X \leqslant x, Y \leqslant y\} = P\{(X \leqslant x) \cap (Y \leqslant y)\} \tag{3.1.2}$$

为二维随机变量 (X, Y) 的**联合分布函数**，简称**分布函数**。

与二维随机变量对应，第 2 章讨论的随机变量称为一维随机变量。有了二维随机变量及联合分布函数的定义后，案例 3.1.1 就迎刃而解了。

案例 3.1.1　解：

引入二维随机变量后，两个成绩都不及格的概率可以表示为 $P(X \leqslant 59, Y \leqslant 59)$，即随机点落在点 (59,59) 的左下方矩形区域内的概率（见图 3.1.2）。如果能确定分布函数，那么该概率就是分布函数在点 (59,59) 处的函数值，即

$$P(X \leqslant 59, Y \leqslant 59) = F(59, 59)$$

类似地，两个成绩都不超过 80 分的概率为

$$P(X \leqslant 80, Y \leqslant 80) = F(80, 80)$$

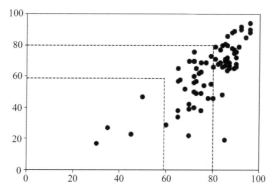

图 3.1.2　成绩分布的区域划分图

若将二维随机变量 (X, Y) 视作二维平面坐标系随机点的坐标，则分布函数 $F(x, y)$ 的函数值就是随机点 (X, Y) 落在如图 3.1.3 所示的以点 (x, y) 为顶点、位于该点左下方的无穷矩形内的概率。

图 3.1.4 中随机点 (X, Y) 落在区域 D 内的概率为

$$P\{x_1 < X \leqslant x_2, y_1 < Y \leqslant y_2\} = F(x_2, y_2) + F(x_1, y_1) - F(x_1, y_2) - F(x_2, y_1)$$

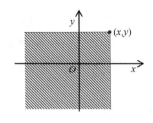
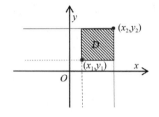

图 3.1.3　随机点(X,Y)所落区域示意图 1　　　图 3.1.4　随机点(X,Y)所落区域示意图 2

由分布函数的定义及概率的性质，可以证明联合分布函数具有以下性质：

（1）$0 \leqslant F(x,y) \leqslant 1$，且对于任意固定的 y，$F(-\infty,y)=0$；对于任意固定的 x，$F(x,-\infty)=0$，$F(-\infty,-\infty)=0$，$F(+\infty,+\infty)=1$。

（2）$F(x,y)$ 关于 x 和 y 均为单调非减函数，即对任意固定的 y，当 $x_1 < x_2$ 时，$F(x_1,y) \leqslant F(x_2,y)$；对任意固定的 x，当 $y_1 < y_2$ 时，$F(x,y_1) \leqslant F(x,y_2)$。

（3）$F(x,y)$ 关于 x 和 y 均为右连续，即 $F(x,y)=F(x+0,y)$，$F(x,y)=F(x,y+0)$。

（4）对于任意实数 a,b,c,d，且 $a<b,c<d$，下述结论成立：
$$F(b,d)+F(a,c)-F(a,d)-F(b,c)=P\{a<X \leqslant b, c<Y \leqslant d\} \geqslant 0。$$

符合以上 4 条性质的二元函数均可以作为某个二维随机变量的分布函数。需要注意的是，与一维随机变量的情形对比，读者可能会问是否可由前 3 条性质推导出性质（4），这未必成立，下面看一个简单的例子。

例 3.1.1　设二元函数 $F(x,y)=\begin{cases}1, x+y \geqslant 1 \\ 0, x+y < 1\end{cases}$

容易验证 $F(x,y)$ 满足性质（1）～（3），但不满足性质（4）。事实上，
$$F(1,1)-F(1,0)-F(0,1)+F(0,0)=-1<0。$$

上述例子表明性质（4）不能由性质（1）～（3）导出，这正是二维随机变量分布函数的特有性质，一个二元函数倘若不具备性质（4），当然不能作为某个二维随机变量的分布函数。

3.1.2　二维离散型随机变量及其分布律

定义 3.1.4　若二维随机变量(X,Y)只取有限个或可列可数无限个值，则称(X,Y)为**二维离散型随机变量**。

定义 3.1.5　设(X,Y)为二维离散型随机变量，其所有可能取值为 $(x_i,y_j)(i=1,2,\cdots;\ j=1,2,\cdots)$，则称
$$P\{X=x_i, Y=y_j\}=p_{ij}\ (i,j=1,2,\cdots) \tag{3.1.3}$$
为(X,Y)的**联合分布律**，简称为(X,Y)的**分布律**。

我们有时将联合分布律用表格形式表示，称为联合概率分布表（见表 3.1.1）。

表 3.1.1　联合概率分布表

X	Y				
	y_1	y_2	$\cdots$	y_j	$\cdots$
x_1	p_{11}	p_{12}	$\cdots$	p_{1j}	$\cdots$

续表

X	Y				
	y_1	y_2	…	y_j	…
x_2	p_{21}	p_{22}	…	p_{2j}	…
…	…	…	…	…	…
x_i	p_{i1}	p_{i2}	…	p_{ij}	…

易知，联合分布律具有以下的基本性质：

（1）$p_{ij} \geqslant 0$，$i,j = 1,2,\cdots$；

（2）$\sum\limits_i \sum\limits_j p_{ij} = 1$，即$(X,Y)$的所有可能取值$(x_i, y_j)$的概率之和等于 1。

注：对于离散型随机变量而言，联合分布律不仅比联合分布函数更加直观，而且便于确定(X,Y)在任何区域D上的概率，即

$$P\{(X,Y) \in D\} = \sum\limits_{(x_i, y_j) \in D} p_{ij}$$

特别地，由联合分布律可以确定联合分布函数为

$$F(x,y) = P\{X \leqslant x, Y \leqslant y\} = \sum\limits_{\substack{x_i \leqslant x \\ y_j \leqslant y}} p_{ij}$$

例 3.1.2　将一枚均匀硬币抛掷两次，设X为两次抛掷中正面出现的次数，而Y为正面出现的次数与反面出现的次数之差的绝对值，求(X,Y)的联合分布律。

解：(X,Y)的可能取值为$(0,2)$，$(1,0)$，$(2,2)$。

$$P\{X = 0, Y = 2\} = (\frac{1}{2})^2 = 0.25$$

$$P\{X = 1, Y = 0\} = 2 \times (\frac{1}{2})^2 = 0.5$$

$$P\{X = 2, Y = 2\} = (\frac{1}{2})^2 = 0.25$$

(X,Y)的联合概率分布表如下。

X	Y	
	0	2
0	0	0.25
1	0.5	0
2	0	0.25

例 3.1.3　一箱中有 10 个乒乓球，其中 6 个为红色，4 个为白色，现随机抽取 2 次，每次任取一球，定义两个随机变量X和Y为

$$X = \begin{cases} 1, & \text{第一次抽取白球} \\ 0, & \text{第一次抽取红球} \end{cases} \qquad Y = \begin{cases} 1, & \text{第二次抽取白球} \\ 0, & \text{第二次抽取红球} \end{cases}$$

求第一次抽取后放回和第一次抽取后不放回这两种情形下，(X,Y)的联合分布律。

解：（1）第一次抽取后放回的情形，由条件概率的乘法公式可得

$$P\{X = 0, Y = 0\} = P\{X = 0\}P\{Y = 0 \mid X = 0\} = \frac{6}{10} \times \frac{6}{10} = \frac{9}{25}$$

同理

$$P\{X=0,Y=1\}=\frac{6}{10}\times\frac{4}{10}=\frac{6}{25}$$

$$P\{X=1,Y=0\}=\frac{4}{10}\times\frac{6}{10}=\frac{6}{25}$$

$$P\{X=1,Y=1\}=\frac{4}{10}\times\frac{4}{10}=\frac{4}{25}$$

其联合概率分布表如下：

X	Y	
	0	1
0	$\frac{9}{25}$	$\frac{6}{25}$
1	$\frac{6}{25}$	$\frac{4}{25}$

（2）第一次抽取后无放回的情形，由条件概率的乘法公式同样可得

$$P\{X=0,Y=0\}=P\{X=0\}P\{Y=0\,|\,X=0\}=\frac{6}{10}\times\frac{5}{9}=\frac{1}{3}$$

同理

$$P\{X=0,Y=1\}=\frac{6}{10}\times\frac{4}{9}=\frac{4}{15}$$

$$P\{X=1,Y=0\}=\frac{4}{10}\times\frac{6}{9}=\frac{4}{15}$$

$$P\{X=1,Y=1\}=\frac{4}{10}\times\frac{3}{9}=\frac{2}{15}$$

其联合概率分布表如下：

X	Y	
	0	1
0	$\frac{1}{3}$	$\frac{4}{15}$
1	$\frac{4}{15}$	$\frac{2}{15}$

3.1.3　二维连续型随机变量及其概率密度

类似于一维连续型随机变量的定义，二维连续型随机变量的定义如下。

定义 3.1.6　设二维连续型随机变量(X,Y)的分布函数为$F(x,y)$，若存在一个非负可积函数$f(x,y)$，使得对于任意一对实数(x,y)有

$$F(x,y)=\int_{-\infty}^{x}\int_{-\infty}^{y}f(s,t)\mathrm{d}s\mathrm{d}t \tag{3.1.4}$$

则称(X,Y)是**二维连续型随机变量**，称$f(x,y)$为(X,Y)的**联合概率密度函数**，简称**联合密度**。

二维连续型随机变量的联合概率密度函数具有以下性质：

（1）非负性：$f(x,y)\geqslant 0$；

（2）规范性：$\int_{-\infty}^{+\infty}\int_{-\infty}^{+\infty}f(x,y)\mathrm{d}x\mathrm{d}y=1$；

（3）若 D 是坐标平面上的区域，则点(X,Y)落入 D 的概率为

$$P\{(X,Y)\in D\}=\iint_{D}f(x,y)\mathrm{d}x\mathrm{d}y \tag{3.1.5}$$

（4）若 $f(x,y)$ 在点(x,y)处连续，则有

$$\frac{\partial^2 F(x,y)}{\partial x\partial y}=f(x,y) \tag{3.1.6}$$

注：如果(X,Y)为二维连续型随机变量，对平面上任意一条可以求长度的曲线 L，则有 $P\{(X,Y)\in L\}=0$。

进一步根据偏导数的定义，可得当 Δx 与 Δy 很小时，有

$$P\{x<X\leqslant x+\Delta x,y<X\leqslant y+\Delta y\}\approx f(x,y)\Delta x\Delta y \tag{3.1.7}$$

例 3.1.4　设二维随机变量(X,Y)具有如下概率密度函数：

$$f(x,y)=\begin{cases}2\mathrm{e}^{-(x+2y)}, & x>0,y>0 \\ 0, & \text{其他}\end{cases}$$

（1）求分布函数 $F(x,y)$；

（2）求概率 $P\{X\leqslant Y\}$。

解：（1）$F(x,y)=\displaystyle\int_{-\infty}^{x}\int_{-\infty}^{y}f(s,t)\mathrm{d}s\mathrm{d}t=\begin{cases}\displaystyle\int_{0}^{y}\int_{0}^{x}2\mathrm{e}^{-(s+2t)}\mathrm{d}s\mathrm{d}t, & x>0,y>0 \\ 0, & \text{其他}\end{cases}$

即

$$F(x,y)=\begin{cases}(1-\mathrm{e}^{-x})(1-\mathrm{e}^{-2y}), & x>0,y>0 \\ 0, & \text{其他}\end{cases}$$

（2）将(X,Y)看作坐标平面上随机点的坐标，则有

$$\{X\leqslant Y\}=\{(X,Y)\in G\}$$

其中，G 为坐标平面上直线 $y=x$ 及其上方的阴影部分（见图 3.1.5）。

$$\begin{aligned}P\{X\leqslant Y\}&=P\{(X,Y)\in G\}=\iint_{G}f(x,y)\mathrm{d}x\mathrm{d}y \\ &=\int_{0}^{+\infty}\int_{x}^{+\infty}2\mathrm{e}^{-(x+2y)}\mathrm{d}y\mathrm{d}x \\ &=\int_{0}^{+\infty}\mathrm{e}^{-x}\left[-\mathrm{e}^{-2y}\right]\Big|_{x}^{+\infty}\mathrm{d}x \\ &=\int_{0}^{+\infty}\mathrm{e}^{-3x}\mathrm{d}x=\frac{1}{3}\end{aligned}$$

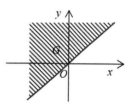

图 3.1.5　积分区域示意图

例 3.1.5　设二维随机变量(X,Y)具有如下概率密度函数：

$$f(x,y)=\begin{cases}cy(2-x), & 0\leqslant x\leqslant 1,0\leqslant y\leqslant x \\ 0, & \text{其他}\end{cases}$$

求：（1）c 的值；（2）$P\{X+Y\geqslant 1\}$。

解：（1）由 $\displaystyle\int_{-\infty}^{+\infty}\int_{-\infty}^{+\infty}f(x,y)\mathrm{d}x\mathrm{d}y=1$ 确定 c，积分区域示意图 1 如图 3.1.6 所示，非零积分区域为阴影部分 G。

$$\int_{0}^{1}\int_{0}^{x}[cy(2-x)\mathrm{d}y]\mathrm{d}x=c\int_{0}^{1}\frac{x^2(2-x)}{2}\mathrm{d}x=\frac{5c}{24}=1$$

求得 $c = \dfrac{24}{5}$。

（2）积分区域如图 3.1.7 所示，非零积分区域为阴影部分 G。

$$P\{X+Y \geqslant 1\} = P\{(X,Y) \in G\}$$
$$= \int_{\frac{1}{2}}^{1}\left[\int_{1-x}^{x} \frac{24}{5}y(2-x)\mathrm{d}y\right]\mathrm{d}x = 0.7$$

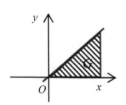　　　　　　　　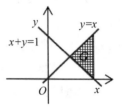

图 3.1.6　积分区域示意图 1　　　　　　图 3.1.7　积分区域

二维连续型随机变量中有两个常见的分布，分别是二维均匀分布和二维正态分布。

1. 二维均匀分布

定义 3.1.7　设 G 是坐标平面上的有界区域，其面积是 A，若二维随机变量 (X,Y) 的联合概率密度函数为

$$f(x,y) = \begin{cases} \dfrac{1}{A}, (x,y) \in G \\ 0, \text{ 其他} \end{cases} \tag{3.1.8}$$

则称 (X,Y) 在 G 上服从二维均匀分布。

与一维均匀分布类似，若 (X,Y) 在有界区域 G 上服从二维均匀分布，区域 D 包含于区域 G 的面积为 S，则 $P\{(X,Y) \in D\} = \dfrac{S}{A}$。

定义 3.1.8　若 (X,Y) 的联合概率密度函数为

$$f(x,y) = \frac{1}{2\pi\sigma_1\sigma_2\sqrt{1-\rho^2}}\mathrm{e}^{-\frac{1}{2(1-\rho^2)}\left[\left(\frac{x-\mu_1}{\sigma_1}\right)^2 - 2\rho\frac{(x-\mu_1)(y-\mu_2)}{\sigma_1\sigma_2} + \left(\frac{y-\mu_2}{\sigma_2}\right)^2\right]} \tag{3.1.9}$$

则称 (X,Y) 服从二维正态分布，记为 $(X,Y) \sim N(\mu_1,\mu_2,\sigma_1^2,\sigma_2^2,\rho)$。

特别地，当 $\mu_1 = \mu_2 = 0$，$\sigma_1^2 = \sigma_2^2 = 1$ 时，有

$$f(x,y) = \frac{1}{2\pi\sqrt{1-\rho^2}}\mathrm{e}^{-\frac{x^2-2\rho xy+y^2}{2(1-\rho^2)}} \tag{3.1.10}$$

更特别地，当 $\rho = 0$ 时，有

$$f(x,y) = \frac{1}{2\pi}\mathrm{e}^{-\frac{x^2+y^2}{2}} \tag{3.1.11}$$

典型的二维正态分布的概率密度函数如图 3.1.8 所示。

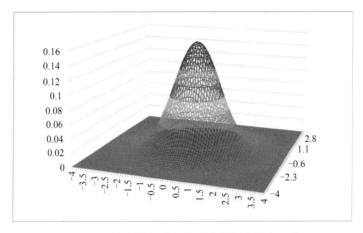

图 3.1.8　典型的二维正态分布的概率密度函数

3.1.4　二维随机变量的边缘分布

二维随机变量(X,Y)作为一个整体，其分布函数为$F(x,y)$，但X和Y是一维随机变量，因此它们各自也有分布函数，分别记为$F_X(x)$和$F_Y(y)$。$F_X(x)$和$F_Y(y)$可以由(X,Y)的联合分布$F(x,y)$导出，即

$$F_X(x) = P\{X \leqslant x\} = P\{X \leqslant x, Y \leqslant +\infty\} = F(x, +\infty) \tag{3.1.12}$$

$$F_Y(y) = P\{Y \leqslant y\} = P\{X \leqslant +\infty, Y \leqslant y\} = F(+\infty, y) \tag{3.1.13}$$

$F_X(x)$和$F_Y(y)$称为$F(x,y)$关于X和Y的**边缘分布函数**，简称X和Y的边缘分布函数。其中，$F_X(x)$表示(X,Y)落在$X=x$左边的概率（见图 3.1.9），$F_Y(y)$表示(X,Y)落在$Y=y$下方的概率（见图 3.1.10）。

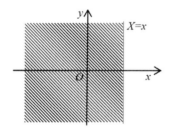

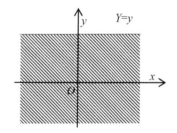

图 3.1.9　随机点(X,Y)所落区域示意图 1　　　图 3.1.10　随机点(X,Y)所落区域示意图 2

例 3.1.6　设二维连续型随机变量(X,Y)的联合概率密度函数为

$$f(x,y) = \begin{cases} 3\mathrm{e}^{-(3x+y)}, & x>0, y>0 \\ 0, & \text{其他} \end{cases}$$

求X和Y的边缘分布函数。

解：(X,Y)的联合分布函数为$F(x,y) = \begin{cases} (1-\mathrm{e}^{-3x})(1-\mathrm{e}^{-y}), & x>0, y>0 \\ 0, & \text{其他} \end{cases}$

所以

$$F_X(x) = \lim_{y \to +\infty} F(x,y) = \begin{cases} 1 - e^{-3x}, & x > 0 \\ 0, & \text{其他} \end{cases}$$

$$F_Y(y) = \lim_{x \to +\infty} F(x,y) = \begin{cases} 1 - e^{-y}, & y > 0 \\ 0, & \text{其他} \end{cases}$$

依据式(3.1.12)及式(3.1.13)对二维离散型随机变量的边缘分布律定义如下。

定义 3.1.9 若二维离散型随机变量(X,Y)的联合分布律为

$$P\{X = x_i, Y = y_j\} = p_{ij}, \quad i,j = 1,2,\cdots$$

则

$$P\{X = x_i\} = P\{X = x_i, Y \leqslant +\infty\} = \sum_j P\{X = x_i, Y = y_j\} = \sum_j p_{ij}, \quad i = 1,2,\cdots$$

$$P\{Y = y_j\} = P\{X \leqslant +\infty, Y = y_j\} = \sum_i P\{X = x_i, Y = y_j\} = \sum_i p_{ij}, \quad j = 1,2,\cdots$$

称为(X,Y)关于 X 和 Y 的**边缘分布律**。增加边缘分布律的联合概率分布表如表 3.1.2 所示，$\sum_j p_{ij}$ 表示联合概率分布表中第 i 行概率之和，$\sum_i p_{ij}$ 表示联合概率分布表中第 j 列概率之和。

表 3.1.2　增加边缘分布律的联合概率分布表

X	Y			
	y_1	y_2	y_j	$P\{X = x_i\} = p_{i\cdot}$
x_1	p_{11}	p_{12}	p_{1j}	$\sum_j p_{1j}$
x_2	p_{21}	p_{22}	p_{2j}	$\sum_j p_{2j}$
x_i	p_{i1}	p_{i2}	p_{ij}	$\sum_j p_{ij}$
…	…	…	…	…
$P\{Y = y_j\} = p_{\cdot j}$	$\sum_i p_{i1}$	$\sum_i p_{i2}$	$\sum_i p_{ij}$	1

例 3.1.7 设(X,Y)的联合概率分布表为

X	Y		
	1	2	3
−1	0.15	0.30	0.35
0	0.05	0.12	0.03

（1）求关于 X,Y 的边缘分布律；

（2）求 $P(X = 0 | Y > 1.5)$。

解：（1）直接将联合概率分布表中的概率按各行、各列相加即得 X 与 Y 的边缘分布律：

X	Y			
	1	2	3	$p_{i\cdot}$
−1	0.15	0.30	0.35	0.8
0	0.05	0.12	0.03	0.2
$p_{\cdot j}$	0.20	0.42	0.38	1

（2）由条件概率公式，可得

$$P\left(X=0\middle|Y>1.5\right)=\frac{P(X=0,Y>1.5)}{P(Y>1.5)}$$

$$=\frac{P\left(X=0,Y=2\right)+P\left(X=0,Y=3\right)}{P\left(Y=2\right)+P\left(Y=3\right)}$$

$$=\frac{0.12+0.03}{0.42+0.38}=0.1875$$

定义 3.1.10　若二维连续型随机变量(X,Y)的联合密度函数为$f(x,y)$，则

$$F_X(x)=P\{X\leqslant x\}=P\{X\leqslant x,Y\leqslant+\infty\}=\int_{-\infty}^x\left[\int_{-\infty}^{+\infty}f(s,t)\mathrm{d}t\right]\mathrm{d}s \tag{3.1.14}$$

$$F_X(x)=P\{Y\leqslant y\}=P\{X\leqslant+\infty,Y\leqslant y\}=\int_{-\infty}^y\left[\int_{-\infty}^{+\infty}f(s,t)\mathrm{d}s\right]\mathrm{d}t \tag{3.1.15}$$

分别称为二维连续型随机变量(X,Y)关于X和Y的**边缘分布函数**，其中

$$f_X(x)=F_X'(x)=\left[\int_{-\infty}^x\left[\int_{-\infty}^{+\infty}f(s,t)\mathrm{d}t\right]\mathrm{d}s\right]'=\int_{-\infty}^{+\infty}f(x,y)\mathrm{d}y \tag{3.1.16}$$

$$f_Y(y)=F_Y'(y)=\left[\int_{-\infty}^y\left[\int_{-\infty}^{+\infty}f(s,t)\mathrm{d}t\right]\mathrm{d}s\right]'=\int_{-\infty}^{+\infty}f(x,y)\mathrm{d}x \tag{3.1.17}$$

分别称为二维连续型随机变量(X,Y)关于X和Y的**边缘概率密度函数**。

例 3.1.8　设(X,Y)服从单位圆域$x^2+y^2\leqslant1$上的二维均匀分布（见图 3.1.11），求X和Y的边缘概率密度函数。

解：依题意，概率密度函数为

$$f(x,y)=\begin{cases}\dfrac{1}{\pi},x^2+y^2\leqslant1\\0,\ 其他\end{cases}$$

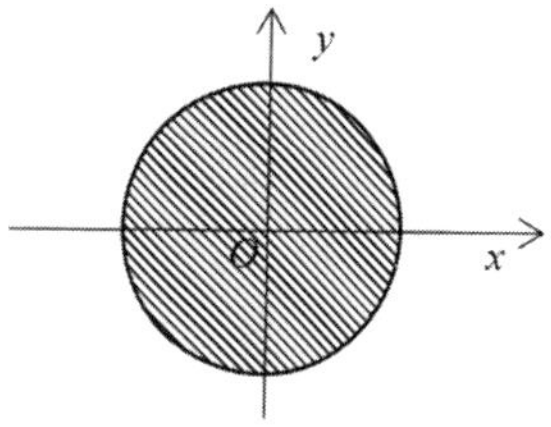

可应用式(3.1.16)计算$f_X(x)$。

当$x<-1$或$x>1$时，$f(x,y)=0$，$f_X(x)=0$。

图 3.1.11　积分区域示意图

当$-1\leqslant x\leqslant1$时，$f_X(x)=\int_{-\infty}^{+\infty}f(x,y)\mathrm{d}y=\int_{-\sqrt{1-x^2}}^{\sqrt{1-x^2}}\dfrac{1}{\pi}\mathrm{d}y=\dfrac{2}{\pi}\sqrt{1-x^2}$。

于是，得到X的边缘概率密度函数为

$$f_X(x)=\begin{cases}\dfrac{2}{\pi}\sqrt{1-x^2},\ -1\leqslant x\leqslant1\\0,\ 其他\end{cases}$$

由于X和Y是对称的，因此可得

$$f_Y(y)=\begin{cases}\dfrac{2}{\pi}\sqrt{1-y^2},\ -1\leqslant y\leqslant1\\0,\ 其他\end{cases}$$

例 3.1.9　设$(X,Y)\sim N\left(\mu_1,\mu_2,\sigma_1^2,\sigma_2^2,\rho\right)$，求$X$和$Y$的边缘概率密度函数。

解：$f(x,y)=\dfrac{1}{2\pi\sigma_1\sigma_2\sqrt{1-\rho^2}}\mathrm{e}^{-\frac{1}{2(1-\rho^2)}\left[\left(\frac{x-\mu_1}{\sigma_1}\right)^2-2\rho\frac{(x-\mu_1)(y-\mu_2)}{\sigma_1\sigma_2}+\left(\frac{y-\mu_2}{\sigma_2}\right)^2\right]}$

令 $\dfrac{x-\mu_1}{\sigma_1}=s,\dfrac{y-\mu_1}{\sigma_1}=t$，则 $\mathrm{d}(y)=\sigma_2\mathrm{d}t$。所以

$$f_X(x)=\int_{-\infty}^{+\infty}f(x,y)\mathrm{d}y=\frac{1}{2\pi\sigma_1\sqrt{1-\rho^2}}\int_{-\infty}^{+\infty}\mathrm{e}^{-\frac{1}{2\left(1-\rho^2\right)}\left[s^2-2\rho st+(t)^2\right]}\mathrm{d}t$$

$$=\frac{1}{2\pi\sigma_1\sqrt{1-\rho^2}}\int_{-\infty}^{+\infty}\mathrm{e}^{-\frac{1}{2\left(1-\rho^2\right)}\left[(t-\rho s)^2+\left(1-\rho^2\right)s^2\right]}\mathrm{d}t$$

$$=\frac{\mathrm{e}^{-\frac{s^2}{2}}}{\sqrt{2\pi}\sigma_1}\int_{-\infty}^{+\infty}\frac{1}{\sqrt{2\pi}\sqrt{1-\rho^2}}\mathrm{e}^{-\frac{1}{2}\left(\frac{t-\rho s}{\sqrt{1-\rho^2}}\right)^2}\mathrm{d}t$$

$$=\frac{\mathrm{e}^{-\frac{s^2}{2}}}{\sqrt{2\pi}\sigma_1}\int_{-\infty}^{+\infty}\frac{1}{\sqrt{2\pi}}\mathrm{e}^{-\frac{u^2}{2}}\mathrm{d}t$$

令 $\dfrac{t-\rho s}{\sqrt{1-\rho^2}}=u$，则

$$f(x)=\frac{\mathrm{e}^{-\frac{s^2}{2}}}{\sqrt{2\pi}\sigma_1}=\frac{1}{\sqrt{2\pi}\sigma_1}\mathrm{e}^{-\frac{(x-\mu_1)^2}{2\sigma_1}}\quad(-\infty<x<+\infty)$$

因为 $X\sim N\left(\mu_1,\sigma_1^2\right)$，同理也可得 $Y\sim N\left(\mu_2,\sigma_2^2\right)$。

注：上述结果表明，二维正态分布的边缘分布都是一维正态分布，且都不依赖于参数 ρ，即对于给定的 $\mu_1,\mu_2,\sigma_1^2,\sigma_2^2$，不同的 ρ 对应不同的二维正态分布，但它们的边缘分布都是相同的。因此，一般来说，不能根据关于 X 和 Y 的边缘分布确定二维随机变量(X,Y)的联合分布。

例 3.1.10　设二维随机变量(X,Y)的概率密度函数为

$$f(x,y)=\frac{1}{2\pi}\mathrm{e}^{-\frac{\left(x^2+y^2\right)}{2}}\left(1+\sin x\cdot\sin y\right)$$

试求关于 X,Y 的边缘概率密度函数。

解：$f_X(x)=\int_{-\infty}^{+\infty}f(x,y)\mathrm{d}y=\dfrac{1}{\sqrt{2\pi}}\mathrm{e}^{-x^2/2}$

$$f_Y(y)=\int_{-\infty}^{+\infty}f(x,y)\mathrm{d}x=\frac{1}{\sqrt{2\pi}}\mathrm{e}^{-y^2/2}$$

显然，$X\sim N(0,1)$，$Y\sim N(0,1)$，此例说明，边缘分布均为正态分布的二维随机变量，其联合分布不一定是二维正态分布。

3.2　条件分布与随机变量的独立性

随机变量的条件分布是在给定的条件下随机变量的概率分布。条件分布的相关问题包括在给定条件下求其中一个随机变量的概率分布，研究条件分布和联合分布之间的关系，以及研究随机变量的独立性等。

3.2.1 条件分布

定义 3.2.1 设随机变量 X 的分布函数为 $F(x)$，若某事件 A 的发生可能对事件 $\{X \leqslant x\}$ 发生的概率产生影响，则对任意给定的实数 x，有

$$F_X(x \mid A) = P\{X \leqslant x \mid A\}, -\infty < x < +\infty$$

并称 $F_X(x \mid A)$ 为事件 A 发生的条件下 X 的**条件分布函数**。

显然，若 $P(A) \neq 0$，依据第 1 章条件概率的相关公式，则

$$F_X(x \mid A) = \frac{P(\{X \leqslant x\} \bigcap A)}{P(A)} \tag{3.2.1}$$

下面讨论几类典型的条件分布。

1. 事件 A 为随机变量 Y 的事件 $\{Y \leqslant y\}$

设 A 为随机变量 Y 生成的事件：$A = \{Y \leqslant y\}$，$P\{Y \leqslant y\} > 0$，则

$$F_X(x \mid Y \leqslant y) = \frac{P\{X \leqslant x, Y \leqslant y\}}{P\{Y \leqslant y\}} = \frac{F(x,y)}{F_Y(y)} \tag{3.2.2}$$

2. 事件 A 为离散型随机变量 Y 的事件 $\{Y = y_j\}$

设二维离散型随机变量 (X, Y)，若对于任意固定的 j 有 $P\{Y = y_j\} > 0$，则

$$F_X(x \mid A) = \frac{P\{X \leqslant x, Y = y_j\}}{P\{Y = y_j\}} = \frac{\sum_{x_i < x} p_{ij}}{p_{\cdot j}} \tag{3.2.3}$$

特别地

$$P\{X = x_i \mid Y = y_j\} = \frac{p_{ij}}{p_{\cdot j}}, \ i = 1, 2, \cdots \tag{3.2.4}$$

为在 $Y = y_j$ 条件下随机变量 X 的条件分布。

同理

$$P\{Y = y_j \mid X = x_i\} = \frac{p_{ij}}{p_{i \cdot}}, \ j = 1, 2, \cdots \tag{3.2.5}$$

为在 $X = x_i$ 条件下随机变量 Y 的条件分布。

3. 事件 A 为连续型随机变量 Y 的事件 $\{Y = y\}$

设 (X, Y) 是二维连续型随机变量且概率密度函数为 $f(x,y)$，显然对于某个给定的 y，$P\{Y = y\} = 0$，因此不能直接利用条件概率公式进行计算，需要进行非零转换。

$$F_X(x \mid Y = y) = P\{X \leqslant x \mid Y = y\} = \lim_{\varepsilon \to 0} P\{X \leqslant x \mid y - \varepsilon < Y \leqslant y + \varepsilon\}$$

设 $P\{y - \varepsilon < Y \leqslant y + \varepsilon\} > 0$，则有

$$F_X(x \mid Y = y) = \lim_{\varepsilon \to 0} \frac{P\{X \leqslant x, y - \varepsilon < Y \leqslant y + \varepsilon\}}{P\{y - \varepsilon < Y \leqslant y + \varepsilon\}} = \lim_{\varepsilon \to 0} \frac{\int_{-\infty}^{x} \int_{y-\varepsilon}^{y+\varepsilon} f(s,t) \mathrm{d}t \mathrm{d}s}{\int_{y-\varepsilon}^{y+\varepsilon} f_Y(t) \mathrm{d}t}$$

显然，当 ε 很小时，有

$$F_X(x|Y=y) = \lim_{\varepsilon \to 0} \frac{\int_{-\infty}^{x} f(s,y) \times 2\varepsilon \, ds}{f_Y(y) \times 2\varepsilon} = \frac{\int_{-\infty}^{x} f(s,y) \, ds}{f_Y(y)}$$

对 $F_X(x|Y=y)$ 求导数，可得

$$f_{X|Y}(x|y) = \frac{f(x,y)}{f_Y(y)} \tag{3.2.6}$$

称式(3.2.6)为在 $Y = y$ 条件下 X 的**条件密度函数**。

同理

$$f_{Y|X}(y|x) = \frac{f(x,y)}{f_X(x)} \tag{3.2.7}$$

称式(3.2.7)为在 $X = x$ 条件下 Y 的**条件密度函数**。

例 3.2.1 设 X 服从[0,1]的均匀分布，求在 $X > \frac{1}{2}$ 的条件下 X 的条件分布函数。

解：由条件分布函数的定义，可得

$$F\left(x \middle| X > \frac{1}{2}\right) = \frac{P\left\{X \leqslant x, X > \frac{1}{2}\right\}}{P\left\{X > \frac{1}{2}\right\}}$$

由于 X 服从[0,1]上的均匀分布，故 $P\left\{X > \frac{1}{2}\right\} = 0.5$。

当 $x \leqslant \frac{1}{2}$ 时，$P\left\{X \leqslant x, X > \frac{1}{2}\right\} = 0$；

当 $x > \frac{1}{2}$ 时，$P\left\{X \leqslant x, X > \frac{1}{2}\right\} = P\left\{\frac{1}{2} < X \leqslant x\right\} = F(x) - F\left(\frac{1}{2}\right) = F(x) - 0.5$。

其中，$F(x)$ 为 X 的分布函数，已知

$$F(x) = \begin{cases} 0, x < 0 \\ x, 0 \leqslant x \leqslant 1 \\ 1, x > 1 \end{cases}$$

所以

$$P\left\{X \leqslant x, X > \frac{1}{2}\right\} = \begin{cases} x - \frac{1}{2}, & \frac{1}{2} < x \leqslant 1 \\ \frac{1}{2}, & x > 1 \end{cases}$$

则 $F\left(x \middle| X > \frac{1}{2}\right) = \dfrac{P\left\{X \leqslant x, X > \frac{1}{2}\right\}}{P\left\{X > \frac{1}{2}\right\}} = \begin{cases} 0, & x < 0.5 \\ 2x - 1, & 0.5 \leqslant x \leqslant 1 \\ 1, & x > 1 \end{cases}$。

例 3.2.2 设(X,Y)的联合概率分布表如下。

X	Y			
	-1	0	2	$p_{i\cdot}$
0	0.1	0.2	0	0.3

续表

X	Y			
	−1	0	2	$p_{i\cdot}$
1	0.3	0.05	0.1	0.45
2	0.15	0	0.1	0.25
$p_{\cdot j}$	0.55	0.25	0.2	1

（1）求当 $Y=0$ 时，X 的条件分布；（2）求当 $X=1$ 时，Y 的条件分布。

解：显然，$P\{Y=0\}=0.2+0.05+0=0.25$，当 $Y=0$ 时，X 的条件分布为

$$P\{X=0\mid Y=0\}=\frac{P\{X=0,Y=0\}}{P\{Y=0\}}=\frac{0.2}{0.25}=0.8$$

$$P\{X=1\mid Y=0\}=\frac{P\{X=1,Y=0\}}{P\{Y=0\}}=\frac{0.05}{0.25}=0.2$$

$$P\{X=2\mid Y=0\}=\frac{P\{X=2,Y=0\}}{P\{Y=0\}}=\frac{0}{0.25}=0$$

表格形式如下：

$X=k$	0	1	2
$P\{X=k\mid Y=0\}$	0.8	0.2	0

（2）因为 $P\{X=1\}=0.45$，当 $X=1$ 时，Y 的条件分布为

$$P\{Y=-1\mid X=1\}=\frac{P\{X=1,Y=-1\}}{P\{X=1\}}=\frac{0.3}{0.45}=\frac{6}{9}$$

$$P\{Y=0\mid X=1\}=\frac{P\{X=1,Y=0\}}{P\{X=1\}}=\frac{0.05}{0.45}=\frac{1}{9}$$

$$P\{Y=2\mid X=1\}=\frac{P\{X=1,Y=0\}}{P\{X=1\}}=\frac{0.1}{0.45}=\frac{2}{9}$$

表格形式如下：

$Y=k$	−1	0	2
$P\{Y=k\mid X=1\}$	$\dfrac{6}{9}$	$\dfrac{1}{9}$	$\dfrac{2}{9}$

例 3.2.3　设 (X,Y) 服从单位圆上的均匀分布，概率密度函数为

$$f(x,y)=\begin{cases}\dfrac{1}{\pi}, & x^2+y^2\leqslant 1\\ 0, & \text{其他}\end{cases}$$

求 $f_{Y\mid X}(y\mid x)$。

解：参照例 3.1.8，可得

$$f_X(x)=\begin{cases}\dfrac{2}{\pi}\sqrt{1-x^2}, & -1\leqslant x\leqslant 1\\ 0, & \text{其他}\end{cases},\quad f_Y(y)=\begin{cases}\dfrac{2}{\pi}\sqrt{1-y^2}, & -1\leqslant y\leqslant 1\\ 0, & \text{其他}\end{cases}$$

所以当 $-1\leqslant x\leqslant 1$ 时，根据式（3.2.7），可得

$$f_{Y\mid X}(y\mid x)=\frac{f(x,y)}{f_X(x)}=\frac{1}{2\sqrt{1-x^2}},\ -\sqrt{1-x^2}\leqslant y\leqslant\sqrt{1-x^2}$$

注：同理，可以求 $f_{X|Y}(x|y)$，请读者自行求解。

例 3.2.4 设 X 服从区间$[0,1]$上的均匀分布，当 $X=x$（$0<x<1$）时，Y 服从区间为$[x,1]$的均匀分布，求 Y 的概率密度函数。

解： 因为

$$f_X(x)=\begin{cases}1,0<x<1\\0,\text{其他}\end{cases}$$

对于任意 x（$0<x<1$），在 $X=x$ 的条件下，有

$$f_{Y|X}(y|x)=\begin{cases}\dfrac{1}{1-x},\ x<y<1\\0,\ \text{其他}\end{cases}$$

$$f(x,y)=f_X(x)f_{Y|X}(y|x)=\begin{cases}\dfrac{1}{1-x},\ 0<x<y<1\\0,\ \text{其他}\end{cases}$$

$$f_Y(y)=\int_{-\infty}^{+\infty}f(x,y)\mathrm{d}x=\begin{cases}\int_0^y\dfrac{1}{1-x}\mathrm{d}x,\ 0<y<1\\0,\ \text{其他}\end{cases}=\begin{cases}-\ln(1-y),\ 0<y<1\\0,\ \text{其他}\end{cases}$$

3.2.2 随机变量的独立性

一般情况下，由于随机变量在 X 与 Y 相关，因此一个随机变量的取值可能会影响另一个随机变量取值的统计规律。例如，在事件$\{Y\leqslant y\}$发生的条件下，随机变量 X 的分布为

$$F_X(x|Y\leqslant y)=\frac{F(x,y)}{F_Y(y)}$$

假设随机变量 X 和 Y 是相互独立的，即随机变量 Y 的取值对随机变量 X 的分布没有影响，即 $F_X(x|Y\leqslant y)=F_X(x)$，由此引入如下定义：

定义 3.2.2 设二维随机变量(X,Y)的联合分布函数为 $F(x,y)$，边缘分布函数为 $F_X(x)$ 与 $F_Y(y)$，若对任意实数 x,y，有

$$F(x,y)=F_X(x)F_Y(y) \tag{3.2.8}$$

则称随机变量 X 与 Y 相互独立。

注：若随机变量 X 与 Y 相互独立，则联合分布可由边缘分布唯一确定。

随机变量的相互独立是概率统计中十分重要的概念。若(X,Y)为二维离散型随机变量，依据式(3.2.4)、式(3.2.5)，则随机变量 X 与 Y 相互独立的充分必要条件为

$$P\{X=x_i,Y=y_j\}=P\{X=x_i\}P\{Y=y_j\},\ \text{即}\ p_{ij}=p_{i\cdot}p_{\cdot j},\ i,j=1,2,\dots \tag{3.2.9}$$

若(X,Y)为连续型随机变量，依据式(3.2.6)、式(3.2.7)，则随机变量 X 和 Y 相互独立的充分必要条件为

$$f(x,y)=f_X(x)f_Y(y) \tag{3.2.10}$$

在一切连续点上成立，即联合概率密度等于边缘概率密度的乘积。

定理 3.2.1 随机变量 X 与 Y 相互独立的充分必要条件是 X 生成的任何事件与 Y 生成的

任何事件相互独立，即对任意实数集 A,B，有

$$P\{X \in A, Y \in B\} = P\{X \in A\}P\{Y \in B\}$$

证明过程省略。

定理 3.2.2　如果随机变量 X 与 Y 相互独立，则对任意函数 $g_1(x), g_2(y)$ 均有 $g_1(X), g_2(Y)$ 相互独立。

证明：令 $Z_1 = g_1(X), Z_2 = g_2(Y)$，对任意 x,y，有

$$D_x^1 = \{t \mid g_1(t) \leqslant x\}, \quad D_y^2 = \{t \mid g_2(t) \leqslant y\}$$

则由定理 3.2.1，可得

$$P\{Z_1 \leqslant x, Z_2 \leqslant y\} = P\{g_1(X) \leqslant x, g_2(Y) \leqslant y\} = P\{X \in D_x^1, Y \in D_y^2\}$$

$$= P\{X \in D_x^1\}P\{Y \in D_y^2\} = P\{Z_1 \leqslant x\}P\{Z_2 \leqslant y\}$$

从而可知 Z_1 与 Z_2 相互独立。

注：关于二维随机变量的独立性的概念和讨论可以推广到 n 维随机变量的情形。

例 3.2.5　设 (X,Y) 的联合概率分布表如下。

X	Y			
	-1	0	2	$p_{i\cdot}$
0	0.1	0.2	0	0.3
1	0.3	0.05	0.1	0.45
2	0.15	0	0.1	0.25
$p_{\cdot j}$	0.55	0.25	0.2	1

判断 X 与 Y 是否相互独立。

解：因为

$$P\{X = 0\} = 0.3$$

$$P\{Y = -1\} = 0.55$$

由 $P\{X = 0, Y = -1\} = 0.1$，可得

$$P\{X = 0, Y = -1\} \neq P\{X = 0\}P\{Y = -1\}$$

所以，X 与 Y 并非相互独立。

例 3.2.6　设 (X,Y) 的联合分布函数为

$$F(x,y) = \begin{cases} (1 - e^{-x})(1 - e^{-2y}), & x > 0, y > 0 \\ 0, & \text{其他} \end{cases}$$

判断 X 与 Y 是否相互独立。

解：因为

$$F_X(x) = \begin{cases} 1 - e^{-x}, & x \geqslant 0 \\ 0, & x < 0 \end{cases}, \quad F_Y(y) = \begin{cases} 1 - e^{-2y}, & y \geqslant 0 \\ 0, & y < 0 \end{cases}$$

所以 $F(x,y) = F_X(x)F_Y(y)$，故 X 与 Y 相互独立。

例 3.2.7　设 $(X,Y) \sim N(\mu_1, \mu_2, \sigma_1^2, \sigma_2^2, \rho)$，证明：$X$ 与 Y 相互独立的充分必要条件是 $\rho = 0$。

证明：充分性。设 $\rho = 0$，则

$$f(x,y)=\frac{1}{2\pi\sigma_1\sigma_2}e^{-\frac{1}{2}\left[\left(\frac{x-\mu_1}{\sigma_1}\right)^2+\left(\frac{y-\mu_2}{\sigma_2}\right)^2\right]}$$

$$=\frac{1}{\sqrt{2\pi}\sigma_1}e^{-\frac{(x-\mu_1)^2}{2\sigma_1^2}}\frac{1}{\sqrt{2\pi}\sigma_2}e^{-\frac{(x-\mu_2)^2}{2\sigma_2^2}}$$

$$=f_X(x)f_Y(y)$$

因而 X 与 Y 相互独立。

必要性。设 X 与 Y 相互独立，则对任意 x,y，有 $f(x,y)=f_X(x)f_Y(y)$。

特别地，取 $x=\mu_1,y=\mu_2$，得到 $f(\mu_1,\mu_2)=f_X(\mu_1)f_Y(\mu_2)$，即

$$\frac{1}{2\pi\sigma_1\sigma_2\sqrt{1-\rho^2}}=\frac{1}{\sqrt{2\pi}\sigma_1}\frac{1}{\sqrt{2\pi}\sigma_2}$$

于是，$\sqrt{1-\rho^2}=1$，$\rho=0$。

最后，随机变量的独立性与随机事件的独立性一样，在实际问题中，往往不用数学定义来证明独立性，而是根据问题的实际背景判断独立性。

3.3 二维随机变量函数的分布

第 2 章讨论了一维随机变量函数的分布问题，而在实际应用中也存在含有两个或两个以上随机变量的函数。考虑全国年龄在 40 岁以上的人群，用 X 和 Y 分别表示年龄和体重，Z 表示血压，并且已知 Z 与 X、Y 的函数关系式为

$$Z=g(X,Y)$$

现希望通过 (X,Y) 的分布来确定 Z 的分布，这就是将要讨论的二维随机变量函数的分布问题。

3.3.1 离散型随机变量函数的分布

设 (X,Y) 是二维离散型随机变量，$g(x,y)$ 是一个二元函数，则 $g(X,Y)$ 作为 (X,Y) 的函数是一个离散型随机变量，若 (X,Y) 的联合分布律为

$$P\{X=x_i,Y=y_i\}=p_{ij},\ i,j=1,2,\cdots$$

$z_k\ (k=1,2,\cdots)$ 为 $Z=g(X,Y)$ 的所有可能取值，则 Z 的分布律为

$$P\{Z=z_k\}=P\{g(X,Y)=z_k\}=\sum_{g(x_i,y_j)=z_k}p_{ij},\ k=1,2,\cdots \tag{3.3.1}$$

例 3.3.1 设二维随机变量 (X,Y) 的联合概率分布表如下：

X	Y		
	1	2	3
0	0.2	0.1	0.1
1	0.1	0.3	0.2

试求 $Z=X+Y$，$Z=X-Y$，$Z=XY$ 的分布律。

解：根据(X,Y)的分布律，可以列出下表：

(X,Y)	$(0,1)$	$(0,2)$	$(0,3)$	$(1,1)$	$(1,2)$	$(1,3)$
p_{ij}	0.2	0.1	0.1	0.1	0.3	0.2
$Z=X+Y$	1	2	3	2	3	4
$Z=X-Y$	−1	−2	−3	0	−1	−2
$Z=XY$	0	0	0	1	2	3

把相同 Z 值的概率相加，得到 $Z=X+Y$ 的分布律如下：

Z	1	2	3	4
p_i	0.2	0.2	0.4	0.2

$Z=X-Y$ 的分布律如下：

Z	−1	−2	−3	0
p_i	0.5	0.3	0.1	0.1

$Z=XY$ 的分布律如下：

Z	0	1	2	3
p_i	0.4	0.1	0.3	0.2

例 3.3.2 设 X,Y 是两个相互独立的随机变量，分别服从参数为 λ_1,λ_2 的泊松分布，求 $Z=X+Y$ 的分布（**泊松分布的可加性**）。

解：由于
$$P\{Z=k\} = P\{X+Y=k\}$$
$$= \sum_{i=0}^{k} P\{X=i, Y=k-i\} = \sum_{i=0}^{k} P\{X=i\} P\{Y=k-i\}$$
$$= \sum_{i=0}^{k} \frac{\lambda_1^i}{i!} e^{-\lambda_1} \frac{\lambda_2^{k-i}}{(k-i)!} e^{-\lambda_2} = e^{-(\lambda_1+\lambda_2)} \sum_{i=0}^{k} \frac{\lambda_1^i \lambda_2^{k-i}}{i!(k-i)!}$$
$$= \frac{1}{k!} e^{-(\lambda_1+\lambda_2)} \sum_{i=0}^{k} \frac{k!}{i!(k-i)!} \lambda_1^i \lambda_2^{k-i} = \frac{(\lambda_1+\lambda_2)^k}{k!} e^{-(\lambda_1+\lambda_2)}, \quad k=0,1,2,\cdots$$

显然，$Z=X+Y$ 服从参数为 $\lambda_1+\lambda_2$ 的泊松分布。

3.3.2 连续型随机变量函数的分布

设(X,Y)是二维连续型随机变量，其概率密度函数为$f(x,y)$，令$g(x,y)$为一个二元函数，则$g(X,Y)$是(X,Y)的函数。那么如何求随机变量$Z=g(X,Y)$的分布呢？

类似于求一元随机变量函数分布的方法：

（1）求分布函数$F_Z(z)$：
$$F_Z(z) = P\{Z \leqslant z\} = P\{g(X,Y) \leqslant z\} = P\{(X,Y) \in D_z\} = \iint_{D_z} f(x,y)\,\mathrm{d}x\mathrm{d}y \tag{3.3.2}$$

其中，$D_z = \{(x,y) \mid g(x,y) \leqslant z\}$。

（2）求概率密度函数$f_Z(z)$，对于几乎所有的z，有
$$f_Z(z) = F_Z'(z) \tag{3.3.3}$$

注：求函数 $Z=g(X,Y)$ 分布的关键在于把 (X,Y) 所落的区域反解出来，从而利用已知的 (X,Y) 的分布求出 Z 的分布。

例 3.3.3 设随机变量 X 与 Y 相互独立且都服从区域 $[1,2]$ 上的均匀分布，试求 $Z=|X-Y|$ 的分布函数及概率密度函数。

解： 依题意，可作图 3.3.1，先求 Z 的分布函数，可得

$$F_Z(z) = P\{|X-Y| \leqslant z\} = \begin{cases} 0, & z \leqslant 0 \\ P\{-z \leqslant X-Y \leqslant z\} \\ 1, & z \geqslant 1 \end{cases} = \begin{cases} 0, & z \leqslant 0 \\ 1-(1-z)^2, & 0 < z \leqslant 1 \\ 1, & z \geqslant 1 \end{cases}$$

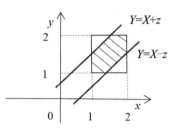

图 3.3.1　随机变量关系图

则 $Z=|X-Y|$ 的概率密度函数为 $f_z(z) = \begin{cases} 2(1-z), & 0 < z < 1 \\ 0, & \text{其他} \end{cases}$

接下来讨论三种特殊随机变量函数的分布。

1. Z=X+Y 的分布

设 (X,Y) 是二维连续型随机变量，其概率函数为 $f(x,y)$，求 $Z=X+Y$ 的概率密度函数。

若 Z 的分布函数为 $F_Z(z)$，则

$$F_Z(z) = P\{Z \leqslant z\} = P\{X+Y \leqslant z\} = \iint\limits_D f(x,y)\mathrm{d}x\mathrm{d}y$$

积分区域 $D = \{(x,y) \mid x+y \leqslant z\}$ 为图 3.3.2 所示的阴影部分。即

$$F_Z(z) = \iint\limits_{x+y \leqslant z} f(x,y)\mathrm{d}x\mathrm{d}y$$

转化成累次积分，可得

$$F_Z(z) = \int_{-\infty}^{+\infty}\left[\int_{-\infty}^{z-y} f(x,y)\mathrm{d}x\right]\mathrm{d}y$$

固定 z 和 y，对方括号内的积分进行变量代换，令 $x=u-y$，可得

$$F_Z(z) = \int_{-\infty}^{+\infty}\left[\int_{-\infty}^{z} f(u-y,y)\mathrm{d}u\right]\mathrm{d}y = \int_{-\infty}^{z}\left[\int_{-\infty}^{+\infty} f(u-y,y)\mathrm{d}y\right]\mathrm{d}u$$

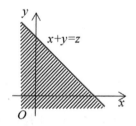

图 3.3.2　积分区域图

由概率密度与分布函数的关系，可得 $Z=X+Y$ 的概率密度函数为

$$f_Z(z) = F_Z{}'(z) = \int_{-\infty}^{+\infty} f(z-y,y)\mathrm{d}y \tag{3.3.4}$$

依据 X 和 Y 的对称性，$f_Z(z)$ 又可写成

$$f_Z(z) = F_Z{}'(z) = \int_{-\infty}^{+\infty} f(x,z-x)\mathrm{d}x \tag{3.3.5}$$

式（3.3.4）和式（3.3.5）是两个随机变量概率密度函数的一般公式。

定义 3.3.1 当 X 与 Y 相互独立时，设 (X,Y) 关于 X,Y 的边缘概率密度函数分别为 $f_X(x)$ 和 $f_Y(y)$，则可将式(3.3.4)、式(3.3.5)化简为

$$f_Z(z) = \int_{-\infty}^{+\infty} f_X(z-y)f_Y(y)\mathrm{d}y \tag{3.3.6}$$

$$f_Z(z) = \int_{-\infty}^{+\infty} f_X(x)f_Y(z-x)\mathrm{d}x \tag{3.3.7}$$

称这两个公式为**卷积公式**。

例 3.3.4　设随机变量 $X \sim N\left(\mu_1, \sigma_1^2\right)$，$Y \sim N\left(\mu_2, \sigma_2^2\right)$，且 X 与 Y 相互独立。证明 $Z = X + Y \sim N\left(\mu_1 + \mu_2, \sigma_1^2 + \sigma_2^2\right)$。

证明： 因为

$$f_Z(z) = \int_{-\infty}^{+\infty} f_X(x) f_Y(z-x) \mathrm{d}x$$

$$= \int_{-\infty}^{+\infty} \frac{1}{\sqrt{2\pi}\sigma_1 \sqrt{2\pi}\sigma_2} \mathrm{e}^{-\frac{(x-\mu_1)^2}{2\sigma_1^2}} \mathrm{e}^{-\frac{(z-x-\mu_2)^2}{2\sigma_2^2}} \mathrm{d}x$$

$$= \int_{-\infty}^{+\infty} \frac{1}{2\pi\sigma_1\sigma_2} \mathrm{e}^{-\frac{1}{2}\left[\frac{(x-\mu_1)^2}{\sigma_1^2} + \frac{(z-x-\mu_2)^2}{\sigma_2^2}\right]} \mathrm{d}x$$

$$= \int_{-\infty}^{+\infty} \frac{1}{2\pi\sigma_1\sigma_2} \mathrm{e}^{-\frac{\sigma_1^2+\sigma_2^2}{2\sigma_1^2\sigma_2^2}\left[x-\mu_1-\frac{\sigma_1^2(z-\mu_1-\mu_2)}{\sigma_1^2+\sigma_2^2}\right]^2 - \frac{(z-\mu_1-\mu_2)^2}{2(\sigma_1^2+\sigma_2^2)}} \mathrm{d}x$$

$$= \frac{1}{\sqrt{2\pi}\sqrt{\sigma_1^2+\sigma_2^2}} \mathrm{e}^{-\frac{(z-\mu_1-\mu_2)^2}{2(\sigma_1^2+\sigma_2^2)}}$$

于是证得 $Z = X + Y \sim N\left(\mu_1 + \mu_2, \sigma_1^2 + \sigma_2^2\right)$。

该结论也称为正态分布的可加性，更一般的情形为 $X \sim N\left(\mu_1, \sigma_1^2\right)$、$Y \sim N\left(\mu_2, \sigma_2^2\right)$ 且独立，则它们的任意非零线性组合 $aX + bY$ 仍服从正态分布，且 $aX + bY \sim N\left(a\mu_1 + b\mu_2, a^2\sigma_1^2 + \mathrm{b}^2\sigma_2^2\right)$，其中 a 和 b 不全为 0。这个结论可以推广到 n 维随机变量的情形。

例 3.3.5　设某种商品一周的需求量是一个随机变量，其概率密度函数为

$$f_X(x) = \begin{cases} x\mathrm{e}^{-x}, & x > 0 \\ 0, & \text{其他} \end{cases}$$

如果各周的需求量相互独立，则求两周需求量的概率密度函数。

解： 分别用 X 和 Y 表示第一周、第二周的需求量，则

$$f_X(x) = \begin{cases} x\mathrm{e}^{-x}, & x > 0 \\ 0, & \text{其他} \end{cases}, \quad f_Y(y) = \begin{cases} y\mathrm{e}^{-y}, & y > 0 \\ 0, & \text{其他} \end{cases}$$

两周需求量 $Z = X + Y$，由卷积公式，可得

$$f_Z(z) = \int_{-\infty}^{+\infty} f_X(x) f_Y(z-x) \mathrm{d}x$$

当 $z \leqslant 0$ 时，若 $x > 0$，则 $z - x < 0$，$f_Y(z-x) = 0$；若 $x \leqslant 0$，则 $f_X(x) = 0$，从而 $f_Z(z) = 0$。

当 $z > 0$ 时，若 $x \leqslant 0$，则 $f_X(x) = 0$；若 $z - x \leqslant 0$，即 $z \leqslant x$，则 $f_Y(z-x) = 0$。

当 $z > x > 0$ 时，$\int_{-\infty}^{+\infty} f_X(x) f_Y(z-x) \mathrm{d}x = \int_0^z x\mathrm{e}^{-x}(z-x)\mathrm{e}^{-(z-x)} \mathrm{d}x = \frac{z^3}{6}\mathrm{e}^{-z}$。

所以

$$f_Z(z) = \begin{cases} \dfrac{z^3}{6}\mathrm{e}^{-z}, & z > 0 \\ 0, & \text{其他} \end{cases}$$

2．$Z=\max(X,Y)$ 及 $Z=\min(X,Y)$ 的分布

在实际应用中，很多问题往往都可以归结为求最大值或最小值的分布。例如，假设某地区降水量集中在 7、8 月，该地区的某条河流在这两个月的最高洪峰分别为 X 和 Y。为了制定防洪设施的安全标准，需要知道 $M=\max(X,Y)$ 的分布。

设随机变量 X 和 Y 相互独立，其分布函数分别为 $F_X(x)$ 和 $F_Y(y)$，求 $M=\max(X,Y)$ 的分布函数 $F_M(z)$。

根据分布函数的定义，由于 $\max(X,Y)\leqslant z$ 等价于 $X\leqslant z$ 且 $Y\leqslant z$，故

$$F_M(z)=P\{\max(X,Y)\leqslant z\}=P\{X\leqslant z,Y\leqslant z\}$$
$$=P\{X\leqslant z\}P\{Y\leqslant z\}=F_X(z)F_Y(z)$$

类似地，可得到 $N=\min(X,Y)$ 的分布函数：

$$F_N(z)=P\{\min(X,Y)\leqslant z\}=1-P\{\min(X,Y)>z\}$$
$$=1-P\{X>z,Y>z\}=1-P\{X>z\}P\{Y>z\}$$
$$=1-\big[1-F_X(z)\big]\big[1-F_Y(z)\big]$$

上述结果可推广到 n 维随机变量的情形。

例 3.3.6 设系统 L 由两个相互独立的子系统 L1 与 L2 联结而成，联结方式有串联和并联两种，设 L1、L2 的寿命分别为 X、Y，并且 $X\sim E(\alpha)$，$Y\sim E(\beta)$，其中 $\alpha>0$、$\beta>0$，且 $\alpha\neq\beta$，分别求上述两种联结方式下系统 L 的寿命 Z 的概率密度函数。

解： X 和 Y 的分布函数分别为

$$f_X(x)=\begin{cases}\alpha\mathrm{e}^{-\alpha x},&x>0\\0,&\text{其他}\end{cases},\quad f_Y(y)=\begin{cases}\beta\mathrm{e}^{-\beta y},&y>0\\0,&\text{其他}\end{cases}$$

串联时，$Z=\min(X,Y)$，由计算公式可知 Z 的分布函数为

$$F_Z(z)=\begin{cases}1-\mathrm{e}^{-(\alpha+\beta)z},&z>0\\0,&\text{其他}\end{cases}$$

概率密度函数为 $f_Z(z)=F_Z{}'(z)=(\alpha+\beta)\mathrm{e}^{-(\alpha+\beta)z}\ (z>0)$。

并联时，$Z=\max(X,Y)$，由计算公式可知 Z 的分布函数为

$$F_Z(z)=\begin{cases}\left(1-\mathrm{e}^{-\alpha z}\right)\left(1-\mathrm{e}^{-\beta z}\right),&z>0\\0,&\text{其他}\end{cases}$$

概率密度函数为 $f_Z(z)=F_Z{}'(z)=\alpha\mathrm{e}^{-\alpha z}+\beta\mathrm{e}^{-\beta z}-(\alpha+\beta)\mathrm{e}^{-(\alpha+\beta)z}\ (z>0)$。

*3.4　典型例题

例 3.4.1 同一品种的 5 个产品中，有 2 个正品，每次抽取一个产品检验质量，不放回地抽取连续 2 次，$X_k=0$ 表示第 k 次取到正品，$X_k=1$ 表示第 k 次取到次品（$k=1,2$），求 (X_1,X_2) 的联合分布律。

解： 分析试验结果共由 4 个基本事件组成，相应的概率为

$$P\{X_1 = 0, X_2 = 0\} = P\{X_1 = 0\}P\{X_2 = 0 \mid X_1 = 0\} = \frac{2}{5} \times \frac{1}{4} = 0.1$$

$$P\{X_1 = 0, X_2 = 1\} = \frac{2}{5} \times \frac{3}{4} = 0.3$$

$$P\{X_1 = 1, X_2 = 0\} = \frac{3}{5} \times \frac{2}{4} = 0.3$$

$$P\{X_1 = 1, X_2 = 1\} = \frac{3}{5} \times \frac{2}{4} = 0.3$$

故(X_1, X_2)的联合概率分布表如下。

X	Y	
	0	1
0	0.1	0.3
1	0.3	0.3

例 3.4.2 两个随机变量 X 与 Y 相互独立且同分布，且

$$P\{X = -1\} = P\{Y = -1\} = \frac{1}{2}, \quad P\{X = 1\} = P\{Y = 1\} = \frac{1}{2}$$

则下列各式中成立的是（ ）

（A） $P\{X = Y\} = \frac{1}{2}$ （B） $P\{X = Y\} = 1$

（C） $P\{X + Y\} = \frac{1}{4}$ （D） $P\{XY = 1\} = \frac{1}{4}$

解：

$$P\{X = Y\} = P\{X = -1, Y = -1\} + P\{X = 1, Y = 1\}$$

$$= P(X = -1)P\{Y = -1\} + P\{X = 1\}P\{Y = 1\} = \frac{1}{2}$$

正确选项为（A）。

例 3.4.3 将一枚硬币抛掷 3 次，以 X 表示 3 次中出现正面的次数，Y 表示 3 次中出现正面的次数与出现背面的次数之差的绝对值，试求 X 与 Y 的联合概率分布表、边缘概率分布表。

解： X 的可能取值为 {0,1,2,3}，Y 的可能取值为 {1,3}，可得

$$P_{11} = P\{X = 0, Y = 1\} = P\{X = 0\}P\{Y = 1 \mid X = 0\} = 0$$

$$P_{12} = P\{X = 0, Y = 3\} = P\{X = 0\}P\{Y = 3 \mid X = 0\} = \frac{1}{8}$$

$$P_{21} = P\{X = 1, Y = 1\} = P\{X = 1\}P\{Y = 3 \mid X = 0\} = \frac{3}{8}$$

$$P_{22} = P\{X = 1, Y = 3\} = P\{X = 1\}P\{Y = 3 \mid X = 1\} = 0$$

$$P_{31} = P\{X = 2, Y = 1\} = P\{X = 2\}P\{Y = 1 \mid X = 2\} = \frac{3}{8}$$

$$P_{32} = P\{X = 2, Y = 3\} = P\{X = 2\}P\{Y = 3 \mid X = 2\} = 0$$

$$P_{41} = P\{X = 3, Y = 1\} = P\{X = 3\}P\{Y = 1 \mid X = 3\} = 0$$

$$P_{42} = P\{X = 3, Y = 3\} = P\{X = 3\}P\{Y = 3 \mid X = 3\} = \frac{1}{8}$$

故(X_1, X_2)的联合概率分布表及边缘概率分布如下。

X	Y		
	1	3	$p_{i\cdot}$
0	0	$\frac{1}{8}$	$\frac{1}{8}$
1	$\frac{3}{8}$	0	$\frac{3}{8}$
2	$\frac{3}{8}$	0	$\frac{3}{8}$
3	0	$\frac{1}{8}$	$\frac{1}{8}$
$p_{\cdot j}$	$\frac{3}{4}$	$\frac{1}{4}$	—

例 3.4.4 设 X 为随机变量，求证 X 与 $|X|$ 不相互独立。

解： 设 X 的分布律为 $P\{X=-2\}=\frac{1}{3}$，$P\{X=1\}=\frac{2}{3}$；

则 $|X|$ 的分布律为 $P\{|X|=2\}=\frac{1}{3}$，$P\{|X|=1\}=\frac{2}{3}$；$P\{X=-2,|X|=1\}=0$。

而

$$P\{X=-2\}\times P\{|X|=1\}=\frac{1}{3}\times\frac{2}{3}\neq 0$$

因此 X 与 $|X|$ 不相互独立。

例 3.4.5 设两个随机变量 X, Y 相互独立且服从同一分布，X 的分布律为 $P\{X=i\}=\frac{1}{3}(i=1,2,3)$，又设 $M=\max(X,Y)$，$N=\min(X,Y)$。试求二维随机变量(M,N)的分布表和边缘分布表，并判断 M 与 N 是否相互独立。

解：

$$P_{11}=P\{M=1,N=1\}=P\{\max(X,Y)=1,\min(X,Y)=1\}$$
$$=P\{X=1,Y=1\}=\frac{1}{3}\times\frac{1}{3}=\frac{1}{9};$$
$$P_{12}=P\{M=1,N=2\}=P\{\max(X,Y)=1,\min(X,Y)=2\}=0;$$
$$P_{13}=P\{M=1,N=3\}=P\{\max(X,Y)=1,\min(X,Y)=3\}=0;$$
$$P_{21}=P\{M=2,N=1\}=P\{\max(X,Y)=2,\min(X,Y)=1\}$$
$$=P\{X=2,Y=1\}+P\{X=1,Y=2\}=2\left(\frac{1}{3}\times\frac{1}{3}\right)=\frac{2}{9};$$
$$P_{22}=P\{M=2,N=2\}=P\{\max(X,Y)=2,\min(X,Y)=2\}$$
$$=P\{X=2,Y=2\}=\frac{1}{3}\times\frac{1}{3}=\frac{1}{9};$$
$$P_{23}=P\{M=2,N=3\}=P\{\max(X,Y)=2,\min(X,Y)=3\}=0;$$
$$P_{31}=P\{M=3,N=1\}=P\{\max(X,Y)=3,\min(X,Y)=1\}$$
$$=P\{X=3,Y=1\}+P\{X=1,Y=3\}=2\left(\frac{1}{3}\times\frac{1}{3}\right)=\frac{2}{9};$$

$$P_{32} = P\{M=3, N=2\} = P\{\max(X,Y)=3, \min(X,Y)=2\}$$

$$= P\{X=3, Y=2\} + P\{X=2, Y=3\} = 2\left(\frac{1}{3} \times \frac{1}{3}\right) = \frac{2}{9};$$

$$P_{33} = P\{M=3, N=3\} = P\{\max(X,Y)=3, \min(X,Y)=3\}$$

$$= P\{X=3, Y=3\} = \left(\frac{1}{3} \times \frac{1}{3}\right) = \frac{1}{9}.$$

故(M,N)的分布表及边缘分布表如下。

M	N			
	1	2	3	$p_{i\cdot}$
1	$\frac{1}{9}$	0	0	$\frac{1}{9}$
2	$\frac{2}{9}$	$\frac{1}{9}$	0	$\frac{3}{9}$
3	$\frac{2}{9}$	$\frac{2}{9}$	$\frac{1}{9}$	$\frac{5}{9}$
$p_{\cdot j}$	$\frac{5}{9}$	$\frac{3}{9}$	$\frac{1}{9}$	1

因为 $p_{22} = \frac{1}{9} \neq P_2 \times P_2$，所以 M 与 N 不相互独立。

例 3.4.6 设随机变量 X 和 Y 相互独立，其中 X 的概率分布为 $X \sim \begin{pmatrix} 1 & 2 \\ 0.3 & 0.7 \end{pmatrix}$，而 Y 的概率密度为 $f_Y(y)$，求随机变量 $U=X+Y$ 的概率密度 $g(y)$。

解：

$$F_U(u) = P\{U \leqslant u\} = P\{X+Y \leqslant u\}$$

$$= P\{X=1\}P\{Y \leqslant u-1\} + P\{X=2\}P\{Y \leqslant u-2\}$$

$$= 0.3 P\{Y \leqslant u-1\} + 0.7 P\{Y \leqslant u-2\}$$

$$= 0.3 F_Y(u-1) + 0.7 F_Y(u-2)$$

所以，$g(u) = F_U'(u) = 0.3 f_Y(u-1) + 0.7 f_Y(u-2)$。

例 3.4.7 设随机变量 X 在区间$(0,1)$上服从均匀分布，在 $X=x$（$0<x<1$）的条件下，随机变量 Y 在区间$(0,x)$上服从均匀分布，求：

（1）随机变量 X 和 Y 的联合概率密度函数；

（2）Y 的概率密度函数；

（3）$P(X+Y>1)$。

解：

（1）$f_X(x) = \begin{cases} 1, & 0<x<1 \\ 0, & 其他 \end{cases}$ 的条件概率密度函数 $f_{Y|X}(y \mid x) = \begin{cases} \dfrac{1}{x}, & 0<y<x \\ 0, & 其他 \end{cases}$

则联合概率密度函数为

$$f(x,y) = f_X(x) f_{Y|X}(y \mid x) = \begin{cases} \dfrac{1}{x}, & 0<y<x<1 \\ 0, & 其他 \end{cases}$$

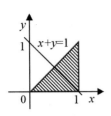

图 3.4.1 积分区域图

（2）当 $0 < y < 1$ 时，$f_Y(y) = \int_{-\infty}^{+\infty} f(x,y)\mathrm{d}x = \int_y^1 \frac{1}{x}\mathrm{d}x = -\ln y$

从而得

$$f_Y(y) = \begin{cases} -\ln y, & 0 < y < 1 \\ 0, & \text{其他} \end{cases}$$

（3）积分区域图如图 3.4.1 所示。

$$P\{X+Y>1\} = \iint_{x+y>1} f(x,y)\mathrm{d}x\mathrm{d}y = \int_{0.5}^1 \mathrm{d}x \int_{1-x}^x \frac{1}{x}\mathrm{d}y = 1-\ln 2$$

例 3.4.8 设随机变量 X 与 Y 相互独立，X 服从正态分布 $N(\mu,\sigma^2)$，Y 服从区间 $[-\pi,\pi]$ 上的均匀分布，试求 $Z=X+Y$ 的概率密度函数。计算结果用标准正态分布函数 $\Phi(x)$ 表示，其中

$$\Phi(x) = \frac{1}{\sqrt{2\pi}}\int_{-\infty}^x \mathrm{e}^{-\frac{t^2}{2}}\mathrm{d}t。$$

解： $f_X(x) = \frac{1}{\sqrt{2\pi}\sigma}\int_{-\infty}^x \mathrm{e}^{-\frac{(x-\mu)^2}{2\sigma^2}}, -\infty < x < +\infty$

$$f_Y(y) = \begin{cases} \dfrac{1}{2\pi}, & -\pi < y < \pi \\ 0, & \text{其他} \end{cases}$$

又因为 X 与 Y 相互独立，利用卷积公式，所以 Z 的概率密度函数为

$$f_Z(z) = \int_{-\infty}^{+\infty} f_X(z-y)f_Y(y)\mathrm{d}y = \frac{1}{2\pi\sqrt{2\pi}\sigma}\int_{-\pi}^{\pi} \mathrm{e}^{-\frac{(z-y-\mu)^2}{2\sigma^2}}\mathrm{d}y$$

令 $t = \dfrac{(z-y-\mu)}{\sigma}$，则上式右端等于

$$\frac{1}{2\pi\sqrt{2\pi}}\int_{\frac{z-\pi-\mu}{\sigma}}^{\frac{z+\pi-\mu}{\sigma}} \mathrm{e}^{-\frac{t^2}{2}}\mathrm{d}t = \frac{1}{2\pi}\left[\Phi\left(\frac{z+\pi-\mu}{\sigma}\right) - \Phi\left(\frac{z-\pi-\mu}{\sigma}\right)\right]$$

习题 3

1. 在一箱子中装有 12 只开关，其中 2 只是次品。要求取 2 次，每次任取 1 只，考虑两种试验：（1）有放回抽样；（2）不放回抽样。定义随机变量 X 和 Y 如下：

$$X = \begin{cases} 0, & \text{第一次取出的是正品} \\ 1, & \text{第一次取出的是次品} \end{cases}$$

$$Y = \begin{cases} 0, & \text{第二次取出的是正品} \\ 1, & \text{第二次取出的是次品} \end{cases}$$

试求（1）、（2）两种情况下的 X 和 Y 的联合分布律。

2. 盒子里装有 3 只黑球、2 只红球、2 只白球。要求任取 4 只球，以 X 表示取到黑球的数量，以 Y 表示取到红球的数量。求：

（1）X 和 Y 的联合分布律；

（2）$P\{X>Y\}$，$P\{Y=2X\}$，$P\{X+Y=3\}$，$P\{X<3-Y\}$。

3．设随机变量(X,Y)的概率密度函数为
$$f(x,y)=\begin{cases}k(6-x-y),&0<x<2,2<y<4\\0,&\text{其他}\end{cases}$$

（1）确定常数k；

（2）求$P\{X<1,Y<3\}$；

（3）求$P\{X<1.5\}$；

（4）求$P\{X+Y\leqslant4\}$。

4．设X和Y都是非负的连续型随机变量，它们相互独立。

（1）证明$P\{X<Y\}=\int_{0}^{+\infty}f_Y(y)F_X(y)\mathrm{d}y$。其中，$F_X(x)$是$X$的分布函数，$f_Y(y)$是$Y$的概率密度函数。

（2）设X和Y相互独立，概率密度函数分别为
$$f_X(x)=\begin{cases}\lambda_1\mathrm{e}^{-\lambda_1x},&x>0\\0,&\text{其他}\end{cases}\qquad f_Y(y)=\begin{cases}\lambda_2\mathrm{e}^{-\lambda_2x},&x>0\\0,&\text{其他}\end{cases}$$
求$P\{X<Y\}$。

5．设随机变量(X,Y)具有如下分布函数
$$F(x,y)=\begin{cases}1-\mathrm{e}^{-x}-\mathrm{e}^{-y}+\mathrm{e}^{-x-y},&x>0,y>0\\0,&\text{其他}\end{cases}$$
求边缘分布函数。

6．将一枚硬币掷3次，X表示前2次中出现正面的次数，Y表示3次中出现正面的次数。求(X,Y)的联合分布律及X,Y的边缘分布律。

7．设二维随机变量(X,Y)的概率密度函数为
$$f(x,y)=\begin{cases}4.8y(2-x),&0\leqslant x\leqslant1,0\leqslant y\leqslant x\\0,&\text{其他}\end{cases}$$
求边缘概率密度函数。

8．设二维随机变量(X,Y)的概率密度函数为
$$f(x,y)=\begin{cases}\mathrm{e}^{-y},&0<x<y\\0,&\text{其他}\end{cases}$$
求边缘概率密度函数。

9．设二维随机变量(X,Y)的概率密度函数为
$$f(x,y)=\begin{cases}cx^2y,&x^2\leqslant y\leqslant1\\0,&\text{其他}\end{cases}$$

（1）确定常数c；

（2）求边缘概率密度函数。

10．设某医药公司8月份和9月份收到的青霉素针剂的订货单数为X和Y。据以往积累的资料，可知X和Y的联合概率分布表如下：

Y	X				
	51	52	53	54	55
51	0.06	0.05	0.05	0.01	0.01

续表

Y	X				
	51	52	53	54	55
52	0.07	0.05	0.01	0.01	0.01
53	0.05	0.10	0.10	0.05	0.05
54	0.05	0.02	0.01	0.01	0.03
55	0.05	0.06	0.05	0.01	0.03

（1）求边缘分布律；

（2）求当 8 月份的订单数为 51 时，9 月份订单数的条件分布律。

11. X 表示某医院一天出生的婴儿的人数，Y 表示其中男婴的人数，设 X 和 Y 的联合分布律为

$$P\{X=n, Y=m\} = \frac{e^{-14}(7.14)^m(6.86)^{n-m}}{m!(n-m)!}, m=0,1,2,\cdots, n=0,1,2,\cdots$$

（1）求边缘分布律；

（2）求条件分布律；

（3）求当 $X=20$ 时，Y 的条件分布律。

12. 求第 9 题中的：

（1）条件概率密度函数 $f_{X|Y}(x|y)$，并写出当 $Y=\frac{1}{2}$ 时 X 的条件概率密度函数。

（2）条件概率密度函数 $f_{Y|X}(y|x)$，并分别写出当 $X=\frac{1}{3}$，$X=\frac{1}{2}$ 时 Y 的条件概率密度函数。

（3）条件概率 $P\{Y\geqslant\frac{1}{4}|X=\frac{1}{2}\}$，$P\{Y\geqslant\frac{3}{4}|X=\frac{1}{2}\}$。

13. 设随机变 (X,Y) 的概率密度函数为

$$f(x,y) = \begin{cases} 1, & |y|<x, 0<x<1 \\ 0, & \text{其他} \end{cases}$$

求条件概率密度函数 $f_{Y|X}(y|x)$，$f_{X|Y}(x|y)$。

14. 设随机变量 $X\sim U(0,1)$，当 $X=x$ 时，随机变量 Y 的条件概率密度函数为

$$f_{Y|X}(y|x) = \begin{cases} x, & 0<y<\frac{1}{x} \\ 0, & \text{其他} \end{cases}$$

（1）求 X 和 Y 的联合概率密度函数 $f(x,y)$；

（2）求边缘概率密度函数 $f_Y(y)$，并画出其函数图。

（3）求 $P\{X>Y\}$。

15. 某旅客到达火车站的时间 X 均匀分布在上午 7:55 至上午 8:00，而火车这段时间开出的时间 Y 的概率密度函数为

$$f_Y(y) = \begin{cases} \dfrac{2(5-y)}{25}, & 0\leqslant y\leqslant 5 \\ 0, & \text{其他} \end{cases}$$

求该旅客能按时上火车的概率。

16．（1）判断第 1 题中的随机变量 X 和 Y 是否相互独立（需说明理由）。

（2）判断第 14 题中的随机变量 X 和 Y 是否相互独立（需说明理由）。

17．设 X 和 Y 是两个相互独立的随机变量，X 在区间 $(0,1)$ 上服从均匀分布，Y 的概率密度函数为

$$f_Y(y) = \begin{cases} \dfrac{1}{2}\mathrm{e}^{-y/2}, & y > 0 \\ 0, & y \leqslant 0 \end{cases}$$

（1）求 X 和 Y 的联合概率密度函数；

（2）设含有 a 的二次方程为 $a^2 + 2Xa + Y = 0$，试求 a 有实根的概率。

18．设 X 和 Y 是相互独立的随机变量，其概率密度函数分别为

$$f_X(x) = \begin{cases} \lambda\mathrm{e}^{-\lambda x}, & x > 0 \\ 0, & x \leqslant 0 \end{cases}, \quad f_Y(y) = \begin{cases} \mu\mathrm{e}^{-\mu y}, & y > 0 \\ 0, & y \leqslant 0 \end{cases}$$

其中 $\lambda > 0$，$\mu > 0$ 是常数，引入随机变量 Z：

$$Z = \begin{cases} 1, & X \leqslant Y \\ 0, & X > Y \end{cases}$$

（1）求条件概率密度函数 $f_{X|Y}(x \mid y)$；

（2）求 Z 的分布律和分布函数。

19．设随机变量 (X,Y) 的概率密度函数为

$$f(x,y) = \begin{cases} x + y, & 0 < x < 1, 0 < y < 1 \\ 0, & \text{其他} \end{cases}$$

求 $Z = X + Y$ 的概率密度函数。

20．设 X 和 Y 是两个相互独立的随机变量，其概率密度函数分别为

$$f_X(x) = \begin{cases} 1, & 0 \leqslant x \leqslant 1 \\ 0, & \text{其他} \end{cases} \quad f_Y(y) = \begin{cases} \mathrm{e}^{-y}, & y > 0 \\ 0, & \text{其他} \end{cases}$$

求随机变量 $Z = X + Y$ 的概率密度函数。

21．某种商品一周的需求量是一个随机变量，其概率密度函数为

$$f(t) = \begin{cases} t\mathrm{e}^{-t}, & t > 0 \\ 0, & t \leqslant 0 \end{cases}$$

设各周的需求量是相互独立的，分别求两周、三周的需求量的概率密度函数。

22．设随机变量 (X,Y) 的概率密度函数为

$$f(x,y) = \begin{cases} \dfrac{1}{2}(x+y)\mathrm{e}^{-(x+y)}, & x > 0, y > 0 \\ 0, & \text{其他} \end{cases}$$

（1）判断 X 和 Y 是否相互独立；

（2）求 $Z = X + Y$ 的概率密度函数。

23．设随机变量 X，Y 相互独立，且具有相同的分布，它们的概率密度函数均为

$$f(x,y) = \begin{cases} \mathrm{e}^{1-x}, & x > 1 \\ 0, & \text{其他} \end{cases}$$

求 $Z=X+Y$ 的概率密度函数。

24．设随机变量 X,Y 互相独立，它们的概率密度函数均为

$$f(x)=\begin{cases} e^{-x}, & x>0 \\ 0, & \text{其他} \end{cases}$$

求 $Z=Y/X$ 的概率密度函数。

25．设随机变量(X,Y)的概率密度函数为

$$f(x,y)=\begin{cases} be^{-2(x+y)}, & 0<x<+\infty,0<y<+\infty \\ 0, & \text{其他} \end{cases}$$

（1）确定常数 b；

（2）求边缘概率密度函数 $f_X(x)$ 及 $f_Y(y)$；

（3）求函数 $N=\min\{X,Y\}$ 的分布函数。

26．设某种型号的电子元件的寿命（单位：h）近似地服从正态分布 $N(160,20^2)$，随机地选取 4 只，求没有一只寿命小于 180h 的概率。

27．设随机变量 X,Y 相互独立，且服从同一分布，试证明：

$$P\{a<\min\{X,Y\}\leq b\}=[P\{X>a\}]^2-[P\{X>b\}]^2, \quad a\leq b。$$

28．随机变量(X,Y)的概率分布表为

Y	X					
	0	1	2	3	4	5
0	0.00	0.01	0.03	0.05	0.07	0.09
1	0.01	0.02	0.04	0.05	0.06	0.08
2	0.01	0.03	0.05	0.05	0.05	0.06
3	0.01	0.02	0.04	0.06	0.06	0.05

（1）求 $P\{X=2|Y=2\}$，$P\{Y=3|X=0\}$；

（2）求 $V=\max\{X,Y\}$ 的分布律；

（3）求 $U=\min\{X,Y\}$ 的分布律；

（4）求 $W=X+Y$ 的分布律。

第4章　随机变量的数字特征

虽然随机变量的概率分布（分布函数、分布律及概率密度函数）能够完整地描述随机变量的统计规律，但在许多实际问题中求概率分布并不容易，在实际问题中常常关心的并不是它的全貌，而只是随机变量的取值在某些方面的数字特征，这些数字特征能较集中地反映随机变量的某些统计特性。例如，在考察一名射击竞赛选手的技术水平时，一方面，不需要完全清楚其命中各环的概率分布，也无法直接从命中环数的概率分布来评价选手水平；另一方面，如果能确定选手的命中环数的"平均值"及刻画其技术"稳定性"等特征性的数量指标，那么根据这些指标来评价选手水平就比较容易理解。本章主要介绍一些数字特征：数学期望、方差、协方差及相关系数等概念。

4.1　数学期望

4.1.1　数学期望的概念

案例 4.1.1　某地区步手枪射击队需要从甲、乙两名射击选手中选拔一名选手参赛。队里决定对两名选手进行 100 次射击测试，并记录他们在 100 次射击中的命中环数与次数，如下所示。

甲命中环数	8	9	10	乙命中环数	8	9	10
次数	30	10	60	次数	20	50	30

如何根据测试的数据对甲、乙两名选手的技术进行评价呢？

分析：很难直接从命中环数与次数对选手的技术进行评价，根据这些测试数据计算的平均命中环数显然可以作为其中一个评判标准，这种评判标准也比较公平合理。

解：甲平均命中的环数为

$$(8\times30+9\times10+10\times60)\div100=8\times\frac{30}{100}+9\times\frac{10}{100}+10\times\frac{60}{100}=9.3$$

乙平均命中的环数为

$$(8\times20+9\times50+10\times30)\div100=8\times\frac{20}{100}+9\times\frac{50}{100}+10\times\frac{30}{100}=9.1$$

因此从平均命中的环数来看，甲的射击技术水平高于乙。

在这个案例中，若把甲、乙的命中环数看作随机变量 X 和 Y，则两个平均命中环数分别

是 X 和 Y 的可能取值与其频率之积的累加，即是以频率为权的加权平均值。注意，按本轮测试结果，甲的技术水平高于乙，但重新测试一次也许结果会发生改变，因此根据一次测试的频率作为评判标准显然具有片面性。然而根据概率的统计定义，当试验次数足够多时，频率接近于概率，此时可以用频率代替概率，得到平均值的一个确定值，这个确定值事实上是可期望达到的平均值，即数学期望。下面给出数学期望的定义。

定义 4.1.1 设离散型随机变量 X 的分布律如下：

X	a_1	a_2	$\cdots$	a_n	$\cdots$
p_i	p_1	p_2	$\cdots$	p_n	$\cdots$

若级数 $\sum\limits_{i=1}^{+\infty} a_i p_i$ 绝对收敛，则称级数 $\sum\limits_{i=1}^{+\infty} a_i p_i$ 的和为随机变量 X 的**数学期望**或**均值**，记为 $E(X)$，即

$$E(X) = \sum_{i=1}^{+\infty} a_i p_i \tag{4.1.1}$$

例 4.1.1 某种产品表面疵点数服从参数为 $\lambda=0.8$ 的泊松分布，规定疵点数不超过 1 个为一等品，价值为 10 元；疵点数大于 1 个、不多于 4 个为二等品，价值为 8 元；疵点数超过 4 个为废品。

求：（1）每件产品的废品率；（2）每件产品的平均价值。

解：（1）设 X 为某种产品表面疵点数，则 $X \sim P(0.8)$，因为 $P\{X>4\} = 1 - P\{X \leqslant 4\} = 1 - \sum\limits_{i=0}^{4} \dfrac{0.8^k}{k!} e^{-0.8} \approx 0.0014$（查附表 2 泊松分布表）所以每件产品的废品率为 0.0014。

（2）设 Y 代表每件产品的价值，那么 Y 的分布律如下：

Y	10	8	0
P_i	$P\{X \leqslant 1\}=0.8088$	$P\{1<X \leqslant 4\}=0.1898$	$P\{X \geqslant 4\}=0.0014$

则根据定义 4.1.1，每件产品的平均价值为

$$E(Y) = 10 \times 0.8088 + 8 \times 0.1898 + 0 \times 0.0014 \approx 9.61(元)$$

对于连续型随机变量 X，若它的概率密度函数为 $f(x)$，概率近似示意图如图 4.1.1 所示，在 x 轴上用划分很细的点列 $\{x_i\}$ 把 x 轴分割为很多个小区间，小区间 $[x_i, x_{i+1}]$ 的长度为 $\Delta x_i = x_{i+1} - x_i$，当 X 在区间 $[x_i, x_{i+1}]$ 内取值时，可以近似地认为其值都是 x_i，按照概率密度的定义，X 在这个区间取值的概率近似为 $f(x_i)\Delta x_i$，同样可以将原来的连续型随机变量 X 近似地离散化为一个取无穷多个值 $\{x_i\}$ 的离散型随机变量 X'，X' 的分布律为 $P(X'=x_i) \approx f(x_i)\Delta x_i$，按定义 4.1.1 有 $E(X') \approx \sum\limits_i x_i f(x_i)\Delta x_i$。

随着区间 Δx_i 越来越小，X' 越来越接近 X，上式右端之和就越来越接近于 $\int_{-\infty}^{+\infty} x f(x) \mathrm{d}x$，这样就可以类似地给出连续型随机变量数学期望的定义。

定义 4.1.2 设连续型随机变量 X 的概率密度函数为 $f(x)$，若积分 $\int_{-\infty}^{+\infty} x f(x)\mathrm{d}x$ 绝对收敛，则称积分 $\int_{-\infty}^{+\infty} x f(x)\mathrm{d}x$ 为随机变量 X 的**数学期望**或**均值**。记为 $E(X)$，即

$$E(X) = \int_{-\infty}^{+\infty} x f(x)\mathrm{d}x \tag{4.1.2}$$

从定义看，随机变量 X 的数学期望是对 X 取值中心的描述，它是一个表征 X 平均特征的常数。

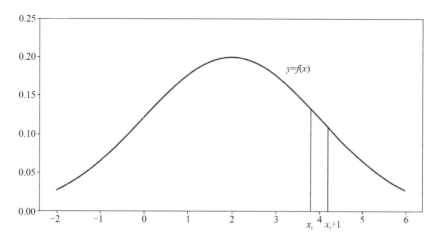

图 4.1.1　概率近似示意图

案例 4.1.2　某公司在制定明年的销售策略时有三种策略可供选择，每种策略下所得的利润与明年的经济形势有关。据专家估计，明年经济形势为"较差""一般""好"的概率及各种策略在不同形势下所能获得的利润（单位：百万元）如下所示。

经济形势	较差	一般	好
概率	0.2	0.5	0.3
策略 1 下的利润	−7	45	40
策略 2 下的利润	−3	60	30
策略 3 下的利润	−18	40	70

请问公司应该选择哪种策略才能对公司明年的经营最为有利？

分析　三种策略在不同经济形势下的表现是不同的，难以单独比较，若把不同策略的利润设为随机变量 X_i（$i=1,2,3$），则可以通过比较它们的数学期望来选择策略。

解：设随机变量 X_i 为第 i 种策略所能获得的利润（$i=1,2,3$），则三种策略所能获得的平均利润为

$$E(X_1) = -7 \times 0.2 + 45 \times 0.5 + 40 \times 0.3 = 33.1 \text{（百万元）}$$
$$E(X_2) = -3 \times 0.2 + 60 \times 0.5 + 30 \times 0.3 = 38.4 \text{（百万元）}$$
$$E(X_3) = -18 \times 0.2 + 40 \times 0.5 + 70 \times 0.3 = 37.4 \text{（百万元）}$$

若根据平均利润来选择策略，则应选策略 2。

例 4.1.2　已知随机变量 X 的分布函数为

$$F(x) = \begin{cases} 0, & x \leqslant 0 \\ \dfrac{x}{4}, & 0 < x \leqslant 4 \\ 1, & x > 4 \end{cases}$$

求 $E(X)$。

解：随机变量 X 的分布密度为

$$f(x) = F'(x) = \begin{cases} \dfrac{1}{4}, & 0 < x < 4 \\ 0, & \text{其他} \end{cases}$$

故

$$E(X) = \int_{-\infty}^{+\infty} x f(x) \mathrm{d}x = \int_0^4 x \times \frac{1}{4} \mathrm{d}x = \frac{x^2}{8} \big|_0^4 = 2$$

下面给出一些常见的随机变量的数学期望。

（1）**0-1 分布**。设 X 的分布律如下：

X	0	1
p	$1-p$	p

$$E(X) = 0 \times (1-p) + 1 \times p = p \tag{4.1.3}$$

（2）**二项分布**。设 X 的分布律为

$$P(X=k) = \mathrm{C}_n^k p^k q^{n-k}, k = 0,1,\cdots,n$$

$$
\begin{aligned}
E(X) &= \sum_{k=0}^n k \mathrm{C}_n^k p^k q^{n-k} \\
&= \sum_{k=0}^n k \frac{n(n-1)(n-2)\ldots[n-(k-1)]}{k!} p^k q^{n-k} \\
&= np \sum_{k-1=0}^{n-1} \mathrm{C}_{n-1}^{k-1} p^{k-1} q^{n-1-(k-1)} = np(p+q)^{n-1} = np
\end{aligned}
\tag{4.1.4}
$$

（3）**泊松分布**。设 X 的分布律为

$$P(X=k) = \frac{\lambda}{k!} \mathrm{e}^{-\lambda}, k = 0,1,2,\cdots$$

$$E(X) = \sum_{k=0}^{+\infty} k \frac{\lambda^k}{k!} \mathrm{e}^{-\lambda} = \lambda \mathrm{e}^{-\lambda} \sum_{k=1}^{+\infty} \frac{\lambda^{k-1}}{(k-1)!} = \lambda \mathrm{e}^{-\lambda} \times \mathrm{e}^{\lambda} = \lambda \tag{4.1.5}$$

（4）**均匀分布**。设 X 的概率密度为

$$f(x) = \begin{cases} \dfrac{1}{b-a}, & a \leqslant x \leqslant b \\ 0, & 其他 \end{cases}$$

$$E(X) = \int_{-\infty}^{+\infty} x f(x) \mathrm{d}x = \int_a^b \frac{x}{b-a} \mathrm{d}x = \frac{a+b}{2} \tag{4.1.6}$$

（5）**指数分布**。设 X 的概率密度为

$$f(x) = \begin{cases} \lambda \mathrm{e}^{-\lambda}, & x \geqslant 0 \\ 0, & 其他 \end{cases}, \quad \lambda > 0$$

$$E(X) = \int_{-\infty}^{+\infty} x f(x) \mathrm{d}x = \int_0^{+\infty} x \lambda \mathrm{e}^{-\lambda x} \mathrm{d}x = \frac{1}{\lambda} \tag{4.1.7}$$

（6）**标准正态分布**。设 $X \sim N(0,1)$，则有

$$E(X) = \int_{-\infty}^{+\infty} x \varphi(x) \mathrm{d}x = \int_{-\infty}^{+\infty} x \frac{1}{\sqrt{2\pi}} \mathrm{e}^{-\frac{x^2}{2}} \mathrm{d}x \overset{奇函数}{=} 0 \tag{4.1.8}$$

4.1.2 随机变量函数的数学期望

设 X 是随机变量，$g(x)$ 为实函数，则 $Y = g(X)$ 也是随机变量。理论上，虽然可以先通过 X 的分布求出 $g(X)$ 的分布，再按定义求出 $g(X)$ 的数学期望 $E[g(X)]$，但这种求法一般比较复杂。

下面不加证明地引入有关计算随机变量函数的数学期望的定理。

定理 4.1.1 设 X 是一个随机变量，$Y = g(X)$，且 $E(Y)$ 存在，于是

（1）若 X 为离散型随机变量，其概率分布为

$$P(x = a_i) = p_i, \ i = 1, 2, \cdots$$

则当级数 $\sum_{i=1}^{+\infty} |g(a_i)| p_i$ 收敛时，随机变量 Y 的数学期望为

$$E(g(X)) = \sum_{i=1}^{+\infty} g(a_i) p_i \tag{4.1.9}$$

（2）若 X 为连续型随机变量，其概率密度为 $f(x)$，则当 $\int_{-\infty}^{+\infty} |g(x)| f(x) \mathrm{d}x$ 收敛时，随机变量 Y 的数学期望为

$$E(Y) = E(g(X)) = \int_{-\infty}^{+\infty} g(x) f(x) \mathrm{d}x \tag{4.1.10}$$

注：定理 4.1.1 的重要性在于当求 $E(g(X))$ 时，不必知道 $g(X)$ 的分布，只需要知道 X 的分布即可，简化了随机变量函数数学期望的求解。

上述定理可推广到二维随机变量以上的情形，即有以下定理：

定理 4.1.2 设 (X, Y) 是二维随机变量，$Z = g(X, Y)$，且 $E(Z)$ 存在，于是

（1）若 (X, Y) 为二维离散型随机变量，其联合概率分布为

$$P(X = a_i, Y = b_j) = p_{ij}, \ i = 1, 2, \cdots, j = 1, 2, \cdots$$

若级数 $\sum_{i=1}^{+\infty} \sum_{j=1}^{+\infty} g(a_i, b_j) p_{ij}$ 绝对收敛，则随机变量 Z 的数学期望为

$$E(Z) = E(g(X, Y)) = \sum_{i=1}^{n} \sum_{j=1}^{+\infty} g(a_i, b_j) p_{ij} \tag{4.1.11}$$

（2）若 (X, Y) 为二维连续型随机变量，其联合概率密度函数为 $f(x, y)$，如果

$$\int_{-\infty}^{+\infty} \int_{-\infty}^{+\infty} |g(x, y)| f(x, y) \mathrm{d}x \mathrm{d}y$$

收敛，则 Z 的数学期望为

$$E(Z) = E(g(X, Y)) = \int_{-\infty}^{+\infty} \int_{-\infty}^{+\infty} g(x, y) f(x, y) \mathrm{d}x \mathrm{d}y \tag{4.1.12}$$

例 4.1.3 设 (X, Y) 的联合概率分布表如下：

X	Y			
	0	1	2	3
1	0	$\frac{3}{8}$	$\frac{3}{8}$	0
3	$\frac{1}{8}$	0	0	$\frac{1}{8}$

求 $E(X)$，$E(Y)$，$E(XY)$。

解：求 $E(X)$ 和 $E(Y)$，需先求 X 和 Y 的边缘概率分布。X 和 Y 的边缘概率分布如下：

X	1	3
p_i	$\frac{3}{4}$	$\frac{1}{4}$

Y	0	1	2	3
p_i	$\frac{1}{8}$	$\frac{3}{8}$	$\frac{3}{8}$	$\frac{1}{8}$

于是

$$E(X) = 1 \times \frac{3}{4} + 3 \times \frac{1}{4} = \frac{3}{2}$$

$$E(Y) = 0 \times \frac{1}{8} + 1 \times \frac{3}{8} + 2 \times \frac{3}{8} + 3 \times \frac{1}{8} = \frac{3}{2}$$

$$E(XY) = (1 \times 0) \times 0 + (1 \times 1) \times \frac{3}{8} + (1 \times 2) \times \frac{3}{8} + (1 \times 3) \times 0$$

$$(3 \times 0) \times \frac{1}{8} + (3 \times 1) \times 0 + (3 \times 2) \times 0 + (3 \times 3) \times \frac{1}{8} = \frac{9}{4}^{+}$$

例 4.1.4 设 $X \sim P(\lambda)$，求 $E(X^2)$。

解： $E(X^2) = \sum_{k=0}^{+\infty} k^2 \times \frac{\lambda^k}{k!} e^{-\lambda} = \sum_{k=1}^{+\infty} k(k-1+1) \times \frac{\lambda^k}{k!} e^{-\lambda}$

$$= \sum_{k=1}^{+\infty} k \times \frac{\lambda^k}{k!} e^{-\lambda} + \sum_{k=1}^{+\infty} k(k-1) \times \frac{\lambda^k e^{-\lambda}}{k!}$$

$$= \sum_{k=0}^{+\infty} k \times \frac{\lambda^k e^{-\lambda}}{k!} + \lambda \sum_{k=1}^{+\infty} (k-1) \times \frac{\lambda^{k-1} e^{-\lambda}}{(k-1)!} \quad \text{（根据泊松分布的期望）}$$

$$= \lambda + \lambda^2$$

例 4.1.5 设 $X \sim N(0,1)$，求 $E(X^2)$。

解：
$$E(X^2) = \int_{-\infty}^{+\infty} x^2 \frac{1}{\sqrt{2\pi}} e^{-\frac{x^2}{2}} dx = \left[-\frac{x e^{-\frac{x^2}{2}}}{\sqrt{2\pi}} \right]_{-\infty}^{+\infty} + \int_{-\infty}^{+\infty} \frac{1}{\sqrt{2\pi}} e^{-\frac{x^2}{2}} dx$$

$$= 0 + 1 = 1$$

所以 $E(X^2) = 1$。

案例 4.1.3 设国际市场上每年对我国某种出口商品的需求量是随机变量 X（单位：吨），它服从区间[2000,4000]上的均匀分布。若售出这种商品 1 吨，可赚 3 万元，但若销售不出去，则每吨需付仓储费 1 万元，问出口多少吨商品才可使平均收益最大？

分析：设 Y 为国家收益，显然 Y 是随机变量 X 的函数 $Y = g(X)$，求 $E(Y)$，即求 $E(g(X))$，因此可求 X 的分布，根据 X 的分布求 Y 的期望。

解：设该商品应该出口 t 吨，应要求 $2000 \leqslant t \leqslant 4000$，收益 Y 是 X 的函数，可以表示为

$$Y = g(X) = \begin{cases} 3t, & X \geqslant t \\ 4X - t, & X < t \end{cases}$$

设 X 的概率密度函数为 $f(x)$，则

$$f(x) = \begin{cases} \dfrac{1}{2000}, & 2000 \leqslant x \leqslant 4000 \\ 0, & \text{其他} \end{cases}$$

于是，Y 的期望为

$$E(Y) = \int_{-\infty}^{+\infty} g(x) f(x) dx = \int_{2000}^{4000} g(x) \frac{1}{2000} dx$$

$$= \frac{1}{2000} \left[\int_{2000}^{t} 4x - t dx + \int_{t}^{4000} 3t dx \right]$$

$$= \frac{1}{2000} \left(-2t^2 + 14000t - 8 \times 10^6 \right)$$

考虑 t 的取值使 $E(Y)$ 达到最大，易得 $t=3500$，因此出口 3500 吨商品为宜。

4.1.3 数学期望的性质

设 X,Y 为随机变量，a,b,c 均为常数。由于数学期望的定义不难证明，数学期望具有如下性质：

性质（1） $E(c)=c$；

性质（2） $E(aX+bY)=aE(X)+bE(Y)$，特别地，$E(aX)=aE(X)$；

性质（3） 若 X,Y 相互独立，则 $E(XY)=E(X)E(Y)$。

性质（2）与性质（3）均可推广到 n 维随机变量的情形。

证明： 这里仅证明连续型随机变量，离散型随机变量留给感兴趣的读者自行证明。

设 $f(x)$、$f(x,y)$ 分别为随机变量 X 的概率密度函数和 (X,Y) 的联合概率密度函数。

（1）$E(c)=\int_{-\infty}^{+\infty}cf(x)\mathrm{d}x=c\int_{-\infty}^{+\infty}f(x)\mathrm{d}x=c$

（2）$\begin{aligned}E(aX+bY)&=\int_{-\infty}^{+\infty}\int_{-\infty}^{+\infty}(ax+by)f(x,y)\mathrm{d}x\mathrm{d}y\\&=a\int_{-\infty}^{+\infty}\int_{-\infty}^{+\infty}xf(x,y)\mathrm{d}x\mathrm{d}y+b\int_{-\infty}^{+\infty}\int_{-\infty}^{+\infty}yf(x,y)\mathrm{d}x\mathrm{d}y\\&=a\int_{-\infty}^{+\infty}x[\int_{-\infty}^{+\infty}f(x,y)\mathrm{d}y]\mathrm{d}x+b\int_{-\infty}^{+\infty}y\left[\int_{-\infty}^{+\infty}yf(x,y)\mathrm{d}x\right]\mathrm{d}y\\&=a\int_{-\infty}^{+\infty}xf_X(x)\mathrm{d}x+b\int_{-\infty}^{+\infty}yf_Y(y)\mathrm{d}y\\&=aE(X)+bE(Y)\end{aligned}$

（3）X 与 Y 相互独立，则 $f(x,y)=f_X(x)f_Y(y)$，有

$$\begin{aligned}E(XY)&=\int_{-\infty}^{+\infty}\int_{-\infty}^{+\infty}xyf(x,y)\mathrm{d}x\mathrm{d}y=\int_{-\infty}^{+\infty}\int_{-\infty}^{+\infty}xyf_X(x)f_Y(y)\mathrm{d}x\mathrm{d}y\\&=\int_{-\infty}^{+\infty}xf_X(x)\mathrm{d}x\int_{-\infty}^{+\infty}yf_Y(y)\mathrm{d}y=E(X)E(Y)\end{aligned}$$

注： 由 $E(XY)=E(X)E(Y)$ 不一定能推出 X 与 Y 相互独立。

例 4.1.6 设 $X\sim N(\mu,\sigma^2)$，求 $E(X)$。

解： 由于 $Y=\dfrac{X-\mu}{\sigma}\sim N(0,1)$，由式(4.1.8)可知 $E(Y)=0$，而 $X=\sigma Y+\mu$，由数学期望的性质，可得

$$E(X)=E(\sigma Y+\mu)=\sigma E(Y)+\mu=\mu$$

例 4.1.7 设 $X\sim B(n,p)$，求 $E(X)$。

解： 这是求解二项分布期望的一种更加简便的方法。

设 $X_i\sim B(1,p)$，$i=1,2,\cdots,n$，且 $X_1,X_2,\cdots,X_n$ 相互独立，$E(X_i)=p$，可得 $X=X_1+X_2+\cdots+X_n\sim B(n,p)$。所以，$E(X)=E(X_1)+E(X_2)+\cdots+E(X_n)=np$。

例 4.1.8 20 个人在第一层进入电梯，楼上有 10 层，每个乘客在任意一层下电梯的可能性是相同的。若某层无乘客下电梯，则电梯不停，求直到乘客下完时电梯停的次数 X 的数学期望。

解：设 X_i 表示在第 i 层电梯停的次数，则

$$X_i = \begin{cases} 0, \text{第}i\text{层没人下电梯} \\ 1, \text{第}i\text{层有人下电梯} \end{cases}$$

那么有 $X = \sum_{i=1}^{10} X_i$，且 $E(X) = \sum_{i=1}^{10} E(X_i)$。

下面求 X_i $(i = 1, 2, \cdots, 10)$ 的分布律。

由于每人在任意一层下电梯的概率均为 $\dfrac{1}{10}$，故 20 个人同时不在第 i 层下电梯的概率为 $\left(1 - \dfrac{1}{10}\right)^{20}$，即 $P(X_i = 0) = \left(1 - \dfrac{1}{10}\right)^{20}$，从而 $P(X_i = 1) = 1 - \left(1 - \dfrac{1}{10}\right)^{20}$。

于是

$$E(X_i) = 0 \times \left(1 - \dfrac{1}{10}\right)^{20} + 1 \times \left[1 - \left(1 - \dfrac{1}{10}\right)^{20}\right] = 1 - \left(1 - \dfrac{1}{10}\right)^{20}, \quad i = 1, 2, \cdots, 10$$

所以有 $E(X) = \sum_{i=1}^{10} E(X_i) = 10 \times \left[1 - \left(1 - \dfrac{1}{10}\right)^{20}\right] \approx 8.784$ （利用 Excel 计算）。

例 4.1.7 和例 4.1.8 中都是首先把一个比较复杂的随机变量 X 分解成比较简单的随机变量 X_i 的叠加，然后根据数学期望的性质通过这些比较简单的随机变量的数学期望，得到 X 的数学期望。在概率论中遇到复杂问题常采用这种分解的方法。

4.2 方差

随机变量的数学期望综合表征了随机变量的取值水平，而随机变量取值的稳定性是判断随机现象性质的另一重要指标。

案例 4.2.1 甲、乙两部机床生产同一种机轴，轴的直径为 10mm，公差为 0.2mm，即直径 9.8mm～10.2mm 的为合格品，超出范围的均为废品。现从甲、乙两部机床的产品中随机抽取 6 件进行测试，机轴的直径的测试尺寸（单位：mm）如下。

甲	9.8	9.9	10.0	10.0	10.1	10.2
乙	9.0	9.2	9.4	10.6	10.8	11.0

请问如何判断这两部机床生产质量的优劣？

分析：从抽取的 6 件产品的数据看，甲、乙两部机床生产的产品直径的均值都为 10.0mm，如果纯粹从均值的角度去比较优劣，那么无法判断哪部机床生产的质量更好。然而，两部机床的生产质量显然差异很大，甲组全为合格品，乙组全为废品，原因在于甲组的离散程度小，质量较稳定，乙组的离散程度大，质量不稳定，这就要用到随机变量取值的稳定性进行判断。

案例 4.2.2 在股票市场中常用正态分布估计风险资产的收益率。假设某投资者根据股市的历史数据统计分析发现，某两只标的股票的收益率 X 和 Y 分别服从正态分布 $X \sim N(0.1, 0.2^2)$

和 $Y \sim N(0.1, 0.3^2)$）。问该投资者应该投资哪只股票，其依据是什么？

　　分析：根据数学期望的定义直接计算两只股票的平均收益率都为 0.1。因此从平均收益这个指标无法决定应该选择投资哪只股票。事实上，从图 2.4.7 的正态分布概率密度的图形可以看出，σ^2 反映的是随机变量的取值对 μ 的偏离程度，σ^2 越小，其概率密度在均值 μ 处越大，收益率在均值附近的可能性就越大；σ^2 越大，其概率密度在均值 μ 处越小，收益率在均值附近的可能性就越小。对于投资者来说，选择收益率服从 $N(0.1, 0.2^2)$ 的股票，收益会更加稳定。因此，σ^2 常被认为是度量收益风险的一个指标。

　　在许多实际问题中，随机变量的取值对其数学期望的偏离程度是十分重要的，接下来介绍度量偏离程度的数字特征——方差。

4.2.1　方差的概念

　　如何衡量偏离程度呢？人们自然想到采用 $|X - E(X)|$ 的平均值 $E(|X - E(X)|)$。但此式带有绝对值，不方便运算，故采用 $E\left[(X - E(X))^2 \right]$ 来度量 X 与其均值 $E(X)$ 的偏离程度。

　　定义 4.2.1　设 X 是一个随机变量，若 $E\left[(X - E(X))^2 \right]$ 存在，则称 $E\left[(X - E(X))^2 \right]$ 为 X 的**方差**，记为 $D(X)$，即

$$D(X) = E\left[(X - E(X))^2 \right] \tag{4.2.1}$$

同时，称 $\sigma = \sqrt{D(X)}$ 为 X 的**标准差**或**均方差**。

　　不难理解，方差 $D(X)$ 的量纲是原随机变量 X 量纲的平方，而 σ 与 X 的量纲相同。方差 $D(X)$ 反映了随机变量 X 偏离其"分布重心"$E(X)$ 的程度：$D(X)$ 越大，X 偏离 $E(X)$ 的程度就越大，其分布就越分散，反之其分布就比较集中。可以说，$D(X)$ 在某种意义上反映了 X 的"随机性"的大小，$D(X)$ 越大，X 的"随机性"就越大。

　　从方差的定义看，方差的实质就是随机变量 X 的函数 $g(X) = \left[X - E(X) \right]^2$ 的数学期望，因此，对于离散型随机变量和连续型随机变量的方差分别有如下计算公式。

　　（1）当 X 为离散型随机变量时，有

$$D(X) = \sum_{i=1}^{+\infty} \left[a_i - E(X) \right]^2 p_i \tag{4.2.2}$$

其中，$P(X = a_i) = p_i, i = 1, 2, \cdots$ 是 X 的分布律。

　　（2）当 X 为连续型随机变量时，有

$$D(X) = \int_{-\infty}^{+\infty} \left[x - E(X) \right]^2 f(x) \mathrm{d}x \tag{4.2.3}$$

其中，$f(x)$ 为 X 的概率密度。

　　实际计算时常采用以下公式进行计算

$$D(X) = E(X^2) - \left[E(X) \right]^2 \tag{4.2.4}$$

　　证明：$D(X) = E\left[(X - E(X))^2 \right]$

$$= E(X^2) - 2E(X)E(X) + \left[E(X) \right]^2 = E(X^2) - \left[E(X) \right]^2$$

例 4.2.1 设 $X \sim B(1,p)$，求 $D(X)$。

解： $E(X) = p$，$E(X^2) = 0^2 \times (1-p) + 1^2 \times p = p$

$$D(X) = E(X^2) - \left[E(X)\right]^2 = p - p^2 = p(1-p)$$

例 4.2.2 设 $X \sim P(\lambda)$，求 $D(X)$。

解： 由 4.1 节可知，$E(X) = \lambda$ 且 $E(X^2) = \lambda^2 + \lambda$，所以 $D(X) = E(X^2) - \left[E(X)\right]^2 = \lambda$。

例 4.2.3 设 $X \sim U(a,b)$，求 $D(X)$。

解： X 的概率密度函数为

$$f(x) = \begin{cases} \dfrac{1}{b-a}, & a \leq x \leq b \\ 0, & 其他 \end{cases}$$

由 4.1 节可知 $E(X) = \dfrac{a+b}{2}$，则有

$$E(X^2) = \int_{-\infty}^{+\infty} x^2 f(x)\mathrm{d}x = \int_a^b x^2 \frac{1}{b-a}\mathrm{d}x = \frac{a^2 + ab + b^2}{3}$$

$$D(X) = E(X^2) - \left[E(X)\right]^2 = \frac{a^2 + ab + b^2}{3} - \frac{(a+b)^2}{4} = \frac{(b-a)^2}{12}$$

例 4.2.4 设 $X \sim E(\lambda)$，求 $D(X)$。

解： 由 4.1 节可知 $E(X) = \dfrac{1}{\lambda}$，因为

$$E(X^2) = \int_{-\infty}^{+\infty} x^2 f(x)\mathrm{d}x = \int_0^{+\infty} x^2 \lambda \mathrm{e}^{-\lambda x}\mathrm{d}x = \frac{2}{\lambda^2}$$

所以 $D(X) = \dfrac{2}{\lambda^2} - \left(\dfrac{1}{\lambda}\right)^2 = \dfrac{1}{\lambda^2}$。

例 4.2.5 设 $X \sim N(\mu, \sigma^2)$，求 $D(X)$。

解： 由定义可知

$$D(X) = \int_{-\infty}^{+\infty} (x-\mu)^2 f(x)\mathrm{d}x = \int_{-\infty}^{+\infty} (x-\mu)^2 \frac{1}{\sqrt{2\pi}\sigma} \mathrm{e}^{-\frac{(x-\mu)^2}{2\sigma^2}}\mathrm{d}x$$

因为 $t = \dfrac{x-\mu}{\sigma}$，所以有

$$D(X) = \frac{\sigma^2}{\sqrt{2\pi}} \int_{-\infty}^{+\infty} t^2 \mathrm{e}^{-\frac{t^2}{2}}\mathrm{d}t = \sigma^2 \int_{-\infty}^{+\infty} \frac{1}{\sqrt{2\pi}} \mathrm{e}^{-\frac{t^2}{2}}\mathrm{d}t = \sigma^2$$

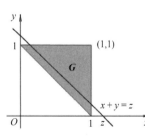

图 4.2.1 积分区域示意图

例 4.2.6 设随机变量 X 和 Y 的联合分布在以点 $(0,1)$、$(1,0)$、$(1,1)$ 为顶点的三角形区域上且服从均匀分布，试求随机变量 $Z = X + Y$ 的期望与方差。

解： 图 4.2.1 所示的三角形区域 G 的面积是 $\dfrac{1}{2}$，所以 (X,Y) 的联合概率密度为

$$f(x) = \begin{cases} 2, & (x,y) \in G \\ 0, & (x,y) \notin G \end{cases}$$

于是

$$E(Z) = E(X+Y) = \int_{-\infty}^{+\infty}\int_{-\infty}^{+\infty}(x+y)f(x,y)\mathrm{d}x\mathrm{d}y$$

$$= \iint_G (x+y) \times 2\mathrm{d}x\mathrm{d}y = \int_0^1 \mathrm{d}x \int_{1-x}^1 2(x+y)\mathrm{d}y = \frac{4}{3}$$

$$E(Z^2) = E\left((X+Y)^2\right) = \int_{-\infty}^{+\infty}\int_{-\infty}^{+\infty}(x+y)^2 f(x,y)\mathrm{d}x\mathrm{d}y$$

$$= \iint_G (x+y)^2 \times 2\mathrm{d}x\mathrm{d}y = \int_0^1 \mathrm{d}x \int_{1-x}^1 2(x+y)^2 \mathrm{d}y = \frac{11}{6}$$

$$D(X) = E\left((X+Y)^2\right) - \left[E(X+Y)\right]^2 = \frac{11}{6} - \frac{16}{9} = \frac{1}{18}$$

4.2.2　方差的性质

设 X 和 Y 为随机变量，a、b、c 为常数。不难证明，方差有如下性质：

性质（1） $D(c) = 0$，c 为常数；

性质（2） $D(aX+b) = a^2 D(X)$；

性质（3） 设 X 和 Y 为两个随机变量，则有

$$D(X \pm Y) = D(X) + D(Y) \pm 2E\left\{[X - E(X)][Y - E(Y)]\right\} \tag{4.2.5}$$

特别地，若 X 和 Y 相互独立，则

$$D(X \pm Y) = D(X) + D(Y) \tag{4.2.6}$$

式(4.2.6)可推广到 n 维随机变量的情形。

性质（1）、（2）的证明由读者自行完成，下面证明性质（3）。

证明： 由方差的定义及数学期望的性质，可得

$$D(X \pm Y) = E\left\{\left[(X \pm Y) - E(X \pm Y)\right]^2\right\}$$

$$= E\left\{\left[(X - E(X)) \pm (Y - E(Y))\right]^2\right\}$$

$$= E(X - E(X))^2 + E(Y - E(Y))^2 \pm 2E\left[(X - E(X))(Y - E(Y))\right]$$

$$= D(X) + D(Y) \pm 2E\left[(X - E(X))(Y - E(Y))\right]$$

若 X 和 Y 相互独立，则 $X - E(X)$ 与 $Y - E(Y)$ 也相互独立，有

$$E\left[(X - E(X))(Y - E(Y))\right] = E(X - E(X))E(Y - E(Y))$$

$$= (E(X) - E(X))(E(Y) - E(Y)) = 0$$

于是有

$$D(X \pm Y) = D(X) + D(Y)$$

例 4.2.7　设 $X \sim B(n,p)$，$q = 1 - p$，求 $D(X)$。

解： 设 $X_i \sim B(1,p)$，$i = 1,2,\cdots,n$，且 $X_1, X_2, \cdots, X_n$ 相互独立，由例 4.2.1 可知 $D(X_i) = pq$。

而 $X = X_1 + X_2 + \cdots + X_n \sim B(n,p)$，所以

$$D(X) = D(X_1) + D(X_2) + \cdots + D(X_n) = npq$$

4.2.3 常用分布的期望与方差

常用分布的数学期望与方差如表 4.2.1 所示。

表 4.2.1 常用分布的数学期望与方差

分布	分布律或概率密度	期望	方差
0-1 分布 $B(1,p)$	$P(X=k)=C_n^k p^k q^{n-k},\ k=0,1,\ q=1-p$	p	pq
二项分布 $B(n,p)$	$P(X=k)=C_n^k p^k q^{n-k},\ k=0,1,\cdots,n,\ q=1-p$	np	npq
泊松分布 $P(\lambda)$	$P(X=k)=\dfrac{\lambda}{k!}\mathrm{e}^{-\lambda},\ k=0,1,2,\cdots$	λ	λ
均匀分布 $U(a,b)$	$f(x)=\begin{cases}\dfrac{1}{b-a},\ a\leqslant x\leqslant b\\0,\ 其他\end{cases}$	$\dfrac{a+b}{2}$	$\dfrac{(b-a)^2}{12}$
指数分布 $E(\lambda)$	$f(x)=\begin{cases}\lambda\mathrm{e}^{-\lambda},\ x\geqslant 0\\0,\ 其他\end{cases},\ \lambda>0$	$\dfrac{1}{\lambda}$	$\dfrac{1}{\lambda^2}$
正态分布 $N(\mu,\sigma^2)$	$f(x)=\dfrac{1}{\sqrt{2\pi}\sigma}\mathrm{e}^{\frac{(x-\mu)^2}{2\sigma^2}},\ \sigma>0$	μ	σ^2

4.3 协方差、相关系数及矩

随机变量的数学期望和方差只反映了各自的平均值与偏离程度，并未反映随机变量之间的关系。本节将要讨论的协方差是反映随机变量之间依赖关系的一个数字特征。

4.3.1 协方差

由上节方差的性质（3）的证明可知，当 X 与 Y 相互独立时，$E\{[X-E(X)][Y-E(Y)]\}=0$，说明当 $E\{[X-E(X)][Y-E(Y)]\}\neq 0$ 时，X 与 Y 不相互独立。进一步研究表明，$E\{[X-E(X)][Y-E(Y)]\}$ 的值在一定程度上反映了 X 与 Y 之间的关系，因此称其为协方差。

定义 4.3.1 设(X,Y)是一个二维随机变量，若 $E\{[X-E(X)][Y-E(Y)]\}$ 存在，则称其为 X 与 Y 的**协方差**，记作 cov(X,Y)，即

$$\mathrm{cov}(X,Y)=E\left\{\left[X-E(X)\right]\left[Y-E(Y)\right]\right\} \tag{4.3.1}$$

由 4.2 方差性质（3）的证明过程可知，对于任意两个随机变量 X 与 Y，有

$$D(X\pm Y)=D(X)+D(Y)\pm 2\mathrm{cov}(X,Y) \tag{4.3.2}$$

由协方差的定义 4.3.1，协方差就是二维随机变量函数：

$$g(X,Y)=\left[X-E(X)\right]\left[Y-E(Y)\right] \tag{4.3.3}$$

的期望。

由数学期望的性质可得

$$\begin{aligned}
\mathrm{cov}(X,Y) &= E\left\{\left[X - E(X)\right]\left[Y - E(Y)\right]\right\} \\
&= E\left[XY - XE(Y) - YE(X) + E(X)E(Y)\right] \\
&= E(XY) - E(X)E(Y) - E(Y)E(X) + E(X)E(Y) \\
&= E(XY) - E(X)E(Y)
\end{aligned}$$

于是得到协方差的简便计算公式为

$$\mathrm{cov}(X,Y) = E(XY) - E(X)E(Y) \tag{4.3.4}$$

设 X、Y 为随机变量，a、b、c 为常数，由协方差的定义，可得下列性质：

（1）$\mathrm{cov}(X,X) = D(X)$；

（2）$\mathrm{cov}(X,Y) = \mathrm{cov}(Y,X)$；

（3）$\mathrm{cov}(aX,bY) = ab \times \mathrm{cov}(X,Y)$；

（4）$\mathrm{cov}(c,X) = 0$；

（5）$\mathrm{cov}(X_1 + X_2, Y) = \mathrm{cov}(X_1, Y) + \mathrm{cov}(X_2, Y)$；

（6）当 X 与 Y 独立时，$\mathrm{cov}(X,Y) = 0$。

注：上述性质（3）与性质（5）组合可推广到 n 维随机变量的情形。

$$\mathrm{cov}\left(\sum_{i=1}^{n} a_i X_i, \sum_{j=1}^{m} b_j Y_j\right) = \sum_{i=1}^{n}\sum_{j}^{m} a_i b_j \mathrm{cov}(X_i, Y_j) \tag{4.3.5}$$

例 4.3.1　设二维随机变量 (X,Y) 的概率密度函数为

$$f(x,y) = \begin{cases} \dfrac{1}{(b-a)(d-c)}, & a \leqslant x \leqslant b, c \leqslant y \leqslant d \\ 0, & \text{其他} \end{cases}$$

求 $\mathrm{cov}(X,Y)$。

解：由 (X,Y) 的联合概率密度函数可得

$$f_X(x) = \int_{-\infty}^{+\infty} f(x,y)\mathrm{d}y = \int_c^d \frac{1}{(b-a)(d-c)}\mathrm{d}y = \frac{1}{(b-a)}, a \leqslant x \leqslant b$$

$$E(X) = \int_{-\infty}^{+\infty} x f_X(x)\mathrm{d}x = \frac{a+b}{2}$$

同理可得

$$E(Y) = \frac{c+d}{2}, \quad E(XY) = \int_{-\infty}^{+\infty}\int_{-\infty}^{+\infty} xy f(x,y)\mathrm{d}x\mathrm{d}y = \frac{(a+b)(c+d)}{4}$$

故得 $\mathrm{cov}(X,Y) = E(XY) - E(X)E(Y) = 0$。

4.3.2　相关系数

从协方差的定义可以看出，协方差是对两个随机变量协同变化的度量，一定程度上反映了 X 和 Y 的相关程度，但会受到 X 与 Y 自身度量单位的影响。例如，kX 和 kY 之间的统计关系与 X 和 Y 之间的统计关系应该是一样的，但其协方差却扩大了 k^2 倍，即

$$\mathrm{cov}(kX, kY) = k^2 \mathrm{cov}(X,Y)$$

为避免随机变量因自身度量单位不同而影响相关程度的度量，可将每个随机变量标准化，即

$$X^* = \frac{X - E(X)}{\sqrt{D(X)}}, \quad Y^* = \frac{Y - E(Y)}{\sqrt{D(Y)}}$$

并将 $\text{cov}(X^*, Y^*)$ 作为 X 与 Y 之间的相关程度的一种度量，根据协方差的性质可得

$$\text{cov}(X^*, Y^*) = \text{cov}\left(\frac{X - E(X)}{\sqrt{D(X)}}, \frac{Y - E(Y)}{\sqrt{D(Y)}} \right) = \frac{\text{cov}(X, Y)}{\sqrt{D(X)D(Y)}}$$

称为随机变量 X 和 Y 的相关系数。

定义 4.3.2 设 (X, Y) 为一个二维随机变量，若 $\text{cov}(X, Y)$ 存在，且 $D(X) > 0$，$D(Y) > 0$，则称 $\frac{\text{cov}(X, Y)}{\sqrt{D(X)D(Y)}}$ 为 X 与 Y 的**相关系数**，记作 ρ_{XY} 或 ρ，即

$$\rho_{XY} = \frac{\text{cov}(X, Y)}{\sqrt{D(X)}\sqrt{D(Y)}} \tag{4.3.6}$$

相关系数 ρ_{XY} 是一个无量纲的量，具有以下性质。

（1）$|\rho_{XY}| \leq 1$，即相关系数的绝对值小于或等于 1。

证明： 将随机变量 X 和 Y 标准化为 $X^* = \frac{X - E(X)}{\sqrt{D(X)}}$，$Y^* = \frac{Y - E(Y)}{\sqrt{D(Y)}}$，且有

$$D(X^*) = \frac{D(X - E(X))}{D(X)} = 1, \quad D(Y^*) = \frac{D(Y - E(Y))}{D(Y)} = 1$$

根据式(4.3.2)可得

$$D(X^* \pm Y^*) = D(X^*) + D(Y^*) \pm 2\text{cov}(X^*, Y^*)$$
$$= 2(1 \pm \rho_{XY}) \geq 0 \text{（方差非负性）}$$

所以 $|\rho_{XY}| \leq 1$。

（2）$|\rho_{XY}| = 1$ 的充分必要条件是 X 与 Y 以概率 1 存在线性关系，即 $P\{Y = aX + b\} = 1$，$a \neq 0$，a 和 b 为常数（完全线性相关）。

证明： 这里只证明充分性，必要性的证明较为复杂，这里省略。

设 $Y = aX + b$，则 $E(Y) = aE(X) + b$，$D(Y) = a^2 D(X)$，

$$\text{cov}(X, Y) = E\{[X - E(X)][Y - E(Y)]\}$$
$$= E\{[X - E(X)][aX + b - aE(X) - b]\}$$
$$= aE\{[X - E(X)]^2\} = aD(X)$$

$$\rho_{XY} = \frac{\text{cov}(X, Y)}{\sqrt{D(X)}\sqrt{D(Y)}} = \frac{aD(X)}{\sqrt{D(X)}\sqrt{a^2 DX}} = \frac{a}{|a|} = \pm 1$$

性质（2）表明，当 $|\rho_{XY}| = 1$ 时，Y 与 X 的取值具有线性关系的概率为 1。换句话说，当 $|\rho_{XY}| = 1$ 时，X 与 Y 的取值为非线性关系（即 $Y \neq aX + b$）的情况发生的概率为 0，实际上可以忽略不计。

（3）若 X 与 Y 相互独立，则必有 $\rho_{XY} = 0$，即 X 与 Y 不相关。

证明：X 与 Y 相互独立，有 $E(XY) = E(X)E(Y)$

$$\mathrm{cov}(X, Y) = E(XY) - E(X)E(Y) = 0$$

所以 $\rho_{XY} = 0$，即 X 与 Y 不相关。

注：X 与 Y 不相关，X 与 Y 未必相互独立，所谓不相关仅对于线性关系而言，即 X 与 Y 不存在线性关系，而相互独立是对于一般关系而言的。

定义 4.3.3　若 X 与 Y 的相关系数 $\rho_{XY} = 0$，则称 X 与 Y 不相关。

注："X、Y 相互独立"与"X、Y 不相关"两个概念之间是有区别的。若 X、Y 相互独立，则 $\mathrm{cov}(X, Y) = 0$，从而 $\rho_{XY} = 0$，所以当"X、Y 相互独立"时，则"X、Y 不相关"，反之不一定成立。

例 4.3.2　设 θ 服从区间 $[-\pi, \pi]$ 上的均匀分布，且 $X = \sin\theta$，$Y = \cos\theta$，判断 X 与 Y 是否不相关及是否相互独立？

解：由于

$$E(X) = \frac{1}{2\pi}\int_{-\pi}^{+\pi}\sin\theta\,\mathrm{d}\theta = 0, \quad E(Y) = \frac{1}{2\pi}\int_{-\pi}^{+\pi}\cos\theta\,\mathrm{d}\theta = 0$$

而

$$E(XY) = \frac{1}{2\pi}\int_{-\pi}^{+\pi}\sin\theta\cos\theta\,\mathrm{d}\theta = 0$$

因此

$$E(XY) = E(X)E(Y)$$

从而 X 与 Y 不相关，但由于 X 与 Y 满足关系

$$X^2 + Y^2 = 1$$

所以 X 与 Y 不独立。

例 4.3.3　设二维随机变量 $(X, Y) \sim N\left(\mu_1, \mu_2, \sigma_1^2, \sigma_2^2, \rho\right)$，求相关系数 ρ_{XY}。

解：根据二维正态分布的边缘概率密度可知

$$E(X) = \mu_1, \quad D(X) = \sigma_1^2, \quad E(Y) = \mu_2, \quad D(Y) = \sigma_2^2$$

而 $\mathrm{cov}(X, Y) = \displaystyle\int_{-\infty}^{+\infty}\int_{-\infty}^{+\infty}(x - \mu_1)(y - \mu_2)f(x, y)$

$$= \frac{1}{2\pi\sigma_1\sigma_2\sqrt{1-\rho^2}}\int_{-\infty}^{+\infty}\int_{-\infty}^{+\infty}(x-\mu_1)(y-\mu_2)\exp\left[\frac{-1}{2(1-\rho^2)}\left(\frac{y-\mu_2}{\sigma_2} - \rho\frac{x-\mu_1}{\sigma_1}\right)^2 - \frac{(x-\mu_1)^2}{\sigma_1}\right]\mathrm{d}x\mathrm{d}y$$

令 $t = \dfrac{1}{(1-\rho^2)}\left(\dfrac{y-\mu_2}{\sigma_2} - \rho\dfrac{x-\mu_1}{\sigma_1}\right)^2$，$\quad s = \dfrac{x-\mu_1}{\sigma_1}$，则有

$$\mathrm{cov}(X, Y) = \frac{1}{2\pi}\int_{-\infty}^{+\infty}\int_{-\infty}^{+\infty}\left(\sigma_1\sigma_2\sqrt{1-\rho^2}\,tu + \rho\sigma_1\sigma_2 s^2\right)\mathrm{e}^{-(s^2+t^2)/2}\mathrm{d}t\mathrm{d}s$$

$$= \frac{\rho\sigma_1\sigma_2}{2\pi}\int_{-\infty}^{+\infty}s^2\mathrm{e}^{-\frac{s^2}{2}}\mathrm{d}s\int_{-\infty}^{+\infty}\mathrm{e}^{-\frac{t^2}{2}}\mathrm{d}t + \frac{\sigma_1\sigma_2\sqrt{1-\rho^2}}{2\pi}\int_{-\infty}^{+\infty}s\mathrm{e}^{-\frac{s^2}{2}}\mathrm{d}s\int_{-\infty}^{+\infty}t\mathrm{e}^{-\frac{t^2}{2}}\mathrm{d}t$$

$$= \frac{\rho\sigma_1\sigma_2}{2\pi} \times \sqrt{2\pi} \times \sqrt{2\pi} = \rho\sigma_1\sigma_2$$

于是

$$\rho_{XY} = \frac{\text{cov}(X,Y)}{\sqrt{D(X)}\sqrt{D(Y)}} = \rho$$

这就是说，二维正态随机变量(X,Y)的概率密度中的参数ρ就是X和Y的相关系数，因而，二维正态随机变量的分布完全可由X、Y各自的数学期望、方差及它们的相关系数确定，也说明(X,Y)服从二维正态分布，则X与Y相互独立，当且仅当X与Y不相关。

4.3.3 矩及协方差矩阵

我们常常遇到一个随机变量幂函数的期望，于是有如下定义：

定义 4.3.4 设X为随机变量，称$E(X^k)$为X的k阶**原点矩**；称$E\left[(X-E(X))^k\right]$为X的k阶**中心矩**，其中k为正整数。

定义 4.3.5 设(X,Y)为二维随机变量，称$E(X^kY^l)$为X与Y的$k+l$阶**混合原点矩**，称$E\left[(X-E(X))^k(Y-E(Y))^l\right]$为$X$与$Y$的$k+l$阶**混合中心矩**，其中$k$和$l$是正整数。

显然，X的一阶原点矩$E(X)$就是X的数学期望，X的二阶中心矩$E\left[(X-E(X))^2\right]$就是X的方差，X与Y的$1+1$阶混合中心矩就是X、Y的协方差矩。矩实际上是随机变量某些函数的数学期望，其计算方法与随机变量函数的数学期望计算方法一样。

定义 4.3.6 设n维随机变量$(X_1,X_2,\cdots,X_n)$的$1+1$阶混合中心矩为

$$\sigma_{ij} = \text{cov}(X_i,X_j) = E\left[(X_i-E(X_i))(X_j-E(X_j))\right],\ i,j=1,2,\cdots,n$$

都存在，则称矩阵

$$\Sigma = \begin{bmatrix} \sigma_{11} & \sigma_{12} & \cdots & \sigma_{1n} \\ \sigma_{11} & \sigma_{22} & \cdots & \sigma_{2n} \\ \vdots & \vdots & \vdots & \vdots \\ \sigma_{n1} & \sigma_{n2} & \cdots & \sigma_{nn} \end{bmatrix}$$

为n维随机变量$(X_1,X_2,\cdots,X_n)$的**协方差矩阵**。

由协方差的性质（2）可知Σ是一个对称矩阵，它给出了n维随机变量的全部方差及协方差，对于研究n维随机变量的统计规律具有重要意义。

*4.4 典型例题

例 4.4.1 设二维随机变量(X,Y)的联合概率分布表如下所示。

Y	X					
	1	2	3	4	5	$p_{i\cdot}$
1	$\frac{1}{12}$	$\frac{1}{24}$	0	$\frac{1}{24}$	$\frac{1}{5}$	$\frac{1}{5}$
2	$\frac{1}{24}$	$\frac{1}{24}$	$\frac{1}{24}$	$\frac{1}{24}$	$\frac{1}{30}$	$\frac{1}{5}$

续表

Y	X					
	1	2	3	4	5	$p_{\cdot j}$
3	$\dfrac{1}{12}$	$\dfrac{1}{24}$	$\dfrac{1}{24}$	0	$\dfrac{1}{30}$	$\dfrac{1}{5}$
4	$\dfrac{1}{12}$	0	$\dfrac{1}{24}$	$\dfrac{1}{24}$	$\dfrac{1}{30}$	$\dfrac{1}{5}$
5	$\dfrac{1}{24}$	$\dfrac{1}{24}$	$\dfrac{1}{24}$	$\dfrac{1}{24}$	$\dfrac{1}{30}$	$\dfrac{1}{5}$
$p_{\cdot j}$	$\dfrac{1}{3}$	$\dfrac{1}{6}$	$\dfrac{1}{6}$	$\dfrac{1}{6}$	$\dfrac{1}{6}$	1

求 $E(X)$、$D(X)$、$E(Y)$、$D(Y)$ 及 ρ_{XY}，并判断 X 与 Y 是否相关？

解： 利用联合概率分布表，求出 X 及 Y 边缘分布，见上表的最后一行及最后一列，可得

$$E(X)=1\times\frac{1}{3}+2\times\frac{1}{6}+3\times\frac{1}{6}+4\times\frac{1}{6}+5\times\frac{1}{6}=\frac{8}{3}$$

$$D(X)=E(X^2)-[E(X)]^2$$

$$=1^2\times\frac{1}{3}+2^2\times\frac{1}{6}+3^2\times\frac{1}{6}+4^2\times\frac{1}{6}+5^2\times\frac{1}{6}-\left(\frac{8}{3}\right)^2=\frac{20}{9}$$

$$E(X)=1\times\frac{1}{5}+2\times\frac{1}{5}+3\times\frac{1}{5}+4\times\frac{1}{5}+5\times\frac{1}{5}=3$$

$$D(X)=E(Y^2)-[E(Y)]^2$$

$$=1^2\times\frac{1}{5}+2^2\times\frac{1}{5}+3^2\times\frac{1}{5}+4^2\times\frac{1}{5}+5^2\times\frac{1}{5}-3^2=2$$

$$E(XY)=\sum_{i=1}^{5}\sum_{j=1}^{5}a_ib_jp_{ij}$$

$$=1\times1\times\frac{1}{12}+1\times2\times\frac{1}{24}+1\times3\times\frac{1}{12}+1\times4\times\frac{1}{12}+1\times5\times\frac{1}{24}+$$

$$2\times1\times\frac{1}{24}+2\times2\times\frac{1}{24}+2\times3\times\frac{1}{24}+2\times4\times0+2\times5\times\frac{1}{24}+$$

$$3\times1\times0+3\times2\times\frac{1}{24}+3\times3\times\frac{1}{24}+3\times4\times\frac{1}{24}+3\times5\times\frac{1}{24}+$$

$$4\times1\times\frac{1}{24}+4\times2\times\frac{1}{24}+4\times3\times0+4\times4\times\frac{1}{24}+4\times5\times\frac{1}{24}+$$

$$5\times1\times\frac{1}{30}+5\times2\times\frac{1}{30}+5\times3\times\frac{1}{30}+5\times4\times\frac{1}{30}+5\times5\times\frac{1}{30}$$

$$=\frac{65}{8}$$

故有

$$\rho_{XY}=\frac{E(XY)-E(X)E(Y)}{\sqrt{D(X)}\sqrt{D(Y)}}=\frac{\dfrac{65}{8}-\dfrac{8}{3}\times3}{\sqrt{\dfrac{20}{9}}\times\sqrt{2}}=\frac{3\sqrt{10}}{160}$$

由于 $\rho_{XY}\neq0$，故 X 与 Y 相关。

例 4.4.2 二维随机变量(X,Y)在区域 $G = \{(x,y)\,|\,0 < x < 1, 0 < y < x\}$ 上服从均匀分布，积分区域示意图如图 4.4.1 所示，试求相关系数 ρ_{XY}。

解： 由题设可知，(X,Y) 的联合概率密度为

$$f(x,y) = \begin{cases} 2, & (x,y) \in G \\ 0, & \text{其他} \end{cases}$$

于是有

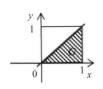

图 4.4.1 积分区域示意图

$$f_X(x) = \begin{cases} \int_0^x 2\mathrm{d}y, & 0 < x < 1 \\ 0, & \text{其他} \end{cases} = \begin{cases} 2x, & 0 < x < 1 \\ 0, & \text{其他} \end{cases}$$

则

$$E(X) = \int_0^1 x \times 2x\mathrm{d}x = \frac{2}{3}$$

$$E(X^2) = \int_0^1 x^2 \times 2x\mathrm{d}x = \frac{1}{2}$$

$$D(X) = E(X^2) - [E(X)]^2 = \frac{1}{18}$$

同样可得

$$f_Y(y) = \begin{cases} 2(1-y), & 0 < y < 1 \\ 0, & \text{其他} \end{cases}$$

$$E(Y) = \int_0^1 y \times 2(1-y)\mathrm{d}y = \frac{1}{3}, \quad E(Y^2) = \int_0^1 y^2 \times 2(1-y)\mathrm{d}y = \frac{1}{6}$$

$$D(Y) = E(Y^2) - [E(Y)]^2 = \frac{1}{18}$$

而

$$E(XY) = \iint\limits_G xyf(x,y)\mathrm{d}x\mathrm{d}y = \int_0^1 x\mathrm{d}x\int_0^x 2y\mathrm{d}y = \frac{1}{4}$$

所以

$$\mathrm{cov}(X,Y) = E(XY) - E(X)E(Y) = \frac{1}{36}$$

从而

$$\rho_{XY} = \frac{\mathrm{cov}(X,Y)}{\sqrt{D(X)}\sqrt{D(Y)}} = \frac{\dfrac{1}{36}}{\sqrt{\dfrac{1}{18}} \times \sqrt{\dfrac{1}{18}}} = \frac{1}{2}$$

例 4.4.3 已知随机变量 X 与 Y 的分别服从正态分布 $N(1,3^2)$ 和 $N(0,4^2)$，且 X 与 Y 的相关系数 $\rho_{XY} = -\dfrac{1}{2}$，设 $Z = \dfrac{X}{3} + \dfrac{Y}{2}$，求：

（1）Z 的数学期望 $E(Z)$ 和方差 $D(Z)$；

（2）X 与 Z 的相关系数 ρ_{XY}；

（3）X 与 Z 是否相互独立？为什么？

解：（1）由数学期望的运算性质有

$$E(Z) = E\left(\frac{X}{3} + \frac{Y}{2}\right) = \frac{1}{3}E(X) = \frac{1}{3}$$

由 $D(X + Y) = D(X) + D(Y) + 2\mathrm{cov}(X,Y)$，可得

$$D(Z) = D\left(\frac{1}{3}X + \frac{1}{2}Y\right) = D\left(\frac{1}{3}X\right) + D\left(\frac{1}{2}Y\right) + 2\mathrm{cov}\left(\frac{1}{3}X, \frac{1}{2}Y\right)$$

$$= \frac{1}{9}D(X) + \frac{1}{4}D(Y) + 2 \times \frac{1}{3} \times \frac{1}{2}\mathrm{cov}(X,Y)$$

$$= \frac{1}{9} \times 9 + \frac{1}{4} \times 16 + \frac{1}{3}\rho_{XY}\sqrt{D(X)}\sqrt{D(Y)}$$

$$= \frac{1}{3} \times 9 + \frac{1}{2} \times \left(-\frac{1}{2}\right) \times 3 \times 4 = 0$$

$$\mathrm{cov}(X,Z) = \mathrm{cov}\left(X, \frac{X}{3} + \frac{Y}{2}\right) = \frac{1}{3}\mathrm{cov}(X,X) + \frac{1}{2}\mathrm{cov}(X,Y)$$

$$= \frac{1}{3}D(X) + \frac{1}{2}\rho_{XY}\sqrt{D(X)}\sqrt{D(Y)}$$

$$= \frac{1}{3} \times 9 + \frac{1}{2} \times \left(-\frac{1}{2}\right) \times 3 \times 4 = 0$$

（3）因 X 和 Y 均服从正态分布，故 X 与 Y 的线性组合 Z 也是正态随机变量，由于两者正态分布的独立性与不相关是等价的，所以由 $\rho_{XY} = 0$ 可知，X 与 Z 相互独立。

例 4.4.4　已知随机变量 X、Y、XY 的分布律如下所示：

X	0	1	2
p_i	$\frac{1}{2}$	$\frac{1}{3}$	$\frac{1}{6}$

Y	0	1	2
p_i	$\frac{1}{3}$	$\frac{1}{3}$	$\frac{1}{3}$

XY	0	1	2	4
p_i	$\frac{7}{12}$	$\frac{1}{3}$	0	$\frac{1}{12}$

求 $\mathrm{cov}(X-Y,Y)$ 与 ρ_{XY}。

解： $\mathrm{cov}(X-Y,Y) = \mathrm{cov}(X,Y) - \mathrm{cov}(Y,Y)$
$$= E(XY) - E(X)E(Y) - D(Y)$$

而

$$E(XY) = \frac{1}{3} + 4 \times \frac{1}{12} = \frac{2}{3} \quad E(X)E(Y) = \frac{2}{3} \times 1 = \frac{2}{3}$$

$$D(Y) = E(Y)^2 - [E(Y)]^2 = \frac{5}{3} - 1 = \frac{2}{3}$$

于是

$$\mathrm{cov}(X,Y) = 0, \ \mathrm{cov}(Y,Y) = D(Y) = \frac{2}{3}$$

所以

$$\mathrm{cov}(X-Y,Y) = -\frac{2}{3}, \ \rho_{XY} = \frac{\mathrm{cov}(X,Y)}{\sqrt{D(X)}\sqrt{D(Y)}} = 0$$

例 4.4.5　设 $X \sim N(\mu,\sigma^2)$，其分布函数为 $F(\mathrm{x})$，随机变量 $Y = F(X)$，则 $P\left(Y \leqslant \frac{1}{2}\right)$ 的值（　　）。

（A）与参数 μ 和 σ 有关

（B）与参数 μ 有关，与参数 σ 无关

（C）与参数 σ 有关，与参数 μ 无关

（D）与参数 μ 和 σ 均无关

解：$P\left(Y \leqslant \dfrac{1}{2}\right) = \left(F(X) \leqslant \dfrac{1}{2}\right) = P\left\{X \leqslant F^{-1}\left(\dfrac{1}{2}\right)\right\} = F\left\{F^{-1}\left(\dfrac{1}{2}\right)\right\} = \dfrac{1}{2}$。故（D）为正确选项，

其中 F^{-1} 表示 F 的反函数。

例 4.4.6 设随机变量 X 的分布函数为 $F(X) = 0.3\varPhi(x) + 0.7\varPhi\left(\dfrac{x-1}{2}\right)$，其中 $\varPhi(x)$ 为标准

正态分布的分布函数，则 $E(X) = ($ $)$。

（A）0   （B）0.3   （C）0.7   （D）1

解：$E(X) = \displaystyle\int_{-\infty}^{+\infty} x \, \mathrm{d}F(x)$

$$= 0.3\int_{-\infty}^{+\infty} x \, \mathrm{d}\varPhi(x) + 0.7\int_{-\infty}^{+\infty} x \, \mathrm{d}\varPhi\left(\frac{x-1}{2}\right)$$

令 $t = \dfrac{x-1}{2}$，则

$$E(X) = 0.7\int_{-\infty}^{+\infty}(2t+1)\,\mathrm{d}\varPhi(t)$$

$$= 0.7\int_{-\infty}^{+\infty} 2t\,\mathrm{d}\varPhi(t) + 0.7\int_{-\infty}^{+\infty} 1\,\mathrm{d}\varPhi(t) = 0 + 0.7 = 0.7$$

故选（C）。

例 4.4.7 设 X 和 Y 相互独立且都服从正态分布 $N(0,(\dfrac{1}{\sqrt{2}})^2)$，求随机变量 $|X{-}Y|$ 的数学期望。

解：X 和 Y 相互独立，由正态分布的叠加性可得 $(X-Y) \sim N(0,1)$。设 $Z = X - Y$，则 $Z \sim N(0,1)$，则有

$$E(|Z|) = \int_{-\infty}^{+\infty} |z|\varphi(z)\,\mathrm{d}z = 2\int_{0}^{+\infty} z\varphi(z)\,\mathrm{d}z = \int_{0}^{+\infty} \frac{1}{\sqrt{2\pi}}\mathrm{e}^{-\frac{z^2}{2}}\,\mathrm{d}z^2 = \frac{\sqrt{2}}{\sqrt{\pi}}$$

例 4.4.8 某商店销售节日商品每公斤可获利 8 元，节后只能减价处理。每公斤就要亏损 2 元。根据往年经验，该节日商品销售量 X 是在区间[100,200]上服从均匀分布的随机变量。试问节前应进多少公斤商品才能使商品的利润期望值最大？

解：因为节日商品销售量 $X \sim U[100,200]$，所以 X 的概率密度函数为

$$f(x) = \begin{cases} \dfrac{1}{100}, & 100 < x < 200 \\ 0, & \text{其他} \end{cases}$$

设节前应进这种商品 $x_0 (100 \leqslant x_0 \leqslant 200)$ 公斤，L 为销售利润，则

$$L = \begin{cases} 8x_0, & X \geqslant x_0 \\ 8X - 2(x_0 - X), & X < x_0 \end{cases}$$

利润期望值为

$$E(L) = \int_{100}^{x_0} \left[8x - 2(x_0 - x)\right] f(x)\,\mathrm{d}x + \int_{x_0}^{200} 8x_0 f(x)\,\mathrm{d}x$$

$$= \int_{100}^{x_0} \left[8x - 2(x_0 - x) \right] \frac{1}{100} \mathrm{d}x + \int_{x_0}^{200} 8x_0 \frac{1}{100} \mathrm{d}x$$

$$= \frac{1}{100} \left(5x^2 - 2x_0 x \right) \Big|_{100}^{x_0} + \frac{8x_0 x}{100} \Big|_{x_0}^{200} = \frac{1}{100} \left(-5x_0^2 + 1800x_0 - 50000 \right)$$

令 $\dfrac{\mathrm{d}E(L)}{\mathrm{d}x_0} = 0$，可得 $-10x_0 + 1800 = 0$，即 $x_0 = 180$。

例 4.4.9　设随机变量 X 和 Y 相互独立，且 $E(X)$ 与 $E(Y)$ 存在，记 $U = \max\{X, Y\}$，$V = \min\{X, Y\}$，求 $E(UV)$。

解：因为 $U = \max\{X, Y\} = \begin{cases} X, X \geq Y \\ Y, X < Y \end{cases}$，则有

$$V = \min\{X, Y\} = \begin{cases} Y, X \geq Y \\ X, X < Y \end{cases}$$

所以 $UV = XY$，$E(UV) = E(XY) = E(X)E(Y)$。

例 4.4.10　设二维随机变量 (X, Y) 在矩形 $G = \{(x, y) \mid 0 \leq x \leq 2, 0 \leq y \leq 1\}$ 上服从均匀分布，$U = \begin{cases} 0, X \leq Y \\ 1, X > Y \end{cases}$，$V = \begin{cases} 0, X \leq 2Y \\ 1, X > 2Y \end{cases}$。

求：（1）U 和 V 的联合分布律；（2）U 和 V 的相关系数。

解：随机变量关系图如图 4.4.2 所示。

（1）$f(x, y) = \dfrac{1}{2}$，$P\{U = 0, V = 0\} = P\{x \leq y, x \leq 2y\}$

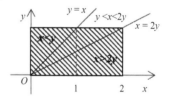

图 4.4.2　随机变量关系图

$$P\{x \leq y\} = \frac{1}{4}$$

$$P\{U = 0, V = 1\} = P\{x \leq y, x \geq 2y\} = 0$$

$$P\{U = 1, V = 0\} = P\{x > y, x \leq 2y\} = \frac{1}{2} \times \frac{1}{2} = \frac{1}{4}$$

$$P\{U = 1, V = 1\} = P\{x > y, x > 2y\} = P\{x > 2y\} = \frac{1}{2} \times 1 = \frac{1}{2}$$

U 和 V 的联合概率分布表如下。

U	V	
	0	1
0	$\dfrac{1}{4}$	0
1	$\dfrac{1}{4}$	$\dfrac{1}{2}$

（2）$E(UV) = 1 \times \dfrac{1}{2} = \dfrac{1}{2}$，则有

$$\rho = \frac{\mathrm{cov}(U, V)}{\sqrt{D(U)D(V)}} = \frac{E(UV) - E(U)E(V)}{\sqrt{D(U)D(V)}} = \frac{\dfrac{1}{2} - \dfrac{3}{4} \times \dfrac{1}{2}}{\sqrt{\dfrac{3}{4^2} \times \dfrac{1}{2^2}}} = \frac{1}{\sqrt{3}}$$

习题 4

1. 随机变量 X 的分布律为

X	-2	0	1
p_i	0.2	0.5	0.3

试求：$E(X)$、$E(2X-1)$、$E(X^2)$、$D(X)$、$D(2X-1)$。

2. 随机变量 X 表示 10 次独立重复射击命中目标的次数，且每次射击命中目标的概率为 0.4，求 $E(X)$ 和 $D(X)$。

3. 某柜台上有 4 名售货员，预备了两台秤。若每名售货员在 1h 内平均有 15min 的时间使用秤，且用秤需求相互独立。求：（1）平均来看，在同一时刻需要几台秤？（2）平均来看，在 1 天（以 10h 计算）中有多少时间秤不够用？

4. 设随机变量 X 的概率密度函数为

$$f(x) = \begin{cases} 2x, & 0 < x \leqslant 1 \\ 0, & 其他 \end{cases}$$

求 $E(X)$、$E(3X^2+2)$、$D(X)$、$D(2X+1)$。

5. 设随机变量 X 的概率密度函数为

$$f(x) = \begin{cases} ax^2 + bx + c, & 0 < x < 1 \\ 0, & 其他 \end{cases}$$

并已知 $E(X) = 0.50$，$D(X) = 0.15$，求系数 a、b、c。

6. 一个工厂生产的某种设备的寿命 X（单位：年）服从指数分布，其概率密度函数为

$$f(x) = \begin{cases} \dfrac{1}{4} \mathrm{e}^{-\frac{x}{4}}, & x > 0 \\ 0, & x \leqslant 0 \end{cases}$$

工厂规定，出售的设备若在售出之后一年内损坏可以调换。假设工厂售出一台设备赢利 100 元，调换一台设备厂方需花费 300 元，试求工厂一台设备净赢利的数学期望。

7. 将 n 个球（1~n 号）随机地放入 n 个盒子（1~n 号），一个盒子装一个球。一个球装入与球同号的盒子中称为一个配对，设 X 为总的配对数，求 $E(X)$。

8. 假定每人在各个月份出生的概率是相同的，求三个人中生日在第一季度的人数平均值。

9. 一台设备由三大部件组成，在设备运转中各部件需要调整的概率分别是 0.10、0.20、0.30，假设各部件的状态相互独立，以 X 表示同时需要调整的部件数，试求 X 的数学期望 $E(X)$ 和方差 $D(X)$。

10. 已知甲、乙两箱中装有同种产品，其中甲箱中装有 3 件合格品和 3 件次品，乙箱中仅装有 3 件合格品。从甲箱中任取 3 件产品放入乙箱后，求乙箱中次品数的数学期望。

11. 设随机变量 X 服从参数为 2 的泊松分布，且随机变量 $Z=3X-2$，求 $E(Z)$。

12. 随机变量 X 的概率密度函数为

$$f(x)=\begin{cases}\dfrac{1}{2}\cos\dfrac{x}{2}, & 0\leqslant x\leqslant\pi\\ 0, & \text{其他}\end{cases}$$

对 X 独立地重复观察 4 次，用 Y 表示观察值大于 $\dfrac{\pi}{3}$ 的次数，求 Y^2 的数学期望。

13. 设随机变量 X 服从参数为 λ 的泊松分布，且已知
$$E\big[(X-1)(X-2)\big]=1$$
求 λ。

14. 设随机变量 X 在区间 $[-1,2]$ 上服从均匀分布，随机变量为
$$Y=\begin{cases}1, & X>0\\ 0, & X=0\\ -1, & X<0\end{cases}$$
求 $D(Y)$。

15. 连续型随机变量 X 的概率密度为 $f(x)=\dfrac{1}{\sqrt{\pi}}e^{-x^2+2x-1}$，求 $E(X)$ 和 $D(X)$。

16. 设随机变量 X 的概率密度为

$$f(x)=\begin{cases}\cos x, & 0\leqslant x<\dfrac{\pi}{2}\\ 0, & \text{其他}\end{cases}$$

试求随机变量 $Y=X^2$ 的方差 $D(Y)$。

17. 设随机变量 X 的概率密度为

$$f(x)=\begin{cases}e^{-x}, & x\geqslant 0\\ 0, & x<0\end{cases}$$

求：（1）$Y=2X$；（2）Ye^{-2x} 的数学期望。

18. 设随机变量 (X,Y) 的概率密度函数为

$$f(x,y)=\begin{cases}\dfrac{1}{8}(x+y), & 0\leqslant x\leqslant 2,0\leqslant y\leqslant 2\\ 0, & \text{其他}\end{cases}$$

求：$E(X)$、$E(Y)$、$\text{cov}(X,Y)$、ρ_{XY}、$D(X+Y)$。

19. 设随机变量 (X,Y) 的联合概率分布表如下：

X	Y		
	-1	0	1
-1	$\frac{1}{8}$	$\frac{1}{8}$	$\frac{1}{8}$
0	$\frac{1}{8}$	0	$\frac{1}{8}$
1	$\frac{1}{8}$	$\frac{1}{8}$	$\frac{1}{8}$

证明：X 与 Y 是不相关的，但 X 与 Y 不是相互独立的。

20. 设随机变量 (X,Y) 在区域 $G=\{(x,y)\,|\,0<x<1,0<y<x\}$ 上服从均匀分布，试求

$E(X)$、$D(X)$、$\text{cov}(X,Y)$。

21. 设随机变量 X 的概率密度函数为

$$f(x) = \frac{1}{2}e^{-|x|}, -\infty < x < +\infty$$

求：（1）$E(X)$ 和 $D(X)$；（2）X 与 $|X|$ 的协方差，X 与 $|X|$ 是否相关？

22. 设 $X \sim E(\lambda)$，$\lambda > 0$，求 X 的 k 阶原点矩。

第5章 大数定律与中心极限定理

本章研究的大数定律与中心极限定理是概论中两类极限定理的统称。我们知道随机现象在一次试验中出现的结果具有偶然性，但在大量的重复试验卜，往往呈现几乎必然的规律，即所谓的统计规律性，大数定律是随机现象统计规律性的一般理论，而中心极限定理则证明了大量相互独立且同分布的随机变量之和近似服从正态分布。两类极限定理都涉及大量观察，因而本章研究的现象只有在大量观察和试验之下才能成立，大数定律与中心极限定理揭示了随机现象的重要统计规律，不仅有理论价值，也有着极其重要的应用价值，是数理统计的理论基础。

5.1 切比雪夫不等式

切比雪夫（Chebyshev）不等式是概率极限理论中基本且重要的不等式，是证明大数定律的重要工具和理论基础，利用切比雪夫不等式还可以估计某些随机事件的概率。

定理 5.1.1（切比雪夫不等式） 设随机变量 X 的数学期望 $E(X)=\mu$，方差 $D(X)=\sigma^2$，则对任意的常数 $\varepsilon>0$，有

$$P(|X-\mu|\geqslant\varepsilon)\leqslant\frac{\sigma^2}{\varepsilon^2} \tag{5.1.1}$$

证明：只证明 X 为连续型变量的情形，设 X 的概率密度为 $f(x)$，则有（见图 5.1.1）

$$P(|X-\mu|\geqslant\varepsilon)=\int_{|X-\mu|\geqslant\varepsilon}f(x)\mathrm{d}x$$

容易看出当 $|X-\mu|\geqslant\varepsilon$ 时，有 $\dfrac{(x-\mu)^2}{\varepsilon^2}\geqslant1$，因此

$$P(|X-\mu|\geqslant\varepsilon)\leqslant\int_{|X-\mu|\geqslant\varepsilon}\frac{(x-\mu)^2}{\varepsilon^2}f(x)\mathrm{d}x\leqslant\int_{-\infty}^{+\infty}\frac{(x-\mu)^2}{\varepsilon^2}f(x)\mathrm{d}x$$

根据方差的定义，$\sigma^2=D(X)=\int_{-\infty}^{+\infty}(x-\mu)^2f(x)\mathrm{d}x$，所以 $P(|X-\mu|\geqslant\varepsilon)\leqslant\dfrac{\sigma^2}{\varepsilon^2}$。

对于离散型随机变量，只要把其中的概率密度替换为分布律，积分替换为求和即可得证。

注：切比雪夫不等式也可以写为

$$P(|X-\mu|<\varepsilon)\geqslant1-\frac{\sigma^2}{\varepsilon^2} \tag{5.1.2}$$

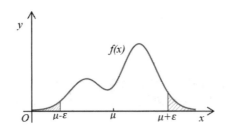

图 5.1.1　切比雪夫不等式区域示意图

切比雪夫不等式表明：随机变量 X 的方差越小，事件 $\{|X-\mu|<\varepsilon\}$ 发生的概率越大，即 X 的取值基本上集中在它的期望 μ 附近。由此可见，方差刻画了随机变量取值的离散程度。

在方差已知的情况下，切比雪夫不等式给出了 X 与它的期望 μ 的偏差不小于 ε 的概率估计式，若取 $\varepsilon=3\sigma$，则有

$$P(|X-\mu|\geqslant 3\sigma)\leqslant\frac{\sigma^2}{9\sigma^2}\approx 0.1111$$

于是，对任意给定的分布，只要期望和方差存在，随机变量取值偏离 μ 超过 3 倍均方差的概率就小于 0.1111。

例 5.1.1　已知正常成人男性的血液中，单位白细胞平均数是 7300/mL，均方差是 700，利用切比雪夫不等式估计单位白细胞数在 5200～9400 之间的概率。

解：设 X 表示成年男性血液中单位白细胞数，由题意可知

$$E(X)=7300,\quad \sqrt{D(X)}=700$$

由切比雪夫不等式得

$$P(5200<X<9400)=P(5200-7300<X-7300<9400-7300)$$
$$=P(-2100<X-7300<2100)$$
$$=P(|X-7300|<2100)\geqslant 1-\frac{700^2}{2100^2}=\frac{8}{9}$$

注：切比雪夫不等式并不能准确地求出某个事件发生的概率，只是给出一个估计值，但这对于实际问题的处理仍然十分重要。

5.2　大数定律

引例：抛硬币是概率论中最经典的试验之一，图 5.2.1 是用 Python 程序模拟重复抛掷一枚硬币 1～1000 次出现"背面朝上"的频率趋势图。（模拟过程见 10.3.1 节，感兴趣的读者可自行练习）。

从图 5.2.1 中不难看出，随着试验次数的增多，出现"正面朝上"的频率稳定在 0.5 附近，也就是稳定在该事件的概率 0.5 附近。

正如引例一样，大量重复试验往往会呈现几乎必然的规律。除了抛硬币，现实中还有许多这样的例子，如掷骰子、检验次品等。这些试验传达了一个共同的信息：大量重复试验的

最终结果都会趋于稳定，那么这种稳定性是否有某种规律？怎样用数学语言表达？下面介绍辛钦大数定律及其推论。

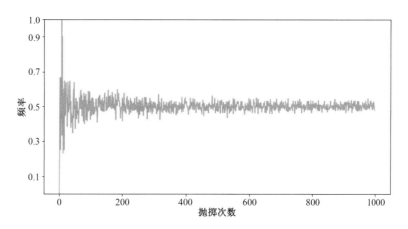

图 5.2.1　模拟抛硬币试验的频率趋势图

定理 5.2.1（辛钦大数定律）　设随机变量 $X_1, X_2, \cdots, X_n$ 相互独立，且具有相同的数学期望和方差：$E(X_k) = \mu$，$D(X_k) = \sigma^2$（$k = 1, 2, \cdots, n$），记 $Y_n = \dfrac{1}{n} \sum\limits_{k=1}^{n} X_k$，则对任意 $\varepsilon > 0$ 有

$$\lim_{n \to \infty} P(|Y_n - \mu| < \varepsilon) = 1 \tag{5.2.1}$$

证明：因为

$$E(Y_n) = \frac{1}{n} \sum_{k=1}^{n} E(X_k) = \mu$$

$$D(Y_n) = \frac{1}{n^2} \sum_{k=1}^{n} D(X_k) = \frac{\sigma^2}{n}$$

由切比雪夫不等式可得

$$1 \geqslant P(|Y_n - \mu| < \varepsilon) \geqslant 1 - \frac{\sigma^2}{n\varepsilon^2}$$

在上式中令 $n \to +\infty$，则有

$$1 \geqslant \lim_{n \to \infty} P(|Y_n - \mu| < \varepsilon) \geqslant 1$$

所以

$$\lim_{n \to \infty} P(|Y_n - \mu| < \varepsilon) = 1$$

注：式(5.2.1)表明，对任意 $\varepsilon > 0$，事件 $\{|Y_n - \mu| < \varepsilon\}$ 发生的概率很大，从概率的角度解释了当 n 很大时，Y_n 逼近 μ 的确切含义。概率论中将式(5.2.1)表示的收敛性称为随机变量 $Y_1, Y_2, \cdots, Y_n$ 依概率收敛于 μ，记为

$$Y_n \xrightarrow{P} \mu$$

定理 5.2.1 表明，随机变量 $X_1, X_2, \cdots, X_n$ 的算术平均值序列 $Y_1, Y_2, \cdots, Y_n$ 依概率收敛于其数学期望 μ，这样就从理论上说明了大量观测值的平均值具有稳定性，为实际应用提供了可靠的理论依据，这就是日常生活中常用平均值的原因。

推论（伯努利定理）：设 n_A 是 n 次独立重复试验中事件 A 发生的次数，p 是事件 A 在每

次试验中发生的概率($0 < p < 1$)，则对任意 $\varepsilon > 0$，有

$$\lim_{n\to\infty}(|\frac{n_A}{n} - p| < \varepsilon) = 1$$

证明：因为 $n_A \sim B(n, p)$，若令 $X_k = \begin{cases} 1, & \text{在第}k\text{次试验中}A\text{发生} \\ 0, & \text{在第}k\text{次试验中}A\text{不发生} \end{cases}$，$k = 1, 2, \cdots, n$。

则

$$n_A = X_1 + X_2 + \cdots + X_n = \sum_{k=1}^{n} X_k$$

由于 $X_1, X_2, \cdots, X_n$ 相互独立，且 X_k 服从 0-1 分布

$$E(X_k) = p, \quad k = 1, 2, \cdots, n$$

由定理 5.2.1 有 $\lim_{n\to\infty} P(|\frac{1}{n}\sum_{k=1}^{n} X_k - p| < \varepsilon) = 1$。即

$$\lim_{n\to\infty} P(|\frac{n_A}{n} - p| < \varepsilon) = 1$$

注：这是最早的一个大数定律，称为伯努利定理。该定理说明，当重复试验次数 n 足够多时，事件 A 发生的频率 $\frac{n_A}{n}$ 依概率收敛于事件 A 发生的概率 p。定理以严格的数学形式证明了频率的稳定性。在实际应用中，当试验次数很多时，便可以用事件发生的频率近似代替事件的概率。

若事件 A 发生的概率很小，则由伯努利定理可知，事件 A 发生的频率也是很小的，或者说事件 A 很少发生，即概率很小的随机事件在个别试验中几乎不会发生。这一原理称为**小概率原理**，它的实际应用很广泛。但应注意，小概率事件与不可能事件是有区别的，在多次试验中，小概率事件也可能发生。

案例 5.2.1 假设某保险公司在某地区销售一项汽车保险，每年保费 200 元，若投保车辆发生索赔，则赔付金额为 5 万元。根据历史数据估计该地区一年内该险种发生索赔的概率为 0.05%，请根据大数定律评估该保险公司的收益或风险。

解：为了方便解释，可以将投保的车辆排序，同时设 X_i 为保险公司在第 i 辆($i = 1, 2, \cdots$)投保车辆上的收益。依题意，容易知道 X_i 的分布律如下：

X_i	200	-49800
p_i	0.9995	0.0005

经计算 $E(X_i) = 175$。同时可以假设各投保车辆是否发生索赔相互独立，即 $X_1, X_2, \cdots, X_n$ 相互独立，由辛钦大数定律可知 $\frac{1}{n}\sum_{i=1}^{n} X_i \xrightarrow{P} 175$，也就是说，只要投保车辆足够多，每辆车的收益就会稳定在 175 元左右。

5.3 中心极限定理

1733 年，棣莫弗（De Moivre）在发表的论文中使用正态分布估计大量抛掷硬币出现正面

次数的分布；1812 年，拉普拉斯（Laplace）得出了二项分布的极限分布是正态分布。后人又在此基础上做了改进，证明了不仅是二项分布，其他任何分布都具有这个性质，为中心极限定理的发展做了巨大的贡献；1901 年，李雅普诺夫（Lyapunov）利用特征函数法，将中心极限定理的研究延伸到函数层面，这对中心极限定理的发展有着重要的意义。随后，数学家们开始探讨中心极限定理普遍成立的条件，由此得到林德柏格和费勒条件，这些成果都对中心极限定理的发展功不可没，本书只介绍其中最基本的结论。首先介绍下面的引例。

引例：设 $X_1, X_2, \cdots, X_n$ 相互独立且都服从参数为 $\lambda = 3$ 的泊松分布，由泊松分布的可加性可知 $Y_n = \sum_{k=1}^{n} X_k \sim P(3n)$。通过 Python 程序绘制泊松分布 $Y_n \sim P(3n)$ 和正态分布 $X \sim N(3n, 3n)$ 的概率密度曲线（$n=2,17,32,37,62$），泊松分布与对应的正态分布对比图如图 5.3.1 所示。（绘图过程可参考 10.3.2 节，感兴趣的读者可自行绘制）。

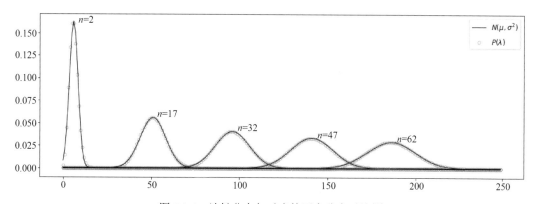

图 5.3.1　泊松分布与对应的正态分布对比图

其中，虚线为泊松分布，实线为对应的近似正态分布。不难发现，随着 n 的增大，Y_n 的密度曲线越来越接近对应的正态分布概率密度曲线，当 $n=62$ 时，两曲线几乎重合。Y_n 分布的变化趋势就是中心极限定理所揭示的统计规律，中心极限定理从数学上证明了随着 n 越来越大，Y_n 越趋向于正态分布。接下来介绍中心极限定理的一般结论。

定理 5.3.1　（独立且同分布的中心极限定理）

设随机变量 $X_1, X_2, \cdots, X_n$ 相互独立，服从同一分布，且
$$E(X_i) = \mu, \quad D(X_i) = \sigma^2 \neq 0, \quad i = 1, 2, \cdots$$
则对任意实数 x，总有

$$\lim_{n \to \infty} P\left(\frac{\sum_{i=1}^{n} X_i - n\mu}{\sqrt{n}\sigma} \leqslant x \right) = \Phi(x) \tag{5.3.1}$$

其中，$\Phi(x)$ 为标准正态分布 $N(0,1)$ 的分布函数。

证明：略。

定理 5.3.1 也可以表达为

$$\lim_{n \to \infty} P\left(\frac{\bar{X} - \mu}{\sigma / \sqrt{n}} \leqslant x \right) = \Phi(x)$$

式中的概率实际上是 $\bar{X}$ 标准化后的分布函数。即当 n 充分大时，可以近似地认为

$$\bar{X} \sim N\left(\mu, \frac{\sigma^2}{n}\right)$$

这个形式在数理统计中很有用。

在数理统计中，中心极限定理是大样本统计推断的理论基础。

定理 5.3.2 （棣莫弗-拉普拉斯（DeMoive-Laplace）中心极限定理）

设 $X_1, X_2, \cdots, X_n$ 是一个服从独立且同分布的随机变量序列，且 X_i 服从 0-1 分布，则对任意实数 x，有

$$\lim_{n \to \infty} P\left(\frac{\sum\limits_{k=1}^{n} X_k - np}{\sqrt{np(1-p)}} \leqslant x\right) = \Phi(x) \tag{5.3.2}$$

证明： 因为 $X_k(k=1,2,\cdots,n)$ 相互独立且都服从 0-1 分布，显然 $X_k(k=1,2,\cdots,n)$ 的分布律为

$$P(X_k = i) = p^i(1-p)^{1-i}, \quad i = 0,1$$

所以

$$E(X_k) = p, \quad D(X_k) = p(1-p), \quad k = 1,2,\cdots,n$$

由定理 5.3.1 有

$$\lim_{n \to \infty} P\left(\frac{\sum\limits_{k=1}^{n} X_k - np}{\sqrt{np(1-p)}} \leqslant x\right) = \Phi(x)$$

该定理表明，正态分布是二项分布的极限分布，因此当 n 充分大时可利用式(5.3.2)来计算二项分布的概率。

若 $X \sim B(n,p)$，$q = 1-p$，则有

$$P(a < X \leqslant b) \approx \Phi\left(\frac{b-np}{\sqrt{npq}}\right) - \Phi\left(\frac{a-np}{\sqrt{npq}}\right)$$

例 5.3.1 计算机在进行加法时，对每个加数取整（取最接近于它的整数），设所有的取整误差是相互独立的，且它们在 $(-0.5, 0.5)$ 上服从均匀分布。

（1）若取 1500 个数相加，求误差总和的绝对值超过 15 的概率。

（2）求多少个数加在一起使得误差总和的绝对值小于 10 的概率为 0.90。

解： 设每个数的取整误差为 $X_k(k=1,2,\cdots,1500)$，由此有

$$E(X_k) = \frac{-0.5+0.5}{2} = 0, \quad D(X_k) = \frac{1}{12}, \quad k = 1,2,\cdots,1500$$

（1）记 $X = \sum\limits_{i=1}^{1500} X_i$，由题意和定理 5.3.1 有

$$P(|X| > 15) = 1 - P(|X| \leqslant 15) = 1 - P(-15 \leqslant X \leqslant 15)$$

$$= 1 - P\left(\frac{-15-0}{\sqrt{1500}\sqrt{\frac{1}{12}}} \leqslant \frac{X-0}{\sqrt{1500}\sqrt{\frac{1}{12}}} \leqslant \frac{15-0}{\sqrt{1500}\sqrt{\frac{1}{12}}}\right)$$

$$= 1 - P\left(-1.34 \leqslant \frac{(X-0)}{\sqrt{125}} \leqslant 1.34\right)$$

$$\approx 1 - \left[\Phi(1.34) - \Phi(-1.34)\right] \approx 0.18$$

故所有误差总和的绝对值超过 15 的概率近似于 0.18。

（2）设加数的个数为 n，由题意，要求 n 使 $P\left(\left|\sum_{i=1}^{n} X_i\right| < 10\right) = 0.9$。由定理 5.3.1 可得

$$P\left(\left|\sum_{i=1}^{n} X_i\right| < 10\right) = P\left(\frac{\left|\sum_{i=1}^{n} X_i - 0\right|}{\sqrt{n/12}} < \frac{10}{\sqrt{n/12}}\right)$$

$$\approx 2\Phi\left(\frac{10}{\sqrt{n/12}}\right) - 1 = 0.90$$

即 $\Phi\left(\frac{10}{\sqrt{n/12}}\right) = 0.95$，查表得 $10\sqrt{12/n} = 1.645$，从而有 $n \approx 443$。故 433 个数加在一起使得误差总和的绝对值小于 10 的概率为 0.90。

例 5.3.2　人寿保险公司有 3000 个同一年龄段的人参加人寿保险，在一年里这些人的死亡率为 0.1%，参加保险的人在一年的第一天付保险费 100 元，死亡时家属可从保险公司取 10000 元，求：

（1）保险公司一年获利不小于 200000 元的概率；（2）保险公司亏本的概率。

解：记一年里这 3000 人中的死亡人数为 X，则 $X \sim B(3000, 0.001)$。

（1）$P(\text{获利} \geqslant 200000) = P(200000 \leqslant 3000 \times 100 - 10000X \leqslant 3000 \times 100) = P(0 \leqslant X \leqslant 10)$

$$= P\left(\frac{0 - 3000 \times 0.001}{\sqrt{3000 \times 0.001 \times 0.999}} \leqslant \frac{X - 3000 \times 0.001}{\sqrt{3000 \times 0.001 \times 0.999}} \leqslant \frac{10 - 3000 \times 0.001}{\sqrt{3000 \times 0.001 \times 0.999}}\right)$$

$$\approx \Phi(4.043) - \Phi(-1.733) = 0.9584$$

（2）$P(\text{亏本}) = P(3000 \times 100 < 10000X \leqslant 3000 \times 10000) = P(30 \leqslant X \leqslant 3000)$

$$= P\left(\frac{30 - 3000 \times 0.001}{\sqrt{3000 \times 0.001 \times 0.999}} \leqslant \frac{X - 3000 \times 0.001}{\sqrt{3000 \times 0.001 \times 0.999}} \leqslant \frac{3000 - 3000 \times 0.001}{\sqrt{3000 \times 0.001 \times 0.999}}\right)$$

$$\approx \Phi(1731.185) - \Phi(15.596) = 0$$

可见，保险公司亏本几乎是不可能发生的事件。

*5.4　典型例题

例 5.4.1　设随机变量 X 和 Y 的数学期望都是 2，方差分别为 1 和 4，而相关系数为 0.5，则利用切比雪夫不等式估计概率 $P(|X - Y| \geqslant 6)$。

解：因为 $E(X - Y) = E(X) - E(Y) = 0$，

$$D(X-Y) = D(X) - 2\mathrm{cov}(X,Y) + D(Y) = D(X) - 2\rho_{XY}\sqrt{D(X)}\sqrt{D(Y)} + D(Y) = 3$$

所以 $P(|X-Y| \geq 6) \leq \dfrac{D(X-Y)}{6^2} = \dfrac{1}{12}$。

例 5.4.2 设在重复独立事件中，每次事件 A 发生的概率 $\dfrac{1}{4}$，请问是否能以 0.925 的概率确信在 1000 次试验中，事件 A 发生的次数在 200～300 之间。

解法 1： 利用切比雪夫不等式估计概率。

设 X 表示 1000 次独立重复试验中，事件 A 发生的次数，则

$$X \sim B(1000, 0.25), \quad E(X) = 250, \quad D(X) = \frac{375}{2}$$

$$200 < X < 300 \Leftrightarrow |X - 250| < 50$$

即 $P(200 < X < 300) = P(|X-250| < 50) \geq 1 - \dfrac{375}{2 \times 50^2} = 0.925$

因此能以 0.925 的概率确信在 1000 次试验中，事件 A 发生的次数在 200～300 之间。

解法 2： 利用中心极限定理估计概率

设 $X_k = \begin{cases} 1, & A\text{发生} \\ 0, & A\text{不发生} \end{cases}, \quad k = 1, 2, \cdots, 1000$，则

$$\sum_{k=1}^{1000} X_k \sim B(1000, 0.25), \quad E(\sum_{k=1}^{1000} X_k) = 250, \quad D(\sum_{k=1}^{1000} X_k) = \frac{375}{2}$$

$$P(200 < X < 300) = P\left(\left| \sum_{k=1}^{1000} X_k - 250 \right| < 50 \right)$$

$$= P\left(\frac{\left| \sum_{k=1}^{1000} X_k - 250 \right|}{\sqrt{\dfrac{375}{2}}} < \frac{50}{\sqrt{\dfrac{375}{2}}} \right) \approx 2\Phi\left(\frac{50}{\sqrt{\dfrac{375}{2}}} \right) - 1$$

$$= 2\Phi(3.6515) - 1 \approx 0.9997 > 0.925$$

所以也能以 0.925 的概率确信在 1000 次实验中，事件 A 发生的次数在 200～300 之间。

从这个例子中可以看出，切比雪夫不等式估计的概率精确程度较低。

例 5.4.3 某商店负责供应某地区 1000 人商品，某种商品在一段时间内每人需用一件的概率为 0.6，假定在这段时间内个人购买与否相互独立。问商店应预备多少件这种商品，才能以 0.997 的概率保证不会脱销。

解： $X_k = \begin{cases} 1, & \text{第}k\text{人购买} \\ 0, & \text{第}k\text{人不购买} \end{cases}, \quad k = 1, 2, \cdots, 1000$，则

$$\sum_{k=1}^{1000} X_k \sim B(1000, 0.6), \quad E(\sum_{k=1}^{1000} X_k) = 600, \quad D(\sum_{k=1}^{1000} X_k) = 240$$

若商店预备 n 件这种商品，则

$$P(\text{"不会脱销"}) = P\left(\sum_{k=1}^{1000} X_k < n\right)$$

$$= P\left(\frac{\sum_{k=1}^{1000} X_k - 600}{\sqrt{240}} < \frac{n-600}{\sqrt{240}}\right)$$

$$\approx \Phi\left(\frac{n-600}{\sqrt{240}}\right) = 0.997$$

查表可得 $\frac{n-600}{\sqrt{240}} > 2.75$，则 $n > \left(2.75\sqrt{240} + 600\right)$，取整为 643。

习题 5

1．用切比雪夫不等式估计概率：
（1）废品率为 0.03，求 1000 个产品中废品多于 20 个而少于 40 个的概率；
（2）200 个新生婴儿中，男孩多于 80 个而少于 120 个的概率（假定生男孩，生女孩的概率均为 0.5）。

2．一部加法器同时收到 20 个噪声电压 V_k（$k=1,2,\cdots,20$），设它们是相互独立的随机变量，且都在区间（0,10）上服从均匀分布，记 $V = \sum_{k=1}^{20} V_k$，求 $P(V > 105)$。

3．某镙钉厂生产的镙钉的不合格品率为 0.01，试求：（1）若 100 个镙钉装一盒，盒中不合格品不超过 3 个的概率。（2）盒中装多少个镙钉，才能以不低于 0.95 的概率保证盒中合格品不少于 100 个？

4．某公司有 200 名员工参加一种资格证书考试，按往年经验，该考试通过率为 0.8。试计算这 200 名员工至少有 150 人通过考试的概率。

5．从某厂产品中任取 300 件，检查结果发现其中有 6 件废品。我们能否相信该产品的废品率不超过 0.005？

6．某一糕点商店有三种蛋糕出售，由于售出哪种蛋糕是随机的，因而售出一只蛋糕的价格是一个随机变量，价格（单位：元）取值为 1、1.2、1.5 的概率分别为 0.3、0.2、0.5。某天售出了 300 个蛋糕。
（1）求该天的收入至少为 400 元的概率；
（2）求该天售出的价格为 1.2 元的蛋糕多于 60 只的概率。

在线自主实验

读者结合第 5 章所学的知识内容，利用在线 Python 编程平台，完成 10.3 中心极限定理验证实验，通过进行抛硬币的模拟实验理解大数定律的内涵，通过对比泊松分布之和分布与正态分布的图像的关系，加深对中心极限定理的理解。

第 6 章　数理统计的基础知识

统计学是 17 世纪中叶产生并逐步发展起来的一门学科，它是通过整理分析数据做出决策的综合性学科，其应用几乎覆盖社会科学、自然科学、人文科学、工商业和政府的情报决策等领域。近年来，随着大数据和机器学习理论的发展，统计学与信息科学、计算机等领域密切结合，成为数据科学中最重要的内容之一。

统计学主要分为描述统计学和推断统计学两大类。描述统计学研究的是如何获取反映客观现象的数据，主要通过图表形式对搜集的数据进行加工处理和显示，进而综合概括并分析得出反映客观现象的规律性结论，其主要内容包括统计数据的收集方法、数据的加工处理方法、数据的显示方法、数据分布特征的概括与分析方法等；推断统计学研究的是如何根据样本数据去推断总体数量特征，它在对样本数据进行描述的基础上，以概率论为基础，用随机样本的数量特征信息来推断总体的数量特征，从而进行具有一定可靠性的估计或检验。推断统计学的理论认为，虽然我们不知道总体的数量特征，但并不一定需要搜集所有的数据，且搜集所有数据存在客观困难，只要根据样本统计量的概率分布与总体参数之间存在的客观联系，就能用样本数据按一定的概率模型对总体的数量特征进行符合一定精度的估计或检验。例如，在审计大公司的金融记录时，检查所有的记录是不现实的，一般要采用抽样方法。本书仅介绍推断统计学的相关基本理论、基本方法和统计模型等。

6.1　数理统计的基本概念

6.1.1　总体与个体

首先来看两个案例。

案例 6.1.1　随着技术的快速更新及社会的迅猛发展，职业选择受到了从业者的高度关注。比如职业发展研究人员做特定职业满意度调查时，将满意度分为四类："特别不满意""不满意""基本满意""满意"，同时给出量化评级体系，这四类满意度对应的得分为 0、1、3、5。全国范围内，某一职业的从业者可能有数十万、数百万，甚至数千万，所以只能采用抽样调查的方法，如随机抽查全国 100 个某职业的从业者，职业满意度的得分数据如下：

0	3	3	5	0	5	3	0	5	0	3	3	3	0	1	0	3	1	5	1
3	1	0	3	5	0	5	5	3	1	0	1	1	5	1	3	1	1	3	3

1	3	1	5	0	1	1	3	1	0	5	5	1	5	3	3	3	3	3	3
3	3	5	0	3	1	1	3	3	1	5	1	3	3	0	3	1	3	3	3
0	3	0	3	3	3	0	0	1	1	3	0	0	0	0	3	3	0	3	3

试问能由这 100 个数据得到该职业满意度得分的概率分布吗？采用什么方法？理论依据是什么？

案例 6.1.2　某高校教务处希望了解近年来各学院的学风情况，其中公共基础课的成绩是非常重要的参照指标，以高等数学成绩为例，需要了解：（1）各学院学生的平均成绩情况如何？（2）各学院学生的成绩差异是否很大？（3）各学院学生的成绩服从什么分布？（4）各学院学生的成绩是否服从正态分布？（5）某两个学院学生成绩的差异大吗？由于学生人数较多，采用随机抽样完成。下表是随机抽查的两个学院的 60 位学生和 55 位学生的成绩数据，根据这些数据能否回答上述问题？能做出什么推断，采用什么方法推断？其理论依据又是什么？

学院 I	76	92	70	71	61	69	88	71	70	66	70	71	73	98	69	82	56	83	64	72
	60	30	68	73	60	73	63	70	10	52	76	76	66	72	64	62	76	22	76	70
	74	40	78	76	71	86	66	40	6	70	58	95	75	90	70	55	73	57	75	56
学院 II	79	71	81	23	84	73	81	79	54	82	84	77	77	85	63	74	69	75	83	84
	71	95	79	76	80	81	71	97	63	86	74	60	76	68	78	74	93	86	61	81
	68	36	79	83	76	89	75	80	83	79	84	80	73	65	91					

在数理统计中，我们把研究问题涉及对象的全体称为**总体**，把组成总体的每个成员（或元素）称为**个体**。总体中包含的个体数量称为总体的容量。容量为有限的称为**有限总体**，容量为无限的称为**无限总体**。总体与个体之间的关系即为集合与元素之间的关系。比如，对于案例 6.1.1，在对特定职业满意度的研究中，我们关心的是所有从业者的职业满意度。因此，全国所有该职业的从业者构成问题的总体，每个从业者就是个体；又如，研究某灯泡厂生产的一批灯泡的质量，则该批灯泡的全体构成了总体，其中每个灯泡就是个体。

实际上，我们真正关心的并不是总体或个体本身，而是它们的某项数量指标（或几项数量指标）。在案例 6.1.1 中，我们所关心的只是职业满意度得分，案例 6.1.2 中，我们所关心的仅是高等数学的成绩。在试验中，数量指标 X 就是一个随机变量（或随机向量），X 的概率分布完整地描述了这一数量指标在总体中的分布情况。由于我们只关心总体的数量指标 X，因此总体等同于 X 的所有可能取值的集合，并把 X 的分布称为总体分布，常把总体与总体分布视为同义词。

定义 6.1.1　统计学中称随机变量（或向量）X 为**总体**，并把随机变量（或向量）的分布称为**总体分布**。

从统计学的角度理解，案例 6.1.1 中的总体是 0、1、3、5 这些满意度得分的全体，而每个得分就是个体。

注：（1）有时，对个体特性的直接描述并不是数量指标，但总可以将其量化，如检验某学校全体学生的血型，试验的结果有 O 型、A 型、B 型、AB 型四种。若分别将 1、2、3、4 赋值给这四种血型，则可以量化试验结果。

（2）总体的分布一般来说是未知的，有时即使知道其分布的类型（如正态分布，二项分布），也不知道这些分布中的参数$(\mu、\sigma^2、p)$。数理统计的任务就是根据总体中部分个体的数据资料来统计、推断总体分布。

6.1.2 样本与统计量

正如上述两案例所示，数理统计常通过抽样调查研究问题，因为研究对象的总体容量往往非常大，所以只能抽查部分个体完成研究。在案例 6.1.1 中，如果将满意度得分记为 X，那么 X 的所有可能取值为 0、1、3、5，同时 X 的每个值都包含了很多个体，并且可以得到确切数量（只要做一次全体调查），而我们所关注的仅是 X 的取值及其概率分布，表中 100 个数据就是为了研究该问题随机抽取的部分个体的取值，称其为一个样本，我们希望利用数理统计的方法根据这个样本推断出整个行业中该职业满意度得分的分布，即由个体推断总体。案例 6.1.2 的总体容量也是非常大的，理论上认为成绩的所有可能取值为 0～100 的全体整数，从两个学院分别抽取的 60 个和 55 个数据同样也是样本。另外，为了回答案例中的问题，需要对数据进行分析整理。为此，我们首先引入一些相关的概念。

一般地，将为研究总体的特征而从总体中抽取的部分个体称为**样本**。若从某个总体 X 中抽取了 n 个个体，记为 $(X_1, X_2, \cdots, X_n)$，则称其为总体 X 的一个容量为 n 的样本。依次对它们进行观察得到 n 个数据 $(x_1, x_2, \cdots, x_n)$，则称这 n 个数据（n 维实向量）为总体 X 的一个容量为 n 的**样本观测值**，简称**样本值**，可以视作 n 维随机向量 $(X_1, X_2, \cdots, X_n)$ 的一组可能的取值，样本 $(X_1, X_2, \cdots, X_n)$ 的所有可能取值的集合称为**样本空间**，记为 χ。

若从总体 X 中抽取了一组个体 $(X_1, X_2, \cdots, X_n)$，若它具有以下性质：

（1）独立性，即 $X_1, X_2, \cdots, X_n$ 是相互独立的随机变量；

（2）代表性，每个 $X_i (i=1,2,\cdots,n)$ 与总体 X 具有相同的分布。

则称 $(X_1, X_2, \cdots, X_n)$ 为取自总体 X 的一个容量为 n 的**简单随机样本**。显然，简单随机样本是一种非常理想的样本，在实际应用中要获得严格意义下的简单随机样本并不容易。今后如无特别的说明，提到的样本均指简单随机样本。

设总体 X 的分布函数为 $F(x)$，则样本 $(X_1, X_2, \cdots, X_n)$ 的联合分布函数为

$$F(x_1, x_2, \cdots, x_n) = \prod_{i=1}^{n} F(x_i)$$

若设总体 X 的概率密度函数为 $f(x)$，样本 $(X_1, X_2, \cdots, X_n)$ 的联合概率密度函数为

$$f(x_1, x_2, \cdots, x_n) = \prod_{i=1}^{n} f(x_i)$$

例 6.1.1 设总体 $X \sim P(\lambda)$，X 的概率密度函数为

$$f(x) = \mathrm{e}^{-\lambda} \frac{\lambda^x}{x!}, x = 0,1,2,\cdots$$

因此，样本 $(X_1, X_2, \cdots, X_n)$ 的联合概率密度函数为

$$f^*(x_1, x_2, \cdots, x_n) = \prod_{i=1}^{n} \mathrm{e}^{-\lambda} \frac{\lambda^{x_i}}{x_i!} = \mathrm{e}^{-n\lambda} \frac{\lambda^{\sum\limits_{i=1}^{n} x_i}}{x_1! x_2! \cdots x_n!}, x_1, x_2, \cdots, x_n = 0,1,2,\cdots$$

随机变量总体 X 的分布函数总是存在，称之为理论分布，这个分布通常是未知的。由样本观测值推测得到的总体的分布函数肯定不是客观的，不同的抽样有不同的观测值，当然对应有不同的推测，因此推测得到的分布函数称为经验分布函数。

定义 6.1.2 设有总体 X 的一个容量为 n 的样本，其观测值为 $(x_1, x_2, \cdots, x_n)$，将这 n 个观测值按从小到大重新排列为 $x_1^* \leqslant x_2^* \leqslant \cdots \leqslant x_n^*$，则

$$F_n(x) = \begin{cases} 0, & x < x_1^* \\ \dfrac{k}{n}, & x_k^* \leqslant x < x_{k+1}^*, k = 1, 2, \cdots, n-1 \\ 1, & x \geqslant x_n^* \end{cases}$$

称 $F_n(x)$ 为 X 的**经验分布函数**。

对每一个固定的 x，$F_n(x)$ 是事件 $\{X \leqslant x\}$ 发生的频率。当 n 固定时，对于样本的不同观测值 $x_1, x_2, x_3, \cdots, x_n$ 将有不同的 $F_n(x)$，所以，此时的 $F_n(x)$ 应该是一个随机变量，由大数定律可知，事件发生的频率依概率收敛于该事件发生的概率 $F(x) = P\{X \leqslant x\}$。

定理 6.1.1 设总体 X 的分布函数为 $F(x)$，经验分布函数为 $F_n(x)$，则对任意一个实数 x 与任意一个 $\varepsilon > 0$，$\lim\limits_{n \to \infty} P\{|F_n(x) - F(x)| \geqslant \varepsilon\} = 0$。

证明： 对任意一个固定的实数 x，定义随机变量

$$Y_i = \begin{cases} 1, X_i \leqslant x \\ 0, X_i > x \end{cases}, \quad i = 1, 2, \cdots$$

$Y_1, Y_2, \cdots, Y_n$ 是独立的随机变量，且 $Y_i \sim B(1, p)$，其中，

$$p = P\{Y_i = 1\} = P\{X_i \leqslant x\} = F(x)$$

由经验分布函数的定义可知 $F_n(x) = \dfrac{1}{n}\sum\limits_{i=1}^{n} Y_i$，于是由大数定律可得

$$F_n(x) \xrightarrow{p} F(x)$$

例 6.1.2 将记录 1min 内碰撞某个装置的宇宙粒子数看作一次试验，连续记录 40min，依次得到以下数据：

3	0	0	1	0	2	1	0	1	1
0	3	4	1	2	0	2	0	3	1
1	0	1	2	0	2	1	0	1	2
3	1	0	0	2	1	0	3	1	2

从这 40 个数据可见，它们只取 0、1、2、3、4 这 5 个值，列出下表：

宇宙粒子个数 j	频数 n_j	频率 f_j	宇宙粒子个数 j	频数 n_j	频率 f_j
0	13	0.325	3	5	0.125
1	13	0.325	4	1	0.025
2	8	0.200			

因此，可得经验分布函数的观测值：

$$\bar{F}_n(x) = \begin{cases} 0, x < 0 \\ 0.325, 0 \leqslant x < 1 \\ 0.650, 1 \leqslant x < 2 \\ 0.85, 2 \leqslant x < 3 \\ 0.975, 3 \leqslant x < 4 \\ 1, x \geqslant 4 \end{cases}$$

定义 6.1.3 设 $(X_1, X_2, \cdots, X_n)$ 为总体 X 的简单随机样本，$g(r_1, r_2, \cdots, r_n)$ 是一个实值连续

函数，且不含除自变量之外的未知参数，则称随机变量 $g(X_1, X_2, \cdots, X_n)$ 为**统计量**。若 $(x_1, x_2, \cdots, x_n)$ 是一个样本值，则称 $g(x_1, x_2, \cdots, x_n)$ 为统计量 $g(X_1, X_2, \cdots, X_n)$ 的一个**样本值**。

案例 6.1.1 分析：

设职业道德满意度得分为 X，总体就是 X 取值的全体，100 个得分就是来自该总体的一个样本，样本容量是 100，如果这 100 个得分是完全随机抽查的 100 个从业者的评分，那么可以认为这是一个简单随机样本，100 个值就是该样本的一组取值。

案例 6.1.2 分析：

如果设学院Ⅰ、学院Ⅱ学生的高等数学成绩分别为 X、Y，总体就是两个学院全体学生的成绩，这是一个二维随机变量，其中，60 个学生的成绩 X 是一个容量为 60 的样本值，55 个学生的成绩 Y 是一个容量为 55 的样本值。

统计量常常用于对总体进行推断和统计分析，下面介绍一些常用的统计量。

设 $(X_1, X_2, \cdots, X_n)$ 为总体 X 的一个容量为 n 的样本。

（1） $\bar{X} = \dfrac{1}{n} \sum_{i=1}^{n} X_i$ 称为**样本均值**，$\bar{X}$ 的样本值记为 $\bar{x}$。

（2） $S^2 = \dfrac{1}{n-1} \sum_{i=1}^{n} (X_i - \bar{X})^2$ 称为**样本方差**，S^2 的样本值记为 s^2，$S = \sqrt{\dfrac{1}{n-1} \sum_{i=1}^{n} (X_i - \bar{X})^2}$

称为**样本标准差**，S 的样本值记为 s。

注：称 $Q = \sum_{i=1}^{n} (X_i - \bar{X})^2$ 为样本的偏差平方和，则有

$$Q = \sum_{i=1}^{n} (X_i^2 - 2X_i \bar{X} + \bar{X}^2) = \sum_{i=1}^{n} X_i^2 + n\bar{X}^2$$

从而

$$S^2 = \frac{Q}{n-1}$$

（3） $A_k = \dfrac{1}{n} \sum_{i=1}^{n} X_i^k \, (k = 1, 2, \cdots)$ 称为**样本 k 阶原点矩**，A_k 的样本值记为 a_k。

（4） $B_k = \dfrac{1}{n} \sum_{i=1}^{n} (X_i - \bar{X})^k \, (k = 1, 2, \cdots)$ 称为**样本 k 阶中心矩**，B_k 的样本值记为 b_k。其中，样本二阶中心矩 $B_2 = \dfrac{1}{n} \sum_{i=1}^{n} (X_i - \bar{X})^2$ 又称为未修正的样本方差。

（5）设 $(X_1, X_2, \cdots, X_n)$ 为总体 X 的一个容量为 n 的样本，如果其样本值为 $(x_1, x_2, \cdots, x_n)$，且 $x_1, x_2, \cdots, x_n$ 按从小到大排序后记为 $x_1^*, x_2^*, \cdots, x_n^*$，定义随机变量 $X_{(k)} = x_k^* (k = 1, 2, \cdots, n)$，即 $X_{(k)}$ 的取值是样本中从小到大排序的第 k 位，显然 $X_{(1)} = \min_{1 \leqslant k \leqslant n} \{X_k\}$，$X_{(n)} = \max_{1 \leqslant k \leqslant n} \{X_k\}$，称统计量 $X_{(1)}, X_{(2)}, \cdots, X_{(n)}$ 为**顺序统计量**，并且称 $D_n = X_{(n)} - X_{(1)}$ 为**极差**。

注：上面定义的这些量有两个共同特点：（1）它们都是样本 $(X_1, X_2, \cdots, X_n)$ 的函数，因而是随机变量；（2）一旦获得样本观测值 $(x_1, x_2, \cdots, x_n)$，就能够计算出这些量相应的观测值。例如，案例 6.1.2 中，对于学院Ⅰ中 60 个学生的高等数学成绩这个样本，上述部分统计量的样本值为

$$\bar{x} = \frac{1}{60}\sum_{i=1}^{60}x_i = 67.6, \quad s^2 = \frac{1}{59}\sum_{i=1}^{60}(x_i - \bar{x})^2 = 244.28, \quad b_3 = \frac{1}{60}\sum_{i=1}^{60}(x_i - \bar{x})^3 = -5248$$

例 6.1.3　设 (X_1, X_2, X_3, X_4) 是取自正态总体 $N(\mu, \sigma^2)$ 的一个样本，其中，μ 未知但 σ^2 已知，则

$$\frac{1}{3}\sum_{i=1}^{3}X_i, \quad \frac{1}{\sigma^2}\sum_{i=1}^{4}(X_i - \bar{X})^2, \quad \sum_{i=1}^{4}X_i^2, \quad \max(X_1, X_2, X_3, X_4)$$

都是统计量；而 $\sum_{i=1}^{4}(x_i - \mu)^2$ 不是统计量，因为它包含了总体分布 $N(\mu, \sigma^2)$ 中未知的参数 μ。

定理 6.1.2　设 $(X_1, X_2, \cdots, X_n)$ 是取自总体 X 的一个样本，且

$$E(X) = \mu, \quad D(X) = \sigma^2$$

那么：（1）$E(\bar{X}) = \mu$，$D(\bar{X}) = \dfrac{\sigma^2}{n}$；（2）$E(S^2) = \sigma^2$，$E(B_2) = \dfrac{n-1}{n}\sigma^2$，$n \geq 2$。

证明　（1）由于 $X_1, X_2, \cdots, X_n$ 是独立同分布的随机变量，且

$$E(X_i) = E(X) = \mu, \quad D(X_i) = D(X) = \sigma^2, \quad i = 1, 2, \cdots, n$$

因此

$$E(\bar{X}) = \frac{1}{n}\sum_{i=1}^{n}, \quad E(X_i) = \frac{1}{n}n\mu = \mu$$

$$D(\bar{X}) = \frac{1}{n^2}\sum_{i=1}^{n}, \quad D(X_i) = \frac{1}{n^2} \times n\sigma^2 = \frac{\sigma^2}{n}$$

（2）由于

$$E\left[\sum_{i=1}^{n}(X_i - \bar{X})^2\right] = E\left(\sum_{i=1}^{n}X_i^2\right) - nE(\bar{X}^2)$$

$$= \sum_{i=1}^{n}\left[D(X_i) + E(X_i)^2\right] - n\left[D(\bar{X}) + E(\bar{X})^2\right]$$

$$= n(\sigma^2 + \mu^2) - n\left(\frac{\sigma^2}{n} + \mu^2\right) = (n-1)\sigma^2$$

因此

$$E(S^2) = \frac{1}{n-1}E\left[\sum_{i=1}^{n}(X_i - \bar{X})^2\right] = \sigma^2$$

$$E(B_2) = \frac{1}{n}E\left[\sum_{i=1}^{n}(X_i - \bar{X})^2\right] = \frac{n-1}{n}\sigma^2$$

说明样本方差的期望是总体方差，而二阶中心矩的期望不是总体方差，因而称为未修正的样本方差。

例 6.1.4　设总体 X 的概率密度函数为

$$f(x) = \begin{cases} |x|, & |x| < 1 \\ 0, & |x| \geq 1 \end{cases}$$

$(X_1, X_2, \cdots, X_{50})$ 是来自总体 X 的一个样本，$\bar{X}$ 和 S^2 分别为样本均值与样本方差，求 $E(\bar{X})$，$D(\bar{X})$，$E(S^2)$。

解： 由已知条件可得

$$E(X) = \int_{-1}^{1} x|x| dx = 0$$

$$D(X) = E(X^2) - E^2(X) = \int_{-1}^{1} x^2 |x| dx = \frac{1}{2}$$

根据定理 6.1.2 可知，$E(\bar{X}) = E(X) = 0$，$D(\bar{X}) = D(X)/50 = \frac{1}{100}$，$E(S^2) = D(X) = \frac{1}{2}$。

统计量是数理统计中的一个重要概念，从表面上看，样本观测值 $(x_1, x_2, \cdots, x_n)$ 往往表现为大量杂乱无章的数据。引进统计量相当于将这些数据加工成若干个较简单又往往更本质的量，有利于从样本推测出总体分布中的未知值。

6.2 常用的统计分布

取得总体的样本后，通常要借助样本的统计量推断未知的总体分布。为此，需要进一步确定相应统计量服从的分布，除了在概率论中提到的常用分布（主要是正态分布）外，经常用到的分布还有 χ^2 分布，t 分布和 F 分布，这三个分布与正态分布有着紧密联系。

6.2.1 分位数

定义 6.2.1 设随机变量 X 的分布函数为 $F(X)$，对给定的实数 α $(0 < \alpha < 1)$，若存在实数 x_α 满足

$$P\{X > x_\alpha\} = \alpha$$

则称 x_α 为随机变量 X 分布的水平 α 的**上侧分位数**。

若实数 $x_{\alpha/2}$ 满足

$$P\{|X| > x_{\alpha/2}\} = \alpha$$

则称 $x_{\alpha/2}$ 为随机变量 X 分布的水平 α 的**双侧分位数**。

标准正态分布的上侧分位数和双侧分位数分别如图 6.2.1、图 6.2.2 所示。

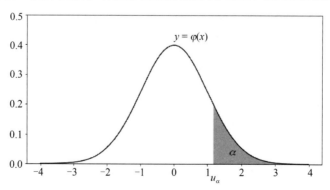

图 6.2.1 标准正态分布的上侧分位数

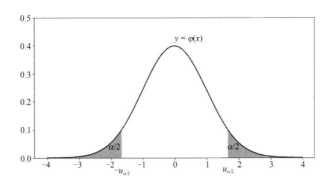

图 6.2.2　标准正态分布的双侧分位数

通常，直接求解分位数是很困难的，对常用的统计分布，可利用附录中的分布函数值表或分位数表来得到分位数的值。

例 6.2.1　设 $\alpha=0.05$，求标准正态分布的水平 0.05 的上侧分位数和双侧分位数。

解：由于 $\Phi\left(u_{0.05}\right)=1-0.05=0.95$，查标准正态分布函数值表可得 $u_{0.05}=1.645$，而水平 0.05 的双侧分位数为 $u_{0.025}$，满足

$$\Phi\left(u_{0.025}\right)=1-0.025=0.975$$

查表得 $u_{0.025}=1.96$。

注：今后分别记 u_{α} 与 $u_{\alpha/2}$ 为标准正态分布的上侧分位数与双侧分位数。

6.2.2　χ^2 分布

定义 6.2.2　设 $X_1, X_2, \cdots, X_n$ 是取自总体 $N(0,1)$ 的样本，称统计量

$$\chi^2=X_1^2+X_2^2+\cdots+X_n^2 \tag{6.2.1}$$

服从自由度为 n 的 χ^2 分布（χ 读作/kai/），记为 $\chi^2\sim\chi^2(n)$。

这里自由度是指式(6.2.1)右端包含的独立变量数。

χ^2 分布是海尔墨特（Hermert）和皮尔逊（Pearson）分别于 1875 年和 1890 年导出的，主要适用于拟合优度检验和独立性检验，以及总体方差的估计和检验等。相关内容将在后续章节中介绍。

χ^2 分布的概率密度函数为

$$f(x)=\begin{cases}\dfrac{1}{2^{\frac{n}{2}}\Gamma\left(\dfrac{n}{2}\right)}x^{\frac{n}{2}-1}\mathrm{e}^{-\frac{x}{2}}, & x>0\\ 0, & \text{其他}\end{cases}$$

其中，$\Gamma(\cdot)$ 为伽玛函数。χ^2 分布的概率密度函数图如图 6.2.3 所示，它随着自由度 n 的变化而有所改变，图中给出了当 $n=1$、2、4、6、11 时 χ^2 分布的概率密度函数曲线，n 越大，概率密度函数图像越对称。

注：伽玛函数的定义为 $\Gamma(\alpha)=\displaystyle\int_0^{+\infty}x^{\alpha-1}\mathrm{e}^{-x}\mathrm{d}x$。它具有下述运算性质：

（1）$\Gamma(\alpha+1)=\alpha\Gamma(\alpha)$；（2）$\Gamma(n)=(n-1)!$，$n$ 为正整数；（3）$\Gamma\left(\dfrac{1}{2}\right)=\sqrt{\pi}$。

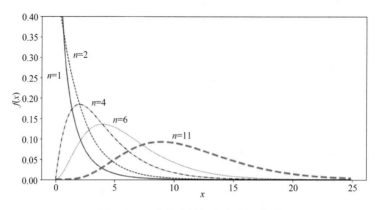

图 6.2.3　χ^2 分布的概率密度函数图

可以证明，χ^2 分布具有如下性质：

（1）当 $\chi^2 \sim \chi^2(n)$ 时，$E(\chi^2) = n$，$D(\chi^2) = 2n$。

证明：按 χ^2 分布的定义，记 $\chi^2 = \sum\limits_{i=1}^{n} X_i^2$，其中 $X_1, \cdots, X_n$ 是服从 $N(0,1)$ 且相互独立的随机变量，即 $E(X_i) = 0$，$D(X_i) = 1$，故

$$E(X_i^2) = E\left[X_i - E(X_i)\right]^2 = D(X_i) = 1,\ i = 1, 2, \cdots, n$$

又因为

$$E(X_i^4) = \frac{1}{\sqrt{2\pi}} \int_{-\infty}^{+\infty} x^4 e^{-\frac{x^2}{2}} dx = 3$$

所以

$$D(X_i^2) = E(X_i^4) - \left[E(X_i^2)\right]^2 = 3 - 1 = 2$$

$$E(\chi^2) = E\left(\sum_{i=1}^{n} X_i^2\right) = \sum_{i=1}^{n} E(X_i^2) = n$$

由于 $X_1, X_2, \cdots, X_n$ 相互独立，所以 $X_1^2, X_2^2, \cdots, X_n^2$ 也相互独立，于是

$$D(\chi^2) = D\left(\sum_{i=1}^{n} X_i^2\right) = \sum_{i=1}^{n} D(X_i^2) = 2n$$

（2）χ^2 分布的可加性：设 χ_1^2 与 χ_2^2 相互独立，且 $\chi_1^2 \sim \chi^2(m)$，$\chi_2^2 \sim \chi^2(n)$，则

$$\chi_1^2 + \chi_2^2 \sim \chi^2(m+n)$$

证明：按 χ^2 分布的定义，可记 $\chi_1^2 = \sum\limits_{i=1}^{m} X_i^2$，$\chi_2^2 = \sum\limits_{i=m+1}^{m+n} X_i^2$，其中 $X_1, \cdots, X_{m+n}$ 是独立同分布的随机变量且都服从 $N(0,1)$，于是 $\chi_1^2 + \chi_2^2 = \sum\limits_{i=1}^{m+n} X_i^2 \sim \chi^2(m+n)$。

（3）χ^2 分布的分位数

设 $\chi^2 \sim \chi^2(n)$，对给定的实数 α（$0 < \alpha < 1$），满足条件

$$P\{X > \chi_\alpha^2(n)\} = \int_{\chi_\alpha^2(n)}^{+\infty} f(x) dx = \alpha \tag{6.2.2}$$

的实数 $\chi_\alpha^2(n)$ 称为 χ^2 分布的水平 α 的上侧分位数，简称为上侧 α 分位数（见图 6.2.4）。对不

同的 α 与 n，分位数的值已经编制成表可供查用（见附表 5）。

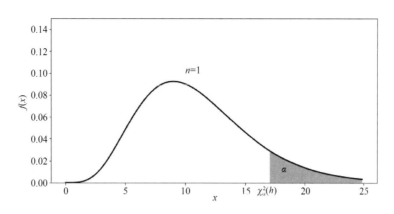

图 6.2.4 上侧 α 分位数

例如，查表得

$$\chi_{0.1}^2\left(25\right)=34.382，\quad \chi_{0.05}^2\left(10\right)=18.307$$

表中只给出了自由度 $n \leqslant 45$ 时的上侧分位数。

费希尔曾证明：当 n 充分大时，近似地有

$$\chi_\alpha^2\left(n\right)\approx\frac{1}{2}(u_\alpha+\sqrt{2n-1})^2 \tag{6.2.3}$$

其中，u_α 是标准正态分布的水平 α 的上侧分位数，利用式(6.2.3)可近似计算 $n>45$ 时的 χ^2 分布上侧分位数。

例 6.2.2 设 $X_1,X_2,\cdots,X_6$ 是来自总体 $N\left(0,1\right)$ 的样本，又设

$$\mathrm{Y}=\left(X_1+X_2+X_3\right)^2+\left(X_4+X_5+X_6\right)^2$$

试求常数 C，使得 CY 服从 χ^2 分布。

解：因为 $X_1+X_2+X_3 \sim N\left(0,3\right)$，$X_4+X_5+X_6 \sim N\left(0,3\right)$，所以

$$\frac{X_1+X_2+X_3}{\sqrt{3}}\sim N\left(0,1\right)，\quad \frac{X_4+X_5+X_6}{\sqrt{3}}\sim N\left(0,1\right)$$

且它们相互独立，于是有

$$\left(\frac{X_1+X_2+X_3}{\sqrt{3}}\right)^2+\left(\frac{X_4+X_5+X_6}{\sqrt{3}}\right)^2\sim\chi^2\left(2\right)$$

故应取 $C=\frac{1}{3}$，从而有 $\frac{1}{3}Y\sim\chi^2\left(2\right)$。

6.2.3 t 分布

英国统计学家威廉·西利·戈塞特在 1900 年进行了 t 分布的早期理论研究工作。t 分布是小样本分布，小样本一般指 $n<30$。t 分布适用于总体标准差未知时，用样本标准差代替总体标准差，由样本平均数推断总体平均数及两个小样本之间差异的显著性检验等。

定义 6.2.3 设 $X\sim N\left(0,1\right)$，$Y\sim\chi^2\left(n\right)$，且 X 与 Y 相互独立，则称随机变量

$$T = \frac{X}{\sqrt{Y/n}} \tag{6.2.4}$$

服从自由度为 n 的 t 分布，记为 $T \sim t(n)$。

$t(n)$ 分布的概率密度函数为

$$f(x) = \frac{\Gamma\left(\dfrac{n+1}{2}\right)}{\Gamma\left(\dfrac{n}{2}\right)\sqrt{n\pi}}\left(1 + \frac{x^2}{n}\right)^{-\frac{n+1}{2}}, \quad -\infty < x < \infty$$

t 分布具有如下性质：

（1）$f(x)$ 关于 y 轴对称，不同自由度下 t 分布与标准正态分布的概率密度函数图如图 6.2.5 所示，且 $\lim\limits_{x \to \pm\infty} f(x) = 0$。

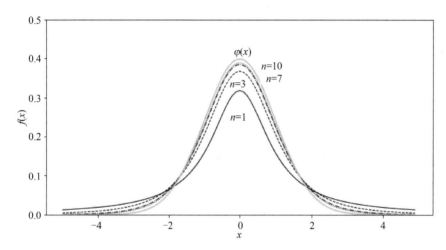

图 6.2.5　不同自由度下 t 分布与标准正态分布的概率密度函数图

（2）当 n 充分大时，t 分布近似于标准正态分布，事实上

$$\lim_{n \to \infty} f(x) = \frac{1}{\sqrt{2\pi}}e^{-\frac{x^2}{2}}$$

图 6.2.5 给出了 n=1、3、7、10 的 t 分布的概率密度函数曲线（虚线）及标准正态分布的的概率密度函数曲线（实线），从中可以看出，当 n 越来越大时，t 分布的概率密度函数曲线越来越接近标准正态分布的概率密度函数曲线。一般来说，当 $n > 30$ 时，t 分布与正态分布 $N(0,1)$ 就非常接近了，但当 n 值较小时，t 分布与正态分布之间还是存在较大差异的。

（3）设 $T \sim t(n)$，对给定的实数 α（$0 < \alpha < 1$），满足条件

$$P\{T > t_\alpha(n)\} = \int_{t_\alpha(n)}^{+\infty} f(x)\mathrm{d}x = \alpha \tag{6.2.5}$$

的实数 $t_\alpha(n)$ 称为 t 分布的水平 α 的上侧分位数，如图 6.2.6 右侧所示，由概率密度函数 $f(x)$ 的对称性，可得 $t_{1-\alpha}(n) = -t_\alpha(n)$。对不同的 α 与 n，t 分布的上侧分位数值已经编制成表可供查用（见附表 4）。

类似地，可以给出 t 分布的双侧分位数：

$$P\{|T| > t_{\alpha/2}(n)\} = \int_{-\infty}^{-t_{\alpha/2}(n)} f(x)\,\mathrm{d}x + \int_{t_{\alpha/2}(n)}^{+\infty} f(x)\,\mathrm{d}x = \alpha$$

显然有 $P\{T > t_{\alpha/2}(n)\} = \alpha/2$，$P\{T < -t_{\alpha/2}(n)\} = \alpha/2$。

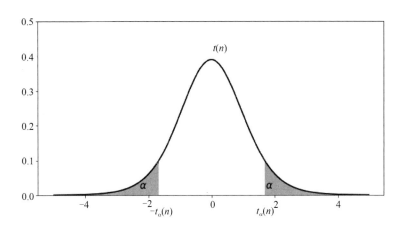

图 6.2.6　$t(n)$ 分布的双侧分位数示意图

例如，设 $T \sim t(n)$，对水平 $\alpha = 0.05$，查表得

$$t_\alpha(8) = 1.8595,\quad t_{\alpha/2}(8) = 2.3060$$

故有 $P\{T > 1.8595\} = P\{T < -1.8595\} = P\{|T| > 2.3060\} = 0.05$。

注：（1）当自由度 n 充分大时，t 分布近似于标准正态分布，故有

$$t_\alpha(n) \approx u_\alpha,\quad t_{\alpha/2}(n) \approx u_{\alpha/2}$$

一般地，当 $n>45$ 时，t 分布的分位数可用标准正态分布的分位数近似。

（2）设 $t_\alpha(n)$ 为 $t(n)$ 的上侧 α 分位数，则

$$P\{T < t_\alpha(n)\} = 1-\alpha,\ P\{T < -t_\alpha(n)\} = \alpha,\ P\{|T| > t_\alpha(n)\} = 2\alpha$$

例 6.2.3　设随机变量 $X \sim N(2,1)$，随机变量 Y_1、Y_2、Y_3、Y_4 均服从 $N(0,4)$，且 X 和 Y_i（$i=1,2,3,4$）相互独立，令

$$T = \frac{4(X-2)}{\sqrt{\sum_{i=1}^{4} Y_i^2}}$$

试求 T 的分布，并确定 t_0 的值，使得 $P\{|T| > t_0\} = 0.01$。

解：由于

$$(X-2) \sim N(0,1),\ \frac{Y_i}{2} \sim N(0,1),\ i=1,2,3,4$$

故由 t 分布的定义可知

$$T = \frac{4(X-2)}{\sqrt{\sum_{i=1}^{4} Y_i^2}} = \frac{X-2}{\sqrt{\sum_{i=1}^{4}\left(\dfrac{Y_i}{4}\right)^2}} = \frac{X-2}{\sqrt{\sum_{i=1}^{4}\left(\dfrac{Y_i}{2}\right)^2 / 4}} \sim t(4)$$

即 T 服从自由度为 4 的 t 分布：$T \sim t(4)$。由 $P\{|T| > t_0\} = 0.01$，$n=4$，$\alpha = 0.01$，查表得 $t_0 = t_{\alpha/2}(4) = t_{0.005}(4) = 4.6041$。

6.2.4 F分布

F分布是以统计学家费舍尔（R.A.Fisher）姓氏的第一个字母命名的，用于方差分析、协方差分析和回归分析等。

定义 6.2.4 设 $X \sim \chi^2(m)$，$Y \sim \chi^2(n)$，且 X 与 Y 相互独立，则称随机变量

$$F = \frac{X/m}{Y/n} = \frac{nX}{mY} \tag{6.2.6}$$

服从自由度为 (m,n) 的 **F 分布**，记为 $F \sim F(m,n)$。其中，m 称为第一自由度，n 称为第二自由度。

$F(m,n)$ 分布的概率密度函数为

$$f(x;m,n) = \begin{cases} \dfrac{\Gamma\left(\dfrac{m+n}{2}\right)}{\Gamma\left(\dfrac{m}{2}\right)\Gamma\left(\dfrac{n}{2}\right)}\left(\dfrac{m}{n}\right)\left(\dfrac{m}{n}x\right)^{\frac{m}{2}-1}\left(1+\dfrac{m}{n}x\right)^{-\frac{m+n}{2}}, & x > 0 \\ 0, & x \leqslant 0 \end{cases}$$

图 6.2.7 所示为 F 分布的概率密度函数图像。

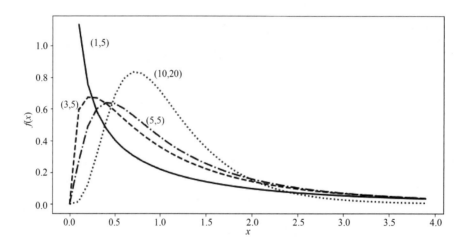

图 6.2.7　F 分布的概率密度函数图像

F 分布具有如下性质：

（1）若 $X \sim t(n)$，则 $X^2 \sim F(1,n)$；

（2）若 $X \sim F(m,n)$，则 $\dfrac{1}{X} \sim F(n,m)$；

（3）F 分布的分位数：

设 $F \sim F(m,n)$，对给定的实数 α $(0<\alpha<1)$，满足条件

$$P\{F > F_\alpha(m,n)\} = \int_{F_\alpha(m,n)}^{+\infty} f(x)\mathrm{d}x = \alpha \tag{6.2.7}$$

的 $F_\alpha(m,n)$ 称为 **F 分布的水平 α 的上侧分位数**（见图 6.2.8）。F 分布的上侧分位数值可在附表中查得（见附表 6）。

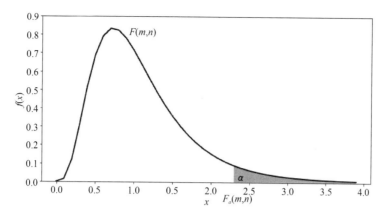

图 6.2.8 F 分布的水平 α 的上侧分位数

例如，查表得

$$F_{0.05}(10,5) = 4.74, \quad F_{0.05}(5,10) = 4.24$$

（4）F 分布的分位数的一个重要性质：

$$F_{\alpha}(m,n) = \frac{1}{F_{1-\alpha}(n,m)} \tag{6.2.8}$$

此式常被用于求 F 分布表中没有列出的某些上侧分位数。例如：

$$F_{0.95}(12,9) = \frac{1}{F_{0.05}(9,12)} = \frac{1}{2.80} \approx 0.357$$

例 6.2.4 设总体 X 服从标准正态分布，$X_1, X_2, \cdots, X_n$ 是来自总体 X 的一个简单随机样本，试问以下统计量服从何种分布？

$$Y = \frac{\left(\dfrac{n}{5} - 1\right)\displaystyle\sum_{i=1}^{5} X_i^2}{\displaystyle\sum_{i=6}^{n} X_i^2}, n > 5$$

解： 因为 $X_i \sim N(0,1)$，故 $\displaystyle\sum_{i=1}^{5} X_i^2 \sim \chi^2(5)$，$\displaystyle\sum_{i=6}^{n} X_i^2 \sim \chi^2(n-5)$ 且 $\displaystyle\sum_{i=1}^{5} X_i^2$ 与 $\displaystyle\sum_{i=6}^{n} X_i^2$ 相互独立，所以

$$\frac{\displaystyle\sum_{i=1}^{5} X_i^2 \sim \chi^2(5)/5}{\displaystyle\sum_{i=6}^{n} X_i^2 \sim \chi^2(n-5)/(n-5)} = \frac{\left(\dfrac{n}{5}-1\right)\displaystyle\sum_{i=1}^{5} X_i^2}{\displaystyle\sum_{i=6}^{n} X_i^2} \sim F(5, n-5)$$

即可得 $Y \sim F(5, n-5)$。

6.3 正态总体的抽样分布

统计量是随机变量，故而存在对应的概率分布，常称为抽样分布。在实际工作中，我们常常遇到正态总体，因此下面主要介绍来自正态总体的抽样分布。

6.3.1 单正态总体的抽样分布

定理 6.3.1 设 $X \sim N(\mu, \sigma^2)$，$(X_1, X_2, \cdots, X_n)$ 是来自总体 X 的一个简单随机样本，$\overline{X}$ 和 S^2 分别是样本均值与样本方差，则

（1）$\overline{X} \sim N\left(\mu, \dfrac{\sigma^2}{n}\right)$ 或者 $\dfrac{\overline{X} - \mu}{\sigma / \sqrt{n}} \sim N(0,1)$；

（2）$\dfrac{(n-1)S^2}{\sigma^2} = \sum\limits_{i=1}^{n}\left(\dfrac{X_i - \overline{X}}{\sigma}\right)^2 \sim \chi^2(n-1)$；

（3）$\dfrac{(n-1)S^2}{\sigma^2}$ 与 $\overline{X}$ 相互独立。

该定理的严格证明需要用到多重积分的变量替换公式、正交矩阵的一些性质及很强的数学推导技巧，此处略去证明。由定理 6.3.1 及 t 分布的定义，容易得到以下推论。

推论 设 $X \sim N(\mu, \sigma^2)$，$(X_1, X_2, \cdots, X_n)$ 是来自总体 X 的一个简单随机样本，$\overline{X}$ 和 S^2 分别是样本均值与样本方差，则

（1）$\chi^2 = \sum\limits_{i=1}^{n}\left(\dfrac{X_i - \mu}{\sigma}\right)^2 \sim \chi^2(n)$；

（2）$T = \dfrac{\overline{X} - \mu}{S / \sqrt{n}} \sim t(n-1)$。

证明：（1）根据 χ^2 分布定义可直接证明。

（2）利用定理 6.3.1 的结论（1）、（2）有

$$\frac{\overline{X} - \mu}{\sigma / \sqrt{n}} \sim N(0,1), \quad \frac{(n-1)S^2}{\sigma^2} \sim \chi^2(n-1)$$

由定理 6.3.1 的结论（3）可知，两者相互独立，由 t 分布的定义，可得

$$T = \frac{\dfrac{\overline{X} - \mu}{\sigma / \sqrt{n}}}{\sqrt{\dfrac{(n-1)S^2}{\sigma^2} / (n-1)}} = \frac{\overline{X} - \mu}{S / \sqrt{n}} \sim t(n-1)$$

6.3.2 双正态总体的抽样分布

定理 6.3.2 设 $(X_1, X_2, \cdots, X_m)$ 和 $(Y_1, Y_2, \cdots, Y_n)$ 分别是来自正态总体 $X \sim N(\mu_1, \sigma_1^2)$ 和 $Y \sim N(\mu_2, \sigma_2^2)$ 的样本，它们相互独立，$\overline{X}$ 和 S_1^2 为第一个样本的均值与样本方差，$\overline{Y}$ 和 S_2^2 为第二个样本的均值与样本方差，则

（1）$U = \dfrac{(\overline{X} - \overline{Y}) - (\mu_1 - \mu_2)}{\sqrt{\sigma_1^2 / m + \sigma_2^2 / n}} \sim N(0,1)$；

（2）$F = \left(\dfrac{\sigma_2^2}{\sigma_1^2}\right)\left(\dfrac{S_1^2}{S_2^2}\right) \sim F(m-1, n-1)$，特别地，当 $\sigma_1 = \sigma_2$ 时，$\dfrac{S_1^2}{S_2^2} \sim F(m-1, n-1)$；

（3）当 $\sigma_1 = \sigma_2 = \sigma$ 时，$\dfrac{\left(\overline{X} - \overline{Y}\right) - \left(\mu_1 - \mu_2\right)}{\sqrt{\dfrac{1}{m} + \dfrac{1}{n}}\sqrt{\dfrac{(m-1)S_1^2 + (n-1)S_2^2}{m+n-2}}} \sim t\left(m+n-2\right)$。

证明：（1）由定理 6.3.1 的结论（1）可知

$$\overline{X} \sim N\left(\mu_1, \frac{\sigma_1^2}{m}\right), \quad \overline{Y} \sim N\left(\mu_2, \frac{\sigma_2^2}{n}\right)$$

由两个总体 X 与 Y 相互独立，可知它们的样本均值 $\overline{X}$ 与 $\overline{Y}$ 也相互独立，故

$$\left(\overline{X} - \overline{Y}\right) \sim N\left(\mu_1 + \mu_2, \frac{\sigma_1^2}{m} + \frac{\sigma_2^2}{n}\right)$$

即

$$U = \frac{\left(\overline{X} - \overline{Y}\right) - \left(\mu_1 - \mu_2\right)}{\sqrt{\sigma_1^2/m + \sigma_2^2/n}} \sim N(0,1)$$

（2）由定理 6.3.1 的结论（2）可知

$$\frac{(m-1)S_1^2}{\sigma_1^2} \sim \chi^2(m-1), \quad \frac{(n-1)S_2^2}{\sigma_2^2} \sim \chi^2(n-1)$$

由 F 分布的定义得

$$\frac{\dfrac{(m-1)S_1^2}{\sigma_1^2}/(m-1)}{\dfrac{(n-1)S_2^2}{\sigma_2^2}/(n-1)} \sim F(m-1, n-1)$$

即

$$F = \left(\frac{\sigma_2^2}{\sigma_1^2}\right)\left(\frac{S_1^2}{S_2^2}\right) \sim F(m-1, n-1)$$

（3）由（1）的结论可知

$$U = \frac{\left(\overline{X} - \overline{Y}\right) - \left(\mu_1 - \mu_2\right)}{\sigma\sqrt{1/m + 1/n}} \sim N(0,1)$$

由定理 6.3.1 的结论（2）可知

$$\frac{(m-1)S_1^2}{\sigma^2} \sim \chi^2(m-1), \quad \frac{(n-1)S_2^2}{\sigma^2} \sim \chi^2(n-1)$$

所以

$$\frac{(m-1)S_1^2}{\sigma^2} + \frac{(n-1)S_2^2}{\sigma^2} \sim \chi^2(m+n-2)$$

又由定理 6.3.1 的结论（3），可知 $\overline{X} - \overline{Y}$ 与 $\dfrac{(m-1)S_1^2}{\sigma^2} + \dfrac{(n-1)S_2^2}{\sigma^2}$ 相互独立，所以

$$\frac{\dfrac{\left(\overline{X} - \overline{Y}\right) - \left(\mu_1 - \mu_2\right)}{\sigma\sqrt{1/m + 1/n}}}{\sqrt{\left(\dfrac{(m-1)S_1^2}{\sigma^2} + \dfrac{(n-1)S_2^2}{\sigma^2}\right)/(m+n-2)}} \sim t(n+m-2)$$

化简可得

$$\frac{\left(\overline{X} - \overline{Y}\right) - \left(\mu_1 - \mu_2\right)}{\sqrt{\dfrac{1}{m} + \dfrac{1}{n}}\sqrt{\dfrac{(m-1)S_1^2 + (n-1)S_2^2}{m+n-2}}} \sim t(m+n-2)$$

上述的抽样分布是第 7、8 章的理论基础，务必熟练谨记。

案例 6.3.1 设某制造企业希望对生产流水线进行科学管理，所以需要了解产品的市场需求。根据过去的统计结果，该企业生产的某产品的周销量 X（单位：千只）服从 $N(52, 6.3^2)$，企划部调取了最近 36 周的销量数据，如下表所示：

55.4	43.8	54	49.3	63.6	57.4	40.8	54.2	55.1	56.6	53.9	57.6
45.3	69.4	62.5	43.5	67.1	39.5	62.5	50.1	47	44.8	46.9	61.1
62.3	40.4	60.9	61.4	50.7	51.6	56.6	56.5	51.2	62.9	56.2	56.5

（1）求表中这个样本的样本均值及样本方差；

（2）如果 $(X_1, X_2, \cdots, X_n)$ 是来自总体 X 的一个样本，求样本均值 $\overline{X} = \dfrac{1}{36} \sum_{i=1}^{36} X_i$ 落在 49.5～54.4 的概率。

解：（1）易计算 $\overline{x} = 54.13$，$s^2 = 60.27$。

（2）由定理 6.3.1 知 $\overline{X} \sim N\left(52, \dfrac{6.3^2}{36}\right)$，所以

$$P(49.5 < \overline{X} < 54.5) = F_{\overline{X}}(54.5) - F_{\overline{X}}(49.5)$$
$$= \Phi\left(\frac{54.5 - 52}{6.3/6}\right) - \Phi\left(\frac{49.5 - 52}{6.3/6}\right) = 2\Phi(2.38) - 1 = 0.9826$$

*6.4 典型例题

例 6.4.1 填空题

设随机变量 X 和 Y 相互独立且都服从正态分布 $N(0, 3^2)$，而 $X_1, \cdots, X_9$ 和 $Y_1, \cdots, Y_9$ 分别是来自 X 和 Y 的简单随机样本，则统计量 $U = \dfrac{X_1 + \cdots + X_9}{\sqrt{Y_1^2 + \cdots + Y_9^2}}$ 服从____分布，参数为____。

答： t, 9。

由于 $X_1 + \cdots + X_9 \sim N(0, 81)$，则 $\dfrac{1}{9}(X_1 + \cdots + X_9) \sim N(0,1)$，$\dfrac{Y_i}{3} \sim N(0,1)$，样本间相互独立。$\dfrac{1}{9}(Y_1^2 + \cdots + Y_9^2) \sim \chi^2(9)$ 且与 $\dfrac{1}{9}(X_1 + \cdots + X_9)$ 相互独立。

由 t 分布定义可知，$\dfrac{X_1 + \cdots + X_9}{\sqrt{Y_1^2 + \cdots + Y_9^2}}$ 服从 $t(9)$ 分布。

分析： 为了寻求正态总体样本统计量的分布，特别要牢记 t 分布、F 分布、χ^2 分布的定义，在证明过程中不要遗漏定义中有关独立条件的说明。

例 6.4.2 选择题

设 $X_1, X_2, \cdots, X_n$ 是来自正态总体 $N(\mu, \sigma^2)$ 的简单随机样本，$\overline{X}$ 是样本均值，记

$$S_1^2 = \frac{1}{n-1}\sum_{i=1}^{n}\left(X_i - \bar{X}\right)^2, \quad S_2^2 = \frac{1}{n}\sum_{i=1}^{n}\left(X_i - \bar{X}\right)^2, \quad S_3^2 = \frac{1}{n-1}\sum_{i=1}^{n}\left(X_i - \mu\right)^2, \quad S_4^2 = \frac{1}{n}\sum_{i=1}^{n}\left(X_i - \mu\right)^2 \text{。}$$

则服从自由度为 $n-1$ 的 t 分布的随机变量是（　　　）

（A） $t = \dfrac{\bar{X} - \mu}{S_1 / \sqrt{n-1}}$ 　　　　（B） $t = \dfrac{\bar{X} - \mu}{S_2 / \sqrt{n-1}}$

（C） $t = \dfrac{\bar{X} - \mu}{S_3 / \sqrt{n}}$ 　　　　（D） $t = \dfrac{\bar{X} - \mu}{S_4 / \sqrt{n}}$

答：由于已知 $\dfrac{\sqrt{n}\left(\bar{X} - \mu\right)}{\sqrt{\dfrac{1}{n-1}\sum_{i=1}^{n}\left(x_i - \bar{X}\right)^2}} \sim t(n-1)$，经过形式变换，正是选项（B）。

而且 S_3 和 S_4 与 $\bar{X}$ 不独立，故（C）和（D）是不成立的。

例 6.4.3　设总体 $X \sim N\left(\mu_1, \sigma^2\right)$，总体 $Y \sim N\left(\mu_2, \sigma^2\right)$，$X_1, X_2, \cdots, X_n$ 和 $Y_1, Y_2, \cdots, Y_m$ 分别是来自总体 X 和 Y 的简单随机样本，求

$$E\left[\frac{\sum_{i=1}^{n}\left(X_i - \bar{X}\right)^2 + \sum_{i=1}^{m}\left(Y_i - \bar{Y}\right)^2}{n_1 + n_2 - 2}\right]$$

解：$E\left[\dfrac{\sum_{i=1}^{n_1}\left(X_i - \bar{X}\right)^2 + \sum_{i=1}^{n_2}\left(Y_i - \bar{Y}\right)^2}{n + m - 2}\right] = \dfrac{1}{n+m-2}E\left[\sum_{i=1}^{n}\left(X_i - \bar{X}\right)^2 + \sum_{i=1}^{m}\left(Y_i - \bar{Y}\right)^2\right]$

$$= \frac{1}{n+m-2}E\left[(n-1)S_1^2 + (m-1)S_2^2\right]$$

$$= \frac{1}{n+m-2}\left[\sigma^2(n-1) + \sigma^2(m-1)\right] = \sigma^2$$

习题 6

1. 设总体 $X \sim N\left(\mu, \sigma^2\right)$，其中 μ 已知，而 σ^2 未知，$\left(X_1, X_2, \cdots, X_n\right)$ 是总体 X 的一个样本，请指出下列随机变量中哪些是统计量？哪些不是统计量？为什么？

（1） $X_1 + X_2 + X_3$；

（2） $X_2 + 2\mu$；

（3） $\sum_{i=1}^{n}\dfrac{X_i^2}{\sigma^2}$；

（4） $\sum_{i=1}^{n}\left(X_i - \mu\right)^2$；

(5) $\left(\dfrac{\overline{X}-\mu}{\sigma}\right)^2$；

(6) $\max\{X_1,X_2,\cdots,X_n\}$。

2. 设 $(X_1,X_2,\cdots,X_n)$ 是来自总体 $P(\lambda)$ 的样本，$\overline{X}$ 和 S^2 分别为样本均值和方差。试计算 $E(\overline{X})$、$D(\overline{X})$、$E(S^2)$。

3. 在总体 $X\sim N(52,6.3^2)$ 中，随机抽取一容量为 36 的样本，求样本均值落在 50.8～53.8 之间的概率。

4. 在总体 $X\sim N(80,20^2)$ 中随机抽取一个容量为 100 的样本，问样本均值与总体期望的差的绝对值大于 3 的概率是多少？

5. 设 $(X_1,X_2,\cdots,X_n)$ 是来自总体 $N(\mu,36)$ 的样本，问样本容量 n 取多大时才能使得样本均值 $\overline{X}$ 与 μ 之差的绝对值小于 1 的概率不小于 95%？

6. 设 $X_1,X_2,\cdots,X_4$ 是独立同分布的随机变量，它们都服从 $N(0,4)$。试证：当 $a=\dfrac{1}{20}$，$b=\dfrac{1}{100}$ 时，$a(X_1-2X_2)^2+b(3X_3-4X_4)^2\sim\chi^2(2)$。

7. 求总体 $X\sim N(20,3)$ 的容量分别为 10、15 的两个独立样本平均值的差的绝对值大于 0.3 的概率。

8. 试证明：（1）$\sum\limits_{i=1}^{n}(x_i-\overline{x})^2=\sum\limits_{i=1}^{n}(x_i-a)^2-n(\overline{x}-a)^2$，对任意实数 a 成立。

（2）$\sum\limits_{i=1}^{n}(x_i-\overline{x})^2=\sum\limits_{i=1}^{n}x_i^2-n\overline{x}^2$（提示：用（1）的结果）。

9. 从总体 $X\sim N(\mu,\sigma^2)$ 中抽取容量 $n=20$ 的样本 $(X_1,X_2,\cdots,X_{20})$，求概率：

（1）$P\left(0.62\sigma^2\leqslant\dfrac{1}{n}\sum\limits_{i=1}^{n}(X_i-\mu)^2\leqslant2\sigma^2\right)$；

（2）$P\left(0.4\sigma^2\leqslant\dfrac{1}{n}\sum\limits_{i=1}^{n}(X_i-\overline{X})^2\leqslant2\sigma^2\right)$。

10. $X\sim N(0,1^2)$，$Y\sim\chi^2(n)$，X 和 Y 相互独立，且 $t=\dfrac{X}{\sqrt{\dfrac{Y}{n}}}$，试证明 $t^2\sim F(1,n)$。

🖊 在线自主实验

读者结合第 6 章所学的知识，利用在线 Python 编程平台，完成 10.2.3 节常用的统计分布及关系实验中的三大抽样分布的相关实验，通过生成的分布图像，加深对各抽样分布的性质及特征的了解。

第 7 章　参数估计

参数估计是统计推断的一类基本方式，是指根据总体中获取的样本，估计总体分布包含的未知参数、未知参数的函数或者总体的数字特征，如数学期望、方差和相关系数等。18 世纪末，德国数学家高斯（Gauss）首先提出参数估计的方法，并且用最小二乘法计算天体运行的轨道。20 世纪 60 年代以来，随着计算机的普及，参数估计更是获得了飞速的发展。从估计形式来看，参数估计可分为点估计和区间估计两类。

7.1　点估计

案例 7.1.1　回顾案例 6.1.1，假设研究人员已经发现某个特定职业的满意度得分符合下面的一般分布律（$0 < \theta < 0.5$）：

X	0	1	3	5
p_i	θ^2	$1-\theta-2\theta^2$	θ	θ^2

我们知道每个从业者对职业的满意度评价不仅取决于对这个职业本身的认同度，还受到薪水待遇、对企业的归属感、主人翁意识等因素的影响，即使都满足上述一般分布律，但是对于具体的企业，参数 θ 也会有所不同。那么如何估计参数 θ 呢？统计学上常采用抽样的方法，某企业人力资源部随机抽查的 100 个该职业从业者的满意度得分如下：

5	1	1	5	0	3	1	0	5	3	0	3	5	3	1	0	3	5	1	1
5	1	0	3	5	0	5	5	3	1	0	1	1	5	1	3	3	1	1	3
0	3	1	5	0	3	1	0	3	1	0	3	1	1	3	1	1	3		
3	3	5	0	3	1	3	3	3	1	5	1	3	3	0	3	1	3	3	3
0	3	0	3	3	3	0	3	1	1	3	0	3	3	3	0	3	3		

可以用这些数据对参数 θ 进行估计吗？如何估计？依据什么原理？

案例 7.1.2　某地区公众健康研究机构调研了与高甘油三酯血症相关的两个指标：体质指数[体重（单位：kg）/身高（单位：m）的平方]和甘油三酯指标（单位：mmol/L）。假设该机构根据多年的研究经验发现该地区 25～30 岁成年男性群体的体质指数 X 和甘油三酯指标 Y 服从二维正态分布，即 $(X,Y) \sim N\left(\mu_1, \sigma_1^2; \mu_2, \sigma_2^2; \rho\right)$，从该群体中随机抽查的 120 份样本数据如下：

X	Y	X	Y	X	Y	X	Y	X	Y	X	Y	X	Y	X	Y	X	Y	X	Y
23.34	11.65	21.49	9.59	24.22	11.08	21.92	13.13	19.28	8.29	18.49	7.12	19.13	8.06	20.5	9.95	20.64	8.26	21.51	9.91
26.58	12.03	21.69	8.51	19.13	7.04	21.59	9.69	22.08	10.55	18.44	8.06	22.26	10.37	23.22	13.23	22.76	10.47	18.98	7.12
16.35	7.87	25.72	12.39	19.33	8.65	23.57	12.18	23.38	13.87	23.22	12	23.81	10.92	23.85	11.38	24.22	11.92	22.54	9.66
24.16	13.09	25.52	13.89	19.98	7.21	24.73	13.43	24.75	11.04	21.56	7.54	28.46	13.07	26.28	15.32	20.09	10.05	19.09	9.41
22.8	12.54	25.54	14.18	14.64	6.13	24.77	12.54	25.86	14.31	21.51	12.03	20.33	8.25	21.51	11.15	22.78	12.36	21.44	10.53
18.73	7.6	23.68	10.14	25.6	12.03	19.84	10.75	22.21	11.32	25.55	16.69	22.47	10.66	16.65	9.25	19.84	8.94	24.79	11
20.92	10.74	18.98	8.1	22.81	14.62	22.19	11.33	18.27	8.04	22.73	12.66	21.79	7.9	19.9	9.61	21.84	12.19	22.73	7.8
22.86	11.39	23.79	12.02	20.11	11.33	18.96	7.6	20.14	7.9	22.49	10.51	17.17	8.68	25.39	11.75	23.79	8.46	20.03	11.29
30.95	17.51	26.08	12.75	25.43	8.89	19.22	6.15	19.35	8.62	25.97	13.82	20.9	9.84	19.32	6.72	22.25	8.52	17.1	6.83
28.92	15.81	23.22	11.93	17.72	8.76	21.98	13.61	27.88	14.18	19.99	7.83	17.51	9.03	24.4	12.42	21.52	9.11	21.39	11.56
18.63	10.03	24.59	12.92	21.74	8.35	25.83	12.11	20.46	7.44	23.74	14.72	24.1	12.42	22.31	12.18	22.8	11.45	22.93	12.16
29.59	15.17	23.82	10.36	21.4	9.93	20.08	9.68	23.87	12.15	24.09	13.46	19.78	10.11	25.59	12.45	23.81	11.59	21.24	9.95

可以利用该样本数据估计参数 μ_1、σ_1^2、μ_2、σ_2^2、ρ 吗？

一般地，总体 X 的分布函数 $F(x,\theta_1,\theta_2,\cdots,\theta_k)$ 的形式已知，但存在未知参数 $\theta_1,\theta_2,\cdots,\theta_k$，可以利用如下估计参数的方法：首先设 $(X_1,X_2,\cdots,X_n)$ 是总体 X 的一个样本，根据一定原理，用 $(X_1,X_2,\cdots,X_n)$ 构造统计量 $\hat{\theta}_j=\hat{\theta}_j(X_1,X_2,\cdots,X_n)$，$j=1,2,\cdots,k$；然后代入样本数据 $(x_1,x_2,\cdots,x_n)$，估计未知参数 θ_j。这种用 $(X_1,X_2,\cdots,X_n)$ 构造统计量以估计未知参数的方法称为**点估计法**。下面介绍常用的点估计方法。

7.1.1　频率替代法

我们以案例 7.1.1 为例介绍参数估计的频率替代法，该分布中只有唯一的待估参数 θ。

案例 7.1.1　解（频率替代法）：

例如，我们发现 $P\{X=3\}=\theta$，同时从表中给出的样本数据可知，事件 $\{X=3\}$ 发生的频率为 $\dfrac{40}{100}=0.4$，由第五章的伯努利定理可知，这个频率比较接近概率，因此可以用频率代替概率，从而给出参数 θ 的一个估计值，记作 $\hat{\theta}=0.4$。

这样用频率代替概率以估计参数的方法称为**频率替代法**。

7.1.2　矩估计法

矩估计法，顾名思义，是用样本矩估计总体矩，从而得到总体分布中的参数的一种估计方法。它的实质是用样本的经验分布和样本矩去替换总体的理论分布和总体矩。矩估计法的优点是简单易行，不需要事先知道总体分布，但其缺点是当总体类型已知时，没有充分利用分布提供的信息。在一般情况下，矩估计量不具有唯一性。

我们以案例 7.1.2 为例介绍参数估计的矩估计法。下面仅给出参数 μ_1 的估计方法，其余参数的估计方法类似。

案例 7.1.2　解（矩估计法）：

事实上，由二维正态分布的特点，案例中随机变量 X 也服从正态分布，即 $X \sim N(\mu_1,\sigma_1^2)$，而且 $E(X)=\mu_1$。如果 $(X_1,X_2,\cdots,X_n)$ 是总体 X 的一个样本，由大数定律可知，当样本容量

$n \to \infty$ 时，样本均值 $\overline{X} = \dfrac{1}{n}\sum\limits_{i=1}^{n} X_i$ 依概率收敛于 μ_1，根据这个原理，可以构造出统计量 $\overline{X}$ 对 μ_1 进行估计，即 $\mu_1 \approx \overline{X}$。从案例 7.1.2 中的数据表中提取 X 的 120 份样本数据，并计算样本均值的观测值 $\overline{x} = 22.22$，由此得到 μ_1 的估计值，记作 $\hat{\mu}_1 = 22.22$。

这样由样本矩代替总体矩的估计方法称为**矩估计法**。一般地，设总体 X 的分布函数为 $F(x, \theta_1, \theta_2, \cdots, \theta_k)$，其中待估计的参数为 $\theta_1, \theta_2, \cdots, \theta_k$，并假设 k 阶原点矩存在，记作

$$E(X_i) = \mu_i(\theta_1, \theta_2, \cdots, \theta_k), \quad i = 1, 2, \cdots, k$$

根据大数定律，列出如下方程：

$$\begin{cases} \mu_1(\theta_1, \theta_2, \cdots, \theta_k) \approx \dfrac{1}{n}\sum\limits_{j=1}^{n} X_j \\[2mm] \mu_2(\theta_1, \theta_2, \cdots, \theta_k) \approx \dfrac{1}{n}\sum\limits_{j=1}^{n} X_j^2 \\[2mm] \cdots \\[2mm] \mu_k(\theta_1, \theta_2, \cdots, \theta_k) \approx \dfrac{1}{n}\sum\limits_{j=1}^{n} X_j^k \end{cases}$$

若方程组有解：

$$\hat{\theta}_1 = \hat{\theta}_1(X_1, X_2, \cdots, X_n)$$
$$\hat{\theta}_2 = \hat{\theta}_2(X_1, X_2, \cdots, X_n)$$
$$\cdots$$
$$\hat{\theta}_k = \hat{\theta}_k(X_1, X_2, \cdots, X_n)$$

则称为 $\theta_1, \theta_2, \cdots, \theta_k$ 的**矩估计量**，代入样本值得到矩估计量的样本值：

$$\hat{\theta}_1 = \hat{\theta}_1(x_1, x_2, \cdots, x_n)$$
$$\hat{\theta}_2 = \hat{\theta}_2(x_1, x_2, \cdots, x_n)$$
$$\cdots$$
$$\hat{\theta}_k = \hat{\theta}_k(x_1, x_2, \cdots, x_n)$$

称为 $\theta_1, \theta_2, \cdots, \theta_k$ 的**矩估计值**。

为了便于应用，下面给出常见的两个参数的矩估计。

例 7.1.1　设 X 是一个总体，且存在二阶矩，记 $E(X) = \mu$，$D(X) = \sigma^2$，但是 μ 和 σ^2 未知。$(X_1, X_2, \cdots, X_n)$ 是来自总体 X 的一个样本，求 μ 和 σ^2 的矩估计量与矩估计值。

解： 显然

$$E(X) = \mu$$
$$E(X^2) = \mu^2 + \sigma^2$$

由矩估计法原理，可得

$$\mu \approx \overline{X}$$
$$\mu^2 + \sigma^2 \approx \dfrac{1}{n}\sum\limits_{i=1}^{n} X_i^2$$

解得 μ 和 σ^2 的矩估计量为

$$\hat{\mu} = \overline{X}$$

$$\hat{\sigma}^2 = \frac{1}{n}\sum_{i=1}^{n}X_i^2 - \overline{X}^2 = \frac{1}{n}\sum_{i=1}^{n}\left(X_i - \overline{X}\right)^2$$

若 $(x_1, x_2, \cdots, x_n)$ 是样本 $(X_1, X_2, \cdots, X_n)$ 的一组样本值，则代入上式得到 μ 和 σ^2 的矩估计值为

$$\hat{\mu} = \frac{1}{n}\sum_{i=1}^{n}x_i$$

$$\hat{\sigma}^2 = \frac{1}{n}\sum_{i=1}^{n}\left(x_i - \overline{x}\right)^2$$

例 7.1.2　设灯泡制造公司的质量监控部门研究发现，该公司生产的某品牌灯泡的寿命服从参数为 λ 的指数分布，其概率密度为

$$f(x, \lambda) = \begin{cases} \lambda \mathrm{e}^{-\lambda x}, & x > 0 \\ 0, & x \leqslant 0 \end{cases}$$

其中，参数 λ 未知，对该品牌灯泡随机抽样测试得到 54 个观测值（单位：千小时）如下：

2	1.9	8.9	10.2	7.8	6.5	2	3.1	4.5	2.4	3.5	0.7	2.8	2.7	1.7	1.5	4.3	7
9.3	10.2	0.2	0.6	3.2	2.7	6.5	2	6.4	0.5	1.2	0	2	9.7	0.1	2.2	0.5
10.1	2.5	2.8	1.6	1.2	1	3.9	0.3	5.8	0.8	4.6	1.5	5	7	4.8	0.5	0.8	8.8

求 λ 的矩估计值。

解： 易知，$E(X) = \dfrac{1}{\lambda}$，由矩估计原理，令 $\overline{X} \approx \dfrac{1}{\lambda}$，由此可得到 λ 的矩估计量 $\hat{\lambda} = \dfrac{1}{\overline{X}}$，代入样本数据得 $\overline{x} = 3.61$，从而得到 λ 的矩估计值 $\hat{\lambda} = \dfrac{1}{\overline{x}} = \dfrac{1}{3.61} \approx 0.28$。

例 7.1.3　设总体 X 在 $[a, b]$ 上服从均匀分布，a 和 b 未知。$(X_1, X_2, \cdots, X_n)$ 是总体 X 的一个样本，试求 a 和 b 的矩估计量。

解： X 的概率密度为 $f(x; a, b) = \begin{cases} \dfrac{1}{b-a}, & a \leqslant x \leqslant b \\ 0, & \text{其他} \end{cases}$

由矩估计原理，得

$$E(X) = \frac{a+b}{2} \approx \overline{X}$$

$$E(X^2) = D(X) + \left[E(X)\right]^2 = \frac{(b-a)^2}{12} + \frac{(a+b)^2}{4} \approx \frac{1}{n}\sum_{i=1}^{n}X_i^2$$

故可得 a 和 b 的矩估计量分别为

$$\hat{a} = \overline{X} - \sqrt{\frac{3}{n}\sum_{i=1}^{n}\left(X_i - \overline{X}\right)^2}$$

$$\hat{b} = \overline{X} + \sqrt{\frac{3}{n}\sum_{i=1}^{n}\left(X_i - \overline{X}\right)^2}$$

从上述例子可见，对于存在二阶矩的总体，都可以得到总体均值和方差的矩估计，并可以直接应用其结果。同时可见，矩估计法简便而直观，特别是当总体分布未知时，从总体中

抽样后，就可以利用矩估计法对期望和方差进行估计。对任何总体，只要期望、方差存在，无论服从何种分布，得到的期望、方差的估计结果均相同，从这个角度来看，矩估计法没有充分利用总体分布提供的信息，这样的结果往往精度不高。另外，矩估计法还要求存在总体的原点矩，若不存在则无法使用。为此，下面将介绍另外一种常用方法——最大似然估计法。

7.1.3 最大似然估计法

最大似然估计法是未知参数点估计的另一种重要方法，其基本想法：随机事件的若干个可能结果 $A,B,C\cdots$，若在一次试验中，某结果出现了，如 A，则有理由认为试验条件有利于结果 A 的产生，换句话说，概率 $P(A)$ 最大，生活中也常用"概率最大的随机事件在一次试验中最可能发生"作为实际推断的依据，这也是最大似然估计法的理论依据。

回顾案例 7.1.1，以此为例说明最大似然估计法的原理。

案例 7.1.1 解（最大似然估计法）：

根据本案例中随机抽取的容量为 100 的样本数据，在满足总体分布的条件下，这些数据出现的概率为 $P(X_1=5,X_2=1,\cdots,X_{100}=3)\triangleq L(\theta)$（称为**似然函数**）。由于 $(X_1,X_2,\cdots,X_n)$ 是简单随机样本，所以

$$L(\theta)=P(X_1=5)P(X_2=1)\cdots P(X_{100}=3)$$
$$=(\theta^2)^{19}(1-\theta-2\theta^2)^{25}\theta^{40}(\theta^2)^{16}$$

最大似然估计法认为，既然这些数据已经发生了，就应该尊重数据，为此有理由要求 θ 可使 $L(\theta)$ 达到最大，这是因为概率最大的随机事件在一次试验中最有可能发生。由此，问题转化为求函数 $L(\theta)$ 的极大值点 $\hat\theta$，即令

$$L(\hat\theta)=\max_\theta L(\theta)$$

这样估计参数 θ 的方法称为最大似然估计法，得到的估计称为最大似然估计。

一般来说，似然函数 $L(\theta)$ 是多个函数乘积的形式，取对数可以简化求极值时的导数运算，称 $\ln L(\theta)$ 为**对数似然函数**，常简称为似然函数。本例中，

$$\ln L(\theta)=25\ln(1-\theta-\theta^2)+110\ln\theta$$

求导数，并令

$$\frac{dL(\theta)}{d\theta}=25\times\frac{-1-4\theta}{1-\theta-\theta^2}+110\times\frac1\theta=0$$

解得 $\theta\approx0.47$，如果该点能够取到似然函数的极大值，那么参数的估计值记作 $\hat\theta=0.47$。

一般地，设总体 X 的概率密度为

$$f(x;\theta_1,\theta_2,\cdots,\theta_k),\quad \theta_1,\cdots,\theta_k \text{ 为未知参数}$$

$(X_1,X_2,\cdots,X_n)$ 是来自总体的样本，$(x_1,x_2,\cdots,x_n)$ 是该样本的一组观测值，则**似然函数**为

$$L(\theta_1,\theta_2,\cdots,\theta_k)=\prod_{i=1}^n f(x_i;\theta_1,\theta_2,\cdots,\theta_k)$$

无论对离散型总体还是连续型总体，若一次试验就得到这组观测值，则认为取到该观测值或落在其附近的概率较大，所以求解 $L(\theta_1,\theta_2,\cdots,\theta_k)$ 的极大值点 $(\hat\theta_1,\hat\theta_2,\cdots,\hat\theta_k)$，即令

$$L\left(\hat{\theta}_1, \hat{\theta}_2, \cdots, \hat{\theta}_k\right) = \max L\left(\theta_1, \theta_2, \cdots, \theta_k\right)$$

将 $\hat{\theta}_1, \hat{\theta}_2, \cdots, \hat{\theta}_k$ 作为未知参数 $\theta_1, \theta_2, \cdots, \theta_k$ 的估计，这种方法称为**最大似然估计法**。确定最大似然估计的问题就转化为微积分中求极值的问题，可通过

$$\frac{\partial L\left(\theta_1, \theta_2, \cdots \theta_k\right)}{\partial \theta_i} = 0, \quad i = 1, 2, \cdots, k$$

求解 $\left(\hat{\theta}_1, \hat{\theta}_2, \cdots, \hat{\theta}_k\right)$，上述方程组称为似然方程组。

由于最大似然估计关心的是 $L\left(\theta_1, \theta_2, \cdots, \theta_k\right)$ 的极大值点，而不是极大值本身。$L\left(\theta_1, \theta_2, \cdots, \theta_k\right)$ 与 $\ln L\left(\theta_1, \theta_2, \cdots, \theta_k\right)$ 在相同的点上取到极大值，为简化运算，常常求函数 $\ln L\left(\theta_1, \theta_2, \cdots, \theta_k\right)$ 的极大值点，称

$$\frac{\partial \ln L\left(\theta_1, \theta_2, \cdots \theta_k\right)}{\partial \theta_i} = 0, \quad i = 1, 2, \cdots, k$$

为**对数似然方程组**，简称**似然方程组**。

最后通过求解似然方程组得到驻点，若能判断该点是极大值点，那么该点就是未知参数的**最大似然估计**。

求最大似然估计的一般步骤：

（1）写出似然函数 $L\left(\theta_1, \theta_2, \cdots, \theta_k\right)$ 或对数似然函数 $\ln L\left(\theta_1, \theta_2, \cdots, \theta_k\right)$。

（2）写出似然方程组：

$$\frac{\partial L\left(\theta_1, \theta_2, \cdots, \theta_k\right)}{\partial \theta_i} = 0 \ (i = 1, 2, \cdots, k) \ 或 \ \frac{\partial \ln L\left(\theta_1, \theta_2, \cdots, \theta_k\right)}{\partial \theta_i} = 0 \ (i = 1, 2, \cdots, k)$$

（3）求解上述方程组得到 $\hat{\theta}_i = \hat{\theta}_i\left(x_1, x_2, \cdots, x_n\right)$，于是 $\hat{\theta}_i = \hat{\theta}_i\left(x_1, x_2, \cdots, x_n\right)$ 称为参数 $\theta_i \ (i = 1, 2, \cdots, k)$ 的**最大似然估计值**，相应的统计量 $\hat{\theta}_i\left(X_1, X_2, \cdots, X_n\right)$ 称为参数 $\theta_i \ (i = 1, 2, \cdots, k)$ 的**最大似然估计量**。

例 7.1.4 设 X 服从指数分布，概率密度为

$$f\left(x; \lambda\right) = \begin{cases} \lambda e^{-\lambda x}, & x > 0 \\ 0, & x \leqslant 0 \end{cases}$$

$\left(x_1, x_2, \cdots, x_n\right)$ 为 X 的一组样本观测值，求参数 λ 的最大似然估计。

解：似然函数为

$$L\left(x_1, x_2, \cdots, x_n; \lambda\right) = \prod_{i=1}^{n} \lambda e^{-\lambda x_i} = \lambda^n \exp\left(-\lambda \sum_{i=1}^{n} x_i\right)$$

$$\ln L = n \ln \lambda - \left(\sum_{i=1}^{n} x_i\right) \lambda = n\left(\ln \lambda - \bar{x} \lambda\right)$$

令 $\dfrac{\mathrm{d}}{\mathrm{d}\lambda} \ln L = 0$，解得 λ 的最大似然估计值为 $\hat{\lambda} = \dfrac{1}{\bar{x}} \approx \dfrac{n}{\displaystyle\sum_{i=1}^{n} x_i}$。

对应的最大似然估计量为 $\hat{\lambda} = \dfrac{n}{\displaystyle\sum_{i=1}^{n} X_i}$。

例 7.1.5 设 $(X_1, X_2, \cdots, X_n)$ 是正态总体 $N(\mu, \sigma^2)$ 的一个样本，求 μ 和 σ^2 的最大似然估计量。

解： 由于 X 的概率密度 $f(x; \mu, \sigma^2) = \dfrac{1}{\sigma\sqrt{2\pi}} \exp\left[-\dfrac{1}{2\sigma^2}(x-\mu)^2 \right]$

故似然函数为

$$L = \prod_{i=1}^{n} \frac{1}{\sigma\sqrt{2\pi}} \exp\left[-\frac{1}{2\sigma^2}(x_i - \mu)^2 \right]$$

$$\ln L = -\frac{n}{2}\ln(2\pi\sigma^2) - \frac{1}{2\sigma^2}\sum_{i=1}^{n}(x_i - \mu)^2$$

似然方程组为

$$\begin{cases} \dfrac{\partial}{\partial \mu}\ln L = \dfrac{1}{\sigma^2}\sum_{i=1}^{n}(x_i - \mu) = 0 \\ \dfrac{\partial}{\partial \sigma^2}\ln L = -\dfrac{n}{2\sigma^2} + \dfrac{1}{2\sigma^4}\sum_{i=1}^{n}(x_i - \mu)^2 = 0 \end{cases}$$

解得

$$\hat{\mu} = \frac{1}{n}\sum_{i=1}^{n}x_i = \bar{x}$$

$$\hat{\sigma}^2 = \frac{1}{n}\sum_{i=1}^{n}(x_i - \bar{x})^2$$

因此 μ 和 σ^2 的最大似然估计量为

$$\hat{\mu} = \frac{1}{n}\sum_{i=1}^{n}X_i = \bar{X}$$

$$\hat{\sigma}^2 = \frac{1}{n}\sum_{i=1}^{n}(X_i - \bar{X})^2$$

这个例子说明了正态分布的均值 μ 和方差 σ^2 的最大似然估计量分别是样本均值 $\bar{X}$ 和样本二阶中心矩 B_2。

例 7.1.6 设总体 X 服从 0-1 分布 $(0 < p < 1)$，见下表：

X	0	1
p_i	$1-p$	p

求 p 的最大似然估计量。

解： 由于 $P(X=1) = p$，$P(X=0) = 1-p$ $(0 < p < 1)$，即

$$P(X = x) = p^x(1-p)^{1-x}, \quad x = 0,1$$

对于样本 $(X_1, X_2, \cdots, X_n)$ 的一组观测值 $(x_1, x_2, \cdots, x_n)$ 有

$$P(X_i = x_i) = p^{x_i}(1-p)^{1-x_i}$$

其中 $x_i = 0,1$ $(i = 1, 2, \cdots, n)$，故似然函数为

$$L = \prod_{i=1}^{n} p^{x_i}(1-p)^{1-x_i} = p^{\sum_{i=1}^{n}x_i}(1-p)^{n-\sum_{i=1}^{n}x_i}$$

记 $\bar{x} = \dfrac{1}{n}\sum\limits_{i=1}^{n} x_i$，取对数有

$$\ln L = n\bar{x}\ln p + n(1-\bar{x})\ln(1-p)$$

令

$$\frac{\mathrm{d}}{\mathrm{d}p}\ln L = \frac{n\bar{x}}{p} + \frac{n(1-\bar{x})}{p-1} = \frac{n(p-\bar{x})}{p(p-1)} = 0$$

解得 p 的极大估计值为 $\hat{p} = \bar{x} = \dfrac{1}{n}\sum\limits_{i=1}^{n} x_i$，即 0-1 分布的参数 p 的最大似然估计量为样本均值。

7.2 估计量的评价标准

通过 7.1 节，我们已经知道可以用不同的方法估计未知参数。一般来说，对同一未知参数 θ，不同方法可能得到不同的估计。例如，案例 7.1.1 用频率替代法和最大似然估计法分别得到了 0.4 和 0.47 的估计值。那么究竟应采用何种方法，如何评价估计的优劣？由此，有必要讨论估计量的评价标准，直观的想法是希望未知参数 θ 的估计量 $\hat{\theta}$ 与 θ 在某种意义上越接近越好。这里介绍常用的三种评价标准：无偏性、有效性和一致性。

7.2.1 无偏性

引例 首先用一个简单、直观的例子介绍估计量的无偏性。

由 7.1 节的知识可知，对于正态总体 $X \sim N(\mu,1)$，如果参数 μ 未知，那么无论矩估计法还是最大似然估计法，都是用样本均值 $\bar{X}$ 作为参数 μ 的估计量。先用计算机生成来自总体 $X \sim N(25,1)$ 的容量是 10 的 12 组样本数据，再计算每组样本数据的均值，如下表所示：

组号	1	2	3	4	5	6	7	8	9	10	11	12
均值	25.07	25.42	24.31	24.85	25.18	25.38	24.93	24.70	25.31	26.02	25.14	24.73

可以看出样本均值 $\bar{x}$ 基本上在 $\mu = 25$ 附近波动，这并不是偶然规律，事实上，估计值 $\bar{x}$ 虽然与被估计的参数 $\mu = 25$ 有误差，但是始终不会偏离这个参数太大，这就是无偏性，更一般的定义如下：

定义 7.2.1 设未知参数 θ 的估计量 $\hat{\theta} = \hat{\theta}(X_1, X_2, \cdots, X_n)$，若满足

$$E(\hat{\theta}) = \theta$$

则称 $\hat{\theta}$ 为 θ 的**无偏估计量**。如果 $\hat{\theta}$ 满足 $\lim\limits_{n\to\infty} E(\hat{\theta}(X_1, X_2, \cdots, X_n))$，那么称 $\hat{\theta}$ 为 θ 的**渐近无偏估计量**。

对一个未知参数 θ 的估计量 $\hat{\theta}$ 来说，最基本的要求就是满足无偏性，它的重要意义在于评价估计量，不能仅根据某次的试验结果来衡量，而是希望在多次试验中 $\hat{\theta}$ 在未知参数 θ 附近波动。

例 7.2.1 设总体 X 的数学期望及方差均存在，并且 $E(X) = \mu$，$D(X) = \sigma^2 > 0$，$(X_1, X_2, \cdots, X_n)$ 是来自总体 X 的一个样本，则有

（1）样本均值 $\bar{X} = \dfrac{1}{n}\sum\limits_{i=1}^{n} X_i$ 是 μ 的无偏估计量；

（2）样本方差 $S^2 = \dfrac{1}{n-1}\sum\limits_{i=1}^{n}\left(X_i - \bar{X}\right)^2$ 是 σ^2 的无偏估计量；

（3）二阶中心矩 $B_2 = \dfrac{1}{n}\sum\limits_{i=1}^{n}\left(X_i - \bar{X}\right)^2$ 不是 σ^2 的无偏估计量，请修正为无偏估计量。

证明：

（1）
$$E\left(\bar{X}\right) = E\left(\frac{1}{n}\sum_{i=1}^{n} X_i\right) = \frac{1}{n}\sum_{i=1}^{n} E(X_i) = \mu$$

所以样本均值 $\bar{X}$ 是总体均值的一个无偏估计，但 $\bar{X}^2$ 不是 μ^2 的无偏估计，$E\left(\bar{X}^2\right) = D\left(\bar{X}\right) + \left[E\left(\bar{X}\right)\right]^2 = \dfrac{\sigma^2}{n} + \mu^2$，而 $\sigma^2 > 0$，故用 $\bar{X}^2$ 估计 μ^2 不是无偏的；

（2）
$$\begin{aligned}
E\left(S^2\right) &= E\left[\frac{1}{n-1}\sum_{i=1}^{n}\left(X_i - \bar{X}\right)^2\right] = \frac{1}{n-1}E\left[\sum_{i=1}^{n}\left(X_i - \bar{X}\right)^2\right] \\
&= \frac{1}{n-1}E\left\{\sum_{i=1}^{n}\left[\left(X_i - \mu\right) - \left(\bar{X} - \mu\right)\right]^2\right\} \\
&= \frac{1}{n-1}E\left[\sum_{i=1}^{n}\left(X_i - \mu\right)^2 - 2\sum_{i=1}^{n}\left(X_i - \mu\right)\left(\bar{X} - \mu\right) + n\left(\bar{X} - \mu\right)^2\right] \\
&= \frac{1}{n-1}E\left[\sum_{i=1}^{n}\left(X_i - \mu\right)^2 - n\left(\bar{X} - \mu\right)^2\right] \\
&= \frac{1}{n-1}\left[\sum_{i=1}^{n}E\left(X_i - \mu\right)^2 - nE\left(\bar{X} - \mu\right)^2\right] \\
&= \frac{1}{n-1}\left(n\sigma^2 - n\frac{\sigma^2}{n}\right) = \sigma^2
\end{aligned}$$

所以样本方差 S^2 是总体方差 σ^2 的无偏估计量。

（3）
$$E\left(B_2\right) = E\left(\frac{n-1}{n}S^2\right) = \frac{n-1}{n}E\left(S^2\right) = \frac{n-1}{n}\sigma^2 \neq \sigma^2$$

所以二阶中心矩 B_2 不是 σ^2 的无偏估计量，同时可知 B_2 的无偏修正就是样本方差 S^2。

一般地，如果 $E\left(\hat{\theta}\right) = k\theta + c \neq \theta$（$k \neq 0$），那么 $\dfrac{\hat{\theta} - c}{k}$ 必定是 θ 的无偏估计。所以例 7.2.1 提供了一种将不具有无偏性的估计修正为无偏估计的方法，样本方差 S^2 正是在样本的二阶中心矩 B_2 的基础上修正后得到的。

注：（1）不论总体 X 服从何种分布，样本均值 $\bar{X}$ 是总体 X 的均值 μ 的无偏估计量，样本方差 S^2 是总体 X 的方差 σ^2 的无偏估计量；

（2）当 $g(\theta)$ 为 θ 的实值函数时，若 $\hat{\theta}$ 为 θ 的无偏估计，那么 $g(\hat{\theta})$ 不一定是 $g(\theta)$ 的无偏估计。

7.2.2 有效性

无偏性虽然是评价估计量的重要标准，然而有时一个未知参数可能有多个无偏估计量，如何判定哪个无偏估计量更好？评判标准是什么？为此介绍估计量的有效性。

定义 7.2.2 设 $\hat{\theta}_1 = \hat{\theta}_1(X_1, X_2, \cdots, X_n)$ 和 $\hat{\theta}_2 = \hat{\theta}_2(X_1, X_2, \cdots, X_n)$ 均是未知参数 θ 的无偏估计量，若

$$D(\hat{\theta}_1) < D(\hat{\theta}_2)$$

则称 $\hat{\theta}_1$ 比 $\hat{\theta}_2$ **有效**。

注：在数理统计中常用到最小方差无偏估计，其定义如下：

设 $X_1, X_2, \cdots, X_n$ 是取自总体 X 的一个样本，$\hat{\theta}(X_1, X_2, \cdots, X_n)$ 是未知参数 θ 的一个估计量，若 $\hat{\theta}$ 满足：

（1）$E(\hat{\theta}) = \theta$，即 $\hat{\theta}$ 为 θ 的无偏估计，

（2）$D(\hat{\theta}) \leqslant D(\hat{\theta}^*)$，$\hat{\theta}^*$ 是 θ 的任一无偏估计，

则称 $\hat{\theta}$ 为 θ 的**最小方差无偏估计**（也称**最佳无偏估计**）。

例 7.2.2 设 $(X_1, X_2, \cdots, X_n)$ 来自正态总体 $N(\mu, \sigma^2)$ 的一个样本，其中 $E(X) = \mu$ 未知（$-\infty < \mu < +\infty$），记

$$\hat{\mu}_k = \frac{1}{k} \sum_{i=1}^{k} x_i, \ \ k = 1, 2 \cdots, n$$

易见，这些 $\hat{\mu}_k$ 都是 μ 的无偏估计，因为 $E(\hat{\mu}_k) = \frac{1}{k} \sum_{i=1}^{k} E(X_i) = \frac{1}{k} k\mu = \mu$。

下面来比较它们的方差，由于 $D(\hat{\mu}_k) = \frac{1}{k^2} \sum_{i=1}^{k} D(X_i) = \frac{1}{k^2} k\sigma^2 = \frac{1}{k}\sigma^2$，因此 k 越大，$D(\hat{\mu}_k)$ 越小，从而在这 n 个无偏估计中，$D(\hat{\mu}_n) = \overline{X}$ 最小，因此 $\hat{\mu}_n$ 最有效，这个结论与直观认识是一致的，因为当 $k < n$ 时，$\hat{\mu}_k$ 丢弃了部分样本提供的信息。

例 7.2.2（续）对任意常数 $c_1, c_2, \cdots, c_n$，记 $\hat{\mu} = \sum_{i=1}^{n} c_i X_i$。由于

$$E(\hat{\mu}) = \sum_{i=1}^{n} c_i E(X_i) = \mu \sum_{i=1}^{n} c_i$$

因此 $\hat{\mu}$ 成为 μ 的无偏估计的充分必要条件是 $\sum_{i=1}^{n} c_i = 1$，且

$$D(\hat{\mu}) = \sum_{i=1}^{n} c_i D(X_i) = \sum_{i=1}^{n} c_i^2$$

在约束条件 $\sum_{i=1}^{n} c_i = 1$（为了保证 $\hat{\mu}$ 具有无偏性）下，当且仅当 $c_i = \frac{1}{n}$（$i = 1, 2 \cdots, n$）时，$\sum_{i=1}^{n} c_i^2$ 的值最小。这又一次验证了在形如 $\sum_{i=1}^{n} c_i X_i$ 的无偏估计中 $\overline{X}$ 最有效。

例 7.2.3 设 $(X_1, X_2, \cdots, X_n)$ 是取自正态总体 $N(0, \sigma^2)$ 的一个样本，其中 σ^2 未知，$\sigma^2 > 0$，

σ^2 的最大似然估计 $\hat{\sigma}^2 = \dfrac{1}{n}\sum\limits_{i=1}^{n} X_i^2$ 具有无偏性，而样本方差 S^2 也是 σ^2 的无偏估计，下面比较它们方差的大小。因为

$$\frac{1}{\sigma^2}\sum_{i=1}^{n} X_i^2 \sim \chi^2(n),\quad D\left(\frac{1}{\sigma^2}\sum_{i=1}^{n} X_i^2\right) = 2n$$

因此

$$D\left(\hat{\sigma}^2\right) = \frac{\sigma^4}{n^2} D\left(\frac{1}{\sigma^2}\sum_{i=1}^{n} X_i^2\right) = \frac{\sigma^4}{n^2} 2n = \frac{2\sigma^4}{n}$$

由于

$$\frac{1}{\sigma^2}\sum_{i=1}^{n}\left(X_i - \overline{X}\right)^2 = \frac{(n-1)S^2}{\sigma^2} \sim \chi^2(n-1)$$

因此

$$D\left(S^2\right) = \frac{\sigma^4}{(n-1)^2} D\left(\frac{(n-1)S^2}{\sigma^2}\right) = \frac{\sigma^4}{(n-1)^2} 2(n-1) = \frac{2\sigma^4}{n-1}$$

易见，$\hat{\sigma}^2 = \dfrac{1}{n}\sum\limits_{i=1}^{n} X_i^2$ 比 S^2 更有效。

7.2.3　一致性

我们注意到总体参数的估计量 $\hat{\theta}(X_1, X_2, \cdots, X_n)$ 依赖于容量为 n 的样本，因此 n 越大，用 $\hat{\theta}(X_1, X_2, \cdots, X_n)$ 去估计 θ 就越精确，由此引入一个评价估计量的标准——一致性。

定义 7.2.3　设 $\hat{\theta}_n = \hat{\theta}(X_1, X_2, \cdots, X_n)$ 为总体未知参数 θ 的估计量，若随机变量序列 $\{\hat{\theta}_n\}$ 依概率收敛于 θ，即 $\forall \varepsilon > 0$，则有

$$\lim_{n\to\infty} P\left\{\left|\hat{\theta}_n - \theta\right| \geqslant \varepsilon\right\} = 0$$

称 $\hat{\theta}_n$ 为 θ 的一致（相合）估计量。

例 7.2.4　设有一批产品，为估计其废品率 p，随机抽取一样本 $(X_1, X_2, \cdots, X_n)$，其中

$$X_i = \begin{cases} 1, 取得废品 \\ 0, 取得合格品 \end{cases}, \quad i = 1, 2, \cdots, n$$

令 $\hat{p} = \overline{X} = \dfrac{1}{n}\sum\limits_{i=1}^{n} X_i$ 为 p 的估计，问 $\hat{p} = \overline{X}$ 是否为废品率 p 的一致无偏估计量。

解： 因为 $E(\hat{p}) = E(\overline{X}) = p$，所以 $\hat{p} = X$ 是废品率 p 的无偏估计量，又因为 $X_1, X_2, \cdots, X_n$ 相互独立，且服从相同的分布，因此

$$E(X_i) = p,\quad D(X_i) = p(1-p), i = 1, 2, \cdots, n$$

所以由大数定律可知，$\hat{p} = \overline{X} = \dfrac{1}{n}\sum\limits_{i=1}^{n} X_i$ 依概率收敛于 p，所以 $\hat{p} = \overline{X}$ 是废品率 p 的一致无偏估计量。

例 7.2.5　设总体 X 的数学期望及方差均存在，并且 $E(X) = \mu$，$D(X) = \sigma^2 > 0$，$(X_1, X_2, \cdots, X_n)$ 是来自总体 X 的一个样本。证明样本均值 $\hat{\mu} = \overline{X}$ 是 μ 的一致估计量。

证明： 由于总体 X 的数学期望和方差均存在，可知 $E(\bar{X}) = \mu$，$D(\bar{X}) = \sigma^2/n$。

根据切比雪夫不等式，即 $\forall \varepsilon > 0$，有

$$P\left\{\left|\bar{X} - \mu\right| \geq \varepsilon\right\} = \frac{D(\bar{X})}{\varepsilon^2} = \frac{\sigma^2}{n\varepsilon^2}$$

显然

$$\lim_{n\to\infty} P\left\{\left|\bar{X} - \mu\right| \geq \varepsilon\right\} = 0$$

所以样本均值 $\hat{\mu} = \bar{X}$ 是 μ 的一致估计量。

例 7.2.6 设 $(X_1, X_2, \cdots, X_n)$ 是来自总体 X 的一个样本，且 $E(X^k)$ 存在，k 为正整数，则 $\frac{1}{n}\sum_{i=1}^{n} X_i^k$ 为 $E(X^k)$ 的一致估计量。

证明： 对指定的 k，令 $Y = X^k$，$Y_i = X_i^k$，则 $Y_1, Y_2, \cdots, Y_n$ 相互独立且与 Y 同分布，从而知 $E(Y_i) = E(Y) = E(X^k)$，由大数定律可知，对任意 $\varepsilon > 0$，有

$$\lim_{n\to\infty} P\left\{\left|\frac{1}{n}\sum_{i=1}^{n} Y_i - E(Y)\right| \geq \varepsilon\right\} = \lim_{n\to\infty} P\left\{\left|\frac{1}{n}\sum_{i=1}^{n} X_i^k - E(X^k)\right| \geq \varepsilon\right\} = 0$$

从而 $\frac{1}{n}\sum_{i=1}^{n} X_i^k$ 为 $E(X^k)$ 的一致估计量。

一般地，样本矩为总体矩的一致估计量，未知参数的最大似然估计量也是未知参数的一致估计量。

7.3 区间估计

点估计就是用一个数去估计未知参数 θ，它给了一个明确的数量概念，非常直观且实用，但是点估计仅给出了 θ 的一个近似值，既没有提供这个近似值的置信度（可靠程度），也不知道其误差范围。为了克服这些缺点，接下来将介绍区间估计。区间估计是指依据抽取的样本，按照一定的可信度的要求，构造出适当区间（这个区间称为置信区间）作为总体分布的未知参数或未知参数的函数真值所在范围的估计，人们常说的"有百分之几的把握保证得到的区间含有被估计的参数"就是一种区间估计。

7.3.1 区间估计的概念

案例 7.3.1 某大型连锁超市为合理地确定区域分店的商品进货量，需要了解商品销售量的分布，根据以往经验可知某商品每周的销售量服从正态分布 $N(\mu, \sigma^2)$，为了估计 μ，收集了最近 54 周该商品的销售量，如下表所示：

32	28	27	24	29	29	31	20	28	28	25	31	33	22	26	25	36	28
42	31	26	36	29	17	27	31	24	28	25	38	31	34	26	28	35	29
25	26	22	22	32	25	32	32	35	38	29	28	26	28	33	34	30	28

假设 $\sigma^2 = 25$，能否根据上述数据给出参数 μ 的估计区间，这个区间应达到要求的置信度。

分析： 根据上节的内容，可用样本数据给出 μ 的估计值，$\hat{\mu} = \bar{x} = 28.96$，这种估计值既没有误差范围，也没有置信度的信息。接下来介绍的区间估计可以较好地解决这个问题。

定义 7.3.1　设总体 X 的分布函数 $F(x, \theta)$，其中 θ 是未知参数，$X_1, X_2, \cdots, X_n$ 是来自总体 X 的一个样本。若 $\forall \alpha$（$0 < \alpha < 1$），存在两个统计量 $\hat{\theta}_1(X_1, X_2, \cdots, X_n)$ 和 $\hat{\theta}_2(X_1, X_2, \cdots, X_n)$，使得 $P(\hat{\theta}_1 < \theta < \hat{\theta}_2) \geqslant 1 - \alpha$ 成立，则称 $(\hat{\theta}_1, \hat{\theta}_2)$ 为 θ 的**置信度**为 $(1-\alpha)$ 的**置信区间**，$\hat{\theta}_1$ 和 $\hat{\theta}_2$ 分别称为**置信下限**与**置信上限**。

注： 置信区间 $(\hat{\theta}_1, \hat{\theta}_2)$ 是一个随机区间，对于一次抽取的观测值 $(x_1, x_2, \cdots, x_n)$，代入 $\hat{\theta}_1$ 和 $\hat{\theta}_2$ 后得到两个确定的数，由此得到一个确定区间 $(\hat{\theta}_1, \hat{\theta}_2)$，这时只有两种可能：$\theta \in (\hat{\theta}_1, \hat{\theta}_2)$ 或 $\theta \notin (\hat{\theta}_1, \hat{\theta}_2)$。置信度为 $(1-\alpha)$ 的含义是在重复抽样下将得到不同区间 $(\hat{\theta}_1, \hat{\theta}_2)$，其中大约有 $100(1-\alpha)\%$ 个区间包含未知参数 θ，这与频率的概念有些类似。例如，取 $1-\alpha = 0.95$，若重复抽样 100 次，那么大约有 95 个置信区间包含未知参数 θ。

案例 7.3.1　解：

先构造一个样本函数

$$U = \frac{\bar{X} - \mu}{\sigma / \sqrt{54}}$$

易知 $U \sim N(0, 1)$，标准正态分布的双侧分位数如图 7.3.1 所示，根据标准正态分布概率密度的特点，易知

$$P\{-\mu_{\alpha/2} < U < \mu_{\alpha/2}\} = 1 - \alpha$$

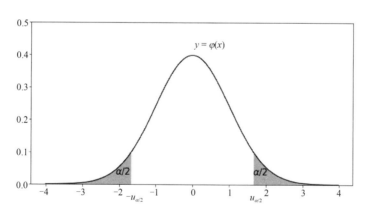

图 7.3.1　标准正态分布的双侧分位数

即

$$P\{-\mu_{\alpha/2} < \frac{\bar{X} - \mu}{\sigma / \sqrt{54}} < \mu_{\alpha/2}\} = 1 - \alpha$$

利用不等式变形，有

$$P\{\bar{X} - \mu_{\alpha/2} \frac{\sigma}{\sqrt{54}} < \mu < \bar{X} + \mu_{\alpha/2} \frac{\sigma}{\sqrt{54}}\} = 1 - \alpha$$

即得到 μ 的置信度为 $1 - \alpha$ 的置信区间是

$$\left(\bar{X} - \mu_{\alpha/2} \frac{\sigma}{\sqrt{54}}, \bar{X} + \mu_{\alpha/2} \frac{\sigma}{\sqrt{54}} \right)$$

由于在本案例中 $\sigma^2=25$，从样本数据中可以算出 $\bar{x}=28.96$。如果要求区间的置信度是 0.95，即 $1-\alpha=0.95$，解得 $\alpha=0.05$，查标准正态分布函数表得 $u_{0.025}=1.96$。可得 μ 的置信度为 0.95 的置信区间为 $(27.63,30.29)$。至此，不仅得到了估计区间，并且这个区间含有参数 μ 的置信度达到了 0.95。

从上述案例的求解过程可总结未知参数的置信区间的求解步骤如下：

（1）确定一个合适的样本函数：

$$U(X_1,X_2,\cdots,X_n;\theta)$$

使得 U 仅含待估参数 θ 而没有其他未知参数，U 的分布已知且不依赖于任何未知参数，称 U 为**枢轴量**。

（2）由给定的置信度 $1-\alpha$，确定满足

$$P\{a<U<b\}=1-\alpha$$

的 a 和 b，由于 U 的分布已知，可查表得到 a 和 b。

（3）利用不等式变形得

$$P\{\hat{\theta}_1<\theta<\hat{\theta}_2\}=1-\alpha$$

从而得到 θ 的置信度为 $1-\alpha$ 的置信区间 $(\hat{\theta}_1,\hat{\theta}_2)$。

注：（1）置信区间不唯一，就案例 7.3.1 来说，对于给定的 α，标准正态分布的分位数如图 7.3.2 所示，也可以采用如下方式：

$$P\{-\mu_{\alpha/4}<\frac{\bar{X}-\mu}{\sigma/\sqrt{n}}<\mu_{3\alpha/4}\}=1-\alpha$$

得到 μ 的另一个置信度为 $1-\alpha$ 的置信区间是

$$\left(\bar{X}-\mu_{3\alpha/4}\frac{\sigma}{\sqrt{n}},\bar{X}+\mu_{\alpha/4}\frac{\sigma}{\sqrt{n}}\right)$$

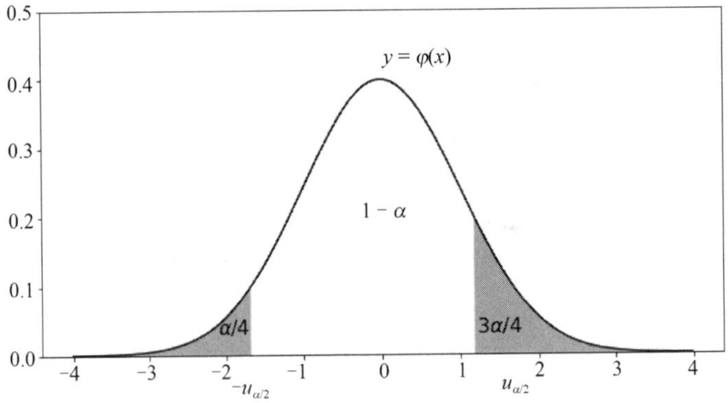

图 7.3.2　标准正态分布的分位数

求置信区间原则上是保证置信的条件下，使得置信区间尽可能短，也就是提高精度。可以证明总体 X 的概率密度曲线对称时，在样本容量 n 固定的条件下，对 α 平分得到的置信区间最短。

（2）要求的置信度越大，置信区间一般也越长，也就是估计精度越低。以案例 7.3.1 中为例，若平分 α，则得到的置信区间长度为

$$L = \frac{2\sigma}{\sqrt{n}} \mu_{\alpha/2}$$

由此，可知置信度 $1-\alpha$ 越大，α 就越小，$\mu_{\alpha/2}$ 也越大，区间长度 L 也随之增大，即估计精度也会降低。另外，也可以发现 L 随 n 的增加而减小，因此一般来说增加样本容量可提高精度。

下面给出正态总体参数区间估计的结果。

7.3.2　单正态总体的置信区间

设总体 $X \sim N(\mu, \sigma^2)$，$(X_1, X_2, \cdots, X_n)$ 是来自总体 X 的一个样本，样本均值和方差分别是 $\bar{X}$ 和 S^2，$1-\alpha$ 是给定的置信度。

1. 均值 μ 的置信区间

1）方差 σ^2 已知

类似于案例 7.3.1，令枢轴量 $U = \dfrac{\bar{X} - \mu}{\sigma / \sqrt{n}} \sim N(0,1)$，可得 μ 的置信度为 $1-\alpha$ 的置信区间是

$$\left(\bar{X} - u_{\alpha/2} \frac{\sigma}{\sqrt{n}}, \bar{X} + u_{\alpha/2} \frac{\sigma}{\sqrt{n}} \right)$$

2）方差 σ^2 未知

此时 $U = \dfrac{\bar{X} - \mu}{\sigma / \sqrt{n}}$ 不能作为枢轴量，根据第六章定理 6.3.1 的推论，可用 $S = \sqrt{S^2}$ 代替均方差 σ，得到枢轴量 $T = \dfrac{\bar{X} - \mu}{S / \sqrt{n}} \sim t(n-1)$，$t$ 分布的双侧分位数如图 7.3.3 所示，可得

$$P\{-t_{\alpha/2}(n-1) < \frac{\bar{X} - \mu}{S / \sqrt{n}} < t_{\alpha/2}(n-1)\} = 1-\alpha$$

即

$$P\{\bar{X} - t_{\alpha/2}(n-1) \frac{S}{\sqrt{n}} < \mu < \bar{X} + t_{\alpha/2}(n-1) \frac{S}{\sqrt{n}}\} = 1-\alpha$$

由此得到 μ 的置信度为 $1-\alpha$ 的置信区间是

$$\left(\bar{X} - t_{\alpha/2}(n-1) \frac{S}{\sqrt{n}}, \bar{X} + t_{\alpha/2}(n-1) \frac{S}{\sqrt{n}} \right)$$

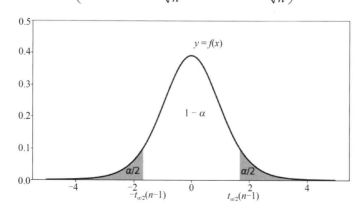

图 7.3.3　t 分布的双侧分位数

2．方差 σ^2 的置信区间

1）均值 μ 未知

根据定理 6.3.1，选取枢轴量 $\chi^2 = \dfrac{(n-1)S^2}{\sigma^2} \sim \chi^2(n-1)$，$\chi^2$ 分布的分位数如图 7.3.4 所示，可得

$$P\{\chi^2_{1-\alpha/2}(n-1) < \frac{(n-1)S^2}{\sigma^2} < \chi^2_{\alpha/2}(n-1)\} = 1-\alpha$$

即

$$P\{\frac{(n-1)S^2}{\chi^2_{\alpha/2}(n-1)} < \sigma^2 < \frac{(n-1)S^2}{\chi^2_{1-\alpha/2}(n-1)}\} = 1-\alpha$$

由此得到 σ^2 的置信度为 $1-\alpha$ 的置信区间是

$$\left(\frac{(n-1)S^2}{\chi^2_{\alpha/2}(n-1)}, \frac{(n-1)S^2}{\chi^2_{1-\alpha/2}(n-1)} \right)$$

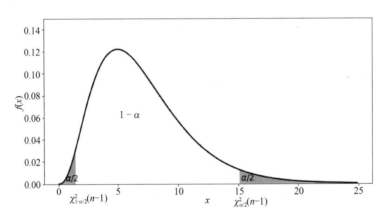

图 7.3.4　χ^2 分布的分位数

2）均值 μ 已知

选取枢轴量 $\chi^2 = \dfrac{1}{\sigma^2}\sum\limits_{i=1}^{n}(X_i - \mu)^2 \sim \chi^2(n)$，与上述推导类似，得到 σ^2 的置信度为 $1-\alpha$ 的置信区间是

$$\left(\frac{\sum\limits_{i=1}^{n}(X_i - \mu)^2}{\chi^2_{\alpha/2}(n)}, \frac{\sum\limits_{i=1}^{n}(X_i - \mu)^2}{\chi^2_{1-\alpha/2}(n)} \right)$$

案例 7.3.2　为了对某文字扫描识别软件的文字识别性能进行测试，我们从图书市场中随机抽取 20 本不同类别的图书，用该软件扫描进行文字识别的准确率数据如下：

95.37	92.24	94.00	94.21	96.38	92.32	91.45	97.68	93.51	93.80
96.12	91.25	92.35	93.55	94.67	97.23	94.31	95.12	94.01	96.20

假设识别准确率 $X \sim N(\mu, \sigma^2)$，请按以下条件估计参数的置信区间（置信度 $1-\alpha = 0.95$）：

（1）已知方差 $\sigma^2 = 1.4^2$，求参数 μ 的置信区间；

（2）方差 σ^2 未知，求参数 μ 的置信区间；

（3）求参数 σ^2 的置信区间。

解： 由样本数据容易计算得 $\bar{x} = 94.29$，$s^2 = 3.38$。

（1）选取枢轴量 $U = \dfrac{\bar{X} - \mu}{\sigma / \sqrt{20}} \sim N(0,1)$，则 μ 的一个置信度为 0.95 的置信区间是

$$\left(\bar{X} - u_{\alpha/2}\frac{1.4}{\sqrt{20}}, \bar{X} + u_{\alpha/2}\frac{1.4}{\sqrt{20}} \right)$$

查表得 $u_{0.025} = 1.96$，并代入 $\bar{x} = 94.29$，得到置信区间是 $(93.68, 94.90)$。

（2）选取枢轴量 $T = \dfrac{\bar{X} - \mu}{S / \sqrt{n}} \sim t(19)$，则 μ 的一个置信度为 0.95 的置信区间是

$$\left(\bar{X} - t_{0.025}(19)\frac{S}{\sqrt{20}}, \bar{X} + t_{0.025}(19)\frac{S}{\sqrt{20}} \right)$$

查表得 $t_{0.025}(19) = 2.093$，并代入 $\bar{x} = 94.29$，$s^2 = 3.38$，得到置信区间是 $(93.43, 95.15)$。

（3）选取枢轴量 $\chi^2 = \dfrac{19S^2}{\sigma^2} \sim \chi^2(19)$，则 σ^2 的一个置信度为 0.95 的置信区间是

$$\left(\frac{19S^2}{\chi_{0.025}^2(19)}, \frac{19S^2}{\chi_{0.975}^2(19)} \right)$$

查表得 $\chi_{0.025}^2(19) = 32.8523$，$\chi_{0.975}^2(19) = 8.9065$，并代入 $s^2 = 3.38$，得到置信区间是 $(1.95, 7.21)$。

案例 7.3.3　（续案例 7.3.1）如果案例 7.3.1 中的总体 X 服从正态分布，但参数 μ 和 σ^2 都未知，请根据最近 54 周的数据给出参数 μ 和 σ^2 的置信度为 0.95 的置信区间。

解： 首先求 μ 的置信区间，这时选取枢轴量为

$$T = \frac{\bar{X} - \mu}{S / \sqrt{54}} \sim t(53)$$

则得到 μ 的一个置信度为 0.95 的置信区间是

$$\left(\bar{X} - t_{0.025}(53)\frac{S}{\sqrt{54}}, \bar{X} + t_{0.025}(53)\frac{S}{\sqrt{54}} \right)$$

通过 Excel 的函数 T.INV.2T(0.05,53) 查到 $t_{0.025}(53) = 2.0057$，根据样本数据，计算得到 $\bar{x} = 28.96$，$s^2 = 22.7156$，代入得到置信区间是 $(27.66, 30.26)$。

下面求 σ^2 的置信区间，这时选取 $\chi^2 = \dfrac{53S^2}{\sigma^2} \sim \chi^2(53)$，则 σ^2 的置信度为 0.95 的置信区间是

$$\left(\frac{53S^2}{\chi_{0.025}^2(53)}, \frac{53S^2}{\chi_{0.975}^2(53)} \right)$$

通过 Excel 的函数 CHISQ.INV.RT(0.025,53) 查到 $\chi_{0.025}^2(53) = 75.0019$，使用函数 CHISQ.INV.RT(0.975,53) 查到 $\chi_{0.975}^2 = 34.7763$，代入这些数据得到置信区间是 $(16.05, 34.62)$。

7.3.3　双正态总体的置信区间

在实际中常常会遇到这样的问题：某产品的质量指标，由于工艺改革、原材料变化、设

备更新或者操作人员的技术水平变化等引起指标总体的参数发生变化。特别地，如果质量指标服从正态分布，那么总体均值或方差可能发生变化，为了评估这些变化的大小，可以估计两个正态总体的均值差或方差比。例如，在案例 6.1.2 中评估两学院学生成绩分布的差异时，可以通过估计两个正态总体的均值差或方差比。

案例 7.3.4（续案例 6.1.2）　假设学院 Ⅰ 和学院 Ⅱ 的高等数学成绩 X 和 Y 都服从正态分布，并记为 $X \sim N(\mu_1, \sigma_1^2)$，$Y \sim N(\mu_2, \sigma_2^2)$，通过一定的方法可知 $\sigma_1^2 = 17^2$，$\sigma_2^2 = 13^2$，请按照案例 6.1.2 的样本数据估计两个学院的高等数学平均成绩，并求两个学院高等数学成绩的均值差的置信度为 0.95 的置信区间。

解：这个问题涉及两个正态总体，关键在于寻找枢轴量。假设 X 和 Y 的样本均值分别记为 $\bar{X}$ 和 $\bar{Y}$，根据第六章正态总体抽样分布的结论可知 $\bar{X} \sim N(\mu_1, \sigma_1^2/n_1)$，$\bar{Y} \sim N(\mu_2, \sigma_2^2/n_2)$，并且由于抽样在不同学院独立完成，所以 $\bar{X}$ 和 $\bar{Y}$ 相互独立，因此

$$\bar{X} - \bar{Y} \sim N\left(\mu_1 - \mu_2, \sigma_1^2/n_1 + \sigma_2^2/n_2\right)$$

经标准化变换后，可知

$$U = \frac{(\bar{X} - \bar{Y}) - (\mu_1 - \mu_2)}{\sqrt{\sigma_1^2/n_1 + \sigma_2^2/n_2}} \sim N(0,1)$$

上式左边的样本函数只含有两个学院的成绩差这个未知参数 $\mu_1 - \mu_2$，因此可以作为估计 $\mu_1 - \mu_2$ 的枢轴量，由

$$P\left(-u_{\alpha/2} < \frac{(\bar{X} - \bar{Y}) - (\mu_1 - \mu_2)}{\sqrt{\sigma_1^2/n_1 + \sigma_2^2/n_2}} < u_{\alpha/2}\right) = 1 - \alpha$$

得

$$P\left\{(\bar{X} - \bar{Y}) - u_{\alpha/2}\sqrt{\frac{\sigma_1^2}{n_1} + \frac{\sigma_2^2}{n_2}} < \mu_1 - \mu_2 < (\bar{X} - \bar{Y}) + u_{\alpha/2}\sqrt{\frac{\sigma_1^2}{n_1} + \frac{\sigma_2^2}{n_2}}\right\} = 1 - \alpha$$

从而得到 $\mu_1 - \mu_2$ 的置信区间为

$$\left((\bar{X} - \bar{Y}) - u_{\alpha/2}\sqrt{\frac{\sigma_1^2}{n_1} + \frac{\sigma_2^2}{n_2}}, (\bar{X} - \bar{Y}) + u_{\alpha/2}\sqrt{\frac{\sigma_1^2}{n_1} + \frac{\sigma_2^2}{n_2}}\right)$$

经样本数据计算可得 $\bar{x} = 67.6$，$\bar{y} = 75.8$，另外，$n_1 = 60$，$n_2 = 55$，$\sigma_1^2 = 17^2$，$\sigma_2^2 = 13^2$，$u_{0.025} = 1.96$，代入得到 $\mu_1 - \mu_2$ 的一个置信度为 0.95 的置信区间是 $(-13.7, -2.69)$。

下面给出两个正态总体常用的置信区间。

设 $X \sim N(\mu_1, \sigma_1^2)$，$Y \sim N(\mu_2, \sigma_2^2)$，并且 X 和 Y 相互独立，$(X_1, X_2, \cdots, X_{n_1})$ 和 $(Y_1, Y_2, \cdots, Y_{n_2})$ 分别是来自正态总体 X 和 Y 的样本，总体 X 的样本均值和方差分别记为 $\bar{X}$ 和 S_1^2，总体 Y 的样本均值和方差分别记为 $\bar{Y}$ 和 S_2^2，设定置信度为 $1 - \alpha$。

1. 均值差 $\mu_1 - \mu_2$ 的置信区间

1）σ_1^2 与 σ_2^2 均已知

由于 $\bar{X} \sim N(\mu_1, \sigma_1^2/n_1)$，$\bar{Y} \sim N(\mu_2, \sigma_2^2/n_2)$，且它们相互独立，因此选取枢轴量

$$U = \frac{(\bar{X} - \bar{Y}) - (\mu_1 - \mu_2)}{\sqrt{\sigma_1^2 / n_1 + \sigma_2^2 / n_2}} \sim N(0,1)$$

则 $\mu_1 - \mu_2$ 的一个置信度为 $1-\alpha$ 的置信区间是

$$\left((\bar{X} - \bar{Y}) - u_{\alpha/2} \sqrt{\frac{\sigma_1^2}{n_1} + \frac{\sigma_2^2}{n_2}}, (\bar{X} - \bar{Y}) + u_{\alpha/2} \sqrt{\frac{\sigma_1^2}{n_1} + \frac{\sigma_2^2}{n_2}} \right)$$

2）σ_1^2 与 σ_2^2 均未知，但 $\sigma_1^2 = \sigma_2^2$

根据定理 6.3.2，选取枢轴量

$$T = \frac{(\bar{X} - \bar{Y}) - (\mu_1 - \mu_2)}{\sqrt{\frac{1}{n_1} + \frac{1}{n_2}} S_w} \sim t(n_1 + n_2 - 2)$$

其中 $S_w^2 = \dfrac{(n_1 - 1)S_1^2 + (n_2 - 1)S_2^2}{n_1 + n_2 - 2}$，则 $\mu_1 - \mu_2$ 的一个置信度为 $1-\alpha$ 的置信区间是

$$\left((\bar{X} - \bar{Y}) - t_{\alpha/2}(n_1 + n_2 - 2) S_w \sqrt{\frac{1}{n_1} + \frac{1}{n_2}}, (\bar{X} - \bar{Y}) + t_{\alpha/2}(n_1 + n_2 - 2) S_w \sqrt{\frac{1}{n_1} + \frac{1}{n_2}} \right)$$

3）σ_1^2 与 σ_2^2 均未知且不一定相等，但 $n_1 = n_2$

由于 $n_1 = n_2$，可采取配对抽样。令 $Z_i = X_i - Y_i$，$i = 1, 2, \cdots, n$（$n = n_1 = n_2$），则 $Z_i \sim N(\mu_1 - \mu_2, \sigma_1^2 + \sigma_2^2)$。此时利用单个正态总体的区间估计法，选取枢轴量

$$T = \frac{\bar{Z} - (\mu_1 - \mu_2)}{S_Z / \sqrt{n}} \sim t(n-1)$$

其中，$\bar{Z} = \bar{X} - \bar{Y}$，$S_Z^2 = \dfrac{1}{n-1} \sum_{i=1}^{n} \left[(X_i - Y_i) - (\bar{X} - \bar{Y}) \right]^2$，则 $\mu_1 - \mu_2$ 的一个置信度为 $1-\alpha$ 的置信区间是

$$\left(\bar{Z} - t_{\alpha/2}(n-1) \frac{S_Z}{\sqrt{n}}, \bar{Z} + t_{\alpha/2}(n-1) \frac{S_Z}{\sqrt{n}} \right)$$

4）σ_1^2 与 σ_2^2 均未知，但 n_1 和 n_2 很大

虽然

$$\frac{(\bar{X} - \bar{Y}) - (\mu_1 - \mu_2)}{\sqrt{\sigma_1^2 / n_1 + \sigma_2^2 / n_2}} \sim N(0,1)$$

但是由于其中 σ_1^2 和 σ_2^2 均未知，上式左侧不能构成枢轴量，可用 S_1^2 和 S_2^2 代替 σ_1^2 和 σ_2^2，根据中心极限定理，当 n_1 和 n_2 很大（大于 50）时

$$U = \frac{(\bar{X} - \bar{Y}) - (\mu_1 - \mu_2)}{\sqrt{S_1^2 / n_1 + S_2^2 / n_2}} \overset{\text{近似}}{\sim} N(0,1)$$

因此当 n_1 和 n_2 很大时，U 可近似为枢轴量，由此可得 $\mu_1 - \mu_2$ 的一个置信度为 $1-\alpha$ 的近似置信区间是

$$\left((\bar{X} - \bar{Y}) - u_{\alpha/2} \sqrt{\frac{S_1^2}{n_1} + \frac{S_2^2}{n_2}}, (\bar{X} - \bar{Y}) + u_{\alpha/2} \sqrt{\frac{S_1^2}{n_1} + \frac{S_2^2}{n_2}} \right)$$

2. 方差比 $\dfrac{\sigma_1^2}{\sigma_2^2}$ 的置信区间

根据第六章的定理 6.3.2，构造一个枢轴量

$$F=\left(\frac{\sigma_2^2}{\sigma_1^2}\right)\left(\frac{S_1^2}{S_2^2}\right)=\frac{S_1^2/S_2^2}{\sigma_1^2/\sigma_2^2}\sim F\left(n_1-1,n_2-1\right)$$

则 $\dfrac{\sigma_1^2}{\sigma_2^2}$ 的一个置信度为 $1-\alpha$ 的置信区间是

$$\left(\frac{S_1^2/S_2^2}{F_{\alpha/2}\left(n_1-1,n_2-1\right)},\frac{S_1^2/S_2^2}{F_{1-\alpha/2}\left(n_1-1,n_2-1\right)}\right)$$

案例 7.3.5 某智能手机制造商对某款手机使用了自主研发的芯片，使用自主研发芯片的手机为型号 I，使用进口芯片的手机为型号 II，为了考察使用不同芯片手机的效果，对两种型号手机的综合性能指标（跑分）进行了随机检测，测得的跑分（单位：万分）如下：

型号 I	20.51	32.17	27.94	23.83	31.91	20.2	26.31	25.78	27.91	27.89	
型号 II	28.43	32.54	27.4	29.86	28.47	23.83	26.52	21.66	29.2	20.04	20.39

根据对各方面综合因素的评估，认为两种型号手机的跑分都服从正态分布，并且假设型号 I 的跑分 $X\sim N\left(\mu_1,\sigma_1^2\right)$，型号 II 的跑分 $Y\sim N\left(\mu_2,\sigma_2^2\right)$，请根据下列要求为该企业估计其中的参数。

（1）令 $\sigma_1^2=\sigma_2^2$，求两种型号手机的跑分均值差 $\mu_1-\mu_2$ 的一个置信度为 0.95 的置信区间；

（2）方差未知，求方差比 $\dfrac{\sigma_1^2}{\sigma_2^2}$ 的一个置信度为 0.95 的置信区间。

解： 由样本数据计算得型号 I 的样本均值和样本方差为 $\overline{x}=26.45$ 和 $s_1^2=16.74$，型号 II 的样本均值和样本方差为 $\overline{y}=26.21$ 和 $s_2^2=17.22$。

（1）选取枢轴量

$$T=\frac{\left(\overline{X}-\overline{Y}\right)-\left(\mu_1-\mu_2\right)}{\sqrt{\frac{1}{10}+\frac{1}{11}}S_w}\sim t(19)$$

由

$$P\{-t_{0.025}(19)<\frac{\left(\overline{X}-\overline{Y}\right)-\left(\mu_1-\mu_2\right)}{\sqrt{\frac{1}{10}+\frac{1}{11}}S_w}<t_{0.025}(19)\}=0.95$$

得 $\mu_1-\mu_2$ 的一个置信度为 0.95 的置信区间是

$$\left(\left(\overline{X}-\overline{Y}\right)-t_{0.025}(19)S_W\sqrt{\frac{1}{10}+\frac{1}{11}},\left(\overline{X}-\overline{Y}\right)+t_{0.025}(19)S_W\sqrt{\frac{1}{10}+\frac{1}{11}}\right)$$

查表 $t_{0.025}(19)=2.093$，代入数据可得置信区间是 $(-3.54,4.00)$。

（2）选取枢轴量

$$F=\left(\frac{\sigma_2^2}{\sigma_1^2}\right)\left(\frac{S_1^2}{S_2^2}\right)=\frac{S_1^2/S_2^2}{\sigma_1^2/\sigma_2^2}\sim F(9,10)$$

$$P\{F_{0.975}(9,10)<\frac{S_1^2/S_2^2}{\sigma_1^2/\sigma_2^2}<F_{0.025}(9,10)\}=0.95$$

得 $\dfrac{\sigma_1^2}{\sigma_2^2}$ 的一个置信度为 0.95 的置信区间是

$$\left(\frac{S_1^2/S_2^2}{F_{0.025}(9,10)},\frac{S_1^2/S_2^2}{F_{0.975}(9,10)}\right)$$

由于 $F_{0.975}(9,10)-\dfrac{1}{F_{0.025}(10,9)}$，查表得 $F_{0.025}(10,9)=3.96$，$F_{0.025}(9,10)=3.78$，代入数据可

得置信区间是(0.26,3.85)。

*7.3.4 单侧置信区间

前面采用区间估计得到的是总体分布中未知参数 θ 的形式为 $(\hat{\theta}_1,\hat{\theta}_2)$ 的置信区间，称 $(\hat{\theta}_1,\hat{\theta}_2)$ 为双侧置信区间。但是在许多实际问题中，如购买一批电子产品，显然平均寿命越长越好，因此采用的置信区间为 $(\hat{\theta}_1,+\infty)$，只要关心 $\hat{\theta}_1$ 即可。若要估计这批电子产品的次品率，当然次品率越小越好，采用的置信区间为 $(0,\hat{\theta}_2)$，即只要关心 $\hat{\theta}_2$ 即可。又如，在一些药物、医疗器械效果的测试中，有时候只关心指标的上限，有时候只关心指标的下限，因此需要讨论单侧置信区间。

定义 7.3.2 设总体 X 的分布函数为 $F(x;\theta)$，其中 θ 未知，$(X_1,X_2,\cdots,X_n)$ 是取自总体 X 的一个样本。对任意给定的 α（$0<\alpha<1$），若存在统计量 $\hat{\theta}_1=\hat{\theta}_1(X_1,X_2,\cdots,X_n)$ 满足

$$P\{\theta>\hat{\theta}_1\}=1-\alpha$$

则称 $(\hat{\theta}_1,+\infty)$ 为 θ 的置信度为 $1-\alpha$ 的**单侧置信区间**，$\hat{\theta}_1$ 称为**单侧置信下限**。若存在统计量 $\hat{\theta}_2=\hat{\theta}_2(X_1,X_2,\cdots,X_n)$ 满足

$$P\{\theta<\hat{\theta}_2\}=1-\alpha$$

则称 $(-\infty,\hat{\theta}_2)$ 为 θ 的置信度为 $1-\alpha$ 的**单侧置信区间**，$\hat{\theta}_2$ 称为**单侧置信上限**。

案例 7.3.6 药物的半衰期是药物代谢动力学中十分重要且基本的参数，它表示药物在体内的时间与血药浓度之间的关系，它是决定给药剂量和次数的主要依据。现在假定某种药物在 65 岁以上的人群中的半衰期 X 服从 $X\sim N(\mu,\sigma^2)$，下面是 10 名 65 岁以上的患者的测试结果（单位：h）：

| 12.3 | 12.7 | 11.1 | 12.4 | 11.4 | 13.0 | 11.8 | 13.5 | 12.2 | 11.0 |

（1）请根据该抽样结果估计 μ 的置信度为 0.95 的单侧置信下限；

（2）请估计 σ^2 的置信度为 0.95 的单侧置信上限。

解：计算可得样本均值 $\bar{x}=12.14$，样本方差 $s^2=0.6716$。

（1）选取枢轴量 $T=\dfrac{\bar{X}-\mu}{S/\sqrt{10}}\sim t(9)$，查表得 $t_{0.05}(9)=1.8331$，故

$$P\left\{\frac{\bar{X}-\mu}{S/\sqrt{10}}<1.8331\right\}=0.95$$

解得

$$\mu > \overline{X} - 1.8331 \times \frac{S}{\sqrt{10}}$$

代入数据得 μ 的置信度为 0.95 的单侧置信下限是 11.67，单侧置信区间是 $(11.67, +\infty)$。

（2）选取枢轴量 $\chi^2 = \dfrac{9S^2}{\sigma^2} \sim \chi^2(9)$，查表得 $\chi^2_{0.95}(9) = 3.325$，故

$$P\left\{\frac{9S^2}{\sigma^2} > 3.325\right\} = 0.95$$

解得

$$\sigma^2 < \frac{9S^2}{3.325}$$

代入数据得 σ^2 的置信度为 0.95 的单侧置信上限是 1.82，单侧置信区间是 $(-\infty, 1.82)$。

*7.3.5 非正态总体均值的置信区间

鉴于对非正态总体估计参数时，构造枢轴量比较困难，这里仅讨论大样本下均值的置信区间。设总体 X 的分布是任意的，$(X_1, X_2, \cdots, X_n)$ 是来自总体 X 的一个样本，利用该样本对总体中未知参数 $\mu = E(X)$ 进行区间估计。由中心极限定理，可知当 n 充分大时，

$$U = \frac{\overline{X} - \mu}{S/\sqrt{n}} \overset{\text{近似}}{\sim} N(0,1)$$

对给定的 α（$0 < \alpha < 1$），要使得

$$P\{|U| < u_{\alpha/2}\} \approx 1 - \alpha$$

即

$$P\{\overline{X} - u_{\alpha/2} \frac{S}{\sqrt{n}} < \mu < \overline{X} + u_{\alpha/2} \frac{S}{\sqrt{n}}\} \approx 1 - \alpha$$

于是 μ 的一个近似的置信度为 $1 - \alpha$ 的置信区间是

$$\left(\overline{X} - u_{\alpha/2} \frac{S}{\sqrt{n}}, \overline{X} + u_{\alpha/2} \frac{S}{\sqrt{n}}\right)$$

这里对 n 充分大的一般要求是 $n > 50$，当然 n 越大，近似程度越高。

案例 7.3.7　酒店管理常常需要关注订单的取消数目，假设某五星级酒店每周订单取消的数目记为 X，根据以往经验，X 服从泊松分布，即 $X \sim P(\lambda)$，酒店客房部需要给出其中参数 λ 的估计，为此，他们翻阅了最近 100 周的订单取消记录，为 λ 的估计提供参照样本，下面是具体的样本数据：

2	4	2	6	5	5	1	5	4	4	3	1	3	6	2	1	2	1	0	7	7	9	3	4	4
4	4	2	4	3	1	4	4	5	4	9	6	4	3	4	4	8	3	7	10	3	5	4	5	3
4	1	4	3	4	1	E	4	2	4	5	6	2	2	6	4	6	2	5	2	6	2	2	10	
3	7	2	0	3	1	5	5	7	7	2	2	9	6	3	2	4	2	5	3	1	4	1	3	8

请给出 λ 的置信度为 0.95 的置信区间。

解：由数据计算得

$$\overline{x} = 3.94, \quad s^2 = 4.84$$

对 $X \sim P(\lambda)$ 来说，$E(X) = \lambda$，直接利用上述一般结果，可得 λ 的置信区间为

$$\left(\overline{X}-u_{\alpha/2}\frac{S}{\sqrt{n}},\overline{X}+u_{\alpha/2}\frac{S}{\sqrt{n}}\right)$$

查表得 $u_{0.025}=1.96$ ，代入样本数据得到 λ 的一个近似的置信度为 0.95 的置信区间是(3.51, 4.37)。

*7.4　典型例题

例 7.4.1　设总体 X 有的概率分布如下表所示：

X	1	2	3
p_i	θ^2	$2\theta(1-\theta)$	$(1-\theta)^2$

现在观察容量为 3 的样本， $x_1=1$ ， $x_2=2$ ， $x_3=1$ ，求 θ 的最大似然估计值。

解： 此时似然函数为

$$L(\theta)=P_\theta\{X_1=1,X_2=2,X_3=1\}=P_\theta\{X_1=1\}P_\theta\{X_2=2\}P_\theta\{X_3=1\}$$

即

$$L(\theta)=\theta^2 2(1-\theta)\theta^2=2\theta^5(1-\theta)$$

两边求对数，得

$$\ln L(\theta)=\ln 2+5\ln\theta+\ln(1-\theta)$$

令

$$\frac{\mathrm{d}\ln L(\theta)}{\mathrm{d}\theta}=\frac{5}{\theta}-\frac{1}{1-\theta}=0$$

解得 $\hat{\theta}=\dfrac{5}{6}$ 。

例 7.4.2　已知产品的某项指标 X 的概率密度函数为

$$f(x)=\frac{1}{2}\mathrm{e}^{-|x-\mu|},\ -\infty<x<+\infty$$

其中， μ 为未知参数，现从该产品中随机抽取 3 个，测得该项指标值为 1028、968、1007。

（1）试用矩估计法求 μ 的估计；

（2）试用最大似然估计法求 μ 的估计。

解：

（1） $E(X)=\displaystyle\int_{-\infty}^{+\infty}\frac{1}{2}x\mathrm{e}^{-|x-\mu|}\mathrm{d}x\xlongequal{t=x-\mu}\int_{-\infty}^{+\infty}\frac{1}{2}(t+\mu)\mathrm{e}^{-|t|}\mathrm{d}t=\mu\int_0^{+\infty}\mathrm{e}^{-t}\mathrm{d}t=\mu$ ， $\hat{\mu}=\overline{X}=1001$ 。

（2） $L(\mu)=\dfrac{1}{8}\mathrm{e}^{-\sum\limits_{i=1}^{3}|x_i-\mu|}$ ，由 $L(\mu)$ 取最大值可得 $l\triangleq\displaystyle\sum_{i=1}^{3}|x_i-\mu|$ 取最小值，分析如下：

当 $\mu\leqslant 968$ 时， $l\triangleq\displaystyle\sum_{i=1}^{3}|x_i-\mu|=3(1001-\mu)\geqslant 3(1001-968)=99$ ；

当 $\mu\geqslant 1028$ 时， $l\triangleq\displaystyle\sum_{i=1}^{3}|x_i-\mu|=3(\mu-1001)\geqslant 3(1028-1001)=81$ ；

当 $968<\mu<1028$ 时， $l\triangleq\displaystyle\sum_{i=1}^{3}|x_i-\mu|=60+|1007-\mu|$ 。

所以，当 $\hat{\mu}=1007$ 时， $l\triangleq\displaystyle\sum_{i=1}^{3}|x_i-\mu|$ 取最小值 60。

μ 的最大似然估计 $\hat{\mu}=1007$ 。

注：难点一是条件中的指标值 1028、968、1007 太具体了，反而不如 $x_1,x_2,\cdots,x_n$ 容易理解；难点二是概率密度函数 $f(x)=\dfrac{1}{2}\mathrm{e}^{-|x-\mu|}$ 中含绝对值。

例 7.4.3 设总体 X 的概率分布为

X	0	1	2
P	θ	$1-3\theta$	2θ

其中参数 θ $(0<\theta<1)$ 未知，$(X_1,X_2,\cdots,X_n)$ 为来自总体 X 的一个简单随机样本。N_1 为样本值 $x_1,x_2,\cdots,x_n$ 中等于 0 的个数。N_2 为样本值 $x_1,x_2,\cdots,x_n$ 中大于 0 或等于 1 的个数，求参数 θ 的最大似然估计量。

解：似然函数 $L(\theta)=\theta^{N_1}(1-3\theta)^{N_2}(2\theta)^{n-N_1-N_2}$

$$\ln L(\theta)=N_1\ln\theta+N_2(1-3\theta)+(n-N_1-N_2)\ln 2+(n-N_1-N_2)\ln\theta$$

令

$$\frac{\mathrm{d}\ln L(\theta)}{\mathrm{d}\theta}=\frac{N_1}{\theta}-\frac{3N_2}{1-3\theta}+\frac{(n-N_1-N_2)}{\theta}=0$$

得

$$\frac{n-N_2}{\theta}-\frac{3N_2}{1-3\theta}\Rightarrow\hat{\theta}=\frac{n-N_2}{3n}$$

例 7.4.4 设 $(X_1,X_2,\cdots,X_n)$ 是取自均匀分布总体 $X\sim U(0,\theta)$ 的一个样本，$\theta>0$ 未知。求 θ 的最大似然估计。

解：总体 X 的概率密度函数为 $f(x,\theta)=\begin{cases}\dfrac{1}{\theta},0<x<\theta\\0,\text{其他}\end{cases}$，设 $(x_1,x_2,\cdots,x_n)$ 是样本的观测值。

则似然函数为

$$L(\theta)=\begin{cases}\dfrac{1}{\theta^n},0\leqslant x_1,x_2,\cdots,x_n\leqslant\theta\\0,\text{其他}\end{cases}$$

由于 $x_1,x_2,\cdots,x_n$ 固定，当 $\theta=\max(x_1,x_2,\cdots,x_n)=x_{(n)}$ 时，$L(\theta)$ 达到极大，故 θ 的最大似然估计量为 $\hat{\theta}=\max(X_1,X_2,\cdots,X_n)=X_{(n)}$ 。

分析：若总体概率密度 $f(x,\theta)$ 中的 $f(x,\theta)>0$ 的范围与 θ 有关，则无法用解似然方程求解，在本例中似然函数 $L(\theta)=\dfrac{1}{\theta^n}$ 应当在 $\left[x_{(n)},+\infty\right)$ 上求最大值。这是因为 $x_1,x_2,\cdots,x_n$ 固定，θ 不能小于 $x_{(n)}$ 因此当 $\theta=x_{(n)}$ 时，$L(\theta)$ 达到最大值，故 θ 的最大似然估计为 $X_{(n)}$ 。因此，在求最大似然估计时应根据总体密度的不同表达式采用不同的方法。

例 7.4.5 设 $\hat{\theta}$ 是参数 θ 的无偏估计且有 $D(\hat{\theta})>0$ ，试证 $(\hat{\theta})^2$ 不是 θ^2 的无偏估计。

证明：可采用反证法，若 $(\hat{\theta})^2$ 是 θ^2 的无偏估计且 $\hat{\theta}$ 是 θ 的无偏估计，则有

$$D(\hat{\theta})=E\left((\hat{\theta})^2\right)-\left(E(\hat{\theta})\right)^2=\theta^2-\theta^2=0$$

与 $D(\hat{\theta})>0$ 矛盾，所以 $(\hat{\theta})^2$ 一定不是 θ^2 的无偏估计。

例 7.4.6　设 $(X_1,X_2,\cdots,X_n)$ 来自数学期望为 μ 的总体 X，判断下列统计量是否为 μ 的无偏估计：

（1）$X_i\ (i=1,2,\cdots,n)$；

（2）$\dfrac{1}{2}X_1+\dfrac{1}{3}X_3+\dfrac{1}{6}X_n$；

（3）$\dfrac{1}{3}X_1+\dfrac{1}{3}X_2$。

解：（1）因为 $E(X_i)=E(X)=\mu$，故 $X_i(i=1,2,\cdots,n)$ 是 μ 的无偏估计量；

（2）因为

$$E\left(\frac{1}{2}X_1+\frac{1}{3}X_3+\frac{1}{6}X_n\right)=\frac{1}{2}E(X_1)+\frac{1}{3}E(X_3)+\frac{1}{6}E(X_n)$$
$$=\frac{1}{2}E(X)+\frac{1}{3}E(X)+\frac{1}{6}E(X)=\mu$$

所以 $\dfrac{1}{2}X_1+\dfrac{1}{3}X_3+\dfrac{1}{6}X_n$ 是 μ 的无偏估计量。

（3）因为 $E\left(\dfrac{1}{3}X_1+\dfrac{1}{3}X_2\right)=\dfrac{2}{3}\mu\neq\mu$，故当 $\mu\neq0$ 时，$\dfrac{1}{3}X_1+\dfrac{1}{3}X_2$ 不是 μ 的无偏估计。

例 7.4.7　设总体 $X\sim U(0,\theta)$，$X_1,X_2,\cdots,X_n$ 是取自该总体的一个样本。

（1）证明：$\hat{\theta}_1=2\bar{X}$，$\hat{\theta}_2=\dfrac{n+1}{n}X_{(n)}$（$X_{(n)}=\max(X_1,X_2,\cdots,X_n)$）是 θ 的无偏估计。

（2）$n\geqslant2$ 时，$\hat{\theta}_1$ 和 $\hat{\theta}_2$ 哪一个有效？

证明：（1）由 X 的概率密度函数 $f_x(\theta)=\begin{cases}\dfrac{1}{\theta},0<x<\theta\\0,其他\end{cases}$

$$F_{X_{(n)}}=P\{X_{(n)}<x\}=P\{X_1<x,X_2<x,\cdots,X_n<x\}$$
$$=P\{X_1<x\}P\{X_2<x\}\cdots P\{X_n<x\}=\frac{x^n}{\theta^n},\ 0<x<\theta$$

因此

$$F_{X_{(n)}}=\begin{cases}0,x\leqslant0\\\dfrac{x^n}{\theta^n},0<x<\theta\\1,x\geqslant\theta\end{cases}$$

从而可知

$$f_{X_{(n)}}(\theta)=\begin{cases}\dfrac{nx^{n-1}}{\theta^n},0<x<\theta\\0,其他\end{cases}$$

所以

$$E\left(2\bar{X}\right)=\frac{2}{n}\sum_{i=1}^{n}E\left(X_i\right)=\frac{2n}{n}\frac{1}{2}\theta=\theta$$

$$E\left(\frac{n+1}{n}X(n)\right)=\frac{n+1}{n}\int_0^{\theta}\frac{nx^n}{\theta^n}\mathrm{d}x=\frac{n+1}{n}\frac{n}{n+1}\theta=\theta$$

即 $\hat{\theta}_1$ 和 $\hat{\theta}_2$ 均为 θ 的无偏估计。

（2） $$D\left(\hat{\theta}_1\right)=D\left(2\bar{X}\right)=\frac{4}{n}\times\frac{\theta^2}{12}=\frac{\theta^2}{3n}$$

由 $E\left(X_{(n)}^2\right)=\int_0^{\theta}\frac{nx^{n+1}}{\theta^n}\mathrm{d}x=\frac{n}{n+2}\theta^2$ 可得

$$D\left(\hat{\theta}_2\right)=\frac{(n+1)^2}{n^2}\left(E(X_{(n)}^2)-E(X_{(n)})^2\right)=\frac{\theta^2}{n(n+2)}$$

从而当 $n\geqslant 2$ 时，$D\left(\hat{\theta}_2\right)<D\left(\hat{\theta}_1\right)$，即 $\hat{\theta}_2$ 比 $\hat{\theta}_1$ 有效。

分析：这里 $\hat{\theta}_1$ 和 $\hat{\theta}_2$ 同样是 θ 的无偏估计，但证明方法有所不同，对于 $\hat{\theta}_1=2\bar{X}$，它是样本 $X_1,X_2,\cdots,X_n$ 的线性函数。可先利用总体的数学期望，再由期望的运算性质 $E\left(\frac{1}{n}\sum_{i=1}^{n}X_i\right)=\frac{1}{n}\sum_{i=1}^{n}E\left(X_i\right)$ 求得，并不用求出 $\hat{\theta}_1$ 的分布。而对于 $\hat{\theta}_2=X_{(n)}$，一定要先求出 $X_{(n)}$ 的概率密度，再利用期望定义进行计算。同样，求 $\hat{\theta}_1$ 的方差可利用方差运算的性质，直接从总体方差求得。求 $\hat{\theta}_2$ 的方差必须从 $X_{(n)}$ 的分布出发，按方差定义进行计算。

例 7.4.8 设分别从总体 $N\left(\mu_1,\sigma^2\right)$ 和 $N\left(\mu_2,\sigma^2\right)$ 中抽取容量为 n_1 和 n_2 的两个独立样本。其样本方差分别为 S_1^2 和 S_2^2。试证：对于任意常数 a 和 b（$a+b=1$）

$$Z=aS_1^2+bS_2^2$$

都是 σ^2 的无偏估计，并确定常数 a 和 b 使得 $D(Z)$ 达到最小值。

解：由于 $E(S_1^2)=\sigma^2$，$E(S_2^2)=\sigma^2$，且

$$\frac{(n_1-1)}{\sigma^2}S_1^2\sim\chi^2(n_1-1),\ \frac{(n_2-1)}{\sigma^2}S_1^2\sim\chi^2(n_2-1)$$

且相互独立，所以

$$D\left(S_1^2\right)=\frac{2\sigma^4}{(n_1-1)},\ D\left(S_2^2\right)=\frac{2\sigma^4}{(n_2-1)}$$

当 $a+b=1$ 时，$E(Z)=aE\left(S_1^2\right)+bE\left(S_2^2\right)=\sigma^2$，是 σ^2 的无偏估计。由于 S_1^2 和 S_2^2 相互独立，所以有

$$D(Z)=D\left(aS_1^2+bS_2^2\right)=\left(\frac{a^2}{n_1-1}+\frac{b^2}{n_2-1}\right)\times 2\sigma^4$$

$$=\left(\frac{a^2}{n_1-1}+\frac{(1-a)^2}{n_2-1}\right)\times 2\sigma^4$$

$$\frac{\mathrm{d}D(Z)}{\mathrm{d}a} = \left(\frac{2a}{n_1-1} + \frac{2(a-1)}{n_2-1}\right) \times 2\sigma^4 = 0$$

解得 $a = \dfrac{n_1-1}{n_1+n_2-2}$，$b = \dfrac{n_1-1}{n_1+n_2-2}$，而

$$\frac{\mathrm{d}^2 D(Z)}{\mathrm{d}^2 a} = \left(\frac{2}{n_1-1} + \frac{2}{n_2-1}\right) \times 2\sigma^4 > 0$$

所以当 $a = \dfrac{n_1-1}{n_1+n_2-2}$，$b = \dfrac{n_1-1}{n_1+n_2-2}$ 时，$z = \dfrac{1}{n_1+n_2-2}\left[(n_1-1)S_1^2 + (n_2-1)S_2^2\right]$ 具有最小方差。

例 7.4.9 从正态总体 $X \sim N(3.4, 6^2)$ 中抽取容量为 n 的样本，如果要求其样本均值位于区间 $(1.4, 1.5)$ 内的概率不小于 0.95，问样本容量 n 至少应取多大？

解： 以 $\bar{X}$ 表示该样本均值，则 $\dfrac{\bar{X}-3.4}{6/\sqrt{n}} \sim N(0,1)$。从而有

$$P\{1.4 < \bar{X} < 5.4\} = P\{-2 < \bar{X}-3.4 < 2\}$$

$$= P\{|\bar{X}-3.4| < 2\} = P\left\{\frac{|\bar{X}-3.4|}{6/\sqrt{n}} < \frac{2\sqrt{n}}{6}\right\}$$

$$= 2\Phi\left(\frac{\sqrt{n}}{3}\right) - 1 \geqslant 0.95$$

故 $\Phi\left(\dfrac{\sqrt{n}}{3}\right) \geqslant 0.975$，由此得 $\dfrac{\sqrt{n}}{3} \geqslant 1.96$，即 $n \geqslant (1.96 \times 3)^2 \approx 34.57$，所以 n 至少应取 35。

例 7.4.10 随机地取 9 发子弹进行试验，测得子弹速度的样本标准差 $s = 11\text{m/s}$，设子弹速度服从 $N(\mu, \sigma^2)$，求这种子弹速度的标准差 σ 的置信度为 0.95 的双侧置信区间。

解： $1-\alpha = 0.95$，$\dfrac{\alpha}{2} = 0.025$，$s = 11$

取统计量

$$U = \frac{(n-1)S^2}{\sigma^2} \sim \chi^2(n-1)$$

由于

$$P\left\{\chi^2_{1-\frac{\alpha}{2}}(n-1) < U < \chi^2_{\frac{\alpha}{2}}(n-1)\right\} = 1-\alpha$$

得到 σ^2 的置信度为 0.95 的一个置信区间为

$$\left(\frac{8S^2}{\chi^2_{\frac{\alpha}{2}}(8)}, \frac{8S^2}{\chi^2_{1-\frac{\alpha}{2}}(n-1)}\right)$$

查 χ^2 分布表，可得

$$\chi^2_{0.975}(8) = 2.1797, \quad \chi^2_{0.025}(8) = 17.5346$$

代入样本数值，得到 σ^2 的置信度为 0.95 的双侧置信区间为 $(55.21, 444.09)$，从而得到 σ 的置信度为 0.95 的双侧置信区间为 $(7.43, 21.07)$。

习题 7

1. 从一批垫圈中随机抽取 10 个，测得它的厚度（单位：mm）如下：

$$1.23,1.24,1.26,1.29,1.20,1.32,1.23,1.23,1.29,1.28$$

试用矩估计法估计这批垫圈厚度的数学期望和标准差。

2. 设 $(X_1,X_2,\cdots,X_n)$ 是取自总体 X 的一个样本，X 的概率密度函数为

$$f(x)=\begin{cases}\dfrac{2x}{\theta^2},0<x<\theta\\0,其他\end{cases}$$

其中，θ 未知，$\theta>0$，试求 θ 的矩估计。

3. 给定一个容量为 n 的样本 $(X_1,X_2,\cdots,X_n)$，试用最大似然估计法估计总体的未知参数 θ，设总体的概率密度函数为

（1）$f(x,\theta)=\begin{cases}\theta x^{\theta-1},0<x<1\\0,其他\end{cases}$

（2）$f(x,\theta)=\begin{cases}(\theta\alpha)x^{\alpha-1}\mathrm{e}^{-\theta x^\alpha},\ x>0,\ \alpha已知\\0,其他\end{cases}$

（3）$f(x,\theta)=\begin{cases}\dfrac{1}{\theta}\mathrm{e}^{-\frac{x}{\theta}},x>0\\0,x<0\end{cases}$

4. 设 $(X_1,X_2,\cdots,X_n)$ 是取自总体 X 的一个样本，$X\sim P(\lambda)$，其中 λ 未知，$\lambda>0$，试求 $P\{X=0\}$ 的最大似然估计。

5. 设 $(X_1,X_2,\cdots,X_n)$ 是取自总体 X 的一个样本，X 服从参数为 p 的几何分布，即 X 的概率为 $P(X=k)=p(1-p)^{k-1}$，$k=1,2,\cdots$。其中 $p(0<p<1)$ 未知，试求 p 的最大似然估计。

6. 设总体概率密度函数为 $f(x,\theta)=(\theta+1)x^\theta$ $(0<x<1)$，求参数 θ 的最大似然估计量，并用矩估计法估计 θ。

7. 设 $(X_1,X_2,\cdots,X_n)$ 为总体 X 的样本，欲使 $\hat\sigma^2=k\displaystyle\sum_{i=1}^{n-1}(X_{i+1}-X_i)^2$ 为 σ^2 的无偏估计，求 k 的值。

8. 设 $(X_1,X_2,\cdots,X_n)$ 是取自 X 的一样本，X 的概率密度函数为

$$f(x)=\begin{cases}\dfrac{6x}{\theta^3}(\theta-x),0<x<\theta\\0,其他\end{cases}$$

其中 θ 未知，$\theta>0$。

（1）试求 θ 的矩估计 $\hat\theta$；

（2）试证 $\hat\theta$ 是 θ 的无偏估计，并求出它的方差 $D(\hat\theta)$。

9. 设 $X_1, X_2, \cdots, X_n$ 是来自总体 $X \sim N(\mu, \sigma^2)$ 的样本。μ 已知，问 σ^2 的两个无偏估计量 $S_1^2 = \dfrac{1}{n}\sum\limits_{i=1}^{n}(X_i - \mu)^2$ 和 $S_2^2 = \dfrac{1}{n-1}\sum\limits_{i=1}^{n}(X_i - \overline{X})^2$ 哪个更有效？

10．设 $(X_1, X_2, \cdots, X_n)$ 是取自总体 X 的一个样本，$E(X) = \mu$，$D(X) = \sigma^2$，试证 $\dfrac{2}{n(n-1)}\sum\limits_{i=1}^{n}iX_i$ 是未知参数 μ 的无偏估计，也是一个一致估计。提示：$\sum\limits_{i=1}^{n}i^2 = \dfrac{n(n+1)(2n+1)}{6}$。

11．随机地从一批零件中抽取 16 个，测得其长度（单位：cm）如下：

  2.14, 2.10, 2.13, 2.15, 2.13, 2.12, 2.13, 2.10, 2.15, 2.12, 2.14, 2.10, 2.13, 2.11, 2.14, 2.11

设该零件的长度服从正态分布，试求以下两种情况下总体均值 μ 的置信度为 0.90 的置信区间：

（1）已知 $\sigma = 0.01$；

（2）σ 未知。

12．测量铅的比重 16 次，测得 $\overline{X} = 2.705$，$S = 0.029$，试求出铅的比重均值的置信度为 0.95 的置信区间，设这 16 次测量结果可以看作来自同一正态总体的样本。

13．对于方差 σ^2 已知的正态总体而言，问需取容量 n 为多大的样本才能使总体均值 μ 的置信度为 $1 - a$ 的置信区间的长不大于 L？

14．随机地抽取 9 发炮弹进行试验，测得炮口速度的样本标准方差 S 为 11m/s，设炮口速度服从正态分布，求这种炮弹的炮口速度的标准差 σ 的置信度为 0.95 的置信区间。

15．测得一批 20 个钢件的屈服点（单位：t/cm²）为

  4.98, 5.11, 5.20, 5.20, 5.11, 5.00, 5.61, 4.88, 5.27, 5.38,
  5.46, 5.27, 5.23, 4.96, 5.35, 5.15, 5.35, 4.77, 5.38, 5.54

设屈服点近似服从正态分布，试求：

（1）屈服点总体均值的置信度为 0.95 的置信区间；

（2）屈服点总体标准差 σ 的置信度为 0.95 的置信区间。

16．冷抽铜丝的折断力服从正态分布，从一批铜丝中任取 10 根试验折断力，得到数据（单位：kg）如下：

  573, 572, 570, 568, 572, 570, 570, 596, 584, 582

求标准差的置信度为 0.95 的置信区间。

在线自主实验

　　读者结合第 7 章所学知识，利用在线 Python 编程平台，完成 10.4 参数估计实验，利用 Python 编程完成一些典型例子的计算，掌握利用统计软件进行参数估计的计算方法，提高利用信息化技术解决问题的能力。

第 8 章　假设检验

假设检验是统计学中一类基本的统计推断形式，是由样本推断总体的一种方法，该方法先对总体的特征进行某种假设，依据统计原理，通过抽样做出拒绝或接受假设的推断。假设检验分为两类，一类是参数假设检验，另一类是非参数假设检验，但两类的基本原理类似。

8.1　假设检验的基本概念

8.1.1　假设检验问题

下面举例介绍假设检验的原理与应用。

案例 8.1.1　某保健品生产企业，其生产线正常时生产的某保健品的维生素 D3 的含量标准为每片 7.5μg，质量监控部门每天都要对其产品进行抽检，某天抽检的 36 片该保健品的维生素 D3 的含量数据如下所示：

7.56	7.32	7.23	7.6	7.54	7.34	7.45	7.54	7.43	7.33	7.34	7.86
7.29	7.49	7.59	7.48	7.49	7.68	7.07	7.47	7.58	7.66	7.59	7.7
7.11	7.62	7.59	7.46	7.54	7.41	7.61	7.36	7.37	7.4	7.15	7.67

按照经验，每片该保健品维生素 D3 的含量服从正态分布，并且方差 $\sigma^2 = 0.12^2$，那么根据这一天抽检结果，该保健品维生素 D3 的含量符合每片 7.5μg 的标准吗？

案例 8.1.2　某型号的无人机玩具制造商要求供货商提供的充电电池在充满电后可使得无人机玩具在空中的平均持续飞行时间不少于 120min。假设该电池充满电后可使得无人机玩具在空中持续飞行的时间（单位：min）服从正态分布 $N(\mu, 49)$。为验证该性能指标是否满足制造商的要求，随机抽查了装有充满电电池的该型号无人机 9 只，测得飞行时间如下：

| 110.4 | 124 | 103.2 | 120.7 | 115.3 | 117.3 | 125.5 | 114.9 | 110.4 |

根据这批样本数据，是否能判断这批充电电池符合要求？

案例 8.1.3　某制造企业希望对生产流水线进行科学管理，需要了解产品的市场需求。根据过去的统计结果，该企业生产的某零件的周销量（单位：千只）服从正态分布 $N(52, 6.3^2)$，企划部为核实这个结果，随机调取了前期 120 周的销量，按区间分组并整理数据后给出下表：

组限	$(-\infty, 38.7)$	$[38.7, 42.4)$	$[42.4, 46.1)$	$[46.1, 49.8)$	$[49.8, 53.5)$
频数	3	4	17	21	28

组限	[53.5,57.2)	[57.2,60.9)	[60.9,64.6)	[64.6,+∞)	
频数	20	18	6	3	

这个样本数据支持过去的统计结果吗？换句话说，该产品的销量 X 是否服从正态分布 $N(52, 6.3^2)$？

在工业、农业、金融、管理、医学、卫生、数据分析等领域都有类似上述案例的问题。

8.1.2 假设检验的基本思想

下面首先从案例 8.1.1 和案例 8.1.2 的分析和求解过程说明假设检验的一般原理。案例 8.1.3 留作习题。

案例 8.1.1 解：

假设随机变量 X 表示这一天每片该保健品的维生素 D3 的含量，由案例的条件可知 $X \sim N(\mu, \sigma^2)$，其中 $\sigma^2 = 0.12^2$，要判断 X 是否符合标准，即判断总体均值 $\mu = 7.5$ 是否成立，若成立则认为符合标准，否则就不符合标准，那么可以先假设 $\mu = 7.5$，并称该假设为原假设，记为

$$H_0 : \mu = 7.5$$

把该假设的对立面，即" $\mu \neq 7.5$ "称为备择假设，记为

$$H_1 : \mu \neq 7.5$$

至此完成了假设检验的第一步，即根据实际问题提出合理的原假设与备择假设。

接下来就是根据样本的信息检验原假设 H_0 是否成立。如何利用样本信息？这里介绍一种基于概率的**反证法**：假设 H_0 成立，基于这个假设构造一个小概率事件，保证这个小概率事件在 H_0 成立时几乎不会在一次抽样（或试验）中发生。如果根据样本数据发现这个小概率事件发生了，那么就有理由认为 H_0 不成立，即做出拒绝 H_0 而接受 H_1 的决策。否则就没有充分的理由拒绝 H_0，从而接受 H_0。反证法使用了一个符合常规的基本原理，即概率很小的事件在一次试验中几乎不会发生，通常称其为**小概率事件原理**，它是进行假设检验的基本法则。下面阐述如何构造这样的小概率事件：仍然分析案例 8.1.1，若 $H_0 : \mu = 7.5$ 成立，则样本均值 $\bar{X}$ 与 7.5 的误差不应太大，即 $|\bar{X} - 7.5|$ 应该较小（由随机因素造成的误差是难免的）。" $|\bar{X} - 7.5|$ 较大"就是小概率事件，为了体现小概率事件的"小"和差距的"大"，我们引入 α 表示小概率事件的概率，并称其为**显著性水平**（α 一般取 0.1、0.05、0.01 等，即若事件的概率小于事先指定的概率 α，则该事件为小概率事件），同时引入 C 表示差距，并称其为**临界值**，它们满足 $P\{|\bar{X} - 7.5| > C\} = \alpha$，一旦给定显著性水平，临界值就成为判断小概率事件是否发生的分界线。代入 $\bar{X}$ 的观测 $\bar{x}$，只要 $|\bar{x} - 7.5| > C$，就认为在这次观测中小概率事件发生了，于是有理由拒绝原假设 H_0。为处理实际问题更直观方便，我们定义一个区域，当样本观测值落入这个区域，就拒绝 H_0，否则就接受 H_0，称这个区域为**拒绝域**。本案例的拒绝域为 $W = \left\{ (X_1, X_2, \cdots, X_n) \Big| |\bar{X} - 7.5| > C \right\}$。

在给定显著性水平 α 时，如何确定临界值和拒绝域呢？这是假设检验中实质性的一步。因为显著性水平是概率，所以应该通过随机变量及其分布来确定。类似于参数估计，我们构

造一个含有参数的样本函数,自然会想到 $U = \dfrac{\bar{X} - 7.5}{\sigma / \sqrt{36}}$,它是一个随机变量,并且易知

$$U = \frac{\bar{X} - 7.5}{\sigma / \sqrt{36}} \sim N(0,1)$$

把这样构造的样本函数称为**检验统计量**,代入样本观测值即得到**检验统计量的值**。

由 $P\left\{ \left| \dfrac{\bar{X} - 7.5}{\sigma / \sqrt{36}} \right| > k \right\} = \alpha$,很容易转化为 $P\{|\bar{X} - 7.5| > C\} = \alpha$ 的形式,由此可得临界值 C 。

为了便于处理,往往直接利用构造的检验统计量来确定拒绝域,此处的检验统计量为 $\dfrac{\bar{X} - 7.5}{\sigma / \sqrt{36}}$,因此可令 $k = u_{\alpha/2}$,此时拒绝域为

$$W = \left\{ (X_1, X_2, \cdots, X_n) \left\| \frac{\bar{X} - 7.5}{\sigma / \sqrt{36}} \right| > u_{\alpha/2} \right\}$$

若取显著性水平 $\alpha = 0.05$,查表得 $u_{\alpha/2} = 1.96$,则拒绝域为

$$W = \left\{ (X_1, X_2, \cdots, X_n) \left\| \frac{\bar{X} - 7.5}{\sigma / \sqrt{36}} \right| > 1.96 \right\}$$

在案例 8.1.1 中,由样本观测值不难算出样本均值的观测值为 $\bar{x} = 7.47$,而已知 $\sigma^2 = 0.12^2$,代入计算得到的检验统计量的值是 $\dfrac{\bar{x} - 7.5}{\sigma / \sqrt{36}} = -1.5$,显然这个样本观测值并没有落入拒绝域,也就是并没有使小概率事件发生,从而接受原假设,即这一天保健品的维生素 D3 的含量符合每片 7.5μg 的标准。

接下来介绍案例 8.1.2 的分析与求解过程。

案例 8.1.2 解:

用随机变量 X 表示该电池充满电后使无人机在空中持续飞行的时间,根据案例的条件可知 $X \sim N(\mu, \sigma^2)$,其中 $\sigma^2 = 7^2$,那么问题就转化为判断平均持续飞行时间 μ 是否不少于 120min,换句话说,若 μ 显著小于 120min,则玩具制造商不能接受供货商提供的货物。制造商检验产品是否满足要求时,首先可以假设产品满足要求,即提出原假设 $H_0 : \mu \geqslant 120$,对应的备择假设 $H_1 : \mu < 120$ 。类似于案例 8.1.1 的方法,构造一个小概率事件,使得在 H_0 成立时构造的小概率事件几乎不会在一次抽样中发生,而如果由样本信息得到拒绝 H_0 、接受 H_1 的结论,那么就认为 μ 显著小于 120,制造商有理由认为产品不符合要求。具体解法如下:检验假设

$$H_0 : \mu \geqslant 120 , \quad H_1 : \mu < 120$$

在 H_0 成立时,可以利用样本均 $\bar{X}$ 构造检验统计量 $U = \dfrac{\bar{X} - 120}{\sigma / \sqrt{9}}$,此时

$$U = \frac{\bar{X} - 120}{\sigma / \sqrt{9}} \geqslant \frac{\bar{X} - \mu}{\sigma / \sqrt{9}}$$

显然,在原假设 H_0 下, $\dfrac{\bar{X} - \mu}{\sigma / \sqrt{9}} \sim N(0,1)$,但是 $U = \dfrac{\bar{X} - 120}{\sigma / \sqrt{9}}$ 不一定服从 $N(0,1)$ 。

容易理解在原假设成立时, $U < 0$ 的可能性很小,所以当给定显著性水平 α 时,

$P\left\{\dfrac{\overline{X}-\mu}{\sigma/\sqrt{9}}<-u_{\alpha}\right\}=\alpha$ 是小概率事件，又由于

$$\left\{(X_1,X_2,\cdots,X_n)\mid\frac{\overline{X}-120}{\sigma/\sqrt{9}}<-u_{\alpha}\right\}\subset\left\{(X_1,X_2,\cdots,X_n)\mid\frac{\overline{X}-\mu}{\sigma/\sqrt{9}}<-u_{\alpha}\right\}$$

从而

$$P\left\{\frac{\overline{X}-120}{\sigma/\sqrt{9}}<-u_{\alpha}\right\}\leqslant P\left\{\frac{\overline{X}-\mu}{\sigma/\sqrt{9}}<-u_{\alpha}\right\}$$

所以

$$P\left\{\frac{\overline{X}-120}{\sigma/\sqrt{9}}<-u_{\alpha}\right\}\leqslant\alpha$$

在显著性水平 α 下，可以令拒绝域为 $W=\left\{(X_1,X_2,\cdots,X_n)\mid\dfrac{\overline{X}-120}{\sigma/\sqrt{9}}<-u_{\alpha}\right\}$，也就是说，若样本观测值落入拒绝域 W，小概率事件发生（这个事件的概率不会超过 α），则拒绝原假设，反之接受原假设。在这个问题中，已知 $\sigma^2=7^2$，根据样本数据可得 $\overline{x}\approx115.74$，代入即得 $\dfrac{\overline{x}-120}{\sigma/\sqrt{9}}=-1.83$。

若取 $\alpha=0.05$，则拒绝域 $W=\left\{(X_1,X_2,\cdots,X_n)\mid\dfrac{\overline{X}-120}{\sigma/\sqrt{9}}<-1.645\right\}$，此时样本观测值落入拒绝域，因此有理由拒绝 H_0，从而认为该充电电池不符合要求。

下面我们按照上述案例的分析与求解的过程总结假设检验的基本概念、基本原理及一般步骤。

类似于上述案例 8.1.1 和案例 8.1.2 的情形，总体的分布类型是已知的，仅涉及总体未知参数的检验称为**参数假设检验**。而类似于案例 8.1.3 的情形，在不知道周销量 X 是否服从正态分布的情况下，提出的假设可以是 H_0：X 服从正态分布，H_1：X 不服从正态分布，这种对总体的分布的类型未知或某些特征的检验称为**非参数假设检验**。

另外，注意案例 8.1.1 和案例 8.1.2 的主要区别，案例 8.1.1 的拒绝域 W 位于两侧，这类假设检验称为**双侧检验**。类似地，案例 8.1.2 的拒绝域 W 在左侧，这类假设检验称为**左侧检验**，而拒绝域 W 在右侧的假设检验称为**右侧检验**，左侧检验和右侧检验统称为**单侧检验**。

设总体 X 的分布函数为 $F(x)$，一般来说 $F(x)$ 完全或部分未知，又设 $X_1,X_2,\cdots,X_n$ 为总体 X 的一个简单随机样本，相应的样本观测值为 $x_1,x_2,\cdots,x_n$。参数假设检验的主要步骤可以归纳如下：

（1）把实际问题转换为假设检验问题，提出原假设 H_0 和备择假设 H_1；

（2）在 H_0 成立的条件下。构造适当的检验统计量，如 $U=g(X_1,X_2,\cdots,X_n)$，要求 U 的分布完全已知（不含未知参数）；

（3）给定一个很小的 α（称为显著性水平），由 U 构造拒绝域 W，使得当 H_0 成立时，

$$P\left\{(X_1,X_2,\cdots,X_n)\in W\right\}\leqslant\alpha$$

即构造一个小概率事件 $(X_1,X_2,\cdots,X_n)\in W$；

（4）代入样本数据，计算检验统计量的观测值 $U=g(x_1,x_2,\cdots,x_n)$，由此判断一次观测中

$(X_1, X_2, \cdots, X_n)$ 是否落在拒绝域 W，从而做出决策，即若 $(X_1, X_2, \cdots, X_n) \in W$，则拒绝 H_0，否则接受 H_0。

8.1.3 假设检验中的两类错误

假设检验是常用的统计推断方法，其推断的依据是小概率事件原理。我们知道，在一次试验中小概率事件也有发生的可能，因而假设检验是根据一次抽样的样本信息做出的决策，这就不可避免地会发生决策错误。

一般将错误归结为如下两类。

若原假设 H_0 为真，由于样本的随机性，恰巧使构造的小概率事件发生了，根据上述方法做出拒绝 H_0 的决策，则此时就犯了错误，称这类错误为**第Ⅰ类错误**（又称为"**弃真**"错误）；若 H_0 实际上为假（即 H_1 为真），但根据样本错误地接受了 H_0，则此时也犯了错误，称这类错误为**第Ⅱ类错误**（又称为"**纳伪**"错误）。从案例 8.1.1 和案例 8.1.2 的检验过程可知，犯第Ⅰ类错误的概率为 $P\{拒绝 H_0 \mid H_0 为真\} \leqslant \alpha$，即犯第Ⅰ类错误的概率不会超过显著性水平 α。α 越小，犯第Ⅰ类错误的概率就越小，一般当 $\alpha = 0.05$ 时，拒绝 H_0 称为是"显著"的，当 $\alpha = 0.01$ 时，拒绝 H_0 称为是"高度显著"的。犯第Ⅱ类错误的概率记为 β，即 $P\{接受 H_0 \mid H_0 为假\} = P\{接受 H_0 \mid H_1 为真\} = \beta$。两类错误及其概率如下表所示：

		判断	
		接受 H_0	接受 H_1
实际情况	H_0 为真	正确（$>1-\alpha$）	犯第Ⅰ类错误（$\leqslant \alpha$）
	H_0 为假	犯第Ⅱ类错误（β）	正确（$1-\beta$）

我们希望检验方法尽量少犯错误，但不能完全排除犯错误的可能性。理想的检验方法犯两类错误的概率应该很小，但在样本容量给定的情形下，不可能同时使两者都很小，减少其中一个往往使另一个增大。在理论和计算上寻找犯第Ⅱ类错误的概率尽可能小的检验并非易事。在实际应用中，我们着重控制第Ⅰ类错误的概率。

注：假设检验的结果与显著性水平 α 也是有关的。注意到在案例 8.1.2 中，当 $\alpha = 0.05$ 时，拒绝 H_0；当 $\alpha = 0.02$ 时，拒绝域变为

$$W = \{(X_1, X_2, \cdots, X_n) \mid \frac{\overline{X} - 120}{\sigma / \sqrt{9}} < -2.05\}$$

此时样本观测值没有落入拒绝域，因此没有理由拒绝原假设，即接受 H_0，于是可以认为该充电电池符合要求。由此可以看出，显著性水平 α 的大小反映了假设检验的标准。

*8.1.4 p 值检验法

参数假设检验是一种经典的统计推断方法，**p 值检验法**则是另一种具有更大的灵活性的统计推断方法。两种方法都需要首先根据问题提出原假设 H_0 与备择假设 H_1，然后在原假设 H_0 成立的基础上构造检验统计量。

经典假设检验方法首先要给出显著性水平 α，然后根据 α 的值确定检验统计量的临界值

与拒绝域，并进行决策。在这种模式下，不同的 α 值对应的检验结论可能不同。

p 值检验法无需事先给出显著性水平，以案例 8.1.1 为例，在原假设 H_0 成立的基础上构造的检验统计量 U 及拒绝域 W 都与经典假设检验方法相同。不同的是，p 值检验法先计算检验统计量的观测值（记为 u_0），再计算事件 $|U|>u_0$ 的概率，假设 $P\{|U|>u_0\}=p$，则这个 p 值就等于拒绝原假设的概率，也就是说，如果 p 值很小，那么我们认为发生这个事件的可能性非常小，因而拒绝 H_0。在案例 8.1.1 中，取 $|u_0|=\left|\dfrac{\bar{x}-7.5}{\sigma/\sqrt{36}}\right|=1.5$，那么 $P\{|U|>1.5\}=0.13$，与 0.05 比较，我们认为这个概率不算太小，因此接受原假设。

从上述的讨论可知，如果 H_0 成立，那么使得 $|U|>|u_0|$ 成立的样本观测数据的概率为 p，p 值的大小决定了 H_0 的不可能程度。如果 p 值小到不能接受的程度，那么拒绝 H_0。p 值越小说明实际观测到的数据与 H_0 之间的不一致程度越高，检验的结果也就越显著。从这个意义上来说，p 值等同于显著性水平。

在显著性水平方面，p 值检验法和经典方法的关联性可以这样理解：假设给定一个显著性水平 α，若 $p\leqslant\alpha$，则表明比 α 更小概率值的事件发生了，故拒绝 H_0；反之，若 $p>\alpha$，则接受 H_0，这就是 **p 值检验法**，并称概率值 p 为检验 p 值。

可见，p 值检验法并没有替用户做决策，而是提供了 p 值，用户是依据 p 值的大小来做决策的，因此它把决策权交给了用户，这也是目前统计软件中普遍采用的检验方法。

为了便于理解，设 Z 表示构造的检验统计量，z_0 表示根据样本数据计算得到的检验统计量的观测值。下面给出计算 p 值的一般方法。

（1）当原假设 H_0 成立时，若 Z 服从对称分布（如标准正态分布或 t 分布），则
$$p=\begin{cases}P\{|Z|\geqslant|z_0|\},双侧检验\\P\{Z\geqslant z_0\},右侧检验\\P\{Z\leqslant z_0\},左侧检验\end{cases}$$

（2）当原假设 H_0 成立时，若 Z 服从一般形式的分布（如 χ^2 分布或 F 分布），则
$$p=\begin{cases}2P\{Z\geqslant z_0\},双侧检验且P\{Z\geqslant z_0\}\leqslant0.5\\2P\{Z\leqslant z_0\},双侧检验且P\{Z\leqslant z_0\}\leqslant0.5\\P\{Z\geqslant z_0\},右侧检验\\P\{Z\leqslant z_0\},左侧检验\end{cases}$$

在现代统计学中，p 值检验法提供了更多的信息，人们可以选择任意水平来评估结果是否具有统计上的显著性。只要认为某个 p 值显著，就可以在这样的 p 值水平下拒绝原假设。然而，传统的显著性水平 α（如 1%、5%、10% 等）已被普遍认为"拒绝原假设具有足够的证据"。$p<0.1$ 代表有一些证据不利于原假设，$p<0.05$ 代表有适度证据不利于原假设，$p<0.01$ 代表有很强证据不利于原假设。以案例 8.1.2 为例，它是一个左侧检验问题，其检验统计量 U 服从 $N(0,1)$，当 H_0 成立时，据前面的计算结果可知检验统计量的观测值 $\dfrac{\bar{x}-120}{\sigma/\sqrt{9}}\approx-1.83$，故 u_0 $=-1.83$，此时 $P\{U<-1.83\}=0.03$，若选择显著性水平 $\alpha=0.05$，则该概率值 $0.03<\alpha$，因而拒绝 H_0，此时得出与前面经典方法相同的结论。

对于一些常见的分布，可以通过查表得到 p 值。现代计算机的广泛应用使 p 值的计算变得十分容易，多数计算机软件都能够输出有关假设检验的主要计算结果，包括 p 值。本章后续内容主要介绍假设检验的经典方法。

8.2 单个正态总体参数的检验

8.1 节以参数假设检验为例介绍了假设检验的基本概念和方法，本节将介绍正态总体参数（均值与方差）的假设检验问题。假设总体 $X \sim N\left(\mu, \sigma^2\right)$，$X_1, X_2, \cdots, X_n$ 是来自总体 X 的样本，$\bar{X} = \dfrac{1}{n}\sum_{i=1}^{n} X_i$，$S^2 = \dfrac{1}{n-1}\sum_{i=1}^{n}\left(X_i - \bar{X}\right)^2$ 分别是样本均值和样本方差。

8.2.1 单个正态总体均值的假设检验

对均值 μ 的检验是指在方差 σ^2 已知或者 σ^2 未知的情况下，检验参数 μ 与 μ_0 是否有显著差异、是否显著偏小、是否显著偏大三类问题。

1. 方差 σ^2 已知

根据具体问题提出如下三类原假设与备择假设：

（1）$H_0: \mu = \mu_0$，$H_1: \mu \neq \mu_0$；

（2）$H_0: \mu \geqslant \mu_0$，$H_1: \mu < \mu_0$；

（3）$H_0: \mu \leqslant \mu_0$，$H_1: \mu > \mu_0$。

对 "（1）$H_0: \mu = \mu_0$，$H_1: \mu \neq \mu_0$" 的检验类似于案例 8.1.1 的分析，比较 μ 的无偏估计 $\bar{X}$ 与 μ_0，考察有关 $\bar{X} - \mu_0$ 的分布。在 H_0 成立的条件下，$\bar{X} - \mu_0 \sim N\left(0, \sigma^2/n\right)$，即 $U = \dfrac{\bar{X} - \mu_0}{\sigma/\sqrt{n}} \sim N(0,1)$，故采用检验统计量：

$$U = \frac{\bar{X} - \mu_0}{\sigma/\sqrt{n}} \sim N(0,1)$$

在 H_0 成立时，$\bar{X}$ 与 μ_0 的偏差太大是不合适的，所以在显著性水平 α 下选取拒绝域：

$$\frac{\left|\bar{X} - \mu_0\right|}{\sigma/\sqrt{n}} > u_{\alpha/2}$$

对 "（2）$H_0: \mu \geqslant \mu_0$，$H_1: \mu < \mu_0$" 的检验类似于例 8.1.2 的分析，构造检验统计量，在 H_0 成立的条件下，$U = \dfrac{\bar{X} - \mu}{\sigma/\sqrt{n}} \sim N(0,1)$，则 $P\{\dfrac{\bar{X} - \mu}{\sigma/\sqrt{n}} < -u_\alpha\} = \alpha$，而

$$P\left\{\frac{\bar{X} - \mu_0}{\sigma/\sqrt{n}} < -u_\alpha\right\} \leqslant P\left\{\frac{\bar{X} - \mu}{\sigma/\sqrt{n}} < -u_\alpha\right\}$$

所以 $P\left\{\dfrac{\bar{X} - \mu_0}{\sigma/\sqrt{n}} < -u_\alpha\right\} \leqslant \alpha$，即在显著性水平 α 下选取拒绝域：

$$\frac{\overline{X}-\mu_0}{\sigma/\sqrt{n}}<-u_\alpha$$

对"（3）$H_0:\mu\leqslant\mu_0$，$H_1:\mu>\mu_0$"的检验可用类似于（2）的分析方法，在显著性水平 α 下选取拒绝域：

$$\frac{\overline{X}-\mu_0}{\sigma/\sqrt{n}}>u_\alpha$$

上述这种利用正态分布检验统计量的方法称为 **U 检验法**。

注：这里需要说明（2）和（3）（单侧检验)的情况，注意拒绝域中仅涉及 μ_0，所以对（2）和（3）的检验，分别相当于检验 $H_0:\mu=\mu_0$，$H_1:\mu<\mu_0$ 和 $H_0:\mu=\mu_0$，$H_1:\mu>\mu_0$，都是选取检验统计量 $U=\dfrac{\overline{X}-\mu_0}{\sigma/\sqrt{n}}\sim N(0,1)$，只是 $H_1:\mu<\mu_0$ 时选取的拒绝域为左侧区间，而 $H_1:\mu>\mu_0$ 时选取的拒绝域为右侧区间，后面遇到单侧检验时将按此处理，不再予以说明。

案例 8.2.1 假设某汽车零部件供应商生产某种规格的轴承，在正常情况下，其直径（单位：mm）服从正态分布 $N(50,0.25)$。为了检测该供应商某天生产的轴承直径是否正常，在生产的轴承中随机抽查了 25 只，测得直径分别为

49.86	50.25	50.70	50.41	50.28	50.73	50.25	49.51	50.33	49.56
50.56	50.14	50.29	50.13	49.95	50.90	49.70	51.23	51.04	50.63
50.72	50.27	50.40	49.75	50.30					

在显著性水平 $\alpha=0.05$ 下，根据这批样本数据判断这一天生产的轴承的直径是否正常？

解：根据已知条件，本题属于已知方差 $\sigma^2=0.25$ 时对均值 μ 的假设检验问题。检验假设

$$H_0:\mu=50,\quad H_1:\mu\neq50$$

检验统计量为

$$U=\frac{\overline{X}-50}{0.5/\sqrt{25}}\sim N(0,1)$$

选取拒绝域为

$$\left|\frac{\overline{X}-50}{0.5/\sqrt{25}}\right|>u_{0.025}=1.96$$

由样本算得 $\overline{x}\approx50.32$，因此 $u=\dfrac{\overline{X}-50}{0.5/\sqrt{25}}=3.2>1.96$，故拒绝 H_0，即认为这天生产的轴承直径不正常。

例 8.2.1 某厂生产一种灯管，其寿命 X（单位：h）服从 $X\sim N(\mu,200^2)$，从过去经验来看，$\mu\leqslant1500$。今先采用新工艺进行生产，再从产品中随机抽 25 只进行测试，得到寿命的平均值为 1675，问采用新工艺后，灯管质量是否有显著提高（$\alpha=0.05$）？

解：（1）从过去经验来看，$\mu\leqslant1500$，而测试的结果为 $\overline{x}=1675>1500$，但人们只有在拒绝假设 $H_0:\mu\leqslant1500$ 后才能得出灯管质量有显著提高的结论，故要检验假设 $H_0:\mu\leqslant1500$；

（2）取统计量 $U=\dfrac{\overline{X}-1500}{200/\sqrt{25}}\sim N(0,1)$，$\overline{x}=1675$ 计算得到 $u=4.375$；

（3）由附表 3 查得临界值 $\mu_{0.05}$；

（4）由于 $u = 4.375 > 1.65$，故拒绝 H_0，即认为采用新工艺后，灯管质量提高了。

2. 方差 σ^2 未知

σ^2 未知时，$U = \dfrac{\overline{X} - \mu_0}{\sigma / \sqrt{n}}$ 不能作为检验统计量，故用样本方差 S^2 代替其中的总体方差 σ^2，选取检验统计量

$$T = \frac{\overline{X} - \mu_0}{S / \sqrt{n}} \sim t(n-1)$$

鉴于推导的思想方法与 σ^2 已知的情形类似，省略过程，直接给出三类假设的检测结果，有兴趣的读者可以作为自行推导。

在显著性水平 α 下：

（1）检验假设 $H_0 : \mu = \mu_0$，$H_1 : \mu \neq \mu_0$，则其拒绝域为

$$\frac{\left| \overline{X} - \mu_0 \right|}{S / \sqrt{n}} > t_{\alpha/2}(n-1)$$

（2）检验假设 $H_0 : \mu \geq \mu_0$，$H_1 : \mu < \mu_0$，则其拒绝域为

$$\frac{\overline{X} - \mu_0}{S / \sqrt{n}} < -t_{\alpha}(n-1)$$

（3）检验假设 $H_0 : \mu \leq \mu_0$，$H_1 : \mu > \mu_0$，则其拒绝域为

$$\frac{\overline{X} - \mu_0}{S / \sqrt{n}} > t_{\alpha}(n-1)$$

这种利用 t 分布检验统计量的方法称为 t 检验法。

例 8.2.2 水泥厂用自动包装机包装水泥，每袋额定重量是 50kg，某日开工后随机抽查了 9 袋，称得重量如下：

$$49.1, 48.7, 47.5, 51.2, 50.3, 49.8, 49.4, 51.0, 49.0$$

设每袋重量服从正态分布，问包装机工作是否正常（$\alpha = 0.05$）？

解：（1）从产品标准来看 $\mu = 50$，而测试的结果为 $\bar{x} = 49.6$，但人们只有在拒绝了假设 $H_0 : \mu = 50$ 后才能得到包装机工作显著不正常的结论，故要检验假设 $H_0 : \mu = 50$；

（2）取统计量 $T = \dfrac{\left| \overline{X} - 50 \right|}{S / \sqrt{9}} \sim t(8)$，$\bar{x} = 49.6$，$s^2 \approx 1.36$，计算得到 $t = 1.029$；

（3）由附表 4 查得临界值 $t_{\alpha/2} = t_{0.025}(8) = 2.306$；

（4）由于 $t = 1.029 < 2.306$，故没有足够证据拒绝 H_0，即认为包装机工作正常。

例 8.2.3 一公司声称某种类型的电子元件的平均寿命至少为 50h。某实验室检验了该公司制造的 10 件电子元件，得到的电子元件寿命如下：

35	48	46	52	37	47	52	53	43	47

试问：这些结果是否表明这种类型的电子元件低于该公司所声称的寿命（$\alpha = 0.05$）？

解： 可将该问题归纳为下述假设检验问题：

$$H_0 : \mu \geq 50, \quad H_1 : \mu < \mu_0$$

方差未知，则利用 t 检验法的左侧检验来解，根据题目已知

$$\mu_0 = 50, \quad n = 10, \quad \overline{x} = 46, \quad s^2 = 37.56$$

由此算出

$$t = \frac{\overline{x} - 50}{s / \sqrt{10}} \approx -2.064$$

而对于给定的显著性水平 $\alpha = 0.05$ ，查附表 4 得

$$-t_\alpha (9) = -1.833$$

因为 $t = -2.064 < -t_\alpha (9)$ ，所以拒绝原假设，根据这些试验结果，认为这种类型电子元件低于该公司所声称的寿命。

8.2.2 单个正态总体方差的假设检验

根据具体问题可以提出如下三类原假设与备择假设：

（1）$H_0 : \sigma^2 = \sigma_0^2$，$H_1 : \sigma^2 \neq \sigma_0^2$；

（2）$H_0 : \sigma^2 \geqslant \sigma_0^2$，$H_1 : \sigma^2 < \sigma_0^2$；

（3）$H_0 : \sigma^2 \leqslant \sigma_0^2$，$H_1 : \sigma^2 > \sigma_0^2$。

下面介绍假设（1）的检验统计量及拒绝域。

1. 均值 μ 已知

由第六章的知识可知，$\dfrac{1}{n} \sum_{i=1}^{n} (X_i - \mu)^2$ 是总体方差 σ^2 的无偏估计，故当 $H_0 : \sigma^2 = \sigma_0^2$ 为真

时，样本方差 σ^2 的观测值应在附近，那么 $\dfrac{\dfrac{1}{n} \sum_{i=1}^{n} (X_i - \mu)^2}{\sigma_0^2}$ 的取值应该在 1 附近，此时选取的检

验统计量为

$$\chi^2 = \frac{\sum_{i=1}^{n} (X_i - \mu)^2}{\sigma_0^2} \sim \chi^2 (n)$$

当 H_1 成立时，χ^2 有偏小或偏大的趋势，其拒绝域为

$$\frac{\sum_{i=1}^{n} (X_i - \mu)^2}{\sigma_0^2} < k_1 \text{ 或 } \frac{\sum_{i=1}^{n} (X_i - \mu)^2}{\sigma_0^2} > k_2$$

其中，k_1 和 k_2 $(k_1 < k_2)$ 可以由下式确定：

$$P \left\{ \frac{\sum_{i=1}^{n} (X_i - \mu)^2}{\sigma_0^2} < k_1 \right\} = \frac{\alpha}{2} , \quad P \left\{ \frac{\sum_{i=1}^{n} (X_i - \mu)^2}{\sigma_0^2} > k_2 \right\} = \frac{\alpha}{2}$$

对于给定的显著性水平 α ，通常取 $k_1 = \chi_{1-\alpha/2}^2 (n)$ ，$k_2 = \chi_{\alpha/2}^2 (n)$ 。于是拒绝域为

$$\chi^2 = \frac{\sum_{i=1}^{n} (X_i - \mu)^2}{\sigma_0^2} < \chi_{1-\alpha/2}^2 (n) \quad \text{或} \quad \chi^2 = \frac{\sum_{i=1}^{n} (X_i - \mu)^2}{\sigma_0^2} < \chi_{\alpha/2}^2 (n)$$

根据一次抽样得到的样本观察值 $x_1, x_2, \cdots, x_n$ 计算出 χ^2 的观察值。若

$$\chi^2 < \chi^2_{1-\alpha/2}(n) \text{ 或 } \chi^2 > \chi^2_{1-\alpha/2}(n)$$

则拒绝原假设 H_0，否则接受 H_0。

对于"(2) $H_0: \sigma^2 \geqslant \sigma_0^2$, $H_1: \sigma^2 < \sigma_0^2$"，在给定的显著性水平 α 下，类似地可得到拒绝域为

$$\chi^2 = \frac{\sum_{i=1}^{n}(X_i - \mu)^2}{\sigma_0^2} < \chi^2_{1-\alpha}(n)$$

对于"(3) $H_0: \sigma^2 \leqslant \sigma_0^2$, $H_1: \sigma^2 > \sigma_0^2$"，在给定的显著性水平 α 下，类似地可得到拒绝域为

$$\chi^2 = \frac{\sum_{i=1}^{n}(X_i - \mu)^2}{\sigma_0^2} > \chi^2_{\alpha}(n)$$

2. 均值 μ 未知

类似于均值 μ 已知的情形，选取检验统计量为

$$\chi^2 = \frac{n-1}{\sigma_0^2}S^2 = \frac{\sum_{i=1}^{n}(X_i - \bar{X})^2}{\sigma_0^2} \sim \chi^2(n-1)$$

对于假设（1），选取拒绝域为

$$\chi^2 = \frac{\sum_{i=1}^{n}(X_i - \bar{X})^2}{\sigma_0^2} < \chi^2_{1-\alpha/2}(n-1) \text{ 或 } \chi^2 = \frac{\sum_{i=1}^{n}(X_i - \bar{X})^2}{\sigma_0^2} < \chi^2_{\alpha/2}(n-1)$$

即根据一次抽样得到的样本观察值 $x_1, x_2, \cdots, x_n$ 计算出 χ^2 的观察值。若

$$\chi^2 < \chi^2_{1-\alpha/2}(n-1) \text{ 或 } \chi^2 > \chi^2_{1-\alpha/2}(n-1)$$

则拒绝原假设 H_0，否则接受 H_0。

对于"(2) $H_0: \sigma^2 \geqslant \sigma_0^2$, $H_1: \sigma^2 < \sigma_0^2$"，类似地可得到拒绝域为

$$\chi^2 = \frac{\sum_{i=1}^{n}(X_i - \bar{X})^2}{\sigma_0^2} < \chi^2_{1-\alpha}(n-1)$$

对于"(3) $H_0: \sigma^2 \leqslant \sigma_0^2$, $H_1: \sigma^2 > \sigma_0^2$"，类似地可得到拒绝域为

$$\chi^2 = \frac{\sum_{i=1}^{n}(X_i - \bar{X})^2}{\sigma_0^2} > \chi^2_{\alpha}(n-1)$$

这种利用 χ^2 分布检验统计量的方法称为 **χ^2 检验法**。

注：当 μ 已知时，也可用 μ 未知时的 χ^2 检验法，但是按照相同的显著性水平，前者的拒绝域与后者的拒绝域相比，犯第 II 类错误的概率较小，因而效果更好。

案例 8.2.2 假设某品牌某型号的电动自行车充满电后行驶的里程，即续航里程（单位：

km）服从正态分布，现从中随机地抽出 12 辆该型号的电动自行车，测得续航里程数据如下：

52	45	67	62	54	56	52	47	48	57	40	50

在显著性水平 α =0.05 下，是否可以认为该厂生产的电动自行车在充满电后的续航里程的方差为 80？

解： 由题意知，要检验假设 $H_0: \sigma^2 = 80$，$H_1: \sigma^2 \neq 80$。因为 μ 未知，故采用的检验统计量为

$$\chi^2 = \frac{11}{80} S^2$$

当 H_0 为真时，$\chi^2 \sim \chi^2(11)$。此时拒绝域为 $\chi^2 < \chi^2_{0.975}(11)$ 或 $\chi^2 > \chi^2_{0.025}(11)$，查附表 5 得 $\chi^2_{0.975}(11) - 3.816$、$\chi^2_{0.025}(11) = 21.920$，代入得

$$\chi^2 < 3.816 \text{ 或 } \chi^2 > 21.920$$

由样本算得 $s^2 = 55$，因此 $3.82 < \frac{11}{80} s^2 \approx 7.56 < 21.920$，故接受 H_0，即认为该型号的电动自行车续航里程的方差与 80 无显著差异。

案例 8.2.3 某食盐包装生产线，在包装机正常的情况下，每袋净重均值为 500g，标准差不超过 10g。假设每袋净重 X 服从正态分布 $N(\mu, \sigma^2)$，某天为了检测包装机是否正常，随机抽取了 10 袋，经计算样本均值和样本方差分别为 $\bar{x} = 502$，$s^2 = 20^2$，问该天包装机是否正常（取显著性水平 α =0.05）？

解：（1）依题意，先检测每袋平均净重是否符合要求，即检验假设

$$H_0: \mu = 500, \quad H_1: \mu \neq 500$$

采用 T 检验统计量：

$$T = \frac{\bar{X} - 500}{S / \sqrt{10}} \sim t(9)$$

此时拒绝域为 $\left| \frac{\bar{X} - 500}{S / \sqrt{10}} \right| > t_{0.025}(9)$，查附表 4 得 $t_{0.025}(9) = 2.2622$，代入 $\bar{x} = 502$，$s^2 = 20^2$，计算得到

$$T = \frac{\bar{X} - 500}{S / \sqrt{10}} \approx 0.3162$$

由 $|t|$=0.3162<2.2622，故接受 H_0，即认为该天包装机包装食盐的每袋平均净重与 500g 没有显著差异。

（2）检验每袋净重的方差是否符合要求，即检验假设

$$H_0: \sigma^2 \leq 10^2, \quad H_1: \sigma^2 > 10^2$$

采用检验统计量

$$\chi^2 = \frac{9}{10^2} S^2$$

当 H_0 为真时 $\chi^2 \sim \chi^2(9)$，此时拒绝域为 $\chi^2 > \chi^2_{0.05}(9)$，查表得 $\chi^2_{0.05}(9)$=16.919，代入 $s^2 = 20^2$，计算得

$$\chi^2 = \frac{9}{10^2} s^2 \approx 36 > 16.919$$

故拒绝 H_0，即认为每袋净重的方差显著偏大。综上所述，该包装机的方差指标不正常，应该停下来进行检修。

例 8.2.4 某厂生产的某种型号的食品破壁机，其使用寿命长期以来服从正态分布 $N(\mu,5000)$，今有一批这种型号的食品破壁机，从生产情况看，使用寿命波动性较大，为判断这种看法是否符合实际，从中随机抽取了 26 台食品破壁机，测出使用寿命的方差 $s^2 =7200$，问根据这个数字能否断定这批食品破壁机使用寿命的波动性较以往有显著变化（$\alpha =0.02$）？

解：（1）如果这批破壁机使用寿命的波动性正常，则应有 $\sigma^2 = \sigma_0^2 = 5000$，因而要检验 $H_0:\sigma^2 = \sigma_0^2$，$H_1:\sigma^2 \neq \sigma_0^2$。

（2）取统计量 $\chi^2 = \dfrac{n-1}{\sigma_0^2}S^2$，已知 $s^2 = 7200$，$\sigma_0^2 = 5000$，$n = 26$，计算得 $\chi^2 =36$。

（3）由附表 5 查得

$$\chi_{\alpha/2}^2\left(n-1\right) = \chi_{0.99}^2\left(25\right) =11.524,\quad \chi_{1-\alpha/2}^2\left(n-1\right) = \chi_{0.01}^2\left(25\right) =44.314$$

（4）由于 $11.524<36<44.314$，因此根据这个数据，不能断定这批电池使用寿命的波动性较以往有显著变化。

8.3 两个正态总体参数的假设检验

8.3.1 两个正态总体均值的假设检验

在实际问题或日常生活中，关于两个正态总体均值差的检验是很常见的。例如，不同厂商生产同样配件的质量差异，比较两个不同行业从业人员收入的差异，比较同一行业男、女从业者的收入差异等。我们来看一个具体的例子。

案例 8.3.1 对外卖饭店来说，许多顾客关心从下单到外卖送到的时间间隔，为比较入驻某网络平台的饭店 A 和饭店 B 的时间间隔的差异，对两家饭店分别随机抽查了 16 次，下面是具体的时间间隔数据（单位：min）：

| 饭店A | 17 | 11 | 14 | 15 | 16 | 16 | 21 | 20 | 13 | 15 | 14 | 19 | 23 | 21 | 14 | 17 |
| 饭店B | 19 | 13 | 20 | 15 | 18 | 22 | 22 | 13 | 12 | 16 | 17 | 21 | 25 | 18 | 20 | 17 |

假设对两个饭店来说，时间间隔相互独立且服从正态分布，而且方差相等。请根据上述样本数据，判断这两家饭店的平均时间间隔有无显著差异（$\alpha =0.01$）？

分析 假设 X,Y 分别表示饭店 A 和饭店 B 的时间间隔，根据案例给出的条件可知 $X \sim N(\mu_1,\sigma^2)$，$Y \sim N(\mu_2,\sigma^2)$，X 和 Y 相互独立。为判断两家饭店的平均时间间隔有无显著差异，因此原假设和备择假设分别为

$$H_0:\mu_1-\mu_2=0,\quad H_1:\mu_1-\mu_2\neq 0$$

与单个正态总体参数检验的方法类似，可给出检验结果。在解决本案例之前，首先介绍两个正态总体均值差检验的常用结论。

一般地，设正态总体 $X \sim N\left(\mu_1,\sigma_1^2\right)$，$Y \sim N\left(\mu_2,\sigma_2^2\right)$，$X$ 和 Y 相互独立。$\left(X_1,X_2,\cdots,X_n\right)$

是取自总体 X 的样本，$\overline{X}$ 和 S_1^2 是对应的样本均值和样本方差；$(Y_1, Y_2, \cdots, Y_m)$ 是取自总体 Y 的样本，$\overline{Y}$ 和 S_2^2 是对应的样本均值和样本方差。可根据问题提出如下三类原假设与备择假设：

（1）$H_0: \mu_1 - \mu_2 = \delta$，$H_1: \mu_1 - \mu_2 \neq \delta$；

（2）$H_0: \mu_1 - \mu_2 \geqslant \delta$，$H_1: \mu_1 - \mu_2 < \delta$；

（3）$H_0: \mu_1 - \mu_2 \leqslant \delta$，$H_1: \mu_1 - \mu_2 > \delta$。

下面以假设（1）为例，介绍不同情形选取的检验统计量和拒绝域，其余情况以此类推。

1. 方差 σ_1^2、σ_2^2 已知

现在检验假设

$$H_0: \mu_1 - \mu_2 = \delta,\ H_1: \mu_1 - \mu_2 \neq \delta$$

根据 $\mu_1 - \mu_2$ 的估计量 $\overline{X} - \overline{Y}$ 寻找检验统计量。我们知道，当 H_0 为真时，

$$\overline{X} - \overline{Y} \sim N\left(\delta, \sigma_1^2/n + \sigma_2^2/m\right)$$

这时可选取检验统计量为

$$U = \frac{(\overline{X} - \overline{Y}) - \delta}{\sqrt{\sigma_1^2/n + \sigma_2^2/m}} \sim N(0,1)$$

易知在显著性水平 α 下的拒绝域为

$$\frac{\left|(\overline{X} - \overline{Y}) - \delta\right|}{\sqrt{\sigma_1^2/n + \sigma_2^2/m}} > u_{\alpha/2}$$

依此类推，检验假设（2）$H_0: \mu_1 - \mu_2 \geqslant \delta$，$H_1: \mu_1 - \mu_2 < \delta$，则其拒绝域为

$$\frac{(\overline{X} - \overline{Y}) - \delta}{\sqrt{\sigma_1^2/n + \sigma_2^2/m}} < -u_{\alpha}$$

检验假设（3）$H_0: \mu_1 - \mu_2 \leqslant \delta$，$H_1: \mu_1 - \mu_2 > \delta$，则其拒绝域为

$$\frac{(\overline{X} - \overline{Y}) - \delta}{\sqrt{\sigma_1^2/n + \sigma_2^2/m}} > u_{\alpha}$$

2. 方差 $\sigma_1^2 = \sigma_2^2 = \sigma^2$ 未知

现在检验假设

$$H_0: \mu_1 - \mu_2 = \delta,\ H_1: \mu_1 - \mu_2 \neq \delta$$

根据第六章的知识，可选取检验估计量为

$$T = \frac{(\overline{X} - \overline{Y}) - \delta}{S_W \sqrt{\dfrac{1}{n} + \dfrac{1}{m}}} \sim t(n + m - 2)$$

其中，$S_W^2 = \dfrac{(n-1)S_1^2 + (m-1)S_2^2}{n + m - 2}$，易知在显著性水平 α 下的拒绝域为

$$\frac{\left|(\overline{X} - \overline{Y}) - \delta\right|}{S_W \sqrt{\dfrac{1}{n} + \dfrac{1}{m}}} > t_{\alpha/2}(n + m - 2)$$

依此类推，检验假设（2）$H_0: \mu_1 - \mu_2 \geq \delta$，$H_1: \mu_1 - \mu_2 < \delta$，则其拒绝域为

$$\frac{(\bar{X} - \bar{Y}) - \delta}{S_W \sqrt{\frac{1}{n} + \frac{1}{m}}} < -t_{\alpha/2}(n + m - 2)$$

检验假设（3）$H_0: \mu_1 - \mu_2 \leq \delta$，$H_1: \mu_1 - \mu_2 > \delta$，则其拒绝域为

$$\frac{(\bar{X} - \bar{Y}) - \delta}{S_W \sqrt{\frac{1}{n} + \frac{1}{m}}} > t_{\alpha/2}(n + m - 2)$$

3. 方差 σ_1^2、σ_2^2 未知，但样本容量相等，即 $n=m$

这种情形可以看作配对试验，此时取 $Z = X - Y$ 作为总体，则 $Z \sim N(\mu_1 - \mu_2, \sigma_1^2 + \sigma_2^2)$，而 $Z_i = X_i - Y_i$（$i = 1, 2, \cdots, n$）可视为来自单个正态总体 Z 的样本，于是该检验可看作单个正态总体在方差未知时对均值的检验。在假设（1）$H_0: \mu_1 - \mu_2 = \delta$ 下，由前面的结论易知，可选取检验统计量为

$$T = \frac{\bar{Z} - \delta}{S_Z / \sqrt{n}} \sim t(n - 1)$$

在显著性水平 α 下的拒绝域为

$$\frac{|\bar{Z} - \delta|}{S_Z / \sqrt{n}} > t_{\alpha/2}(n - 1)$$

其中，$\bar{Z} = \bar{X} - \bar{Y}$，$S_Z^2 = \frac{1}{n-1} \sum_{i=1}^{n} (Z_i - \bar{Z})^2 = \frac{1}{n-1} \sum_{i=1}^{n} ((X_i - Y_i) - (\bar{X} - \bar{Y}))^2$。

依此类推，检验假设（2）$H_0: \mu_1 - \mu_2 \geq \delta$，$H_1: \mu_1 - \mu_2 < \delta$，则其拒绝域为

$$\frac{\bar{Z} - \delta}{S_Z / \sqrt{n}} < -t_{\alpha}(n - 1)$$

检验假设（3）$H_0: \mu_1 - \mu_2 \leq \delta$，$H_1: \mu_1 - \mu_2 > \delta$，则其拒绝域为

$$\frac{\bar{Z} - \delta}{S_Z / \sqrt{n}} > t_{\alpha}(n - 1)$$

案例 8.3.1 解：

在 $H_0: \mu_1 - \mu_2 = 0$ 下，选取检验统计量为

$$T = \frac{\bar{X} - \bar{Y}}{S_W \sqrt{\frac{1}{16} + \frac{1}{16}}} \sim t(30)$$

其中，$S_W^2 = \frac{15 S_1^2 + 15 S_2^2}{30}$。当 H_0 为真时，统计量 $T \sim t(30)$，在显著性水平 $\alpha = 0.01$ 下的拒绝域为

$$|T| > t_{0.005}(30)$$

查附表 4 得 $t_{0.005}(30) = 2.75$，由样本算得 $\bar{x} = 16.63$，$s_1^2 = 11.18$，$\bar{y} = 18$，$s_2^2 = 13.33$，$S_W^2 = 12.26$，从而计算得到统计量 T 的样本值为

$$t = \frac{(\bar{x} - \bar{y})}{s_W \sqrt{\frac{1}{16} + \frac{1}{16}}} \approx -1.107$$

由于 $|t| = 1.107 < 2.75$，故接受 H_0，即认为两家外卖送餐的时间间隔无显著差异。

例 8.3.1　甲、乙两个农业试验区种植玉米，除了甲区施磷肥外，其他试验条件都相同，把这两个试验区分别均分成 10 个小区统计产量（单位：kg），得到数据如下：

甲区	62	57	65	60	63	58	57	60	60	58
乙区	50	59	56	57	58	57	56	55	57	55

假定甲、乙两区中每小块的玉米产量 X 和 Y 分别服从 $N(\mu_1, \sigma^2)$ 和 $N(\mu_2, \sigma^2)$，其中 μ_1、μ_2、σ^2 均未知。试问，在显著性水平 $\alpha = 0.10$ 下磷肥对玉米的产量有无显著性影响？

解：现在要检验

$$H_0 : \mu_1 - \mu_2 = 0$$

在方差相等且未知的条件下，可以构造检验统计量为

$$T = \frac{\bar{X} - \bar{Y}}{S_W \sqrt{\frac{1}{10} + \frac{1}{10}}} \sim t(18)$$

于是，在显著性水平 $\alpha = 0.10$ 下，查附表 4 得拒绝域为

$$T = \frac{|\bar{X} - \bar{Y}|}{S_W \sqrt{\frac{1}{10} + \frac{1}{10}}} > t_{0.05}(18) = 1.734$$

根据样本数据可得 $\bar{x} = 60$，$s_1^2 = 7.11$，$\bar{y} = 56$，$s_2^2 = 6$，$s_W^2 = 6.56$，从而可得统计量 T 的样本值为

$$t = \frac{|\bar{x} - \bar{y}|}{s_W \sqrt{\frac{1}{10} + \frac{1}{10}}} = 3.49$$

由于 $|t| = 3.49 > 1.734$，故拒绝 H_0，即接受磷肥对玉米的产量有显著性影响。

8.3.2　两个正态总体方差比的假设检验

在实际问题中，比较两个总体的方差也是常常需要解决的问题。设正态总体 $X \sim N(\mu_1, \sigma_1^2)$，$Y \sim N(\mu_2, \sigma_2^2)$，$X$ 和 Y 相互独立，$(X_1, X_2, \cdots, X_n)$ 是取自 X 的样本，$\bar{X}$ 和 S_1^2 是对应的样本均值和样本方差；$(Y_1, Y_2, \cdots, Y_m)$ 是取自 Y 的样本，$\bar{Y}$ 和 S_2^2 是对应的样本均值和样本方差。按此前所学的知识，可根据问题提出如下三类原假设与备择假设：

（1）$H_0 : \sigma_1 = \sigma_2$，$H_1 : \sigma_1 \neq \sigma_2$；

（2）$H_0 : \sigma_1 \geqslant \sigma_2$，$H_1 : \sigma_1 < \sigma_2$；

（3）$H_0 : \sigma_1 \leqslant \sigma_2$，$H_1 : \sigma_1 > \sigma_2$。

由于样本方差 S_1^2 和 S_2^2 分别是 σ_1^2 和 σ_2^2 的无偏估计。构造检验统计量为

$$F = \frac{S_1^2 / \sigma_1^2}{S_2^2 / \sigma_2^2} = \left(\frac{\sigma_2^2}{\sigma_1^2}\right) \frac{S_1^2}{S_2^2} \sim F(n-1, m-1)$$

以假设（1）为例，在原假设 $H_0:\sigma_1=\sigma_2$ 为真时，选取检验统计量为

$$F=\frac{S_1^2}{S_2^2}\sim F(n-1,m-1)$$

易知在显著性水平 α 下的拒绝域为

$$F>F_{a/2}(n-1,m-1)\text{ 或 }F<F_{1-a/2}(n-1,m-1)$$

类似地，可以推出假设"（2）$H_0:\sigma_1\geqslant\sigma_2$，$H_1:\sigma_1<\sigma_2$"在显著性水平 α 下的拒绝域为

$$F<F_{1-a}(n-1,m-1)$$

"假设（3）$H_0:\sigma_1\leqslant\sigma_2$，$H_1:\sigma_1>\sigma_2$"在显著性水平 α 下的拒绝域为

$$F>F_a(n-1,m-1)$$

案例 8.3.2 在某一橡胶配方中，原先使用氧化锌 5g，现减为 1g。现在需要考查不同配方对橡胶伸长率的影响，随机抽取若干橡胶样品分别测它们的橡胶伸长率的数据如下：

氧化锌 1g	565	577	580	575	556	542	560	532	570	561
氧化锌 5g	540	533	525	520	545	531	541	529	534	

假设橡胶伸长率服从正态分布，问两种配方对橡胶伸长率总体方差的影响有无显著差异（$\alpha=0.10$）？

解： 根据题意，检验假设

$$H_0:\sigma_1=\sigma_2,\quad H_1:\sigma_1\neq\sigma_2$$

采用的检验统计量为

$$F=\frac{S_1^2}{S_2^2}\sim F(n-1,m-1)$$

查表得 $F_{0.05}(9,8)=3.3881$，$F_{0.95}(9,8)\dfrac{1}{F_{0.05}(8,9)}=0.3096$，所以拒绝域为

$$F<0.3096\text{ 或 }F>3.3881$$

由样本算得 $s_1^2=236.8444$，$s_2^2=63.8611$，于是统计量 F 的样本值为

$$F=\frac{s_1^2}{s_2^2}=\frac{236.8444}{63.8611}\approx3.7087$$

显然 $F>F_{0.05}(9,8)$，故拒绝 H_0，即认为两种配方对橡胶伸长率总体方差的影响显著。

下面从假设检验的角度解决类似案例 6.1.2 的问题。

案例 8.3.3 假设两个学院的高等数学成绩都服从正态分布，下表是教务部门随机抽查的两个学院高等数学成绩的样本数据：

学院 I	88	51	70	69	89	38	65	49	99	80	75	52	60	63	79	55
学院 II	88	73	66	91	72	67	71	64	60	100	97	77	59			

请根据该样本数据回答下面的问题：

（1）如果已知两个学院成绩的方差 $\sigma_1^2=100$，$\sigma_2^2=121$，平均成绩有无显著差异？

（2）已知方差可以评估学生成绩参差不齐的情况，那么两个学院成绩的方差有无显著差异？（$\alpha=0.05$）

解： 设随机变量 X 为学院 I 的成绩，随机变量 Y 为学院 II 的成绩。

（1）依题意，可设原假设和备择假设为

$$H_0 : \mu_1 - \mu_2 = 0, \quad H_1 : \mu_1 \neq \mu_2$$

由于方差已知，所以可以选取检验统计量

$$U = \frac{\bar{X} - \bar{Y}}{\sqrt{\dfrac{\sigma_1^2}{16} + \dfrac{\sigma_2^2}{13}}} \sim N(0,1)$$

拒绝域为 $|U| > u_{0.025} = 1.96$，由样本算得 $\bar{x} = 67.625$，$\bar{y} = 75.769$，于是统计量 U 的样本值 $|u| = |-2.0648| > 1.96$，故拒绝 H_0，即认为两学院的平均成绩有显著差异。

（2）根据题意，原假设和备择假设为

$$H_0 : \sigma_1^2 = \sigma_2^2, \quad H_1 : \sigma_1^2 \neq \sigma_2^2$$

因此可以选取检验统计量为

$$F = \frac{S_1^2}{S_2^2} \sim F(15,12)$$

查表得，$F_{0.025}(15,12) = 3.1772$，$F_{0.975}(15,12) = 0.3375$，所以拒绝域为

$$F < 0.3375 \text{ 或 } F > 3.1772$$

由样本可算得 $s_1^2 = 279.45$，$s_2^2 = 192.1923$，于是统计量 F 的样本值为

$$F = \frac{s_1^2}{s_2^2} = \frac{279.45}{192.1923} \approx 1.454$$

故接受 H_0，即认为两个学院成绩的方差没有显著差异。

注：上述案例 8.3.3（1）中给出了两个总体的方差。事实上，这两个参数通常未知，如果方差都未知，那么能否进行检验？请有兴趣的读者思考这个问题。

下面总结常见的正态总体参数的假设检验法，正态总体参数显著性检验表如表 8.3.1 所示。

表 8.3.1 正态总体参数显著性检验表（显著水平为 α）

名称	条件	原假设 H_0	拒绝域	统计量
U 检验	σ^2 已知	$\mu \leqslant \mu_0$ $\mu \geqslant \mu_0$ $\mu = \mu_0$	$U > u_\alpha$ $U < -u_\alpha$ $\lvert U \rvert > u_{\alpha/2}$	$U = \dfrac{\bar{X} - \mu_0}{\sigma / \sqrt{n}} \sim N(0,1)$
	σ_1^2、σ_2^2 已知	$\mu_1 - \mu_2 \leqslant \delta$ $\mu_1 - \mu_2 \geqslant \delta$ $\mu_1 - \mu_2 = \delta$	$U > u_\alpha$ $U < -u_\alpha$ $\lvert U \rvert > u_{\alpha/2}$	$U = \dfrac{\bar{X} - \bar{Y} - \delta}{\sqrt{\sigma_1^2 / n + \sigma_2^2 / m}} \sim N(0,1)$
T 检验	σ^2 未知	$\mu \leqslant \mu_0$ $\mu \geqslant \mu_0$ $\mu = \mu_0$	$t > t_\alpha(n-1)$ $t < -t_\alpha(n-1)$ $\lvert t \rvert > t_{\alpha/2}(n-1)$	$T = \dfrac{\bar{X} - \mu_0}{S / \sqrt{n}} \sim t(n-1)$
	$\sigma_1^2 = \sigma_2^2$ 未知	$\mu_1 - \mu_2 \leqslant \delta$ $\mu_1 - \mu_2 \geqslant \delta$ $\mu_1 - \mu_2 = \delta$	$t > t_\alpha(n+m-1)$ $t < -t_\alpha(n+m-1)$ $\lvert t \rvert > t_{\alpha/2}(n+m-1)$	$T = \dfrac{(\bar{X} - \bar{Y}) - \delta}{S_W \sqrt{\dfrac{1}{n} + \dfrac{1}{m}}} \sim t(n+m-1)$ $S_W^2 = \dfrac{(n-1)S_1^2 + (m-1)S_2^2}{n+m-2}$
	σ_1^2、σ_2^2 均未知 但 $n=m$	$\mu_1 - \mu_2 \leqslant \delta$ $\mu_1 - \mu_2 \geqslant \delta$ $\mu_1 - \mu_2 = \delta$	$t > t_\alpha(n-1)$ $t < -t_\alpha(n-1)$ $\lvert t \rvert > t_{\alpha/2}(n-1)$	$T = \dfrac{\bar{Z} - \delta}{S_Z / \sqrt{n}} \sim t(n-1)$ $Z_i = X_i - Y_i, \quad \bar{Z} = \bar{X} - \bar{Y}$ $S_Z^2 = \dfrac{1}{n-1} \sum_{i=1}^{n} (Z_i - \bar{Z})^2$

名称	条件	原假设 H_0	拒绝域	统计量
χ^2 检验	μ 已知	$\sigma^2 \leqslant \sigma_0^2$ $\sigma^2 \geqslant \sigma_0^2$ $\sigma^2 = \sigma_0^2$	$\chi^2 > \chi_\alpha^2(n)$ $\chi^2 < \chi_{1-\alpha}^2(n)$ $\chi^2 > \chi_{\alpha/2}^2(n)$ 或 $\chi^2 < \chi_{1-\alpha/2}^2(n)$	$\chi^2 = \dfrac{\sum\limits_{i=1}^{n}(X_i-\mu)^2}{\sigma_0^2} \sim \chi^2(n)$
	μ 未知	$\sigma^2 \leqslant \sigma_0^2$ $\sigma^2 \geqslant \sigma_0^2$ $\sigma^2 = \sigma_0^2$	$\chi^2 > \chi_\alpha^2(n-1)$ $\chi^2 < \chi_{1-\alpha}^2(n-1)$ $\chi^2 > \chi_{\alpha/2}^2(n-1)$ 或 $\chi^2 < \chi_{1-\alpha/2}^2(n-1)$	$\chi^2 = \dfrac{n-1}{\sigma_0^2}S^2 \sim \chi^2(n-1)$
F 检验	μ_1、μ_2 已知	$\sigma_1^2 \leqslant \sigma_2^2$ $\sigma_1^2 \geqslant \sigma_2^2$ $\sigma_1^2 = \sigma_2^2$	$F > F_\alpha(n,m)$ $F < F_{1-\alpha}(n,m)$ $F > F_{\alpha/2}(n,m)$ 或 $F < F_{1-\alpha/2}(n,m)$	$F = \dfrac{m\sum\limits_{i=1}^{n}(X_i-\mu_1)^2}{n\sum\limits_{i=1}^{m}(Y_i-\mu_2)^2} \sim F(n,m)$
	μ_1、μ_2 未知	$\sigma_1^2 \leqslant \sigma_2^2$ $\sigma_1^2 \geqslant \sigma_2^2$ $\sigma_1^2 = \sigma_2^2$	$F > F_\alpha(n-1,m-1)$ $F < F_{1-\alpha}(n-1,m-1)$ $F > F_{\alpha/2}(n-1,m-1)$ 或 $F < F_{1-\alpha/2}(n-1,m-1)$	$F = \dfrac{S_1^2}{S_2^2} \sim F(n-1,m-1)$

*8.4　非正态总体参数的假设检验

非正态总体参数的假设检验也是实际中常常遇到的问题。鉴于篇幅受限，本节主要以案例的形式简单介绍随机事件概率的假设检验及大样本情形下借助中心极限定理对非正态总体均值的假设检验方法。

8.4.1　随机事件概率 p 的假设检验

一般地，如果需要检验某随机事件 A 的概率是否为 p_0（p_0 为已知数），提出的原假设与备择假设为

$$H_0: p = p_0, \quad H_1: p \neq p_0$$

为解决这个检验问题，可以设随机变量 $X = \begin{cases} 1, & A\text{发生} \\ 0, & A\text{不发生} \end{cases}$，其分布律为

X	0	1
p_i	$1-p$	p

也就是 $X \sim B(1,p)$，因此问题的实质是对两点分布的参数 p 进行假设检验。若 $X_1, X_2, \cdots, X_n$ 是来自总体的一个简单随机样本，则 $X_i \sim B(1,p)$（$i=1,2,\cdots,n$）。易知，当 H_0 为真时有

$$E(\bar{X}) = p_0, \quad D(\bar{X}) = \frac{p_0(1-p_0)}{n}$$

由棣莫佛-拉普拉斯中心极限定理，有

$$U = \frac{\bar{X} - p_0}{\sqrt{p_0(1-p_0)/n}} \overset{\text{近似}}{\sim} N(0,1)$$

可将上述 U 作为检验统计量，则显著性水平为 α 时的拒绝域为

$$\left| \frac{\overline{X} - p_0}{\sqrt{p_0\left(1 - p_0\right)/n}} \right| > u_{\alpha/2}$$

当需要检验随机事件 A 的概率是否显著小于 p_0 及是否显著大于 p_0 时，对应的原假设与备择假设分别为

（1）$H_0 : p \geqslant p_0$，$H_1 : p < p_0$；

（2）$H_0 : p \leqslant p_0$，$H_1 : p > p_0$。

与前面的讨论类似，统计量仍然选取

$$U = \frac{\overline{X} - p_0}{\sqrt{p_0\left(1 - p_0\right)/n}} \overset{\text{近似}}{\sim} N\left(0,1\right)$$

其拒绝域分别为

$$\frac{\overline{X} - p_0}{\sqrt{p_0\left(1 - p_0\right)/n}} < -u_{\alpha} \, , \quad \frac{\overline{X} - p_0}{\sqrt{p_0\left(1 - p_0\right)/n}} > u_{\alpha}$$

案例 8.4.1　在微信支付推广期间，为了解其市场占有率，研究人员考察了某超市使用微信支付的情况，对该超市随机抽查的 500 笔支付，发现其中有 109 笔是通过微信支付完成的。将这个抽查结果看作整个市场微信支付率的样本，问能否认为微信支付率显著超过 20%（$\alpha=0.05$）？

解：记事件 A 为"一笔支付使用微信支付方式"，令 $P(A)=p$，根据问题的要求，原假设和备择假设为

$$H_0 : p \leqslant 0.2, \ H_1 : p > 0.2$$

与前面分析类似，选取统计量为

$$\frac{\overline{X} - 0.2}{\sqrt{0.2\left(1 - 0.2\right)/500}} \overset{\text{近似}}{\sim} N\left(0,1\right)$$

在显著性水平 $\alpha = 0.05$ 时，拒绝域为

$$U > u_{0.05} = 1.645$$

代入数据得到 U 的样本观测值 $u = 1.006 < 1.645$，从而接受原假设 H_0，即不能认为微信支付率显著超过 20%。

8.4.2　非正态总体的大样本检验

案例 8.4.2　根据长期经验可知，某批电子元件的寿命服从参数为 λ 的指数分布。为验证这批电子元件的平均寿命是否满足 1200h 的要求，随机抽查了 50 个元件，经检测得到这 50 个元件的平均寿命为 1350h，即样本均值 $\bar{x} = 1350$，根据这个抽样结果能否认为这批电子元件的平均寿命为 1200h（$\alpha = 0.05$）？

解：把电子元件的寿命记为 X，则 $X \sim E\left(\lambda\right)$，由第四章的知识可知 $E(X) = \dfrac{1}{\lambda}$，于是问题就转化为检验 $\dfrac{1}{\lambda}$ 是否为 1200，因此，该案例属于非正态总体参数的假设检验。检验假设：

$$H_0 : \lambda = \frac{1}{1200}, \ H_1 : \lambda \neq \frac{1}{1200}$$

样本记为 $X_1, X_2, \cdots, X_{50}$，根据中心极限定理，样本均值 $\bar{X}$ 近似服从正态分布，即

$$\bar{X} \overset{近似}{\sim} N\left(\frac{1}{\lambda}, \frac{1}{50\lambda^2}\right)$$

当 H_0 为真时，

$$\bar{X} \overset{近似}{\sim} N\left(1200, \frac{1200^2}{50}\right)$$

选取检验统计量为

$$U = \frac{\bar{X} - 1200}{1200/\sqrt{50}} \overset{近似}{\sim} N(0,1)$$

在显著性水平 $\alpha=0.05$ 下，拒绝域为 $|U| > u_{0.025} = 1.96$。代入数据得到 U 的样本观测值为

$$u = \frac{\bar{x} - 1200}{1200/\sqrt{50}} = 0.8839 < 1.96$$

从而接受原假设 H_0，即认为这批电子元件的平均寿命为 1200h。

案例 8.4.3　根据长期统计资料可知，某城市每天因交通事故死亡的人数服从泊松分布，每天平均死亡人数为 3。近一年来，有关部门加强了交通管理措施，据最近 300 天的统计显示，每天平均死亡人数为 2.7。问能否认为每天平均死亡人数显著减少（$\alpha=0.05$）？

解： 设每天因交通事故死亡的人数为 X，则 $X \sim P(\lambda)$，且 $E(X)=D(X)=\lambda=3$，于是问题就转化为检验假设：

$$H_0: \lambda \geqslant 3, \quad H_1: \lambda < 3$$

与前面的分析类似，这个假设相当于如下假设：

$$H_0: \lambda = 3, \quad H_1: \lambda < 3$$

根据中心极限定理，样本均值 X 近似服从正态分布 $N(\lambda, \lambda/n)$。当 H_0 为真时，

$$\bar{X} \overset{近似}{\sim} N\left(3, \frac{3}{300}\right)$$

选取检验统计量为

$$U = \frac{\bar{X} - 3}{\sqrt{0.01}} \sim N(0,1)$$

在显著性水平 $\alpha=0.05$ 下，拒绝域为 $U < -u_{0.05} = -1.645$。代入数据得到 U 的样本观测值：

$$u = \frac{\bar{x} - 3}{\sqrt{0.01}} \approx -3 < -1.645$$

从而拒绝 H_0，即认为每天平均死亡人数显著减少。

上述两个案例都属于非正态总体均值的假设检验问题。一般地，设总体 X 的分布函数为 $F(x)$，$E(X)=\mu$，$D(X)=\sigma^2$，$X_1, X_2, \cdots, X_n$ 为其容量为 n 的大样本。根据中心极限定理，当 n 充分大时，样本均值 X 近似服从正态分布。由此可以仿照上述案例的方法进行假设检验。

*8.5　非参数检验

前面介绍了总体分布参数的假设检验问题，这些问题都是在总体分布形式已知的条件下

进行的，但在很多场合中并不知道总体的分布类型，这时需要根据样本对总体的分布或分布类型提出假设并进行检验，这种检验一般称为分布拟合检验或非参数检验。本节简要介绍一种分布拟合检验方法——**非参数 χ^2 检验**。

案例 8.5.1　生物学家孟德尔根据颜色与形状将豌豆分成四类：黄的和圆的、青的和圆的、黄的和起皱的、青的和起皱的，运用遗传学的理论指出这四类豌豆的数量之比为 9:3:3:1。他观察了 556 颗豌豆，发现各类的颗数分别为 315、108、101、32。可否认为孟德尔的分类论断是正确的（$\alpha=0.05$）？

案例 8.5.2　某地 120 名 12 岁男孩的身高（单位：cm）如下表所示：

128.1	144.4	150.3	146.2	140.6	139.7	134.1	124.3	147.9	154.3	147.9	141.3
143.0	143.1	142.7	126.0	125.6	127.7	154.4	142.7	141.2	141.2	146.4	139.4
133.4	131.0	125.4	130.3	146.3	146.8	142.7	137.6	136.9	139.5	124.0	160.5
122.7	131.8	147.7	135.8	134.8	139.1	139.0	132.3	134.7	133.1	144.5	142.4
139.4	136.6	136.2	141.6	141.0	139.4	145.1	141.4	139.9	143.8	138.1	139.7
140.6	140.2	131.0	150.4	142.7	144.3	136.4	134.5	132.3	140.8	127.7	150.7
152.7	148.1	139.6	138.9	136.1	135.9	140.3	137.3	134.6	150.0	143.7	156.9
145.2	128.2	135.9	140.2	136.6	139.5	135.7	139.8	129.1	127.4	146.0	155.8
141.4	139.7	136.2	138.4	138.1	132.9	142.9	144.7	126.8	129.3	149.5	147.5
139.3	136.3	140.6	142.2	152.1	142.4	142.7	137.2	135.0	133.1	142.8	136.8

能否认为该地区 12 岁男孩的身高服从正态分布（$\alpha=0.05$）？

类似上述两个案例的问题都是非参数检验问题。一般问题的形式如下：如果总体 X 的分布未知，往往需要利用样本数据 $x_1, x_2, \cdots, x_n$ 来检验总体的分布函数是否是某一事先给定的函数 $F(x)$，即检验假设：

H_0：总体 X 的分布函数是 $F(x)$，　H_1：总体 X 的分布函数不是 $F(x)$。

注：（1）若总体 X 是离散型随机变量，则上述原假设 H_0 相当于

H_0：总体 X 的分布律是 $P(X = x_i) = p_i,\ i = 1, 2, \cdots$；

（2）若总体 X 是连续型随机变量，则上述原假设 H_0 相当于

H_0：总体 X 的概率密度为 $f(x)$。

当原假设 H_0 为真时，总体 X 的分布函数 $F(x)$ 的形式已知，但含有未知参数，需要先用最大似然估计法估计其中的参数。

非参数 χ^2 检验的基本思想与步骤：

（1）将样本空间 Ω 划分成 k 个互不相容的事件 $A_1, A_2, \cdots, A_k$，即

$$A_1 \cup A_2 \cup \cdots \cup A_k$$

（2）当假设 H_0 为真时，计算概率 $p_i = P(A_i)$ 和理论频数 $np_i\ (i = 1, 2, \cdots, k)$；

（3）由试验数据确定事件 A_i 发生的实际频数 n_i 及频率 $f_i = \dfrac{n_i}{n}$。

一般来说，当 H_0 为真并且试验次数足够多时，由大数定律可知，事件 A_i 的频率 $\dfrac{n_i}{n}$ 和理论概率 p_i 的差距较小，即 $\left(\dfrac{n_i}{n} - p_i\right)^2$ 也较小，从而构造统计量为

$$\chi^2 = \sum_{i=1}^{k} \left(\frac{n_i}{n} - p_i \right)^2 \frac{n}{p_i} = \sum_{i=1}^{k} \frac{(n_i - np_i)^2}{np_i}$$

显然这里的 χ^2 也较小。换句话说，如果可以利用 χ^2 的分布构造一个小概率事件，而且如果样本观测值使得这个小概率事件发生了，那么就有理由拒绝 H_0，否则接受 H_0。这时就需要研究随机变量 χ^2 的概率分布，对此，皮尔逊于 1900 年证明了如下重要结论：

定理 8.5.1（皮尔逊定理） 当假设 H_0：$X \sim F(x)$ 为真且 n 充分大时，无论 $F(x)$ 为何分布函数，统计量 χ^2 总是近似服从自由度为 $k{-}r{-}1$ 的 χ^2 分布，即

$$\chi^2 = \sum_{i=1}^{k} \frac{(n_i - np_i)^2}{np_i} \overset{\text{近似}}{\sim} \chi^2(k-r-1)$$

其中，k 为划分数，r 为 $F(x)$ 中未知参数的个数。

由定理 8.5.1 可知，在假设 H_0 成立的条件下，在显著性水平 α 下的拒绝域为

$$\chi^2 = \sum_{i=1}^{k} \frac{(n_i - np_i)^2}{np_i} > \chi^2(k-r-1)$$

注：由于定理 8.5.1 的结论为近似结果，应用时一般要求 $n \geqslant 50$，且每个 $np_i \geqslant 5$，否则要合并相邻组。

案例 8.5.1 解：

分别记 A_1, A_2, A_3, A_4 表示豌豆为黄的和圆的、青的和圆的、黄的和起皱的、青的和起皱的四个事件，根据题意需要检验：

$$H_0：P(A_1) = \frac{9}{16}, \quad P(A_2) = \frac{3}{16}, \quad P(A_3) = \frac{3}{16}, \quad P(A_4) = \frac{1}{16}$$

样本容量和实际频数分别为 $n=556$，$n_1 =315$，$n_2 =108$，$n_3 =101$，$n_4 =32$，无须估计参数，所以在假设 H_0 成立的条件下，检验统计量为

$$\chi^2 = \sum_{i=1}^{4} \frac{(n_i - np_i)^2}{np_i} \sim \chi^2(3)$$

在显著性水平 $\alpha=0.05$ 下的拒绝域为

$$\chi^2 > \chi^2_{0.05}(3) = 7.815$$

代入样本数据算得 χ^2 的样本观测值 $\displaystyle\sum_{i=1}^{4} \frac{(n_i - np_i)^2}{np_i} \approx 0.47 < 7.815$，故接受 H_0，即认为孟德尔的论断是正确的。

案例 8.5.2 解：

以 X 表示该地区 12 岁男孩的身高，则依题意需要检验

$$H_0：X \sim N(\mu, \sigma^2)$$

由于 H_0 中含有未知参数，故需要先进行参数估计，我们知道 μ 与 σ^2 的最大似然估计分别为

$$\hat{\mu} = \bar{x} \approx 139.5, \quad \hat{\sigma}^2 = \frac{1}{120} \sum_{i=1}^{120} (x_i - \bar{x})^2 \approx 55。$$

当 X 是连续型随机变量时，划分区间的方法如下：首先把 $(-\infty, +\infty)$ 划分为互不相交的子区间：

$$D_1 = \left(-\infty, a_1\right], \quad D_i = \left(a_{i-1}, a_i\right], \quad i = 2, 3, \cdots, k-1, \quad D_k = \left(a_{k-1}, +\infty\right)$$

一般来说，除了 D_1 与 D_k，其他子区间是等距小区间，并且 D_1 与 D_k 中包含的实测频数为 5 或者稍大于 5，子区间的总数 k 不宜太大或太小，当 $50 \le n < 100$ 时，k 为 6~8；当 $100 \le n < 200$ 时，k 为 9~12；当 $n \ge 200$ 时，k 可以适当增加，一般以不超过 20 为宜。

本案例首先把 X 的取值范围分为如下 9 个子区间：

组限	$(-\infty, 126]$	$(126, 130]$	$(130, 134]$	$(134, 138]$	$(138, 142]$
频数	5	8	10	22	33
组限	$(142, 146]$	$(146, 150]$	$(150, 154]$	$(154, +\infty)$	
频数	20	11	6	5	

通过如下方式计算理论概率：

$$\hat{p}_1 = \hat{P}\{X \le 126\} = \Phi\left(\frac{126 - \hat{\mu}}{\hat{\sigma}}\right)$$

$$\hat{p}_i = \hat{P}\{a_{i-1} < X \le a_i\} = \Phi\left(\frac{x_i - \hat{\mu}}{\hat{\sigma}}\right) - \Phi\left(\frac{x_{i-1} - \hat{\mu}}{\hat{\sigma}}\right), i = 2, 3, \cdots, 8$$

$$\hat{p}_1 = \hat{P}\{X > 154\} = 1 - \Phi\left(\frac{154 - \hat{\mu}}{\hat{\sigma}}\right)$$

由 Excel 可得到结果如下：

A_i	n_i	$\hat{p}_i$	$n\hat{p}_i$	$n_i - n\hat{p}_i$	$(n_i - n\hat{p}_i)^2 / n\hat{p}_i$
$X \le 126$	5	0.0344	4.1224		
$126 < X \le 130$	8	0.0657	7.8896	0.9880	0.081256
$130 < X \le 134$	10	0.1290	15.4870	−5.4870	1.944037
$134 < X \le 138$	22	0.1907	22.8838	−0.8838	0.03413
$138 < X \le 142$	33	0.2121	25.4547	7.5453	2.236586
$142 < X \le 146$	20	0.1776	21.3157	−1.3157	0.081209
$146 < X \le 150$	11	0.1120	13.4371	−2.4371	0.442022
$1150 < X \le 154$	6	0.0531	6.3760		
$154 < X$	5	0.0253	3.0337	1.5903	0.268772
合计					5.088

从上表的计算结果可见，在原先 9 个子区间中，第 1 个和第 9 个小区间不满足 $n\hat{p}_i \ge 5$ 的条件，所以把它们和相邻区间合并，最终得到小区间的个数 $k=7$，所需估计参数的个数 $r=2$，根据皮尔逊定理，检验统计量 $\chi^2 \sim \chi^2(k-r-1) = \chi^2(4)$，显著性水平 $\alpha = 0.05$ 下的拒绝域为

$$\chi^2 > \chi^2_{0.05}(4)$$

查表得 $\chi^2_{0.05}(4) = 9.488$，经计算得到 x 的样本观测值 $\chi^2 = 5.088 < 9.488$，故接受 H_0，即认为该地区 12 岁男孩的身高服从正态分布。

习题 8

1. 某种产品单个质量的均值是 12g，标准差是 1g。更新设备后，从生产的产品中随机取

出 100 个，测得样本均值是 $\bar{x}=12.5$。设这批产品的重量服从正态分布，问设备更新前后产品的平均重量是否有变化？（$\alpha=0.05$）

2．某批矿砂的 5 个样品中镍含量经测定为 $x(\%)$：

$$3.25 \quad 3.27 \quad 3.24 \quad 3.26 \quad 3.24$$

设测定值服从正态分布，问能否认为这批矿砂的镍的含量为 3.25（$\alpha=0.01$）？

3．糖厂用自动打包机打包。每包标准重量为 100 公斤。每天开工后需要检验一次打包机工作是否正常。某日开工或测得 9 包重量（单位：公斤）如下：

$$99.3 \quad 98.7 \quad 100.5 \quad 101.2 \quad 98.3 \quad 99.7 \quad 99.5 \quad 102.1 \quad 100.5$$

问该日打包机工作是否正常（$\alpha=0.05$；已知重量服从正态分布)？

4．从某厂生产的电子元件中随机抽取了 25 个作使用寿命测试，得数据（单位：h）$x_1,\cdots,x_{25}$，并由此算得 $\bar{x}=100$，$\sum\limits_{i=1}^{25} x_i^2 = 4.9\times10^5$。已知这种电子元件的使用寿命服从 $N(\mu,\sigma^2)$，国家标准为 90h 以上。试在显著性水平 $\alpha=0.05$ 下检验该厂生产的电子元件是否符合国家标准，即要检验

$$H_0:\mu=90,\quad H_1:\mu>90$$

5．随机地从一批外径为 1cm 的钢珠中抽取 10 只测试屈服强度（单位：N/cm²），得数据 $x_1,x_2,\cdots,x_{10}$，并由此得到 $\bar{x}=2200$，$s=220$。已知钢珠的屈服强度服从 $N(\mu,\sigma^2)$，试在显著性水平 $\alpha=0.05$ 下分别检验：

（1）$H_0:\mu=2000,\ H_1:\mu\neq90$。

（2）$H_0:\sigma=200,\ H_0:\sigma>200$。

6．某厂生产的某种钢索的断裂强度服从正态分布 $N(\mu,\sigma^2)$，其中 $\sigma=40\text{MPa}$。现从这批钢索中随机抽取 9 个样品测得断裂强度平均值 $\bar{x}$ 与以往生产的 μ 相比，$\bar{x}$ 较 μ 大 20MPa，设总体方差不变，问在 $\alpha=0.01$ 下能否认为这批钢索质量有显著提高？

7．设某次考试的考生成绩服从正态分布，从中随机抽取 36 位考生的成绩，算得平均成绩为 66.5 分，标准差为 15 分，问在显著性水平为 0.05 时是否可以认为这次考试全体考生的成绩为 70 分？

8．某纺织厂生产的维尼纶纤维强度（用 X 表示），在生产稳定的情况下服从正态分布。按往常资料 $\sigma=0.048$，今从某批维尼纶中抽测 5 根纤维，得到纤维强度数据：

$$1.32 \quad 1.55 \quad 1.36 \quad 1.40 \quad 1.44$$

试问这批维尼纶纤维强度的方差 σ^2 有无显著变化？（$\alpha=0.10$）

9．某地测定急性克山病患者与克山区健康人的血磷资料如下表：

| 患者 | 2.60 | 3.24 | 3.73 | 3.73 | 4.32 | 4.73 | 5.18 | 5.58 | 5.78 | 6.40 | 6.53 | | |
| 健康人 | 1.67 | 1.98 | 1.98 | 2.33 | 2.34 | 2.50 | 3.60 | 3.73 | 4.14 | 4.17 | 4.57 | 4.82 | 5.78 |

试问克山病患者与健康人的血磷是否相同？（$\alpha=0.05$）

10．随机地挑选 20 位失眠者，分别服用甲、乙两种安眠药，记录下他们睡眠的延长时间（单位：h），得到数据如下：

| 服用甲药 | 1.9 | 0.8 | 1.1 | 0.1 | -0.1 | 4.4 | 5.6 | 1.6 | 4.6 | 3.4 |
| 服用乙药 | 0.7 | -1.6 | -0.2 | -0.1 | 3.4 | 3.7 | 0.8 | 0 | 2.0 | -1.2 |

试问能否认为甲药的疗效显著地高于乙药? 即要检验

$$H_0: \mu_1 = \mu_2, \ H_1: \mu_1 > \mu_2$$

这里假定延长时间分别服从 $N(\mu_1, \sigma^2)$ 与 $N(\mu_2, \sigma^2)$, $\alpha = 0.05$。

11. 某单位研究饲料中维生素 E 缺乏对肝中维生素 A 含量的影响。将同种属性、同年龄、同性别、同体重的大白鼠配成 8 对,并将每对动物随机分配到正常饲料组和缺乏维生素 E 的饲料组,定期将大白鼠杀死,测定肝中维生素 A 的含量,其数据如下:

正常饲料组	3.55	2.00	3.00	3.95	3.80	3.75	3.45	3.05
维生素 E 缺乏组	2.45	2.40	1.80	3.20	3.25	2.70	2.50	1.75

问饲料中维生素 E 缺乏对肝中维生素 A 含量有无影响? ($\alpha = 0.05$)

12. 按照规定,每 100g 的罐头番茄汁,维生素 C 的含量不得少于 21mg,现从某厂生产的一批罐头中抽取 17 个,测得维生素 C 的含量(单位:mg)如下:

22　21　20　23　21　19　15　13　23　17　20　29　18　22　16　25

已知维生素 C 的含量服从正态分布,试检验这种罐头的维生素含量是否合格 ($\alpha = 0.05$)。

13. 某种合金弦的抗拉强度 $X \sim N(\mu, \sigma^2)$,过去经验 $\mu \leqslant 10560 \ (\text{kg/cm}^2)$,今用新工艺生产了一批弦线,随机取 10 根进行抗拉试验,测得数据如下:

10512　10632　10668　10554　10776　10707　10557　10581　10666　10670

问这批弦线的抗拉强度是否提高了 ($\alpha = 0.05$)?

14. 从一批保险丝中抽取 10 根试验其熔化时间,结果为

65　75　78　71　59　57　68　54　55

问是否可认为这批保险丝的熔化时间的方差小于或等于 80 ($\alpha = 0.05$,熔化时间服从正态分布)?

15. 对两种羊毛织品的强度进行试验所得结果如下:

第一种:138,127,134,125;

第二种:134,137,135,140,130,134,

问是否一种羊毛的强度高于另一种 ($\alpha = 0.05$,设两种羊毛织品的强度都是服从方差相同的正态分布)。

 在线自主实验

读者结合第 8 章的所学知识,利用在线 Python 编程平台,完成 10.5 假设检验实验,通过利用 Python 编程完成典型假设检验问题的复杂数学计算,掌握编程完成一般假设检验问题的计算方法。

*第9章　回归分析与方差分析

回归分析与方差分析是数理统计中应用价值很大的两类方法，它们本质上是利用参数估计与假设检验处理特定数据的有效方法，这类数据往往受到一个或若干个自变量的影响，本章重点讨论一个自变量的情形，即一元回归分析和单因素试验的方差分析。

9.1　回归分析

9.1.1　回归分析的相关概念

在客观世界中，普遍存在着变量之间的关系，数学的一个重要作用就是从数量上来揭示、表达和分析这些关系，而变量之间的关系一般可分为确定性关系和非确定性关系，确定性关系可用函数关系来表示，而非确定性关系则不然。首先来看下面的案例。

案例 9.1.1　某地区教育局教学发展研究中心为了研究高中数学成绩对物理成绩是否有影响，为此随机抽查了 60 名高中生的数学和物理的考试成绩，具体数据如下表所示：

数学	82	76	86	83	77	49	80	64	77	81	77	82	55	45	78
物理	77	71	79	89	82	51	79	63	83	85	79	88	50	48	67
数学	80	75	67	78	89	34	82	82	36	76	88	69	62	65	75
物理	69	81	80	60	72	38	80	95	45	84	99	65	70	72	58
数学	66	74	78	67	78	55	43	73	74	66	64	77	73	79	68
物理	71	81	76	77	74	61	33	73	79	79	73	85	68	84	76
数学	71	87	68	47	75	69	80	71	89	72	67	65	73	79	78
物理	75	76	72	63	75	83	89	72	72	76	78	73	62	75	91

调查人员绘制了 60 名高中生的数学成绩与物理成绩散点图（见图 9.1.1），其中横轴表示数学成绩，纵轴表示物理成绩。

从散点图中可以看出数学成绩好的同学，物理成绩往往也比较好，两者之间的确存在着比较密切的关系，但这种关系又难以用确定性的函数关系来表示，变量之间的这种非确定性关系在数理统计中称为**相关关系**。在客观世界中变量之间具有相关关系的情况比比皆是，如人的身高与体重之间的关系、人的血压与年龄之间的关系、某企业的利润水平与它的研发费用之间的关系、房产销量与新婚人数之间的关系等。如何刻画这种相关关系呢？回归分析就是一个比较有效的工具。

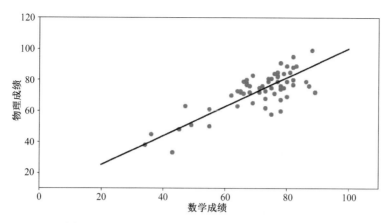

图 9.1.1　60 名高中生的数学成绩与物理成绩散点图

　　回归分析是在分析变量之间相关关系的基础上考察变量之间变化规律的方法，通常利用散点图选择一个拟合效果较好的回归模型，即建立变量之间的数学表达式，从而确定一个或多个变量的变化对另一个特定变量的影响程度，为人们的预测和控制提供依据。深入观察图 9.1.1 可以发现图中的点虽然杂乱无章，但是大体上呈现出一种直线趋势，用回归分析的方法可以找到一条较好的表示这些点走向的直线，该直线在一定程度上可以描述这批抽查数据遵从的规律，虽然不是十分准确，但非常有用。

　　回归分析涉及两类变量，一类是**被解释变量**，也称为**因变量**，记为 y；另一类是**解释变量**，也称为**自变量**，若自变量仅有一个，则记为 x，若自变量多于一个，则记为 $x_1, x_2, \cdots, x_n$。在这我们主要讨论当自变量给定时因变量的变化规律，因此认为自变量是确定的变量，因变量是随机变量。回归分析的主要目的是建立因变量关于自变量变化规律的数学表达式，以此研究它们之间的统计规律或平均意义下因变量关于自变量的变化规律。下面给出回归分析的一般概念。

　　回归分析是指建立因变量 Y 关于自变量 $x_1, x_2, \cdots, x_n$ 的数学表达式

$$Y = f\left(x_1, x_2, \cdots, x_n\right) + \varepsilon \tag{9.1.1}$$

其中，$f\left(x_1, x_2, \cdots, x_n\right)$ 是自变量的确定函数，ε 是一个随机变量，它是由除自变量以外的其他多种因素造成的，称为**随机误差**，通常要求其均值为零，方差尽可能小（但未知），即

$$E\left(\varepsilon\right) = 0, \quad D\left(\varepsilon\right) = \sigma^2 > 0 \tag{9.1.2}$$

称式(9.1.1)与式(9.1.2)为 Y 关于 $x_1, x_2, \cdots, x_n$ 的**回归模型**，称 $f\left(x_1, x_2, \cdots, x_n\right)$ 为**回归方程**。若方程中只有一个自变量，则称为**一元回归模型**；若方程中有多个自变量，则称为**多元回归模型**。若方程中的函数 $f\left(x_1, x_2, \cdots, x_n\right)$ 是线性函数，则称此回归模型为**线性回归模型**，否则称其为**非线性回归模型**。

　　在实际应用中，函数 $f\left(x_1, x_2, \cdots, x_n\right)$ 一般是未知的。回归分析的基本任务就是根据自变量 $x_1, x_2, \cdots, x_n$ 与因变量 Y 的观测值，运用数理统计的理论和方法，获得回归方程的估计形式 $\hat{Y} = f\left(x_1, x_2, \cdots, x_n\right)$，由此对因变量 Y 进行合理的预测，并讨论与此有关的一些统计推断问题。线性回归分析是回归分析的最基本内容，而一元线性回归又是线性回归的基础，因此本章主要讨论一元线性回归。

9.1.2 一元线性回归

我们先看一个案例。

案例 9.1.2 为了研究某社区家庭月消费支出与家庭月可支配收入之间的关系，随机抽取并调查了 12 户家庭的数据如下：

家庭月可支配收入/元	800	1100	1400	1700	2000	2300	2600	2900	3200	3500
家庭月消费支出/元	594	638	1122	1155	1408	1595	1969	2078	2585	2530

根据家庭月可支配收入与家庭月消费支出数据，能否发现家庭月消费支出和家庭月可支配收入之间的数量关系？如果知道了家庭月可支配收入，那么能否预测家庭月消费支出水平呢？

根据上述数据，以家庭月可支配收入为自变量 x，家庭月消费支出为因变量 y，绘制支出与收入散点图（见图 9.1.2）。

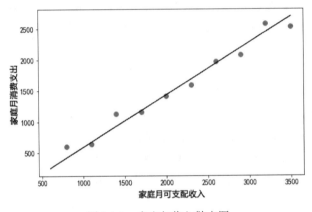

图 9.1.2 支出与收入散点图

从图 9.1.2 可以看出，该社区居民的家庭月可支配收入与家庭月消费支出之间呈现较为明显的正线性相关关系，并且自变量只有一个，因此推测它们的关系可以用一元线性回归函数表示。那么该线性函数的具体形式是什么呢？这就需要用到一元线性回归分析。

一般地，假定我们要考察的自变量 x 与因变量 Y 之间存在相关关系，设 Y 是可观测的随机变量，x 是一般变量，且

$$Y = \beta_0 + \beta_1 x + \varepsilon \sim N\left(0, \sigma^2\right) \tag{9.1.3}$$

其中，参数 β_0, β_1 未知，σ^2 不依赖于 x，称 ε 为随机误差，线性函数

$$y = \mu(x) = \beta_0 + \beta_1 x \tag{9.1.4}$$

称为随机变量 Y 对 x 的**线性回归**，变量 x 称为**回归变量**，β_0 和 β_1 为**回归系数**。

由式(9.1.3)可知随机变量 Y 服从正态分布 $N\left(\beta_0 + \beta_1 x, \sigma^2\right)$，它依赖于 x 的取值。假设 x 取 $x_1, x_2, \cdots, x_n$ 等任意 n 个不完全相同的值，对应 Y 的观测量为 $Y_1, Y_2, \cdots, Y_n$，那么相应的观测的条件分布为

$$Y_i \sim N\left(\beta_0 + \beta_1 x_i, \sigma^2\right), \ i = 1, \cdots, n \text{ 且相互独立}$$

由此可得

$$Y_i = \beta_0 + \beta_1 x_i + \varepsilon, \ i = 1, \cdots, n \tag{9.1.5}$$

其中，$\varepsilon_1,\varepsilon_1,\cdots,\varepsilon_n$ 是独立同分布的随机变量且都服从 $N\left(0,\sigma^2\right)$，式(9.1.5)表示的数学模型称为**一元线性回归模型**。

线性回归的主要任务是根据观测后得到的样本数据 $(x_1,y_1),(x_2,y_2),\cdots,(x_n,y_n)$ 找到具体的回归函数：

$$y=\mu(x)=\beta_0+\beta_1 x \tag{9.1.6}$$

因此，根据数据找到 β_0 和 β_1 合适的估计值 $\hat{\beta}_0$ 和 $\hat{\beta}_1$，代入到式(9.1.6)中，得到上述回归函数的近似公式

$$\hat{y}=\hat{\mu}(x)=\hat{\beta}_0+\hat{\beta}_1 x \tag{9.1.7}$$

根据观测数据得到的自变量和因变量间的近似关系称为**经验回归函数**。系数 $\hat{\beta}_1$ 表示自变量 x 每增加一个单位，因变量 Y 平均增加 $\hat{\beta}_1$ 个单位。

9.1.3　参数估计的最小二乘法

1．β_0 和 β_1 的估计

如何根据样本数据 $(x_1,y_1),(x_2,y_2),\cdots,(x_n,y_n)$ 来估计 β_0 和 β_1 的值呢？如果总体的回归函数是 $y=\mu(x)=\beta_0+\beta_1 x$，直观上，各个样本数据构成的点 (x_i,y_i) 与回归函数确定的直线 L 最接近。

样本点与直线 L 的接近程度可以表示为

$$Q(\beta_0,\beta_1)=\sum_{i=1}^{n}[y_i-(\beta_0+\beta_1 x_i)]^2 \tag{9.1.8}$$

我们希望选取的估计值 $\hat{\beta}_0$ 和 $\hat{\beta}_1$ 可以使式(9.1.8)的值尽可能小，用该方法得到的 β_0 和 β_1 的估计值称为最小二乘估计，该估计方法称为**最小二乘法**。由

$$\frac{\partial}{\partial\beta_0}Q(\beta_0,\beta_1)=\sum_{i=1}^{n}(y_i-\beta_0-\beta_1 x_i)(-2)=0$$
$$\frac{\partial}{\partial\beta_1}Q(\beta_0,\beta_1)=\sum_{i=1}^{n}(y_i-\beta_0-\beta_1 x_i)(-2x_i)=0 \tag{9.1.9}$$

得到方程组

$$\begin{cases} n\beta_0+\left(\sum_{i=1}^{n}x_i\right)\beta_1=\sum_{i=1}^{n}y_i \\ \left(\sum_{i=1}^{n}x_i\right)\beta_0+\left(\sum_{i=1}^{n}x_i^2\right)\beta_1=\sum_{i=1}^{n}x_i y_i \end{cases} \tag{9.1.10}$$

方程组(9.1.10)称为正规方程组。

由于 $x_1,x_2,\cdots,x_n$ 不全为 0，故方程组的系数行列式满足

$$\begin{vmatrix} n & \sum_{i=1}^{n}x_i \\ \sum_{i=1}^{n}x_i & \sum_{i=1}^{n}x_i^2 \end{vmatrix}=n\sum_{i=1}^{n}x_i^2-\left(\sum_{i=1}^{n}x_i\right)^2\neq 0$$

从而方程组(9.1.10)有唯一解。

$$\begin{cases} \hat{\beta}_1 = \dfrac{n\sum\limits_{i=1}^{n} x_i y_i - \left(\sum\limits_{i=1}^{n} x_i\right)\left(\sum\limits_{i=1}^{n} y_i\right)}{n\sum\limits_{i=1}^{n} x_i^2 - \left(\sum\limits_{i=1}^{n} x_i\right)^2} = \dfrac{\sum\limits_{i=1}^{n}(x_i - \bar{x})(y_i - \bar{y})}{\sum\limits_{i=1}^{n}(x_i - \bar{x})^2} \\ \hat{\beta}_0 = \bar{y} - \hat{\beta}_1 \bar{x} \end{cases} \tag{9.1.11}$$

因为这是 β_0 和 β_1 的估计值，所以写成估计量的形式：

$$\begin{cases} \hat{\beta}_1 = \dfrac{n\sum\limits_{i=1}^{n} x_i Y_i - \left(\sum\limits_{i=1}^{n} x_i\right)\left(\sum\limits_{i=1}^{n} Y_i\right)}{n\sum\limits_{i=1}^{n} x_i^2 - \left(\sum\limits_{i=1}^{n} x_i\right)^2} = \dfrac{\sum\limits_{i=1}^{n}(x_i - \bar{x})(Y_i - \bar{Y})}{\sum\limits_{i=1}^{n}(x_i - \bar{x})^2} \\ \hat{\beta}_0 = \bar{y} - \hat{\beta}_1 \bar{x} \end{cases} \tag{9.1.12}$$

在得到 β_0 和 β_1 的估计式(9.1.12)后，代入经验回归函数式(9.1.7)，得到

$$\hat{y} = \hat{\mu}(x) = \hat{\beta}_0 + \hat{\beta}_1 x = \bar{y} - \hat{\beta}_1 \bar{x} + \hat{\beta}_1 x = \bar{y} + \hat{\beta}_1(x - \bar{x}) \tag{9.1.13}$$

式(9.1.13)表明样本 $(x_1, y_1), (x_2, y_2), \cdots, (x_n, y_n)$ 确定的经验回归直线通过样本的几何中心 $(\bar{x}, \bar{y})$。

例 9.1.1 为了研究弹簧悬挂不同重量 x（单位：kg）时与长度 Y（单位：cm）的关系，通过试验得到如下一组数据：

x_i	5	10	15	20	25	30
y_i	7.25	8.12	8.95	9.90	10.90	11.80

求经验回归函数。

解：列出计算表格（$n=6$）：

i	1	2	3	4	5	6	Σ
x_i	5	10	15	20	25	30	105
y_i	7.25	8.12	8.95	9.90	10.90	11.80	56.92
x_i^2	25	100	225	400	625	900	2275
$x_i y_i$	36.25	81.20	134.25	198.00	272.50	354	1076.20

于是

$$\bar{x} = 17.5, \quad \bar{y} = 9.487$$

利用 $\sum\limits_{i=1}^{n}(x_i - \bar{x})(y_i - \bar{y}) = \sum\limits_{i=1}^{n} x_i y_i - \dfrac{1}{n}\sum\limits_{i=1}^{n} x_i \sum\limits_{i=1}^{n} y_i$ 得到

$$\hat{\beta}_1 = \frac{1076.20 - \dfrac{1}{6} \times 105 \times 56.92}{2275 - \dfrac{1}{6} \times 105^2} = \frac{80.1}{437.5} \approx 0.183$$

$$\hat{\beta}_0 = 9.487 - 0.183 \times 17.5 \approx 6.28$$

求得经验回归函数为 $\hat{y} = 6.28 + 0.183x$。

2. β_0 和 β_1 的性质

在这里不加证明地给出式(9.1.12)估计量的统计性质。

定理 9.1.1 $\hat{\beta}_0$ 和 $\hat{\beta}_1$ 分别是 β_0 和 β_1 的无偏估计，并且满足

$$\hat{\beta}_0 \sim N\left(\beta_0, \frac{\sigma^2 \sum_{i=1}^{n} x_i^2}{n \sum_{i=1}^{n}(x_i - \overline{x})^2}\right)$$

$$\hat{\beta}_1 \sim N\left(\beta_1, \frac{\sigma^2}{\sum_{i=1}^{n}(x_i - \overline{x})^2}\right)$$

上述定理虽然说明 $\hat{\beta}_0$ 和 $\hat{\beta}_1$ 分别是 β_0 和 β_1 的无偏估计，但是却没有说明如何使用这两个估计量来分别估计 β_0 和 β_1 的误差范围。这是因为总体中的方差 σ^2 在实际中是未知的，$\hat{\beta}_0$ 和 $\hat{\beta}_1$ 的方差是未知的，因此有必要根据数据获得 σ^2 的估计。

3. σ^2 的估计

根据式(9.1.3)及对应的假设可知

$$Y = \beta_0 + \beta_1 x + \varepsilon = \mu(x) + \varepsilon, \quad \varepsilon \sim N(0, \sigma^2)$$

从而有

$$E\left[Y - (\beta_0 + \beta_1 x)\right]^2 = E\left[Y - \mu(x)\right]^2 = E(\varepsilon^2) = D(\varepsilon) = \sigma^2 \tag{9.1.14}$$

由定理 9.1.1 可知 $\hat{\beta}_0$ 和 $\hat{\beta}_1$ 分别是 β_0 和 β_1 的无偏估计，所以

$$\hat{y} = \hat{\mu}(x) = \hat{\beta}_0 + \hat{\beta}_1 x = \overline{Y} - \hat{\beta}_1 \overline{x} + \hat{\beta}_1 x = \overline{Y} + \hat{\beta}_1(x - \overline{x}) \tag{9.1.15}$$

是 $\mu(X)$ 的一个无偏估计。对于样本 $(x_1, Y_1), (x_2, Y_2), \cdots, (x_n, Y_n)$，我们引入

$$\hat{\varepsilon}_i = Y_i - \hat{\mu}(x) = Y_i - (\hat{\beta}_0 + \hat{\beta}_1 x_i), \quad i = 1, 2, \cdots, n \tag{9.1.16}$$

称上式为 x_i 处的残差。显然，$\hat{\varepsilon}_i$ 还具有以下两个重要性质。

定理 9.1.2 式(9.1.16)定义的残差具有以下重要性质：

$$\sum_{i=1}^{n} \hat{\varepsilon}_i = 0 \tag{9.1.17}$$

$$\sum_{i=1}^{n} x_i \hat{\varepsilon}_i = 0 \tag{9.1.18}$$

证明： 根据残差的定义

$$\sum_{i=1}^{n} \hat{\varepsilon}_i = \sum_{i=1}^{n}\left(Y_i - \hat{\mu}(x_i)\right) = \sum_{i=1}^{n}[Y_i - (\hat{\beta}_0 + \hat{\beta}_1 x_i)]$$

$$= \sum_{i=1}^{n}[Y_i - (\overline{Y} + \hat{\beta}_1(x_i - \overline{x}))]$$

$$= \sum_{i=1}^{n} Y_i - n\overline{Y} - \hat{\beta}_1 \sum_{i=1}^{n}(x_i - \overline{x}) = 0$$

根据一阶导数条件式(9.1.9)，可得 $\sum_{i=1}^{n} x_i \hat{\varepsilon}_i = 0$。

根据残差定义，式(9.1.3)又可以写作

$$Y_i = \hat{\mu}(x_i) + \hat{\varepsilon}_i \tag{9.1.19}$$

一般来说，随机误差 ε_i 是不可观察的，而残差 $\hat{\varepsilon}_i$ 是可以由样本数据得到的。我们将

$$
\begin{aligned}
S_e &= \sum_{i=1}^n \hat{\varepsilon}_i^2 = \sum_{i=1}^n (y_i - \hat{y}_i)^2 \\
&= \sum_{i=1}^n (y_i - (\hat{\beta}_0 + \hat{\beta}_1 x_i))^2 \\
&= \sum_{i=1}^n (y_i - (\overline{y} + \hat{\beta}_1 (x_i - \overline{x})))^2 \\
&= \sum_{i=1}^n [(y_i - \overline{y})^2 + \hat{\beta}_1^2 (x_i - \overline{x})^2 - 2\hat{\beta}_1 (y_i - \overline{y})(x_i - \overline{x})] \\
&= \sum_{i=1}^n (y_i - \overline{y})^2 + \hat{\beta}_1^2 \sum_{i=1}^n (x_i - \overline{x})^2 - 2\hat{\beta}_1 \sum_{i=1}^n (y_i - \overline{y})(x_i - \overline{x}) \\
&= \sum_{i=1}^n (y_i - \overline{y})^2 + \hat{\beta}_1 \frac{\sum_{i=1}^n (y_i - \overline{y})(x_i - \overline{x})}{\sum_{i=1}^n (x_i - \overline{x})^2} \sum_{i=1}^n (x_i - \overline{x})^2 - 2\hat{\beta}_1 \sum_{i=1}^n (y_i - \overline{y})(x_i - \overline{x}) \\
&= \sum_{i=1}^n (y_i - \overline{y})^2 - \hat{\beta}_1 \sum_{i=1}^n (x_i - \overline{x})(y_i - \overline{y})
\end{aligned}
\tag{9.1.20}
$$

称为残差平方和。

根据残差平方和的定义及残差的性质，可以使用统计量 $\dfrac{S_e}{n} = \dfrac{\sum_{i=1}^n \hat{\varepsilon}_i^2}{n}$ 作为 $E(\varepsilon^2) = \sigma^2$ 的一个估计。然而，$\dfrac{S_e}{n}$ 不是 σ^2 的无偏估计，这是因为残差 $\hat{\varepsilon}_i$ 必须要满足定理 9.1.2 中两个性质，从而 S_e 的自由度是 $n-2$。因此，我们使用 $\dfrac{S_e}{n-2}$ 作为 σ^2 的估计，下面的定理表明这个估计是 σ^2 的无偏估计。

定理 9.1.3 式(9.1.20)定义的残差平方和具有如下性质：

（1） $\dfrac{S_e}{\sigma^2} \sim \chi^2(n-2)$；

（2） $E\left(\dfrac{S_e}{n-2}\right) = \sigma^2$。

证明：略。

4．模型的拟合优度

根据经验回归函数 $\hat{y} = \hat{\mu}(x) = \hat{\beta}_0 + \hat{\beta}_1 x$，可以用 x 的一个取值来预测因变量 Y，但是模型的预测精度是否取决于回归模拟对于观测数据的拟合程度，如何度量模型的拟合程度呢？评价拟合程度的一个重要统计量是可决系数。

为了定义可决系数，首先引入以下概念。

总平方和：

$$S_{\mathrm{T}} = \sum_{i=1}^{n}\left(y_i - \overline{y}\right)^2$$

回归平方和：

$$S_{\mathrm{R}} = \sum_{i=1}^{n}\left(\hat{y}_i - \overline{y}\right)^2$$

然后，根据总平方和、回归平方和、残差平方和的定义，以及定理 9.1.2 的结论，可以得到如下性质：

$$\sum_{i=1}^{n}\left(y_i - \hat{y}_i\right)\left(\hat{y}_i - \overline{y}\right) = \sum_{i=1}^{n}\left(y_i - \hat{y}_i\right)\left[\hat{\beta}_1\left(x_i - \overline{x}\right)\right] = \hat{\beta}_1\left[\sum_{i=1}^{n}\hat{\varepsilon}_i x_i - \overline{x}\sum_{i=1}^{n}\hat{\varepsilon}_i\right] = 0$$

从而有

$$\begin{aligned} S_{\mathrm{T}} &= \sum_{i=1}^{n}\left(y_i - \overline{y}\right)^2 = \sum_{i=1}^{n}\left(y_i - \hat{y}_i + \hat{y}_i - \overline{y}\right)^2 \\ &= \sum_{i=1}^{n}\left[\left(y_i - \hat{y}_i\right)^2 + \left(\hat{y}_i - \overline{y}\right)^2 + 2\left(y_i - \hat{y}_i\right)\left(\hat{y}_i - \overline{y}\right)\right] \\ &= \sum_{i=1}^{n}\left(y_i - \hat{y}_i\right)^2 + \sum_{i=1}^{n}\left(\hat{y}_i - \overline{y}\right)^2 + 2\sum_{i=1}^{n}\left(y_i - \hat{y}_i\right)\left(\hat{y}_i - \overline{y}\right) \\ &= S_{\mathrm{e}} + S_{\mathrm{R}} \end{aligned} \tag{9.1.21}$$

根据图 9.1.3 的误差分解示意图，我们定义统计量 $R^2 = \dfrac{S_{\mathrm{R}}}{S_{\mathrm{T}}}$ 为模型的可决系数，表示回归平方和在总平方和里所占的比重。由定义可知，$R^2 \in [0,1]$，R^2 的值越接近 1 表明拟合程度越好，模型的解释程度也越好。

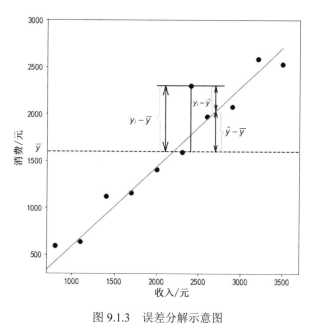

图 9.1.3　误差分解示意图

下面寻找例 9.1.1 和例 9.1.2 中的经验回归函数，在实际计算时通常需要一些简便的符号：

$$\begin{cases} S_{xx} = \sum_{i=1}^{n}\left(x_i - \bar{x}\right)^2 = \sum_{i=1}^{n} x_i^2 - \frac{1}{n}\left(\sum_{i=1}^{n} x_i\right)^2 \\[2mm] S_{yy} = \sum_{i=1}^{n}\left(y_i - \bar{y}\right)^2 = \sum_{i=1}^{n} y_i^2 - \frac{1}{n}\left(\sum_{i=1}^{n} y_i\right)^2 \\[2mm] S_{xy} = \sum_{i=1}^{n}\left(x_i - \bar{x}\right)\left(y_i - \bar{y}\right) = \sum_{i=1}^{n} x_i y_i - \frac{1}{n}\sum_{i=1}^{n} x_i \sum_{i=1}^{n} y_i \end{cases} \tag{9.1.22}$$

例 9.1.2 使用案例 9.1.2 的家庭支出和家庭消费数据，求回归方程，并估计随机误差的方差，以及计算模型的可决系数。

解：根据案例 9.1.2 中的数据及式(9.1.20)，得到数据如下：

n	$\sum_{i=1}^{n} x_i$	$\dfrac{\sum_{i=1}^{n} x_i}{n}$	$\sum_{i=1}^{n} x_i^2$	$\sum_{i=1}^{n} y_i$	$\dfrac{\sum_{i=1}^{n} y_i}{n}$	$\sum_{i=1}^{n} y_i^2$	$\sum_{i=1}^{n} x_i y_i$
10	21500	2150	53650000	15674	1567.4	29157448	39468400

根据上述数据计算可得

$$S_{xy} = 39468400 - \frac{21500 \times 15674}{10} = 5769300$$

$$S_{xx} = 53650000 - \frac{21500^2}{10} = 7425000$$

$$S_{yy} = 29157448 - \frac{15674^2}{10} = 4590020$$

由 $\hat{\beta}_0$ 和 $\hat{\beta}_1$ 的计算公式可知：

$$\hat{\beta}_1 = \frac{S_{xy}}{S_{xx}} = \frac{5769300}{7425000} = 0.7770101$$

$$\hat{\beta}_0 = \bar{y} - \hat{\beta}_1 \bar{x} = 1567.4 - 0.7770101 \times 2150 = -103.1717$$

从而求得经验回归函数为

$$\hat{y} = \hat{\beta}_0 + \hat{\beta}_1 x = -103.1717 + 0.7770101x \tag{9.1.23}$$

根据式(9.1.20)可知：

$$S_e = S_{yy} - \hat{\beta}_1 S_{xy} = 4590020 - 0.7770101 \times 5769300 \approx 107215.6$$

由定理 9.1.3 可知，σ^2 的一个点估计值为

$$\hat{\sigma}^2 = \frac{S_e}{8} \approx 13401.95$$

由于 $S_{\mathrm{T}} = S_{yy}$，根据可决系数的定义可知

$$R^2 = \frac{S_{\mathrm{R}}}{S_{\mathrm{T}}} = 1 - \frac{S_e}{S_{yy}} = 1 - \frac{107215.6}{4590020} \approx 0.9766416$$

表明上述回归模型具有较好的解释性。

9.1.4 回归方程的显著性检验

根据给定数据 $(x_1, y_1), (x_2, y_2), \cdots, (x_n, y_n)$ 的散点图，假定总体回归函数为线性形式

$\mu(x)=\beta_0+\beta_1 x$，并用最小二乘法得到经验回归函数 $\hat{\mu}(x)=\hat{\beta}_0+\hat{\beta}_1 x$。但是，这样得到的方程是否能反映真实情况呢？一般来说，若 $\beta_1=0$，则不管自变量 x 取何值，$E(Y|x)$ 都不会发生变化，此时得到的方程是无意义的，我们也称回归方程不显著；反之，若 $\beta_1\neq0$，则此时方程是有意义的，也称方程是显著的。

如何判断方程是否有意义？除了使用专业知识外，还需要使用假设检验的方法进行判断。我们需要检验假设：

$$H_0:\beta_1=0,\ H_0:\beta_1\neq0 \tag{9.1.24}$$

拒绝 H_0 表示回归方程是显著的。在一元线性回归中，可以使用 F 检验、t 检验、相关系数检验。这三种方法是等价的，本节主要介绍 t 检验。

由定理 9.1.1 可知 $\hat{\beta}_1\sim N\left(\beta_1,\dfrac{\sigma^2}{\sum\limits_{i=1}^{n}(x_i-\bar{x})^2}\right)$，从而

$$\frac{\hat{\beta}_1-\beta_1}{\sqrt{\sigma^2/S_{xx}}}\sim N(0,1)$$

由定理 9.1.3 可知

$$\frac{S_e}{\sigma^2}\sim\chi^2(n-2)$$

由 t 分布的定义可知，式(9.1.24)中 H_0 为真时

$$T=\frac{\dfrac{\hat{\beta}_1-\beta_1}{\sqrt{\sigma^2/S_{xx}}}}{\sqrt{S_e/(n-2)\sigma^2}}=\frac{\hat{\beta}_1}{\hat{\sigma}}\sqrt{S_{xx}}\sim t(n-2) \tag{9.1.25}$$

使用 T 作为检验统计量，当 H_0 不成立时，$|T|$ 有变大的趋势，应取双侧拒绝域，显著性水平 α 下假设检验的拒绝域为

$$\mathcal{W}=\left\{|T|\geqslant t_{\alpha/2}(n-2)\right\}$$

使用例 9.1.2 的数据代入式(9.1.25)，取 $\alpha=0.05$，查附表得到 $t_{0.025}(8)=2.306$，计算可得

$$T=\frac{\hat{\beta}_1}{\hat{\sigma}}\sqrt{S_{xx}}=\frac{0.7770101}{115.7668}\times2724.885\approx18.288>2.306$$

这表明线性回归方程(9.1.21)是显著的。

注：上述检验统计量也可以采用 F 检验，采用的统计量为

$$F=T^2=\frac{\hat{\beta}_1^2 S_{xx}}{S_e/(n-2)}\sim F(1,n-2)$$

代入例 9.1.2 的数据，取 $\alpha=0.05$，查附表得到 $F_{0.05}(1,8)=5.318$，计算可得

$$F=\frac{\hat{\beta}_1^2 S_{xx}}{S_e/(n-2)}\approx334.451>5.318$$

这也表明线性回归方程(9.1.21)是显著的。

9.1.5 估计与预测

当回归方程经过显著性检验后，就可以根据建立的回归方程估计和预测给定的自变量值 x、因变量 Y。这是回归分析的一个主要任务，在这需要区分一下两个概念。

（1）当 $x = x_0$ 时，寻找 $E(Y \mid x_0) = \mu(x_0) = \beta_0 + \beta_1 x_0$ 的点估计与区间估计，这是估计问题；

（2）当 $x = x_0$ 时，因变量 Y 是一个依赖于 x_0 的随机变量，服从一个条件分布，条件分布的期望为 $\mu(x_0)$，但 $\mu(x_0)$ 是不可观察的，我们只能根据经验回归函数 $\hat{y}_0 = \hat{\mu}(x_0) = \hat{\beta}_0 + \hat{\beta}_1 x_0$ 来估计 $\mu(x_0)$。我们一般求一个区间，使得 Y 落在这个区间的概率满足 $P\{|Y - \hat{y}_0| \leq \delta\} = 1 - \alpha$，区间 $[\hat{y}_0 - \delta, \hat{y}_0 + \delta]$ 称为预测区间，这是一个预测问题。

1. $\mu(x_0)$ 的估计问题

根据之前的分析，$\hat{y}_0 = \hat{\mu}(x_0) = \hat{\beta}_0 + \hat{\beta}_1 x_0$ 是 $\mu(x_0)$ 的一个无偏估计。下面讨论 $\mu(x_0)$ 的区间估计问题。根据定理 9.1.1，可以得到下面结论：

$$\hat{y}_0 = \hat{\beta}_0 + \hat{\beta}_1 x_0 \sim N\left(\beta_0 + \beta_1 x_0, \left[\frac{1}{n} + \frac{(x_0 - \bar{x})^2}{S_{xx}}\right]\sigma^2\right) \tag{9.1.26}$$

根据定理 9.1.3 及 t 统计量的定义，可以得到

$$\frac{[\hat{y}_0 - \mu(x_0)] / \sqrt{\left[\dfrac{1}{n} + \dfrac{(x_0 - \bar{x})^2}{S_{xx}}\right]\sigma^2}}{\sqrt{\dfrac{S_e}{\sigma^2} \times \dfrac{1}{n-2}}} = \frac{\hat{y}_0 - \mu(x_0)}{\hat{\sigma}\sqrt{\dfrac{1}{n} + \dfrac{(x_0 - \bar{x})^2}{S_{xx}}}} \sim t(n-2)$$

$\mu(x_0)$ 的置信度为 $(1-\alpha)$ 的置信区间为

$$[\hat{y}_0 - \delta_0, \hat{y}_0 + \delta_0]$$

其中，

$$\delta_0 = t_{\alpha/2}(n-2)\hat{\sigma}\sqrt{\frac{1}{n} + \frac{(x_0 - \bar{x})^2}{S_{xx}}} \tag{9.1.27}$$

2. Y 的预测问题

为了求出 Y 的预测区间，我们需要使用以下结论：

$$Y - \hat{y}_0 \sim N\left(0, \left[1 + \frac{1}{n} + \frac{(x_0 - \bar{x})^2}{S_{xx}}\right]\sigma^2\right)$$

$$\frac{Y - \hat{y}_0}{\hat{\sigma}\sqrt{1 + \dfrac{1}{n} + \dfrac{(x_0 - \bar{x})^2}{S_{xx}}}} \sim t(n-2)$$

Y 的概率为 $1 - \alpha$ 的预测区间为

$$[\hat{y}_0 - \delta, \hat{y}_0 + \delta]$$

其中，

$$\delta = t_{\alpha/2}(n-2)\hat{\sigma}\sqrt{1+\frac{1}{n}+\frac{(x_0-\bar{x})^2}{S_{xx}}} \tag{9.1.28}$$

例 9.2.3　使用案例 9.1.2 中的家庭月可支配支出和家庭月消费数据，家庭月可支配收入 $x_0=4100$，求 $\mu(x_0)$ 的置信度为 0.95 的置信区间，以及因变量 Y 的概率为 0.95 的预测区间。

图 9.1.4 所示为家庭月消费的置信度为 0.95 的置信区间和预测区间，两条虚线之间部分表示家庭均月消费 $\mu(x_i)$ 的置信度为 0.95 的置信区间，两条点画线之间部分表示家庭月消费 Y_i 的概率为 0.95 的预测区间。

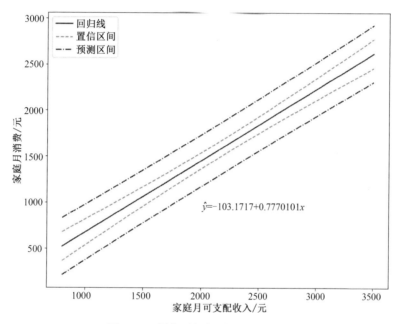

图 9.1.4　置信区间与预测区间示意图

解：根据题目得到经验回归函数：
$$\hat{y} = \hat{\beta}_0 + \hat{\beta}_1 x = -103.1717 + 0.7770101x$$
将 $x_0=4100$ 代入上式，得到家庭月消费估计值：
$$\hat{y} = \hat{\beta}_0 + \hat{\beta}_1 x = -103.1717 + 0.7770101 \times 4100 \approx 3082.57$$
将 $t_{0.025}(8)=2.306$ 代入式（9.1.25），得到

$$\begin{aligned}
\delta_0 &= t_{\alpha/2}(n-2)\hat{\sigma}\sqrt{\frac{1}{n}+\frac{(x_0-\bar{x})^2}{S_{xx}}} \\
&= 2.306 \times 115.7668\sqrt{\frac{1}{10}+\frac{(4100-2150)^2}{7425000}} \\
&\approx 208.8636
\end{aligned}$$

则家庭月消费的置信度为 0.95 的置信区间为

$$[3082.57-208.8636,\ 3082.57+208.8636]，\text{即}[2873.706,\ 3291.434]$$

将 $t_{0.025}(8)=2.306$ 代入式(9.1.26)，得到

$$\delta = t_{\alpha/2}(n-2)\hat{\sigma}\sqrt{1+\frac{1}{n}+\frac{(x_0-\bar{x})^2}{S_{xx}}}$$

$$= 2.306\times115.7668\sqrt{1+\frac{1}{10}+\frac{(4100-2150)^2}{7425000}}$$

$$\approx 338.9557$$

则家庭月消费的概率为 0.95 的预测区间为

$$[3082.57-338.9557, 3082.57+338.9557], \quad 即[2743.614, 3421.526]$$

9.2 单因素方差分析

在第八章的假设检验中，我们讨论了两个正态总体均值是否相等的问题。例如，考察医学检验中的对照组和处理组之间是否存在差异。在实际生活中我们经常会遇到多个总体均值相互比较的问题，处理这类问题需要使用方差分析法。方差分析的本质是一种均值的假设检验，通过对方差的来源进行分解，判别一个或者多个因素下各水平的因变量均值是否有明显差异。限于篇幅，本节只讨论有一个因素的情形。

9.2.1 方差分析问题

首先我们来考虑一个案例。

案例 9.2.1 某大学的经济管理学院有三个本科专业：工商管理(A_1)、国际贸易(A_2)、会计学(A_3)。为了比较这三个专业毕业生的薪酬情况，在每个专业的毕业生中调查 20 人，不同专业毕业生的月收入数据如表 9.2.1 所示。

表 9.2.1 不同专业毕业生的月收入数据

专业	毕业生月收入/元									
工商管理(A_1)	3306	6496	3996	5572	4887	5084	6168	4740	4250	4031
	3955	5291	4995	4398	4392	3475	4643	5562	3159	4403
国际贸易(A_2)	4502	3222	3651	3189	4246	5004	4652	6058	2889	3567
	2409	3710	4681	4485	3441	3356	3922	4455	2790	4023
会计学(A_3)	3882	4663	2429	5399	5127	3896	4039	4576	4012	3214
	4525	4938	3716	4248	5318	2891	2737	3395	4053	6495

本例的目的是比较三个专业的毕业生月收入是否相同。我们关心的指标值是毕业生的月收入，将专业称为因素，记为 A，三个不同的专业称为因素的三个水平，记为 A_1、A_2、A_3。符号 y_{ij} 表示第 i 个专业、第 j 个毕业生的月收入，其中，$i=1,2,3$，$j=1,2,\cdots,20$。试回答如下问题：

（1）因素 A 对于指标值有无显著影响？

（2）如果因素 A 对于指标值有显著影响，那么因素取何种水平时指标值最优？

为了回答上述问题，需要做一些基本假设，首先把研究问题归结为一个统计问题，然后用方差分析法进行分析。

9.2.2　单因素方差分析法

1. 单因素方差分析模型

案例 9.2.1 中只考虑一个因素（专业）对于毕业生月收入的影响，因此称为单因素模型。在单因素模型里，一般记因素为 A，假设其有 r 个水平，记为 $A_1, A_2, \cdots, A_r$，我们关心的某个指标记为 Y。在每个水平 A_i 下，指标都可以看作一个总体，现有 r 个水平，故有 r 个总体，记为 Y_i（$i = 1, 2, \cdots, r$）。为了进行统计分析，现假设：

（1）每个总体均服从正态分布，记为 $Y_i \sim N\left(\mu_i, \sigma_i^2\right)$，$i = 1, 2, \cdots, r$；

（2）各总体的方差相同，记为 $\sigma_1^2 = \sigma_2^2 = \cdots = \sigma_r^2$；

（3）从每个总体中抽取的样本是相互独立的，即所有试验结果 y_{ij} 相互独立。

根据上述假设，方差分析的任务是比较上述各总体的均值是否相同，即进行一个如下的假设检验问题：

$$H_0: \mu_1 = \mu_2 = \cdots = \mu_r, \quad H_1: \mu_1, \mu_2, \cdots, \mu_r 不全相等 \tag{9.2.1}$$

为了检验式(9.2.1)，从每个总体 $Y_i \sim N\left(\mu_i, \sigma_i^2\right)$ 中抽取一个容量为 n_i 的样本 $(Y_{i1}, Y_{i2}, \cdots, Y_{in_i})$，$i = 1, 2, \cdots, r$，具体的样本值为 $(y_{i1}, y_{i2}, \cdots, y_{in_i})$，$i = 1, 2, \cdots, r$，记数据的总数为 $n = \sum_{i=1}^{r} n_i$。

单因素方差分析抽样数据如表 9.2.2 所示。

表 9.2.2　单因素方差分析抽样数据

因素水平		样本容量	样本	样本值
A_1	$N\left(\mu_1, \sigma_1^2\right)$	n_1	$(Y_{11}, Y_{12}, \cdots, Y_{1n_1})$	$(y_{11}, y_{12}, \cdots, y_{1n_1})$
A_2	$N\left(\mu_2, \sigma_2^2\right)$	n_2	$(Y_{21}, Y_{22}, \cdots, Y_{2n_2})$	$(y_{21}, y_{22}, \cdots, y_{2n_2})$
$\cdots$	$\cdots$	$\cdots$	$\cdots$	$\cdots$
A_r	$N\left(\mu_r, \sigma_r^2\right)$	n_r	$(Y_{r1}, Y_{r2}, \cdots, Y_{rn_r})$	$(y_{r1}, y_{r2}, \cdots, y_{rn_r})$

在水平 A_i 下，由于 $Y_i \sim N\left(\mu_i, \sigma_i^2\right)$，即 $Y_{ij} - \mu_i \sim N\left(0, \sigma_i^2\right)$，因此 $Y_{ij} - \mu_i$ 是一个随机误差，记 $\varepsilon_{ij} = Y_{ij} - \mu_i$，则上述三个假定可以写为

$$\begin{cases} Y_{ij} = \mu_i + \varepsilon_{ij} \\ \varepsilon_{ij} \sim N\left(0, \sigma^2\right)，各 \varepsilon_{ij} 相互独立，i = 1, 2, \cdots, r, \ j = 1, 2, \cdots, n_i \end{cases} \tag{9.2.2}$$

其中，$\mu_1, \mu_2, \cdots, \mu_r, \sigma^2$ 均为未知参数，式(9.2.2)称为**单因素方差分析**的数学模型。

为了能够更好地分析问题，我们引入总均值和水平效应的概念：

$$\mu = \frac{1}{n} \sum_{i=1}^{r} n_i \mu_i \tag{9.2.3}$$

其中，μ 是各个水平均值 μ_i 的加权平均，称为总均值；$n = \sum_{i=1}^{r} n_i$。

第 i 个水平下的均值 μ_i 与总均值 μ 的差为

$$\delta_i = \mu_i - \mu, \ i = 1, 2, \cdots, r$$

称为因素 A 的第 i 个水平 A_i 的效应。显然，水平效应 $\delta_i \ (i=1,2,\cdots,r)$ 具有如下性质：

$$n_1\delta_1 + n_2\delta_2 + \cdots + n_r\delta_r = 0 \tag{9.2.4}$$

利用这些记号，单因素方差分析模型(9.2.2)可以写成下面的形式：

$$\begin{cases} Y_{ij} = \mu + \delta_i + \varepsilon_{ij} \\ \varepsilon_{ij} \sim N\left(0,\sigma^2\right), \ 各\varepsilon_{ij}相互独立, \ i=1,2,\cdots,r, j=1,2,\cdots,n_i \\ n_1\delta_1 + n_2\delta_2 + \cdots + n_r\delta_r = 0 \end{cases} \tag{9.2.5}$$

因此检验式(9.2.1)等价于

$$H_0: \ \delta_1 = \delta_2 = \cdots = \delta_r = 0, \ H_1: \ \delta_1, \delta_2, \cdots, \delta_r 不全为0 \tag{9.2.6}$$

这是因为当且仅当 $\mu_1 = \mu_2 = \cdots = \mu_r$ 时，$\mu = \mu_i$，因此 $\delta_i = 0 \ (i=1,2,\cdots,r)$。

2．平方和分解

如何对式(9.2.6)中的假设问题进行检验呢？根据假设检验的思想，首先应该构造一个检验统计量，根据给定的显著性水平 α 确定一个拒绝域，然后将样本代入检验统计量。若计算所得值落在拒绝域内，则拒绝式(9.2.6)中的原假设 H_0。

那么如何构造检验统计量呢？为了构造合适的检验统计量，需要引入以下概念。

组内样本均值：

$$\overline{Y}_i = \frac{1}{n_i}\sum_{j=1}^{n_i} Y_{ij}, \ i=1,2,\cdots,r \tag{9.2.7}$$

总样本均值：

$$\overline{Y} = \frac{1}{n}\sum_{i=1}^{r}\sum_{j=1}^{n_i} Y_{ij} = \frac{1}{n}\sum_{i=1}^{r} n_i\overline{Y}_i \tag{9.2.8}$$

总偏差平方和：

$$S_{\mathrm{T}} = \sum_{i=1}^{r}\sum_{j=1}^{n_i}\left(Y_{ij} - \overline{Y}\right)^2 \tag{9.2.9}$$

因素偏差平方和：

$$S_{\mathrm{A}} = \sum_{i=1}^{r} n_i\left(\overline{Y}_i - \overline{Y}\right)^2 \tag{9.2.10}$$

误差偏差平方和：

$$S_{\mathrm{E}} = \sum_{i=1}^{r}\sum_{j=1}^{n_i}\left(Y_{ij} - \overline{Y}_i\right)^2 \tag{9.2.11}$$

总偏差平方和 S_{T} 反映的是各数据 Y_{ij} 之间总的差异，因素偏差平方和 S_{A} 反映的是因素不同水平引起的数据差异，误差偏差平方和 S_{E} 反映的是随机因素引起的数据差异。

根据总样本均值和组内样本均值的定义，我们有以下性质：

$$\sum_{i=1}^{r}\sum_{j=1}^{n_i}\left(Y_{ij} - \overline{Y}\right) = 0 \tag{9.2.12}$$

$$\sum_{i=1}^{r} n_i \left(\overline{Y}_i - \overline{Y} \right) = 0 \tag{9.2.13}$$

$$\sum_{j=1}^{n_i} \left(Y_{ij} - \overline{Y}_i \right) = 0, \quad i = 1, 2, \cdots, r \tag{9.2.14}$$

在 S_{T} 中共有 n 项偏差，由于受到约束条件(9.2.12)的限制，所以 S_{T} 中独立的偏差个数为 $n-1$，因此 S_{T} 的自由度为 $n-1$。在 S_{A} 中共有 r 项组间偏差，由于受到约束条件(9.2.13)的限制，所以 S_{A} 的自由度为 $r-1$。在 S_{E} 的 n 项偏差中，受到式(9.2.14)中 r 个约束条件的限制，因此 S_{E} 的自由度为 $n-r$。关于 S_{T}、S_{A}、S_{E}，我们有以下重要性质。

定理 9.2.1　总偏差平方和 S_{T} 可以分解为因素偏差平方和 S_{A} 与误差偏差平方和 S_{E} 之和，其自由度也有相应的分解公式，具体为

$$S_{\mathrm{T}} = S_{\mathrm{A}} + S_{\mathrm{E}}, \quad f_{\mathrm{T}} = f_{\mathrm{A}} + f_{\mathrm{E}} \tag{9.2.15}$$

其中，f_{T}、f_{A}、f_{E} 分别为 S_{T}、S_{A}、S_{E} 的自由度，式(9.2.15)称为总偏差平方和分解式。

证明： 根据总样本均值和组内样本均值的定义，有

$$\sum_{i=1}^{r} \sum_{j=1}^{n_i} \left(Y_{ij} - \overline{Y}_i \right) \left(\overline{Y}_i - \overline{Y} \right) = \sum_{i=1}^{r} \left[\left(\overline{Y}_i - \overline{Y} \right) \sum_{j=1}^{n_i} \left(Y_{ij} - \overline{Y}_i \right) \right] = 0$$

从而有

$$S_{\mathrm{T}} = \sum_{i=1}^{r} \sum_{j=1}^{n_i} \left(Y_{ij} - \overline{Y} \right)^2 = \sum_{i=1}^{r} \sum_{j=1}^{n_i} \left[\left(Y_{ij} - \overline{Y}_i \right) + \left(\overline{Y}_i - \overline{Y} \right) \right]^2$$

$$= S_{\mathrm{E}} + S_{\mathrm{A}} + 2 \sum_{i=1}^{r} \sum_{j=1}^{n_i} \left(Y_{ij} - \overline{Y}_i \right) \left(\overline{Y}_i - \overline{Y} \right) = S_{\mathrm{E}} + S_{\mathrm{A}}$$

自由度等式的证明略。

3. 检验统计量

为了构造检验式(9.2.5)的检验统计量，我们需要进一步研究 S_{E} 和 S_{A}。

定理 9.2.2　根据单因素方差分析模型，即式(9.2.2)，以及前述概念，有

（1）$\dfrac{S_{\mathrm{E}}}{\sigma^2} \sim \chi^2 (n-r)$，从而 $E(S_{\mathrm{E}}) = (n-r)\sigma^2$；

（2）$E(S_{\mathrm{A}}) = (r-1)\sigma^2 + \displaystyle\sum_{i=1}^{r} n_i \delta_i^2$；

（3）若式(9.2.5)中的 H_0 成立，则有 $\dfrac{S_{\mathrm{A}}}{\sigma^2} \sim \chi^2 (r-1)$；

（4）S_{A} 与 S_{E} 相互独立。

若式(9.2.6)中的 H_0 成立，则由定理 9.2.2 及 F 分布的定义可知

$$F = \frac{\left(S_{\mathrm{A}} / \sigma^2 \right) / (r-1)}{\left(S_{\mathrm{E}} / \sigma^2 \right) / (n-r)} = \frac{S_{\mathrm{A}} / (r-1)}{S_{\mathrm{E}} / (n-r)} \sim F(r-1, n-r) \tag{9.2.16}$$

为了使上式的表示形式更为简洁，我们引入均方和的概念：

$$\mathrm{MS}_{\mathrm{A}} = \frac{S_{\mathrm{A}}}{r-1}, \quad \mathrm{MS}_{\mathrm{E}} = \frac{S_{\mathrm{E}}}{n-r} \tag{9.2.17}$$

均方和表示平均每个自由度上有多少偏差平方和,剔除的数据量对于偏差平方和的影响。

4. 假设检验问题的拒绝域

有了检验统计量后，我们来讨论式(9.2.6)中假设的拒绝域。当式(9.2.6)中的 H_0 为真时，由定理 9.2.2 可知

$$E\left(\mathrm{MS_A}\right) = E\left(\frac{S_A}{r-1}\right) = \sigma^2, \quad E\left(\mathrm{MS_E}\right) = E\left(\frac{S_E}{n-r}\right) = \sigma^2$$

这表明 $\mathrm{MS_A}$ 和 $\mathrm{MS_E}$ 都是方差 σ^2 的无偏估计，且式(9.2.16)成立。

当式(9.2.6)中的 H_1 为真，由定理 8.1.2 可知

$$E\left(\mathrm{MS_A}\right) = E\left(\frac{S_A}{r-1}\right) = \sigma^2 + \frac{\sum_{i=1}^{r} n_i \delta_i^2}{r-1} > \sigma^2$$

显然，H_0 不为真时，$\mathrm{MS_A}$ 值偏大，导致 F 值也偏大，因此给定显著性水平 α，式(9.2.6)中假设的拒绝域为

$$\mathcal{W} = \left\{ F \mid F = \frac{\mathrm{MS_A}}{\mathrm{MS_E}} \geqslant F_\alpha\left(r-1, n-r\right) \right\} \tag{9.2.18}$$

在进行方差分析时，通常将上述计算过程列为表格形式，称为方差分析表(见表 9.2.3)。

表 9.2.3　方差分析表

来源	平方和	自由度	均方	F
因素	S_A	$f_A = r-1$	$\mathrm{MS_A} = \dfrac{S_A}{f_A}$	$F = \dfrac{\mathrm{MS_A}}{\mathrm{MS_E}}$
误差	S_E	$f_E = n-r$	$\mathrm{MS_E} = \dfrac{S_E}{f_E}$	
总和	S_T	$f_T = n-1$		

对于给定的显著性水平 α，根据表 9.2.3 中的数据，对式(9.2.1)或式(9.2.6)中的假设可得到如下判断：

（1）当 $F \geqslant F_\alpha\left(r-1, n-r\right)$ 时，拒绝 H_0，表示因素 A 在各水平下的效应有显著差异；

（2）当 $F < F_\alpha\left(r-1, n-r\right)$ 时，接受 H_0，表示没有理由认为因素 A 在各水平下的效应有显著差异。

根据方差分析表，在进行方差分析时，首先要根据数据计算 S_A 和 S_E，为了简化两个平方和的计算，我们引入如下简便计算公式。

记 $T_i = \sum_{j=1}^{n_i} Y_{ij}$，$i = 1, 2, \cdots, r$，$T = \sum_{i=1}^{r}\sum_{j=1}^{n_i} y_{ij}$，

$$\begin{cases} S_T = \sum_{i=1}^{r}\sum_{j=1}^{n_i} Y_{ij}^2 - n\bar{Y}^2 = \sum_{i=1}^{r}\sum_{j=1}^{n_i} Y_{ij}^2 - \dfrac{T^2}{n} \\[2mm] S_A = \sum_{i=1}^{r} n_i \bar{Y}_i^2 - n\bar{Y}^2 = \sum_{i=1}^{r} \dfrac{T_i^2}{n_i} - \dfrac{T^2}{n} \\[2mm] S_E = S_T - S_A \end{cases} \tag{9.2.19}$$

例 9.2.1　采用案例 9.2.1 的数据，检验假设（$\alpha = 0.05$）：

$$H_0: \mu_1 = \mu_2 = \mu_3, \quad H_1: \mu_1 \text{、} \mu_2 \text{、} \mu_3 \text{不全相等}$$

图9.2.1所示为某大学经济管理学院三个专业毕业生的月收入箱线图。其中，虚线是被调查的60名毕业生的平均月收入水平。

思考： 首先根据图9.2.1，直观判断某大学经济管理学院三个专业毕业生的月收入是否有显著差异？

解： 本例中，$r=3$，$n_1=n_2=n_3=20$，$n=60$，根据式(9.2.19)计算S_A和S_E

$$S_T = \sum_{i=1}^{r}\sum_{j=1}^{n_i} Y_{ij}^2 - \frac{T^2}{n}$$

$$= 1134360890 - \frac{254608^2}{60}$$

$$\approx 53940329$$

$$S_A = \sum_{i=1}^{r} \frac{T_i^2}{n_i} - \frac{T^2}{n}$$

$$= \frac{1}{20}\left(92803^2 + 78252^2 + 83553^2\right) - \frac{254608^2}{60}$$

$$\approx 5423245$$

$$S_E = S_T - S_A = 48517084$$

由以上数据可得到单因素方差分析表如下：

来源	平方和	自由度	均方	F
因素	5423245	2	2711623	3.185734
误差	48517084	57	851176.9	
总和	53940329	59		

查表得$F_{0.05}(2,57)=3.1588<3.185734$，故在显著性水平$\alpha=0.05$下拒绝原假设$H_0$，表明不同专业的毕业生月收入有显著差异。

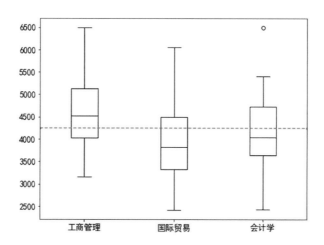

图9.2.1　某大学经济管理学院三个专业毕业生的月收入箱线图

例9.2.2　为了分析小麦品种对产量的影响，一家研究机构首先挑选了3个小麦品种：品种1、品种2、品种3，然后选择条件和面积相同的30块土地，每个品种在10块土地上试种。试验获得的3个小麦品种的产量数据如下：

小麦品种	不同小麦品种的产量/kg									
品种 1	81	82	79	81	78	89	92	87	85	86
品种 2	71	72	72	66	72	77	81	77	73	79
品种 3	76	79	77	76	78	89	87	84	87	87

试问在显著性水平 $\alpha = 0.05$ 下，根据数据判断各小麦品种的产量差异是否显著。

解：记 3 个小麦品种的均值分别为 μ_1、μ_2、μ_3，我们需要在显著性水平 $\alpha = 0.05$ 下假设检验：

$$H_0 : \mu_1 = \mu_2 = \mu_3, \; H_1 : \mu_1、\mu_2、\mu_3 不全相等$$

现令 $r = 3$、$n_1 = n_2 = n_3 = 10$、$n = 30$，根据式(9.2.19)计算 S_A 和 S_E

$$S_T = \sum_{i=1}^{r}\sum_{j=1}^{n_i} Y_{ij}^2 - \frac{T^2}{n}$$

$$= 193174 - \frac{2400^2}{30}$$

$$= 1174$$

$$S_A = \sum_{i=1}^{r} \frac{T_i^2}{n_i} - \frac{T^2}{n}$$

$$= \frac{1}{10}\left(840^2 + 740^2 + 820^2\right) - \frac{2400^2}{30}$$

$$= 560$$

$$S_E = S_T - S_A = 614$$

由以上数据可得到单因素方差分析表如下：

来源	平方和	自由度	均方	F
因素	560	2	280	12.313
误差	614	27	22.741	
总和	1174	29		

查表得 $F_{0.05}(2,27) = 3.3541 < 12.313$，故在显著性水平 $\alpha = 0.05$ 下拒绝原假设 H_0，表明小麦品种对小麦产量有显著影响。

习题 9

1. 表中数据是退火温度 x 对黄铜延性 Y 效应的试验结果，Y 是以延长度计算的且设对于给定的 x，Y 为正态变量，其方差与 x 无关：

x	300	400	500	600	700	800
Y(%)	40	50	55	60	67	67

试求 Y 对于 x 的线性回归方程。

2. 随机抽取 10 个家庭，调查他们的家庭月收入 X（单位：百元）和月支出 X（单位：百元），如下表所示：

X	20	15	20	25	16	20	18	19	22	16
Y	18	14	17	20	14	19	17	18	20	13

求一元线性回归方程并做显著性检验（$\alpha = 0.05$）。

3．为了研究钢线含碳量（单位：%）对于电阻（单位：$\mu\Omega$）在 20℃下的效应，7 次试验得到的数据如下：

x_i	0.10	0.30	0.40	0.55	0.70	0.80	0.95
y_i	12	18	19	21	22.6	23.8	26

（1）绘制散点图，试问是否可以认为含碳量与电阻之间存在线性相关关系？

（2）求出经验回归函数；

（3）试求可决系数 R^2 的值，并在显著性水平 $\alpha = 0.01$ 下检验 $H_0 : \beta_1 = 0$。

4．某种产品在生产时产生的有害物质的重量 y（单位：g）与它的燃料消耗量 x（单位：kg）之间存在某种相关关系。由以往的生产记录得到如下数据：

x_i	289	298	316	327	329	329	331	350
y_i	43.5	42.9	42.1	39.1	38.5	38.0	38.0	37.0

（1）试求经验回归函数；

（2）试求检验统计量 F 的值，并在显著性水平 $\alpha = 0.01$ 下检验 $H_0 : \beta_1 = 0$；

（3）试求 $x_0 = 340$ 时 Y_0 的双侧概率为 0.95 的预测区间。

5．为了考察水温（单位：℃）对某种布料的收缩率的影响，在 4 种不同水温下进行 4 次试验，得到数据如下：

水温/℃	收缩率/%			
20	9.5	8.8	11.4	7.8
40	6.5	8.3	8.6	8.2
60	10.0	4.8	5.4	9.6
80	9.3	8.9	7.2	10.1

试问水温对该种布料的收缩率有无显著性影响。

 在线自主实验

读者结合第 9 章的所学知识，利用在线 Python 编程平台，完成 10.6 回归分析与方差分析实验，利用 Python 编程解决实际的回归及方差分析问题，掌握使用计算机进行回归分析及方差分析的一般方法。

*第 10 章　概率统计实验

概率论与数理统计是一门实践性很强的公共基础课，传统教学过程中往往只注重理论教学而忽视了实践教学，学生往往会陷入大量公式计算的困境，特别是统计部分的数据计算非常麻烦。为了提高学生对概率统计学习的兴趣，使其更好地掌握理论知识、理解统计方法的思想与原理，本章引入概率统计实验。这部分内容的教学可安排在实验室上课或利用 Python 线上编程平台（扫描右侧二维码）让学生课后自主完成。

10.1　蒙特卡罗模拟实验

蒙特卡罗模拟是现代数学中普遍使用的一种计算方法，广泛应用于金融工程学、宏观经济学、生物医学、计算物理学等领域。蒙特卡罗模拟方法（Monte Carlo Simulation Method）的核心思想是用事件发生的"频率"来代替事件发生的"概率"，是以概率统计理论为基础的方法。最早利用"频率"代替"概率"的实验可追溯到 18 世纪后叶的蒲丰投针试验，即著名的蒲氏问题（见第一章的案例 1.2.6）。20 世纪 40 年代，计算机的出现使得大量随机抽样试验模拟得以实现，其中最具代表性的方法便是蒙特卡罗模拟方法。在第二次世界大战期间，为了解决原子弹研制工作中裂变物质的中子随机扩散的问题，美国数学家冯·诺依曼（Von Neumann）和马尔钦·乌拉姆（Marcin Ulam）提出了蒙特卡罗模拟方法，由于当时的工作是保密的，因此该方法的代号为"蒙特卡罗"。蒙特卡罗是摩纳哥的一个城市，也是当时非常著名的一座赌城。因为赌博的本质是计算概率，而蒙特卡罗模拟正是以概率为基础的一种计算方法，用赌城的名字作为随机模拟的名称，既反映了该方法的部分内涵，又容易记忆，因而很快得以广泛应用。

蒙特卡罗模拟是在计算机上成千上万次地模拟项目，每次输入都随机选择输入值的一种方法。由于每次的输入值很多时候本身就是一个估计区间，因此计算机模型会随机选取每次输入在该区间内的任意值，通过成千上万甚至上百万次的模拟实验，最终得出一个累计概率分布图。蒙特卡罗模拟方法的基本思路如下。

（1）针对实际问题建立一个概率统计模型，使所求解恰好是该模型某个指标的概率分布或数字特征；

（2）针对模型中的随机变量建立抽样方法，在计算机上进行模拟测试，抽取足够多的随机数，对相关事件进行统计；

（3）对模拟实验结果加以分析，给出所求解的估计值及其精度。

10.1.1　蒲丰投针实验模拟

根据第一章的案例 1.2.6 蒲丰投针实验的内容，在一个平面上画无数条距离为 d 的平行线，把一个长为 L（$L<d$）的针扔在画有平行线的平面上，通过观察与平行线相交的针的数量，计算其频率，进而模拟计算圆周率的数值。

1. 实验步骤

针的中点的横坐标用 cx 表示，纵坐标用 cy 表示，且 cx 和 cy 的取值范围均为 $[0, d/2]$，针与平行线的夹角 θ 的范围为 $[0, \pi]$。令针的两端到最近的平行线的距离分别为 $y_1 = cy + \dfrac{d}{2}\sin\theta$，$y_1 = cy - \dfrac{d}{2}\sin\theta$，则 $y_1 > d$ 或 $y_2 < 0$ 时，认为针与平行线相交。计算与平行线相交的针的数量，从而计算其相交的频率，用频率 f 代替理论概率 $\dfrac{2L}{\pi d}$，可算出 $\pi = \dfrac{2L}{fd}$。

2. 程序代码

```
#10.1.1 蒲丰投针实验模拟
import math                    #加载数学库
import random                  #加载随机库
pai=3.1415926535              #设置圆率
d=1                            #两条平行线间的距离
L=0.83                         #针长
N = 500000                     #投针次数
number=0                       #计数器用来统计与平行线相交的针的个数
#cx 表示针的中点的横坐标，cy 表示针的中点的纵坐标
for i in range(1,N+1):
    cx=0.5*d*random.random() #针的中点的横坐标范围为[0,d/2)
    cy=0.5*d*random.random() #针的中点的纵坐标范围为[0,d/2)
    phi=pai*random.random() #针与平行线的夹角为[0,π]
    y1=cy+0.5*L*math.sin(phi)#针的一端到最近的平行线的距离
    y2=cy-0.5*L*math.sin(phi)#针的另一端到最近的平行线的距离
    if y1>d or y2<0:
        number+=1              #满足此条件表示针与平行线相交
#计算针与平行线相交的理论概率值
probability=2*L/(pai*d)
#计算投出的针与平行线相交的频率
frequency=number/N
#计算 π 的近似值
pai_hat =2*L/(d*frequency)
print("p=%.6f,f=%.6f, π =%.6f"%(probability,frequency,pai_hat))  #输出
```

3. 实验结果

将投针次数设为 N=500000，连续运行 3 次程序得到的运行结果如下：

```
p=0.636620,f=0.527980,π=3.144058
p=0.636620,f=0.528604,π=3.140347
p=0.636620,f=0.527486,π=3.147003
```

从中可以看出,计算结果与 π 的值非常接近,同学们在实验的时候也可以将 N 设为 10000、100000、1000000、10000000 等,观察模拟得到的圆周率是否随着投针次数的增长而越来越精确。

10.1.2 随机投点法计算圆周率

现代数学家们创造了许多方法计算圆周率 π 的值,随机投点法也是其中的一种。

在一个边长为 2 的矩形里内接一个半径为 1 的圆(见图 10.1.1),向矩形内随机地投点,设矩形内任何点被击中的概率相等。经过足够多的次数后,可根据圆内点的个数 k 及所有点的个数 n 估计圆周率 π 的值。

设二维随机变量 (X,Y) 在矩形 $G=\{(x,y)|-1\leqslant x\leqslant 1,-1\leqslant y\leqslant 1\}$ 内服从二维均匀分布,则点 (X,Y) 落在圆内的概率为

图 10.1.1 半径为 1 的圆

$P\{X^2+Y^2\leqslant 1\}=\dfrac{\pi}{4}$,计算机模拟产生 n 对二维随机数 (x_i,y_i), $i=1,2,\cdots,n$, x_i 和 y_i 是 $(-1,1)$ 内的均匀分布的随机数,其中 k 对满足 $x^2+y^2\leqslant 1$,则随机数 (x_i,y_i) 落在圆内的频率为 $\dfrac{k}{n}$。根据伯努利大数定律,随机事件发生的频率依概率收敛于随机事件发生的概率,即当 n 充分大时,可用 $\dfrac{k}{n}$ 作为 $\dfrac{\pi}{4}$ 的估计,从而得到圆周率 π 的估计值 $\hat{\pi}=\dfrac{4k}{n}$。随着试验次数的增多,所得估计值的精度也随之提高。

1. 实验步骤

(1)均匀生成两个取值范围为[-1, 1]的随机数(x,y);
(2)判断点(x,y)是否落在圆上,统计落在圆上的频数;
(3)若还没有生成 n 对随机数,则返回第(1)步。

2. 程序代码

```
#10.1.2 随机投点法计算圆周率
from random import random        #导入随机数生成包
from math import sqrt            #导入开方函数
N=1000000                        #设置生成随机数个数
K=0                              #频数初始化
for i in range(1,N+1):           #循环 N 次
    x,y=2*random()-1,2*random()-1 #random()生成 0~1 的均匀随机数,x,y 落在[-1,1]
    dist =sqrt(x**2+y**2)        #计算数对与原点的距离
    if dist<=1.0:                #统计频数
        K=K+1
```

```
pi=4*(K/N)                         #计算圆周率
print("圆周率值: {}".format(pi))
```

3. 实验结果

将生成的随机数对的个数设为 $N=1000000$，连续运行 3 次程序得到的运行结果为：

```
圆周率值: 3.142768
圆周率值: 3.139344
圆周率值: 3.139152
```

从中可以看出，计算结果与 π 的值非常接近，同学们在实验时也可以将 N 设为 1000、10000、100000、1000000、10000000 等，观察随着投点次数的增加模拟得到的圆周率是否越来越精确。

10.2　常见分布及关系实验

通过绘制常见分布的相关图像，掌握分布的性质及特征。

10.2.1　常见离散型分布

1. 二项分布的分布律图像及分布函数图像

1）实验步骤

（1）使用 stats.binom.pmf(x,n,p) 函数求分布律的具体值，pmf 表示概率密度函数，即分布律，并绘图。

（2）使用 stats.binom.cdf(x,n,p) 函数求分布函数值，cdf 表示累计分布函数，并绘图。

2）程序代码

（1）绘制二项分布的分布律图像。

```
#10.2.1 常见离散型分布之二项分布
#分布律图
from scipy.stats import binom       #从 scipy 库中载入二项分布模块 binom
import matplotlib.pyplot as plt      #从 matplotlib 中导入画图模块 pyplot
import numpy as np                   #导入 numpy 模块
#生成画布
fig,ax=plt.subplots(1,1,figsize=(10,5))
#设置二项分布的参数 B(n,p)
n=60
p=0.5
x=np.arange(0,2*n*p)                 #生成随机变量的取值系列 0,1,2,…,2np
y=binom.pmf(x,n,p)                   #根据 x 的值生成二项分布的对应概率
ax.plot(x,y,"o",color="black")       #画 x,y 的散点图
plt.title("Binom(n=%d,p=%.2f)"%(n,p),fontsize=16)  #画标题
plt.show()
```

（2）绘制二项分布的分布函数图像。

```
#10.2.1 常见离散型分布之二项分布
#分布函数图
from scipy.stats import binom          #从 scipy 库中载入二项分布模块 binom
import matplotlib.pyplot as plt        #从 matplotlib 中导入画图模块 pyplot
import numpy as np                     #导入 numpy 模块
#生成画布
fig,ax=plt.subplots(1,1,figsize=(10,5))
#设置二项分布的参数 B(n,p)
n=60
p=0.5
x=np.arange(0,2*n*p)                   #生成随机变量的取值系列 0,1,2,…,2np
y=binom.cdf(x,n,p)                     #根据 x 的值生成二项分布的对应累积概率
ax.plot(x,y,"o",color="black")         #画 x,y 的散点图
plt.title("Binom(n=%d,p=%.2f)"%(n,p),fontsize=16)          #画标题
plt.show()
```

3）输出图像

运行上述代码可输出图 10.2.1 及图 10.2.2 所示的二项分布的分布律图及二项分布的分布函数图（$n=60$，$p=0.50$）。

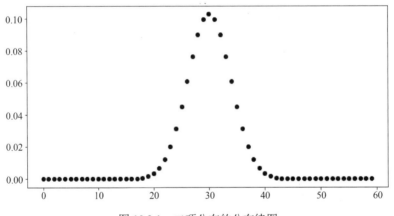

图 10.2.1　二项分布的分布律图

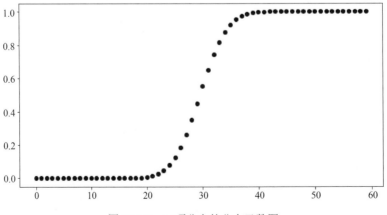

图 10.2.2　二项分布的分布函数图

从图 10.2.1 可以观察到二项分布律的图像近似对称，取 *np*=30 附近值的可能性最大。在实验过程中可以调整参数 *n* 和 *p* 的值，就会发现当 *n* 越来越大时二项分布律的图像越来越对称，对称中心为 *x* =*np*。

2．泊松分布的分布律图像及分布函数图像

1）实验步骤

（1）使用 poisson.pmf(k,lamb)函数求分布律具体值，pmf 表示概率密度函数，即分布律，并绘图。

（2）使用 poisson.cdf(k,lamb)函数求分布函数值，cdf 表示累计分布函数，并绘图。

2）程序代码

（1）绘制泊松分布的分布律图像。

```
#10.2.1 常见离散型分布之泊松分布
#分布律
from scipy.stats import poisson          #调入统计包中的泊松分布函数
import matplotlib.pyplot as plt          #调入绘图包
import numpy as np                       #调入数组处理包
#生成画布
fig,ax=plt.subplots(1,1,figsize=(10,5))
lamb=15                                  #设置参数 λ 的值
k=np.arange(0,2*lamb,1)                  #生成随机变量的取值系列 0,1,…,2*lamb
p=poisson.pmf(k,lamb)                    #计算对应系列取值的概率
ax.plot(k,p,"o",color="black")           #画出分布律的散点图
plt.title("Poisson(λ=%.2f)"%(lamb),fontsize=16)  #画标题
plt.show()
```

（2）绘制泊松分布的分布函数图像

```
#10.2.1 常见离散型分布之泊松分布
#分布函数图
from scipy.stats import poisson          #调入统计包中的泊松分布函数
import matplotlib.pyplot as plt          #调入绘图包
import numpy as np                       #调入数组处理包
#生成画布
fig,ax=plt.subplots(1,1,figsize=(10,5))
lamb=15                                  #设置参数 λ 的值
k=np.arange(0,2*lamb,1)                  #生成随机变量的取值系列 0,1,…,2*lamb
p=poisson.cdf(k,lamb)                    #计算对应系列取值的累积概率
ax.plot(k,p,"o",color="black")           #画出分布函数的散点图
plt.title("Poisson(λ=%.2f)"%(lamb),fontsize=16)  #画标题
plt.show()
```

3）输出图像

运行上述代码可输出图 10.2.3 及图 10.2.4 所示的泊松分布的分布律图及泊松分布的分布函数图（*λ*=15.00）。

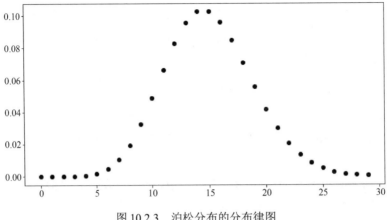

图 10.2.3　泊松分布的分布律图

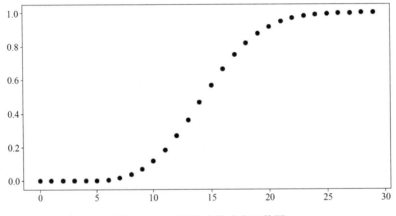

图 10.2.4　泊松分布的分布函数图

从图 10.2.3 可以观察到泊松分布律的图像也近似对称，取 $\lambda=15$ 附近值的可能性最大。在实验中可以调整参数 λ 的值，当 λ 越来越大时观察泊松分布律的图像，会发现图像越来越对称，以 $x=\lambda$ 为对称中心。

3. 泊松分布和二项分布的关系

1）实验步骤

根据上述的两个实验，在一幅图中分别绘制关联的泊松分布和二项分布的分布律图像。

2）程序代码

```
#10.2.1 常见离散型分布之泊松分布和二项分布的关系
from scipy.stats import poisson          #调入统计包中的泊松分布函数
from scipy.stats import binom            #调入统计包中的二项分布函数
import matplotlib.pyplot as plt          #调入绘图包
import numpy as np                       #调入数组处理包
#生成画布
fig,ax=plt.subplots(1,1,figsize=(10,5))
#设置B(n,p)的参数
n=500
p=0.1
```

```
x=np.arange(0,2*n*p,1)                    #生成横坐标 X 取值系列 0,1,2,…,2np
#画出二项分布 B(n,p)的图像
p1,=ax.plot(x,binom.pmf(x,n,p),'-',label=u"Binom")
#画出泊松分布 P(λ=np)的图像
lamb=n*p
p2,=ax.plot(x,poisson.pmf(x,lamb),'*',label=u"Poisson")
plt.legend(handles=[p1,p2],fontsize=12)
plt.title(u'Poisson and Binom',fontsize=16)
plt.show()
```

3）输出图像

运行上述代码可输出图 10.2.5 所示的泊松分布与二项分布的分布律对比图。

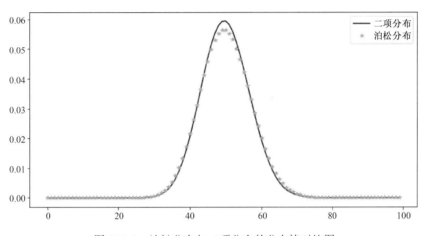

图 10.2.5　泊松分布与二项分布的分布律对比图

图 10.2.5 中，二项分布 $B(500,0.1)$ 和泊松分布 $P(500,0.1)$ 的 n 很大、p 很小时，泊松分布可以用来近似二项分布。在实验中，可以不断调整参数 n、p 的值，比较分析不同参数所得到的图像差异。

10.2.2　常见连续型分布

1. 正态分布的概率密度函数图

1）实验步骤

（1）导入统计包中的 norm 模块，使用 norm.pdf()函数计算正态分布的概率密度函数值；

（2）为了更好地比较在方差不变时概率密度函数的特点，设计三个不同期望对应的概率密度函数图像：方差值 σ^2 取 1，期望 μ 分别取 1、2、4，分别绘制概率密度函数图像，比较、分析三个概率密度函数图像；

（3）为了更好地比较在期望不变时概率密度函数的特点，设计三个不同方差对应的概率密度函数图像：期望值 μ 取 2，方差 σ^2 分别取 2.25、3、9，分别绘制概率密度函数图像，比较、分析三个概率密度函数图像。

2）程序代码

#10.2.2 常见连续型分布之正态分布

```
from scipy.stats import norm            #调入统计包中的正态分布函数
import matplotlib.pyplot as plt         #调入绘图包
import numpy as np                      #调入数组处理包
#生成画布
fig,ax=plt.subplots(1,1,figsize=(12,7))
#生成步长为0.1的列表数据x，范围在[-8,8]
x=np.arange(-8,8,0.1)
u=[1,2,4]                               #设置均值系列值
st=['solid', 'dashdot', 'dotted']       #设置线型系列
s=[1.5,np.sqrt(3),3]                    #设置标准差的值
#针对每个均值，生成图像
j=0
for i in u:
    p=norm.pdf(x,i,1)
    ax.plot(x,p,linestyle=st[j],label=r'$\mu=%.2f,\sigma^2=%.2f$'%(i,1))
    j=j+1
#针对每个标准差，生成图像
j=0
for i in s:
    p=norm.pdf(x,u[1],i)
    ax.plot(x,p,linestyle=st[j],linewidth=3,label=r'$\mu=%.2f,\sigma^2=
%.2f$'%(u[1],i**2))
    j=j+1
plt.legend(loc='upper left',fontsize=14)         #生成图标
plt.title("Normal Distribution",fontsize=14)     #画标题
plt.show()
```

3）输出图像

运行上述程序，输出不同参数下正态分布的概率密度函数图（见图10.2.6）。

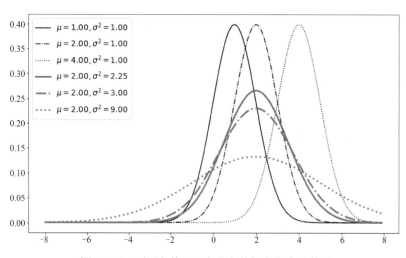

图 10.2.6　不同参数下正态分布的概率密度函数图

图 10.2.6 表明当方差不变时，期望的改变只是将概率密度函数图像向左右平移；当期望不变时，方差变大令概率密度函数图像变扁平，反之则变陡。同学们可以在实验时设置不同的 μ 与 σ^2 的组合，观察图像特征。

2. 指数分布的概率密度函数图

1）实验步骤

（1）导入统计包中的 expon 模块，使用 expon.pdf()函数计算指数分布的概率密度函数值；

（2）取参数 λ 的值为 0.5、1.5、3、6，绘制指数分布的概率密度函数图像。

2）程序代码

```
#10.2.2 常见连续型分布之指数分布
from scipy.stats import expon          #调入统计包中的指数分布函数
import matplotlib.pyplot as plt        #调入绘图包
import numpy as np                     #调入数组处理包
#生成画布
fig,ax=plt.subplots(1,1,figsize=(8,8))
st=[ 'solid', 'dashed', 'dashdot', 'dotted']        #设置线型系列
#设置λ值列表
lambs=[0.5,1,1.5,3]
x=np.arange(0,20,0.01) #设置 x 的取值为 0.00,0.01,0.02,…,20.00
#对每个λ画出指数分布的密度函数图
j=0
for lamb in lambs:
    y=expon.pdf(x,scale=1/lamb)
    ax.plot(x,y,linestyle=st[j],linewidth=2,label=r'$\lambda=%.2f$'%(lamb))
    j=j+1
#设置x,y轴的坐标范围
plt.ylim(0,1.2)
plt.xlim(0,12)
plt.legend(fontsize=14)                #输出图例
plt.title("Exponential Distribution",fontsize=14)        #图标题
plt.show()
```

3）输出图像

运行上述程序，输出不同参数下指数分布的概率密度函数图（见图 10.2.7）。

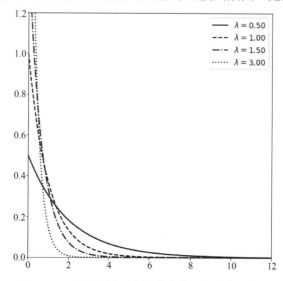

图 10.2.7　不同参数下指数分布的概率密度函数图

从图 10.2.7 可以看出，指数分布的概率密度函数是单调递减的连续函数。同学们可以在实验过程中设置不同的参数 λ 值，以观察指数分布的特征。

10.2.3　常用的统计分布

1. 卡方分布的概率密度函数图

1）实验步骤

（1）导入统计包中的 chi2 模块，使用 chi2.pdf()函数计算卡方分布的概率密度函数值；

（2）取自由度 n 的值为 1、2、4、6、11，分别绘制对应卡方分布的概率密度函数图像。

2）程序代码

```
#10.2.3 常用的统计分布之卡方分布
from scipy.stats import chi2          #调入统计包中的卡方分布函数
import matplotlib.pyplot as plt       #调入绘图包
import numpy as np                    #调入数组处理包
#生成画布
fig,ax=plt.subplots(1,1,figsize=(8,8))
st=[ 'solid', 'dashed', 'dashdot', 'dotted','solid']        #设置不同线型
#设置自由度 n 值列表
ns=[1,2,4,6,11]
x=np.arange(0,25,0.1)                 #设置 x 的取值为 0.0,0.1,0.2,...,20.0
#依据不同自由度 n,画卡方分布密度函数图
j=0
for n in ns:
    y=chi2.pdf(x,n)
    ax.plot(x,y,linestyle=st[j],linewidth=2,label=r'$\chi^2(%.0f)$'%(n))
    j=j+1
#设置 Y 轴坐标范围
plt.ylim(0,0.45)
#显示图例
plt.legend()
plt.title(r"$\chi^2$ Distribution",fontsize=14)
plt.show()
```

3）输出图像

运行上述程序，输出不同自由度下卡方分布的概率密度函数图（见图 10.2.8）。

从图 10.2.8 可以看出，当自由度较小时函数图像左偏。自由度越大，函数图像越趋向于左右对称。同学们可以在实验过程中设置不同的参数 n ，以观察卡方分布的特征。

2. t 分布的概率密度函数图

1）实验步骤

（1）导入统计包中的 t 模块，使用 t.pdf()函数计算 t 分布的概率密度函数值；

（2）取自由度 n 的值为 1、3、7、10，分别绘制对应 t 分布的概率密度函数图像。

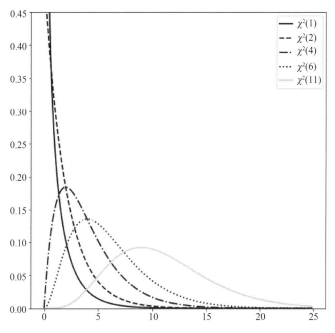

图 10.2.8 不同自由度下卡方分布的概率密度函数图

2）程序代码

```
#10.2.3 常用的统计分布之 t 分布
from scipy.stats import t              #调入统计包中的 t 分布函数
import matplotlib.pyplot as plt        #调入绘图包
import numpy as np                     #调入数组处理包
#生成画布
fig,ax=plt.subplots(1,1,figsize=(10,8))
st=[ 'dashed', 'dashdot', 'dotted','solid']           #设置系列线型
#设置自由度 n 值列表
ns=[1,3,7,10]
x=np.arange(-5,5,0.1)                   #设置 x 的取值为-5.0,-4.9,-4.8,...,5.0
#依自由度系列中的值生成对应的 t 分布密度函数图
j=0
for n in ns:
    y=t.pdf(x,n)
    ax.plot(x,y,linestyle=st[j],label=r'$t(%.0f)$'%(n))
    j=j+1
#调整 y 轴的坐标范围
plt.ylim(0,0.42)
plt.legend(fontsize=14)                 #显示图例
plt.title(r"t  Distribution",fontsize=14)
plt.show()
```

3）输出图像

运行上述程序，输出不同自由度下 t 分布的概率密度函数图像（见图 10.2.9）。

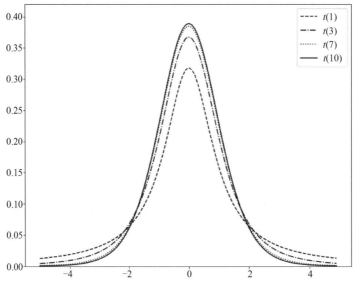

图 10.2.9　不同自由度下 t 分布的概率密度函数图

从图 10.2.9 可以看出，t 分布的概率密度函数关于 y 轴对称且自由度越大，函数图像越陡峭。同学们可以在实验过程中设置不同的参数 n，以观察 t 分布的特征。

3．F 分布的概率密度函数图

1）实验步骤

（1）导入统计包中的 f 模块，使用 f.pdf() 函数计算 F 分布的概率密度函数值；

（2）取自由度 n1 的值为 1、3、5、10、20，n2 的值为 5、5、5、20、30，分别绘制对应 F 分布的概率密度函数图像。

2）程序代码

```
#10.2.3 常用的统计分布之 F 分布
from scipy.stats import f              #调入统计包中的 F 分布函数
import matplotlib.pyplot as plt        #调入绘图包
import numpy as np                     #调入数组处理包
#生成画布
fig,ax=plt.subplots(1,1,figsize=(10,5))
st=[ 'dashed', 'dashdot','solid', 'dotted','dashdot']       # 设置系列线型
#设置自由度 n1,n2 值列表
ns1=[1,3,5,10,20]
ns2=[5,5,5,20,30]
x=np.arange(0,4,0.1)                   #设置 x 的取值为 0.0,0.1,0.2,...,4.0
#按自由度的组合 ns1[j],ns2[j]生成 F 分布密度函数图
j=0
for i in np.arange(len(ns1)):
    y=f.pdf(x,ns1[i],ns2[i])
    ax.plot(x,y,linestyle=st[j],label=r'$F(%.0f,%0.f)$'%(ns1[i],ns2[i]))
    j=j+1
```

```
plt.legend(fontsize=14)                      #显示图例
plt.title(r"F Distribution",fontsize=16)
plt.show()
```

3）输出图像

运行上述程序，输出不同自由度下 F 分布的概率密度函数图（见图 10.2.10）。

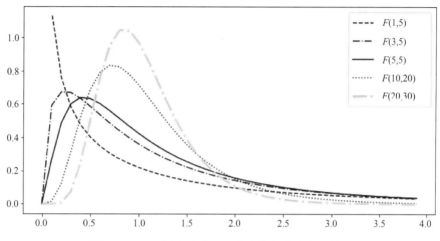

图 10.2.10　不同自由度下 F 分布的概率密度函数图

从图 10.2.10 可以看出，F 分布的概率密度函数是左偏函数，自由度越大，函数图像越左右对称。同学们可以设置不同的数值组合，以观察 F 分布的特征。

4．t 分布和标准正态分布的极限关系

1）实验步骤

（1）导入统计包中的 t 模块及 norm 模块，使用 t.pdf()及 norm.pdf()函数分别计算 t 分布及标准正态分布的概率密度函数值；

（2）取 t 分布自由度 n 的值为 1、3、7、10、20、30，分别绘制对应 t 分布的六条概率密度函数图像及标准正态分布概率密度函数的图像。

2）程序代码

```
#10.2.3 常用的统计分布之 t 分布与标准正态分布关系
from scipy.stats import t #调入统计包中的 t 分布函数
from scipy.stats import norm #调入统计包中的正态分布函数
import matplotlib.pyplot as plt  #调入绘图包
import numpy as np     #调入数组处理包
#生成画布
fig,ax=plt.subplots(1,1,figsize=(10,10))
st=[ 'solid','dashed', 'dashdot','dotted','dashdot','dashed'] #设置线型系列
#设置自由度 n 值列表
ns=[1,3,5,10,20]
x=np.arange(-5,5,0.1)  #设置 x 的取值为-5.0,-4.9,-4.8,...,5.0
#不同自由度下生成 t 分布的密度函数图
```

```
j=0
for n in ns:
    y=t.pdf(x,n)   #生成 t 分布的密度函数值
    ax.plot(x,y,linestyle=st[j],label=r'$t(%.0f)$'%(n))
    j=j+1
y1=norm.pdf(x,0,1)  #生成标准正态分布的密度函数值
ax.plot(x,y1,color="black",label=r'N(0,1)')
#设置 y 轴坐标范围
plt.ylim(0,0.5)
plt.legend(fontsize=12)
plt.title(r"t Distribution and Normal  Distribution",fontsize=16)
plt.show()
```

3）输出图像

程序运行后，输出六个不同自由度下的 t 分布的概率密度函数图像及标准正态分布的概率密度函数图像（见图 10.2.11）。

从图 10.2.11 可以看出，t 分布的概率密度函数随着自由度的增大逐渐趋向于标准正态分布，也直观说明了标准正态分布是 t 分布的极限分布。

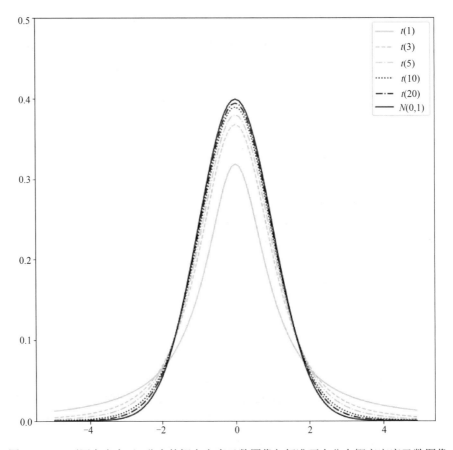

图 10.2.11　不同自由度下 t 分布的概率密度函数图像与标准正态分布概率密度函数图像

10.3 中心极限定理验证实验

10.3.1 大数定律验证实验

利用 Python 编写程序，产生一系列 0 和 1 的随机数，模拟抛硬币实验。验证抛一枚质地均匀的硬币，"正面向上"事件的频率在 0.5 左右波动，抛的次数越多，频率的波动越小，并绘制频率趋势图，以此直观地验证大数定律。

1．实验步骤

（1）一次抛硬币试验用计算机模拟为随机生成 0 和 1 的随机数，以 1 代表正面向上；

（2）重复抛硬币 1 次记录频数，抛 2 次记录频数，抛 3 次记录频数，…，抛 1000 次记录频数，将其放入列表 s[]中；

（3）把 s[]中的频数转换为频率并绘制频率趋势图。

2．程序代码

```
#10.3.1 大数定律验证实验之抛硬币试验
import random                              #调入随机数模块
import numpy as np                         #调入数组处理包
import matplotlib.pyplot as plt            #调入绘图包
tosses =np.arange(1,1001)                  #生成试验次数系列1,2,...,1000
s=[]                                       #存放每次试验的硬币正面向上的频数
#生成 tosses 中的每个试验的频数
for i in range(1000):
    h=0
    for j in range(0,tosses[i]):
#若生成的随机数小于 0.5,则认为是硬币正面向上
        if random.random()<0.5:
            h += 1
    s.append(h)                            #把每次试验的频数存到 s 中
plt.figure(figsize=(10,5))
plt.ylim(0,1)
plt.yticks([0.1,0.3,0.5,0.7,0.9,1.0])      #设置 y 轴刻度
plt.plot(tosses,s/tosses,color="red")
plt.xlabel("n",fontsize=14)
plt.ylabel("Frequency",fontsize=14)
plt.show()
```

3．实验结果

上述程序运行后，得到抛硬币正面向上的频率趋势图如图 10.3.1 所示。

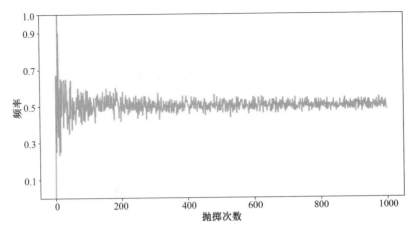

图 10.3.1　抛硬币正面向上的频率趋势图

图 10.3.1 中，横坐标为抛掷次数，从中可以看出，抛掷次数越多，频率渐渐趋向于 0.5，当实验次数足够多时，"正面向上"事件的频率稳定在 0.5 附近。同学们在实验过程中也可以设置更多抛掷次数，以观察频率随着抛掷次数的增大逐渐稳定。

10.3.2　泊松分布验证中心极限定理

设 $X_1, X_2, \cdots, X_n$ 独立且都服从参数为 3 的泊松分布，由泊松分布的可加性可知，$\sum_{i=1}^{n} X_i \sim P(3n)$。绘制泊松分布 $X \sim P(3n)$ 和正态分布 $X \sim N(3n, 3n)$ 的图像，对两者进行比较。

1．实验步骤

（1）先取 n=2、17、32、47，用虚线绘制参数为 $3n$ 的泊松分布的分布律图像；
（2）在同一坐标系下用实线对应画出期望和方差为 $3n$ 的正态分布的概率密度函数图像；
（3）观察当 n 越来越大时，泊松分布的分布律图与正态分布的概率密度函数图像是否重合。

2．程序代码

```
#10.3.2 泊松分布验证中心极限定理
import numpy as np                        ##调入数组处理包
import matplotlib.pyplot as plt           #调入绘图包
from scipy import stats                   #从 scipy 中调入统计计算包 stats
#生成画布
fig=plt.figure(figsize=(15,5))
ax=fig.add_subplot(1,1,1)
#设置λ的值
lam=3
k=np.arange(0,250,1)                       #生成 k=0,1,...,249
#画出 n=2,17,32,47,62 的对应泊松分布与正态分布图
for n in range(2,70,15):
    y1=stats.poisson.pmf(k,n*lam)          #生成泊松分布密度函数值序列
```

```
y2=stats.norm.pdf(k,n*lam,np.sqrt(n*lam))  #生成对应的正态分布密度函数值序列
if n<3:
    ax.text(n*lam+2,max(y1),"n=%.f"%(n),size=14)
    ax.plot(k,y2,"-",color="black",linewidth=1,\
            label=r'$N(\mu,\sigma^2)$')
    ax.scatter(k,y1,s=25,color="white",edgecolors="gray",\
            alpha=0.6,label=r'$P(\lambda)$')
else:
    ax.text(n*lam+2,max(y1),"n=%.f"%(n),size=14)
    ax.plot(k,y2,"-",color="black",linewidth=1)
    ax.scatter(k,y1,s=25,color="white",\
            edgecolors="gray",alpha=0.6)
plt.legend(fontsize=12)                    #画出图例
plt.show()
```

3．实验结果

上述程序运行后，得到的泊松分布律与正态分布的密度函数近似关系图如图 10.3.2 所示。

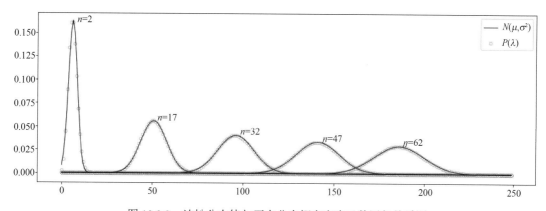

图 10.3.2　泊松分布律与正态分布概率密度函数近似关系图

从图中可以看出，随着 n 的增大，泊松分布律图与对应的正态分布的概率密度函数图越来越接近，当 $n=62$ 时，两者几乎重合。同学们在实验过程中可以设置不同 n 值，以观察独立同分布的随机变量之和近似服从正态分布。

10.4　参数估计实验

10.4.1　矩估计和极大依然估计

1．正态分布参数的矩估计

估计问题：总体 X 服从正态分布，即 $X \sim N\left(\mu, \sigma^2\right)$，$X_1, X_2, \cdots, X_n$ 为来自总体的样本，

样本观测值如下：

$$100,130,120,138,110,110,115,134,120,122,110,120,115,162,$$
$$130,130,110,147,122,131,110,138,124,122,126,120,130$$

求参数 μ 和 σ^2 的矩估计。

1）理论分析

由矩估计原理可得 $\begin{cases} \mu_1 = E(X) = \mu \\ \mu_2 = E(X^2) = \sigma^2 + \mu^2 \end{cases}$，$\mu_1$ 和 μ_2 表示参数 μ 和 σ^2，即 $\mu = \mu_1$，

$\sigma^2 = \mu_2 - \mu_1^2$，从而得出 $\hat{\mu} = A_1 = \dfrac{1}{n}\sum\limits_{i=1}^{n} X_i = \bar{X}$，$\hat{\sigma}^2 = B_2 = \dfrac{1}{n}\sum\limits_{i=1}^{n}\left(X_i - \bar{X}\right)^2$。代入样本观测值得

$\hat{\mu} = 123.926$，$\hat{\sigma}^2 = 165.032$。

2）实验步骤

（1）使用公式计算样本的均值和二阶样本中心矩，也可以使用 Python 中的包来计算；

（2）列出方程组 $\begin{cases} \mu - A_1 = 0 \\ \sigma^2 - B_2 = 0 \end{cases}$；

（3）令初值为 $\mu = 5$，$\sigma^2 = 0.3$，解方程组。

3）程序代码

```
# 10.4.1 矩估计和极大似然估计之正态分布参数的矩估计
from scipy.optimize import fsolve          #引入解方程函数
data=[100,130,120,138,110,110,115,134,120,122,110,\
     120,115,162,130,130,110,147,122,131,110,138,124,122,126,120,130]
L=len(data)                                #样本容量
#计算样本均值
s1=0
s2=0
#计算样本均值
for i in range(0,L):
    k=data[i]
    s1=s1+k
A1=s1/L
#计算样本二阶中心矩
for i in range(0,L):
    k=data[i]
    s2=s2+(k-A1)**2
B2=s2/L
#定义方程组
def func(i):
    mu,sigma2=i[0],i[1]
    return[
        mu-A1,
        sigma2-B2
    ]
```

```
#解方程组
r=fsolve(func,[5.0,0.3])
print('样本均值为',A1,'二阶中心矩为',B2,'方程组的解为',r)
```

4）运行结果

```
样本均值为  123.92592592592592   二阶中心矩为   165.03155006858708   方程组的解为
[123.92592593 165.03155007]
```

注：在这个实验中解方程组不是必需的，因为可以直观得到此方程组的解，这里只是作为示例，在遇到复杂的方程组时可依此类推。

2. 一般分布参数的矩估计

估计问题： 设总体 X 的概率密度函数为 $f(x)=(\theta+1)x^{\theta}, 0<x<1, \theta>-1$，$\theta$ 是未知参数。$X_1, X_2, \cdots, X_n$ 为来自总体的样本，样本观测值为

$$0.1, 0.4, 0.5, 0.3, 0.2$$

求参数 θ 的矩估计值。

1）理论分析

由矩估计的计算方法和期望公式可得

$$\mu_1 = E(X) = \int_0^1 x(\theta+1)x^{\theta}\mathrm{d}x = (\theta+1)\int_0^1 x^{\theta+1}\mathrm{d}x = \frac{\theta+1}{\theta+2}$$

解得 $\theta = \dfrac{2\mu_1-1}{1-\mu_1}$，故 $\hat{\theta} = \dfrac{2\overline{X}-1}{1-\overline{X}}$，这就是 θ 的矩估计量。代入样本观测值可得 $\overline{X}=0.3$，则矩估计值为-0.5714。

2）实验步骤

（1）将 x 和 θ 定义为符号变量，使用公式计算样本的均值；

（2）列出方程 $A_1 - \dfrac{\theta+1}{\theta+2} = 0$；

（3）解方程得到参数 θ 的估计值。

3）程序代码

```
# 10.4.1矩估计和极大似然估计之一般分布参数的矩估计
import sympy #调入符号数学库
#在使用符号变量时，需要先导入符号，定义θ为符号
from sympy.abc import theta
#给出样本观测值
data=[0.1,0.4,0.5,0.3,0.2]
L=len(data)                                #样本容量
s1=0
for i in range(0,L):                       #求样本均值
    k=data[i]
    s1=s1+k
A1=s1/L
r=sympy.solve((theta+1)/(theta+2)-A1,theta)
print('样本均值为',A1,'方程组的解为',r)
```

4）运行结果

样本均值为 0.3 方程组的解为 [-0.571428571428571] -0.5714285714285715

3. 泊松分布参数的极大似然估计

估计问题：设总体 X 服从泊松分布，从总体中抽取容量为 6 的样本，样本的观测值为 1、2、1、1、5、1，求 λ 的最大似然估计值。

1）理论分析

似然函数为 $L(\lambda)=\prod_{i=1}^{n}\dfrac{e^{-\lambda}\lambda^{x_i}}{x_i!}$，对数似然函数为 $\ln L(\lambda)=\sum_{i=1}^{n}x_i\ln\lambda-n\lambda-\sum_{i=1}^{n}\ln(x_i!)$。令

$$\frac{\mathrm{d}\ln L(\lambda)}{\mathrm{d}\lambda}=\frac{\sum\limits_{i=1}^{n}x_i}{\lambda}-n=0$$

求得 λ 的极大似然估计量 $\hat{\lambda}=\dfrac{1}{n}\sum_{i=1}^{n}X_i=\bar{X}$。代入样本观测值得 $\bar{x}=1.83$，参数 λ 的极大似然估计值为 1.83。

2）实验步骤

（1）将参数符号化，使用公式计算样本均值。

（2）写出似然函数，把概率函数中的 x 分别代入样本观测值，计算 $L(p)=P\{X_1=x_1\}P\{X_2=x_2\}\cdots P\{X_n=x_n\}$。可以使用 np.prod() 函数来计算所有元素的乘积。

（3）使用 sympy.log() 函数完成取对数计算。

（4）对似然函数中的参数 λ 求导数，使用 sympy.diff(lnL,lamb) 函数完成计算。

（5）令 $\dfrac{\mathrm{d}\ln L(\lambda)}{\mathrm{d}\lambda}=0$，使用 sympy.solve() 函数来求解方程，比较结果和理论分析值。

3）程序代码

```
# 10.4.1 矩估计和极大似然估计之泊松分布参数的极大似然估计
import numpy as np
import sympy                          #调入符号数学库
data=[1,2,1,1,5,1]                    #观测值
#λ符号化
lamb=sympy.symbols('lamb',positive=True)
L=len(data)
X=[]
#定义阶乘函数
def fact(n):
    s=1
    for k in range(1,n+1):
        s=s*k
    return s
for i in range(0,L):
    k=data[i]
    f=lamb**(k)*np.e**(-lamb)/fact(k)    #分布律或密度函数
```

```
        X.append(f)
#求似然函数
Lf=np.prod(X)
print('似然函数为',Lf)
lnLf=sympy.expand_log(sympy.log(Lf))
print('对数似然函数为',lnLf)
diff=sympy.diff(lnLf,lamb)
print('微分方程为',diff)
solve=sympy.solve(diff)
print('解为',solve,'均值为',np.mean(data))
```

4）运行结果

```
似然函数为 2.71828182845905**(-6*lamb)*lamb**11/240
对数似然函数为 -6.0*lamb + 11*log(lamb) - log(240)
微分方程为 -6.0 + 11/lamb
解为 [1.83333333333333] 均值为 1.8333333333333333
```

由运行结果可知，参数 λ 的最大似然估计值为 1.83，由理论分析结果可知，参数 λ 的最大似然估计值为 1.83，两者一样，因此对于复杂问题的估计也可采用类似的步骤及思路。

10.4.2　区间估计

1. 当总体方差未知时，求单个正态总体期望的置信区间

估计问题： 已知某种小麦的株高服从正态分布，从这种小麦中随机抽取 9 株，计算其株高（单位：cm）分别为 60、57、58、65、70、63、56、61、50，求小麦的平均株高置信度为 0.95 的置信区间。

1）理论分析

总体的方差 σ^2 未知，期望 μ 的置信度为 $1-\alpha$ 的置信区间为 $\left(\bar{X}-\delta,\bar{X}+\delta\right)$，其中 $\delta=t_{\alpha/2}\left(n-1\right)\dfrac{S}{\sqrt{n}}$，$\alpha=0.05$，n=9，$t_{\alpha/2}\left(8\right)=2.306$，经计算得 $\bar{x}=60$，$s^2=33$，由此得到 $\delta=4.42$，所以期望 μ 的置信度为 $1-\alpha$ 的置信区间为 (55.58,64.42)。

2）实验步骤

（1）输入数据，根据置信水平写出 α，使用 t.ppf(1-α/2,n-1) 函数计算 $t_{\alpha/2}\left(n-1\right)$；

（2）使用公式计算样本均值 $\bar{X}$ 和样本方差；

（3）求 δ 的值，得到置信区间为 $\left(\bar{X}-\delta,\bar{X}+\delta\right)$。

3）程序代码

```
#10.4.2区间估计之方差未知的单正态总体期望的置信区间
from scipy.stats import t              #调入 t 分布函数
import numpy as np
data=[60,57,58,65,70,63,56,61,50]      #观测的数据
#定义根据置信度 confidence 求置信区间的函数
def t_mean_interval(confidence):
    alpha=1-confidence                 #取得置信水平
```

```
      n=len(data) #样本容量
      t_percentile=t.ppf(1-alpha/2,n-1)   #t 分布的 a/2 分位数
      #计算均值
      m=np.mean(data)
      #计算方差
      std=np.sqrt(n/(n-1)*np.var(data))   #np.var(data)为未调整的样本方差
      #方差未知，求 μ 的置信区间，n<30
      lower_limit=m-t_percentile*std/np.sqrt(n)
      upper_limit=m+t_percentile*std/np.sqrt(n)
      return(lower_limit,upper_limit)
a=t_mean_interval(confidence=0.95)
print("置信区间为",a)
```

4）运行结果

```
置信区间为 (55.58433826104169, 64.4156617389583)
```

注：上述代码中的方差与均值直接采用了 numpy 库的函数计算，在 Python 中有许多库提供了直接调用相关函数实现常规统计计算的功能，直接调用会简便很多，但也要注意不同库函数的差异，如 numpy.var() 是未调整的样本方差。

2. 当两个总体的方差未知时，求方差比的置信区间

估计问题： 某车间有两台自动机床加工一类套筒，假设套筒直径服从正态分布。现在从两台机床加工的产品中分别抽取 5 个和 6 个套筒进行检查，得其直径数据（单位：cm）如下：

甲机床：5.06,5.08,5.03,5.00,5.07

乙机床：4.98,5.03,4.97,4.99,5.02,5.95

试求两机床加工套筒直径的方差比置信度为 0.95 的置信区间。

1）理论分析

方差比 $\dfrac{\sigma_1^2}{\sigma_2^2}$ 的置信度为 $1-\alpha$ 的置信区间为 $\left(\dfrac{s_1^2/s_2^2}{F_{\alpha/2}(n_1-1,n_2-1)}, \dfrac{s_1^2/s_2^2}{F_{1-\alpha/2}(n_1-1,n_2-1)} \right)$，其中

$n_1=5$，$n_2=6$，$\alpha=0.05$，查表得 $F_{0.025}(4,5)=7.39$，$F_{0.975}(4,5)=0.1068$，经计算得 $s_1^2=0.00107$，$s_2^2=0.00092$，所以方差比的置信度为 0.95 的置信区间为 (0.1574,10.8913)。

2）实验步骤

（1）输入两组数据，根据置信度写出 α，使用 st.f.ppf(1-α/2,n1-1,n2-1)和 st.f.ppf(α/2,n1-1,n2-1)求出 F 分布的分位数；

（2）分别计算两样本的方差；

（3）把相关的数值代入理论分析部分得到置信区间公式，求出置信区间。

3）程序代码

```
#10.4.2 区间估计之两个总体的方差未知求方差比的置信区间
from scipy.stats import f              #调入 F 分布函数
import pandas as pd                    #调入数据框模块
data1=[5.06,5.08,5.03,5.00,5.07]
data2=[4.98,5.03,4.97,4.99,5.02,4.95]
```

```
##定义根据置信度 confidence 求置信区间的函数
def two_var_interval(confidence):
    alpha=1-confidence                          #取得置信水平
    #取样本容量
    n1=len(data1)
    n2=len(data2)
    f_percentile1=f.ppf(1-alpha/2,n1-1,n2-1)    #F 分布的 a/2 分位数
    f_percentile2=f.ppf(alpha/2,n1-1,n2-1)      #F 分布的 1-a/2 分位数
    #计算方差
    std1=n1/(n1-1)*np.var(data1)                #np.std(data)为未调整的样本标准差
    std2=n2/(n2-1)*np.var(data2)
    #总体期望未知,求两方差比的置信区间
    lower_limit=(std1/std2)/f_percentile1
    upper_limit=(std1/std2)/f_percentile2
    return(lower_limit,upper_limit)
a=two_var_interval(confidence=0.95)
print("置信区间为",a)
```

4）运行结果

置信区间为 (0.15742575310687468, 10.89128670969012)

10.5 假设检验实验

10.5.1 单正态总体参数的假设检验

检验问题： 为了检测某种减肥药对体重有无影响，寻找 10 名志愿者服用减肥药，并测量志愿者在服药前后的体重，经计算得体重差值如下：6、8、4、6、-3、7、2、6、-2、-1。假设服药前后人的体重差值服从正态分布。在显著性水平 α =0.05 下能否认为该药物能够改变人的体重？

1. 理论分析

用 X 表示服药前后人的体重差值，则有 $X \sim N(\mu, \sigma^2)$。方差 σ^2 未知，因此采用 t 检验法。假设为 $H_0: \mu = 0$，$H_1: \mu \neq 0$，统计量 $t = \dfrac{\overline{X} - \mu_0}{S/\sqrt{n}} \sim t(9)$，在显著性水平 α =0.05 下，$t_{0.025}(9) =$ 2.2622。拒绝域为 $\mathcal{W} = \{|t| > t_{0.025}(9)\}$。经计算得 $\overline{X} = 3.3$，$s^2 = 16.233$，$t = \dfrac{3.3 - 0}{\sqrt{16.233/10}} \approx 2.59$，因为 t=2.59>2.2622，故拒绝 H_0。

2. 实验步骤

（1）计算样本均值、样本方差；

（2）计算统计量 $t = \dfrac{\overline{X} - \mu_0}{S / \sqrt{n}}$ 的值 t_0；

（3）求 t 分布的分位数值 $t_{\alpha/2}(n-1)$ 和统计量的值，并进行比较，得出结论；

（4）利用公式 $p = 2(1 - t(|t_0|))$，计算检验的 p 值，并与显著水平 α 进行比较，对应的命令为 p=2-2*st.t.cdf(abs(t0),n-1)。

3．程序代码

（1）方法 1：使用公式，代码如下。

```
#10.5.1 单正态总体参数的假设检验双侧 t 检验之公式法
from scipy.stats import t              #调入 t 分布模块
import pandas as pd                    #调入数据框模块
alpha=0.05                             #置信水平
data=[6,8,4,6,-3,7,2,6,-2,-1]          #样本数据
m=np.mean(data)                        #样本均值
s=np.std(data,ddof=1)                  #把 np.std()调整的为样本标准差
print("样本均值=",m,"样本标准差=",s)
mu0=0                                  #原假设 u=0
n=len(data)                            #样本容量
t1=t.ppf(1-alpha/2,df=n-1)             #t 分布 a/2 分位数
c=(m-mu0)*np.sqrt(n)/s                 #t 分布 a/2 的临界值
if abs(c)<t1:
    print("接受原假设")
else:
    print("拒绝原假设")
print("t0=",c,"分位数=",t1)
#根据 p 值判断
p=2-2*t.cdf(abs(c),n-1)
print("检验的 p 值为",p)
if(p>alpha):
    print("接受原假设")
else:
    print("拒绝原假设")
```

（2）方法 2：使用现有统计包里的函数检验，代码如下。

```
#10.5.1 单正态总体参数的假设检验双侧 t 检验之函数检验法
import scipy.stats as st               #调入统计计算模块
import pandas as pd                    #调入数据框模块
import numpy as np
alpha=0.05
data=[6,8,4,6,-3,7,2,6,-2,-1]
mu0=0
n=len(data)
m=np.mean(data)
s=np.std(data,ddof=1)
```

```
t,p_two1=st.ttest_1samp(data,mu0)          #直接调用 t 检验函数得到 t0, 及 p 值
if(p_two1<alpha):
    print("拒绝原假设")
else:
    print("接受原假设")
print("t 检验函数的检验结果: t=",t,"p=",p_two1)
#手动计算 t0 及 p 值
t0=(m-mu0)*np.sqrt(n)/s
p1=2-2*st.t.cdf(abs(t0),n-1)
print("手动计算的结果: t=",t0,"p=",p1)
```

4．运行结果

（1）方法 1 的运行结果如下。

```
样本均值= 3.3 样本标准差= 4.029061098237818
拒绝原假设
t0= 2.5900615612703937 分位数= 2.2621571627409915
检验的 p 值为 0.029210523815492717
拒绝原假设
```

（2）方法 2 的运行结果如下。

```
拒绝原假设
t 检验函数的检验结果: t= 2.5900615612703937 p= 0.029210523815492717
手动计算的结果: t= 2.5900615612703937 p= 0.029210523815492717
```

注：np.std() 函数在求标准差时默认是除以 n 的，即二阶样本中心矩是有偏的。np.std(data,ddof=1) 函数求得的样本方差是无偏的。pandas.std() 默认是除以 n-1 的，即样本方差。若求二阶样本中心矩，则需要使用 pandas.std(data,ddof=0) 函数。

10.5.2　双正态总体参数的假设检验

检验问题：某白酒厂生产两种白酒，分别独立地从中抽取样本容量为 10 的酒测量酒精含量，样本均值和样本方差分别为 $\bar{X}=28$，$\bar{Y}=26$，$s_1^2=35.8$，$s_2^2=32.3$，假定酒精含量都服从正态分布且方差相同，在显著性水平 $\alpha=0.05$ 下，判断两种白酒的酒精含量的方差是否相等。

1．理论分析

统计假设为 $H_0:\sigma_1^2=\sigma_2^2$，$H_1:\sigma_1^2\neq\sigma_2^2$，由于两个正态总体的均值都未知，选取检验统计量为 $F=\dfrac{s_1^2}{s_2^2}\sim F(n_1-1,n_2-1)$。两个临界值为 $F_{0.025}(9,9)=4.03$，$F_{0.975}(9,9)=0.248$，拒绝域为 $\mathcal{W}=\{F>4.03\cup F<0.248\}$。计算统计量 $F=\dfrac{s_1^2}{s_2^2}=1.10836$，$F$ 值落入接受域，故接受 H_0，即认为两种酒的酒精含量的方差相等。

2．实验步骤

（1）计算 $F = \dfrac{s_1^2}{s_2^2}$ 的值 F_0；

（2）求出 F 分布的分位数值 $F_{\alpha/2}(n_1-1, n_2-1)$ 和 $F_{1-\alpha/2}(n_1-1, n_2-1)$，与统计量的值进行比较，得出结论；

（3）利用公式 $p = 2\min\left(F_F(F_0), 1 - F_F(F_0)\right)$ 计算检验的 p 值，并与显著水平 α 进行比较，对应的命令为 p=2*(min(1-st.f.cdf(F_0 ,n1-1,n2-1),st.f.cdf(F_0 ,n1-1,n2-1))。

3．程序代码

```
# 10.5.2 双正态总体参数的假设检验之双侧 F 检验
import scipy.stats as st
n1=10
n2=10
def Ftest(alpha):
    meanx=28
    meany=26
    sx2=35.8
    sy2=32.3
    #利用公式进行检验
    F0=sx2/sy2
    F_percentile1=st.f.ppf(1-alpha/2,n1-1,n2-1)    #F 分布 a/2 上侧分位数
    F_percentile2=st.f.ppf(alpha/2,n1-1,n2-1)      #F 分布 1-a/2 上侧分位数
    print("统计量的值为",F0,"F 分布的分位数为",F_percentile1,F_percentile2)
    #根据拒绝域进行判断
    if (F_percentile2<F0) & (F0<F_percentile1):
        print("接受原假设")
    else:
        print("拒绝原假设")
    #利用 p 值进行检验
    p=2*(min(1-st.f.cdf(F0,n1-1,n2-1),st.f.cdf(F0,n1-1,n2-1)))
    print("检验的 p 值为",p)
    if(p>alpha):
        print("接受原假设")
    else:
        print("拒绝原假设")
Ftest(0.05)                                        #运行检验函数
```

4．运行结果

```
统计量的值为 1.108359133126935
F 分布的分位数为 0.24838585469445493   4.025994158282978
接受原假设
检验的 p 值为 0.8807096778873671
接受原假设
```

10.5.3 非参数假设检验

检验问题： 对出现在某杂志中的妇女进行人口研究，至少结婚一次的 1436 个妇女的数据如表 10.5.1 所示。

表 10.5.1 至少结婚一次的 1436 个妇女的数据

教育程度	结婚一次的人数	结婚两次的人数	n_i
大学及以上	550	61	611
大学以下	681	144	825
n_j	1231	205	n=1436

根据样本数据判断婚姻状况与受教育程度之间有无显著关系（显著性水平 α =0.05）。

1. 理论分析

用 X 表示受教育程度，Y 表示结婚次数，提出假设为 H_0：X 与 Y 独立，H_1：X 与 Y 不独立，设 X 的因子水平为 r，Y 的因子水平为 s，此时 $r=s=2$。当 H_0 成立时，选取统计量

$$\chi^2 = \sum_{i=1}^{2}\sum_{i=1}^{2}\frac{\left(n_{ij}-\dfrac{n_i n_j}{n}\right)^2}{\dfrac{n_i n_j}{n}} \sim \chi^2(1)。其中 n_{ij} 是表中第 i 行、第 j 列的数据，n_i 是表中第 i 行各$$

数据的和，n_j 是表中第 j 列数据之和。此时拒绝域为 $\mathcal{W}=\{\chi^2 > \chi^2_\alpha(1)\}$，计算统计量 χ^2。

$$\chi^2 = \frac{\left(550-\dfrac{611\times1231}{1436}\right)^2}{\dfrac{611\times1231}{1436}} + \frac{\left(61-\dfrac{611\times205}{1436}\right)^2}{\dfrac{611\times205}{1436}} + \frac{\left(681-\dfrac{825\times1231}{1436}\right)^2}{\dfrac{825\times1231}{1436}} + \frac{\left(144-\dfrac{825\times205}{1436}\right)^2}{\dfrac{825\times205}{1436}}$$

因为 $\chi^2_{0.05}(1)=3.841 < \chi^2 =16.0093$，拒绝 H_0，即认为婚姻状况与教育程度有关。

2. 实验步骤

（1）将四个样本观测值数据用 x 表示，写成 array 形式。用 r 和 s 分别表示数组的行数和列数。

（2）对 x 按行和按列求和，分别用 $n1$ 和 $n2$ 表示。

（3）卡方分布的自由度为 $(r-1)(s-1)$，求出卡方分布的分位数。

（4）利用公式 $\chi^2 = \sum_{i=1}^{2}\sum_{i=1}^{2}\dfrac{\left(n_{ij}-\dfrac{n_i n_j}{n}\right)^2}{\dfrac{n_i n_j}{n}}$ 计算统计量的值 χ^2_0，与分位数进行比较，判断 H_0

是否成立。

3. 程序代码

```
#10.5.3 非参数假设检验之独立性检验
import numpy as np
import scipy.stats as st
```

```
x=np.array([[550,61],[681,144]])          #样本数据
r=x.shape[0]                              #X 的因子水平
s=x.shape[1]                              #Y 的因子水平
#独立性检验
def kafangtest(alpha):
    n=np.sum(x)                           #总的实验次数
    p=[]
    n1=[]
    n2=[]
    #对频数按行求和
    n1=np.sum(x,axis=1)
    #对频数按列求和
    n2=np.sum(x,axis=0)
    for i in range(0,r):
        for j in range(0,s):
            k1=n1[i]*n2[j]/n
            k2=(x[i,j]-k1)**2/k1
            p.append(k2)
    #计算统计量
    kafang=np.sum(p)
    #1-α 分位数
    k_percentile=st.chi2.ppf(1-alpha,(r-1)*(s-1))
    print("统计量的值为",kafang,"卡方分布的分位数为",k_percentile)
    #根据拒绝域进行判断
    if(kafang<k_percentile):
        print("接受原假设")
    else:
        print("拒绝原假设")
    #利用 P 值进行检验
    p1=1-st.chi2.cdf(kafang,(r-1)*(s-1))
    print("检验的 p 值为",p1)
    if(p1>alpha):
        print("接受原假设")
    else:
        print("拒绝原假设")
kafangtest(0.05)
```

4. 运行结果

```
统计量的值为 16.009764154313302 卡方分布的分位数为 3.841458820694124
拒绝原假设
检验的 p 值为 6.301664473962187e-05
拒绝原假设
```

10.6　回归分析与方差分析实验

10.6.1　一元线性回归分析实验

分析问题： 为了考察企业产量 x 对生产费用 Y 的影响进行实验，测得数据如表 10.6.1 所示。

表 10.6.1　测得数据

产量 x	100	110	120	130	140	150	160	170	180	190
生产费用 Y/千元	45	51	54	61	66	70	74	78	85	89

（1）求变量 Y 关于 x 的线性回归方程；

（2）检验回归方程的回归效果是否显著（显著性水平 $\alpha=0.05$）。

1．理论分析

（1）由已知数据计算得 $\sum\limits_{i=1}^{10} x_i =1450$ ， $\sum\limits_{i=1}^{10} y_i =673$ ， $\sum\limits_{i=1}^{10} x_i^2 =218500$ ， $\sum\limits_{i=1}^{10} y_i^2 =47225$ ，

$\sum\limits_{i=1}^{10} x_i y_i =101570$ ， $s_{xx}=218500-\dfrac{1}{10}1450^2=8250$ ， $s_{xy}=101570-\dfrac{1}{10}1450\times673=3985$ ，回归系

数 $\hat{\beta}_1=\dfrac{s_{xx}}{s_{xy}}=0.48303$ ， $\hat{\beta}_0=\dfrac{1}{10}\times673-\dfrac{1}{10}\times1450\times0.48303=-2.73935$ 。由此可得回归方程为

$\hat{y}=-2.73935+0.48303x$ 。

（2）提出假设 $H_0:\beta_1=0$ ， $H_0:\beta_1\neq0$ ，检验统计量 $t=\dfrac{\hat{\beta}_1}{\hat{\sigma}/\sqrt{s_{xx}}}$ ，拒绝域为 $\mathcal{W}=\{|t|>t_{0.025}(8)=$

$2.3060\}$ ， $\hat{\beta}_1=0.48303$ ， $s_{xx}=8250$ ， $\hat{\sigma}^2=0.9$ ，计算得 $|t|=\dfrac{0.48303}{\sqrt{0.9\times8250}}=46.25>2.3060$ ，因

此拒绝 H_0 ，认为回归效果是显著的。

还可以通过 F 检验来判断。拒绝域为 $\mathcal{W}=\left\{F\geqslant F_{0.05}(1,8)=5.32\right\}$ ，经计算得 $S_{\mathrm{T}}=s_{yy}=$

$\sum\limits_{i=1}^{n} y_i^2-\dfrac{1}{n}\left(\sum\limits_{i=1}^{n} y_i\right)^2=47225-\dfrac{1}{10}\times673^2=1932.1$ ， $s_{xy}=3985$ ， $S_{\mathrm{R}}=\hat{\beta}_1^2 s_{xy}=0.48303^2\times3985\approx$

1924.87455 ， $S_{\mathrm{E}}=S_{\mathrm{T}}-S_{\mathrm{R}}=1932.1-1924.87455=7.22545$ ， $F=\dfrac{S_{\mathrm{R}}}{S_{\mathrm{E}}/n-2}=\dfrac{1924.87455}{7.22545/8}\approx$

$2131.216>5.32$ ，落入拒绝域，拒绝 H_0 ，因此认为回归效果是显著的。

2．实验步骤

（1）将数据输入列表 X、列表 Y。向列表 X 左侧添加截距列 $[1,\cdots,1]$，使用命令为 X1=sm.add_constant(X)。可利用 import statsmodels.api as sm 语句导入统计包。

（2）使用 sm.OLS(Y,X1) 建立最小二乘模型。

（3）使用 model.fit()返回模型拟合结果。

（4）使用 result.summary()输出回归分析的摘要。

3. 程序代码

```
#10.6.1 一元线性回归分析实验
import statsmodels.api as sm              #导入线性模型模块
X=[100,110,120,130,140,150,160,170,180,190]
Y=[45,51,54,61,66,70,74,78,85,89]
#向 X 的左侧添加截距列
X1=sm.add_constant(X)
#建立最小二乘模型
model=sm.OLS(Y,X1)
#返回模型拟合结果
results=model.fit()
#输出回归分析的结果
print(results.summary())                  #输出模块拟合的参数)
```

4. 运行结果

```
                            OLS Regression Results
==============================================================================
Dep.Variable:                      y   R-squared:                       0.996
Model:                           OLS   Adj.R-squared:                   0.996
Method:                Least Squares   F-statistic:                     2132.
Date:               Tue, 13 Sep 2022   Prob (F-statistic):           5.35e-11
Time:                       21:34:43   Log-Likelihood:                -12.564
No.Observations:                  10   AIC:                             29.13
Df Residuals:                      8   BIC:                             29.73
Df Model:                          1
Covariance Type:           nonrobust
==============================================================================
                 coef    std err          t      P>|t|      [0.025      0.975]
------------------------------------------------------------------------------
const         -2.7394      1.546     -1.771      0.114      -6.306       0.827
x1             0.4830      0.010     46.169      0.000       0.459       0.507
==============================================================================
Omnibus:                       1.590   Durbin-Watson:                   2.342
Prob(Omnibus):                 0.452   Jarque-Bera (JB):                0.841
Skew:                         -0.293   Prob(JB):                        0.657
Kurtosis:                      1.706   Cond.No.                          761.
==============================================================================
```

各参数含义如下。

Coef：回归系数，即回归方程中的 $\hat{\beta}_0$ 和 $\hat{\beta}_1$。

Std err：标准差，又称为标准偏差，是样本方差的算术平方根，反映了样本数据值与回归模型估计值之间的平均差异程度。标准差越大，回归系数越不可靠。

t：t 统计量，用于对回归系数进行 t 检验，检验自变量对因变量的影响是否显著。

P>|t|：t 检验的 p 值，可以利用它进行 p 值检验。

[0.025　0.975]回归系数 β_0 的置信度为 0.95 的置信区间的下限和上限分别为-6.306 和 0.827，回归系数 β_1 的置信度为 0.95 的置信区间的下限和上限分别为 0.459 和 0.507。

R-squared：R^2 可决系数，表示所有自变量对因变量的联合影响程度，用于度量回归方程的拟合度，越接近 1，拟合度越好。

F-statistic：F 统计量，用于对回归方程进行显著性检验，检验所有自变量在整体上对因变量的影响是否显著。

结论：回归方程为 $\hat{y}=-2.7394+0.4830x$，对回归效果进行 F 检验的统计量为 2132，进行 t 检验的统计量值为 46.169，概率（p 值）为 0.000，拒绝假设 H_0，回归效果显著。

10.6.2　单因素方差分析实验

分析问题：为了验证四种农药在杀虫率方面有无明显不同，我们在相同环境下进行杀虫实验，四种农药的杀虫率如表 10.6.2 所示。

表 10.6.2　四种农药的杀虫率

农药	A	B	C	D
杀虫率/%	87.4	56.2	55.0	75.2
	85.0	62.4	48.2	72.3
	80.2	—	—	81.3

判断四种农药在杀虫效果方面是否存在差异（显著性水平 α =0.01，$F_{0.01}(3,6)=9.78$）。

1. 理论分析

提出假设 $H_0:\mu_1=\mu_2=\mu_3=\mu_4$，$H_1:\mu_1$、$\mu_2$、$\mu_3$、$\mu_4$ 不全相等。

这是一个单因素方差分析问题，计算结果如表 10.6.3 所示。

表 10.6.3　计算结果

农药	杀虫率/%			$\sum\limits_{j=1}^{n_i}x_{ij}=x_i$	$(x_i)^2/n_i$	$\sum\limits_{j=1}^{n_i}x_{ij}^2$
A	87.4	85.0	80.2	252.6	21268.92	21295.8
B	56.2	62.4	—	118.6	7032.98	7052.2
C	55.0	48.2	—	103.2	5325.12	5348.24
D	75.2	72.3	81.3	228.8	17449.81	17492.02
合计				703.2	51076.83	51188.26

$\bar{x}=70.32$，$n_1=3$，$n_2=2$，$n_3=2$，$n_4=3$，$n=\sum\limits_{i=1}^{4}n_i=10$，$S_T=\sum\limits_{i=1}^{4}\sum\limits_{j=1}^{n_i}x_{ij}^2-n\bar{x}^2=1739.236$，

$S_A=\sum\limits_{i=1}^{4}n_i\bar{x}_i^2-n\bar{x}^2=1627.826$，$S_E=S_T-S_A=111.41$，方差分析表如表 10.6.4 所示。

表 10.6.4　方差分析表

方差来源	平方和	自由度 f	均方和	F
组间偏差平方和	1627.826	3	542.609	
组内偏差平方和	111.41	6	18.568	$F = \dfrac{\overline{S}_A}{\overline{S}_E} = 29.22$
总的偏差平方和	1739.236	9	—	

因为 $F = 29.22 > 9.78 = F_{0.01}(3,6)$，故拒绝 H_0，即认为四种农药在杀虫效果方面存在差异（是高度显著的）。

2. 实验步骤

（1）计算总的样本均值 $\overline{X} = \dfrac{1}{n}\sum_{i=1}^{r}\sum_{j=1}^{n_i} X_{ij}$ 和每个水平的样本均值 $\overline{X}_i = \dfrac{1}{n_i}\sum_{j=1}^{n_i} X_{ij}$。

（2）计算 $S_T = \sum_{i=1}^{r}\sum_{j=1}^{n_i} X_{ij}^2 - n\overline{X}^2$，$S_A = \sum_{i=1}^{r} n_i \overline{X}_i^2 - n\overline{X}^2$，$S_E = S_T - S_A$。

（3）计算统计量的值 $F = \dfrac{S_A/(r-1)}{S_E/(n-r)}$，判断 $F > F_\alpha(r-1,n-r)$ 是否成立。若成立则拒绝 H_0，认为各水平间有显著性差异，否则认为各水平间无差异。

3. 程序代码

```
#10.6.2 单因素方差分析实验
import numpy as np
import scipy.stats as st
X=np.array([[87.4,85.0,80.2],[56.2,62.4],[55,48.2],[75.2,72.3,81.3]])
r=X.shape[0]
#求第 i 个样本的容量
z=[]
for i in range(0,r):
    s=len(X[i])
    z.append(s)
alpha=0.01
#计算组内均值
def mean(x):
    s1=0
    m=len(x)
    for i in range(0,m):
        k=x[i]
        s1=s1+k
    s1=s1/m
    return s1
#计算组内和
def sum(x):
    s2=0
    m=len(x)
```

```
        for i in range(0,m):
            s2=s2+x[i]
        return s2
    n=sum(z)
    #计算总的样本均值
    y=[]
    for i in range(0,r):
        #计算第 i 个样本均值
        a=sum(X[i])
        y.append(a)
    b=sum(y)
    #计算总的样本均值
    b=b/n
    #计算总的偏差平方和
    c=[]
    def sum1(x):
        s3=0
        for i in range(0,r):
            for j in range(0,z[i]):
                k=x[i][j]
                s3=s3+(k-b)**2
        return s3
    ST=sum1(X)
    #计算组内偏差平方和
    def sum2(x):
        s4=0
        for i in range(0,r):
            for j in range(0,z[i]):
                k=x[i][j]
                s4=s4+(k-y[i]/z[i])**2
        return s4
    SE=sum2(X)
    #计算组间偏差平方和
    def sum3(x):
        s5=0
        for i in range(0,r):
            s5=s5+z[i]*((y[i]/z[i]-b)**2)
        return s5
    SA=sum3(X)
    #利用 F 检验得出结论
    f=(n-r)*SA/(SE*(r-1))
    f_percentile=st.f.ppf(1-alpha,r-1,n-r)
    if(f>f_percentile):
        print("拒绝原假设,认为诸因子水平间有显著性差异")
```

```
else:
    print("接受原假设")
print('总的离差平方和为',ST,'组内偏差平方和为',SE,'\n 组间偏差平方和为',SA,'F 的值为',f)
print("总的样本均值为",b,'\n 第 i 个水平的样本均值为',y)
```

4. 运行结果

```
拒绝原假设，认为诸因子水平间有显著性差异
总的离差平方和为 1739.236 组内偏差平方和为 111.42666666666663
组间偏差平方和为 1627.8093333333336 F 的值为 29.217590044274274
总的样本均值为 70.32000000000001
第 i 个水平的样本均值为 [252.60000000000002, 118.6, 103.2, 228.8]
```

10.7 Python 在线编程方法

1. 简介

Jupyter Notebook 是一款在线开源的网络应用，可以在其中编写 Python 代码、运行代码、查看输出、可视化数据并查看结果，它是一款可执行端到端的、数据科学工作流程的便捷工具，适合于数据清理、统计建模、机器学习模型构建和训练、数据可视化等工作。

2. Jupyter Notebook 的使用

1）进入环境

在浏览器中打开官方网址即可进入编程环境，Python 的在线编程环境如图 10.7.1 所示，无需安装和注册。

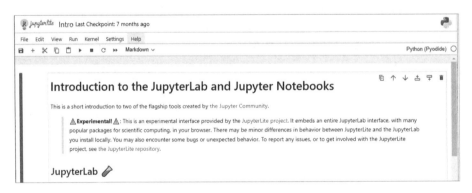

图 10.7.1 Python 的在线编程环境

2）输入并运行代码，查看结果

在当前浏览器界面中可以找到可编辑的代码单元（见图 10.7.2），可以在该代码单元中删除原来的代码，输入代码，单击"运行"按钮（见图 10.7.3），即可运行程序，查看结果（见图 10.7.4）。

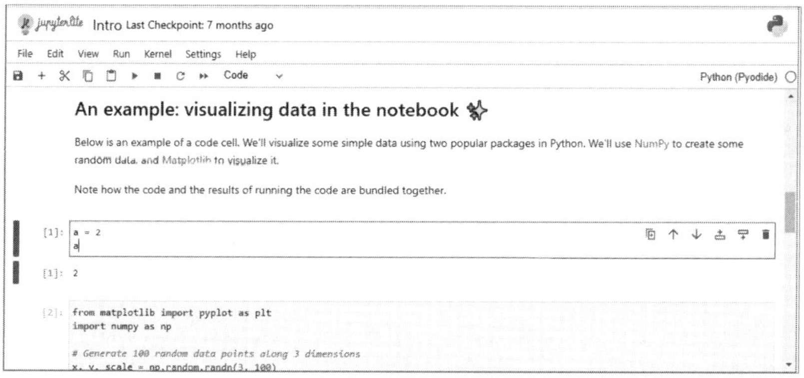

图 10.7.2　可编辑的代码单元

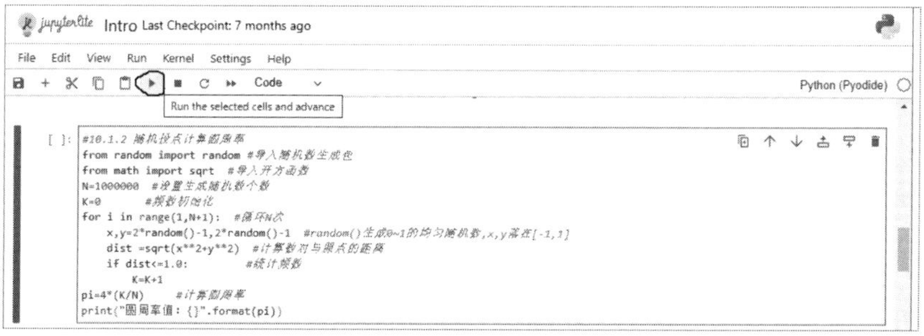

图 10.7.3　输入代码，单击"运行"按钮

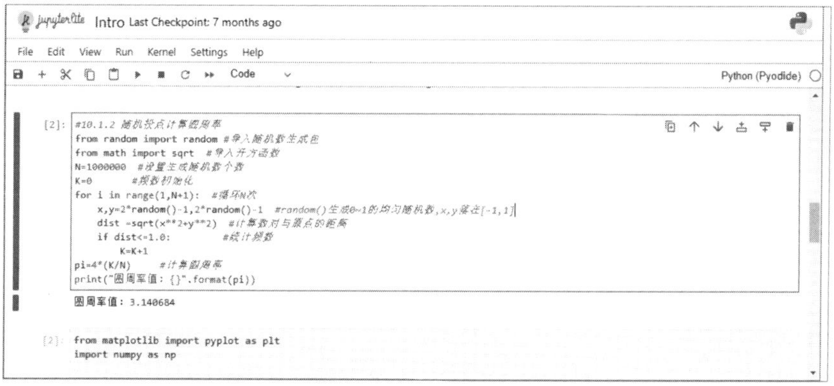

图 10.7.4　查看结果

单击当前代码单元的右上角按钮，即 🗐 ↑ ↓ ⏫ ⏬ 🗑，可实现复制单元、向上移动单元、向下移动单元、在上方增加单元、在下方增加单元、删除当前单元功能，通过单击"在上方增加单元""在下方增加单元"按钮可以不断增加新的代码单元，输入新代码，运行代码后查看结果。

3）创建新的代码文件

也可以在浏览器窗口内依次选择"File"→"New"→"Notebook"，创建新的代码文件（见图 10.7.5），选择编写 Python 代码（见图 10.7.6），输入 Python 代码（见图 10.7.7），运行代码后查看结果。

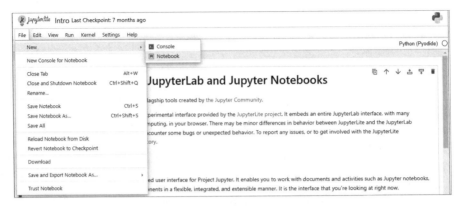

图 10.7.5 创建新的代码文件

图 10.7.6 选择编写 Python 代码

图 10.7.7 输入 Python 代码

附表　常用分布

1. 离散型分布

名称	参数	概率函数	均值	方差
0-1 分布	$0<p<1$	$P(X=k)=p^k(1-p)^k,\ k=0,1$	p	$p(1-p)$
二项分布	$0<p<1$ $n\geqslant1$	$P(X=k)=C_n^k p^k(1-p)^{n-k},\ k=0,1,\cdots,n$	np	$np(1-p)$
泊松分布	$\lambda>0$	$P(X=k)=\mathrm{e}^{-\lambda}\dfrac{\lambda^k}{k!},\ k=0,1,2,\cdots$	λ	λ
几何分布	$0<p<1$	$P(X=k)=p(1-p)^{k-1},\ k=1,2,\cdots$	$\dfrac{1}{p}$	$\dfrac{1-p}{p^2}$

2. 连续型分布

名称	参数	概率密度函数	均值	方差
均匀分布	$a<b$	$f(x)=\begin{cases}\dfrac{1}{b-a},4a<x<0\\0,\text{其他}\end{cases}$	$\dfrac{a+b}{2}$	$\dfrac{(b-a)^2}{12}$
指数分布	$\lambda>0$	$f(x)=\begin{cases}\lambda\mathrm{e}^{-\lambda x},4x>0\\0,\text{其他}\end{cases}$	$\dfrac{1}{\lambda}$	$\dfrac{1}{\lambda^2}$
正态分布	$\mu>0$ $\sigma>0$	$f(x)=\dfrac{1}{2\pi\alpha}\exp\left\{-\dfrac{(x-\mu)^2}{2\sigma^2}\right\},\ -\infty<x<\infty$	μ	σ^2
χ^2 分布	$n\geqslant1$	$f(x)=\begin{cases}\dfrac{1}{2^{\frac{n}{2}}\Gamma\left(\frac{n}{2}\right)}x^{\frac{n}{2}-1}\mathrm{e}^{-\frac{x}{2}},&x>0\\0,\ \text{其他}\end{cases}$	n	$2n$
t 分布	$n\geqslant1$	$f(x)=\dfrac{\Gamma\left(\frac{n+1}{2}\right)}{\Gamma\left(\frac{n}{2}\right)\sqrt{n\pi}}\left(1+\dfrac{x^2}{n}\right)^{-\frac{n+1}{2}},\ -\infty<x<\infty$	0	$\dfrac{n}{n-2}$（$n>2$）
F 分布	$m,n>1$	$f(x,m,n)=\begin{cases}\dfrac{\Gamma\left(\frac{m+n}{2}\right)}{\Gamma\left(\frac{m}{2}\right)\Gamma\left(\frac{n}{2}\right)}\left(\dfrac{m}{n}\right)\left(\dfrac{m}{n}x\right)^{\frac{m}{2}-1}\left(1+\dfrac{m}{n}x\right)^{-\frac{m+n}{2}},\ x>0\\0,\text{其他}\end{cases}$	$\dfrac{n}{n-2}$（$n>2$）	$\dfrac{2n^2(m+n-2)}{m(n-2)^2(n-4)}$ （$n>2$）

附表 2　泊松分布概率值表

$$P(X=k)=\mathrm{e}^{-\lambda}\frac{\lambda^{k}}{k!}$$

m	λ							
	0.1	0.2	0.3	0.4	0.5	0.6	0.7	0.8
0	0.904837	0.818731	0.740818	0.67032	0.606531	0.548812	0.496585	0.449329
1	0.090484	0.163746	0.222245	0.268128	0.303265	0.329287	0.347610	0.359463
2	0.004524	0.016375	0.033337	0.053626	0.075816	0.098786	0.121663	0.143785
3	0.000151	0.001092	0.003334	0.007150	0.012636	0.019757	0.028388	0.038343
4	0.000004	0.000055	0.000250	0.000715	0.00158	0.002964	0.004968	0.007669
5		0.000002	0.000015	0.000057	0.000158	0.000356	0.000696	0.001227
6			0.000001	0.000004	0.000013	0.000036	0.000081	0.000164
7					0.000001	0.000003	0.000008	0.000019
8							0.000001	0.000002

m	λ							
	0.9	1	1.5	2	2.5	3	3.5	4
0	0.40657	0.367879	0.22313	0.135335	0.082085	0.049787	0.030197	0.018316
1	0.365913	0.367879	0.334695	0.270671	0.205212	0.149361	0.105691	0.073263
2	0.164661	0.18394	0.251021	0.270671	0.256516	0.224042	0.184959	0.146525
3	0.049398	0.061313	0.125511	0.180447	0.213763	0.224042	0.215785	0.195367
4	0.011115	0.015328	0.047067	0.090224	0.133602	0.168031	0.188812	0.195367
5	0.002001	0.003066	0.014120	0.036089	0.066801	0.100819	0.132169	0.156293
6	0.000300	0.000511	0.003530	0.012030	0.027834	0.050409	0.077098	0.104196
7	0.000039	0.000073	0.000756	0.003437	0.009941	0.021604	0.038549	0.059540
8	0.000004	0.000009	0.000142	0.000859	0.003106	0.008102	0.016865	0.029770
9		0.000001	0.000024	0.000191	0.000863	0.002701	0.006559	0.013231
10			0.000004	0.000038	0.000216	0.000810	0.002296	0.005292
11				0.000007	0.000049	0.000221	0.000730	0.001925
12				0.000001	0.000010	0.000055	0.000213	0.000642
13					0.000002	0.000013	0.000057	0.000197
14						0.000003	0.000014	0.000056
15						0.000001	0.000003	0.000015
16							0.000001	0.000004
17								0.000001

m	λ							
	4.5	5	5.5	6	6.5	7	7.5	8
0	0.011109	0.006738	0.004087	0.002479	0.001503	0.000912	0.000553	0.000335
1	0.049990	0.033690	0.022477	0.014873	0.009772	0.006383	0.004148	0.002684
2	0.112479	0.084224	0.061812	0.044618	0.031760	0.022341	0.015555	0.010735
3	0.168718	0.140374	0.113323	0.089235	0.068814	0.052129	0.038889	0.028626

续表

m	λ							
	4.5	5	5.5	6	6.5	7	7.5	8
4	0.189808	0.175467	0.155819	0.133853	0.111822	0.091226	0.072916	0.057252
5	0.170827	0.175467	0.171401	0.160623	0.145369	0.127717	0.109375	0.091604
6	0.128120	0.146223	0.157117	0.160623	0.157483	0.149003	0.136718	0.122138
7	0.082363	0.104445	0.123449	0.137677	0.146234	0.149003	0.146484	0.139587
8	0.046329	0.065278	0.084871	0.103258	0.118815	0.130377	0.137329	0.139587
9	0.023165	0.036266	0.051866	0.068838	0.085811	0.101405	0.11444	0.124077
10	0.010424	0.018133	0.028526	0.041303	0.055777	0.070983	0.085830	0.099262
11	0.004264	0.008242	0.014263	0.022529	0.032959	0.045171	0.058521	0.07219
12	0.001599	0.003434	0.006537	0.011264	0.017853	0.026350	0.036575	0.048127
13	0.000554	0.001321	0.002766	0.005199	0.008926	0.014188	0.021101	0.029616
14	0.000178	0.000472	0.001087	0.002228	0.004144	0.007094	0.011304	0.016924
15	0.000053	0.000157	0.000398	0.000891	0.001796	0.003311	0.005652	0.009026
16	0.000015	0.000049	0.000137	0.000334	0.000730	0.001448	0.002649	0.004513
17	0.000004	0.000014	0.000044	0.000118	0.000279	0.000596	0.001169	0.002124
18	0.000001	0.000004	0.000014	0.000039	0.000101	0.000232	0.000487	0.000944
19		0.000001	0.000004	0.000012	0.000034	0.000085	0.000192	0.000397
20			0.000001	0.000004	0.000011	0.000030	0.000072	0.000159
21				0.000001	0.000003	0.000010	0.000026	0.000061
22					0.000001	0.000003	0.000009	0.000022
23						0.000001	0.000003	0.000008
24							0.000001	0.000003
25								0.000001

m	λ							
	8.5	9	9.5	10	15	20	25	30
0	0.000203	0.000123	0.000075	0.000045				
1	0.001729	0.001111	0.000711	0.000454	0.000005			
2	0.00735	0.004998	0.003378	0.002270	0.000034			
3	0.020826	0.014994	0.010696	0.007567	0.000172	0.000003		
4	0.044255	0.033737	0.025403	0.018917	0.000645	0.000014		
5	0.075233	0.060727	0.048266	0.037833	0.001936	0.000055	0.000001	
6	0.106581	0.09109	0.076421	0.063055	0.004839	0.000183	0.000005	
7	0.129419	0.117116	0.103714	0.090079	0.010370	0.000523	0.000017	
8	0.137508	0.131756	0.123160	0.112599	0.019444	0.001309	0.000053	0.000002
9	0.129869	0.131756	0.130003	0.125110	0.032407	0.002908	0.000146	0.000005
10	0.110388	0.118580	0.123502	0.12511	0.048611	0.005816	0.000365	0.000015
11	0.085300	0.097020	0.106661	0.113736	0.066287	0.010575	0.000830	0.000042
12	0.060421	0.072765	0.084440	0.094780	0.082859	0.017625	0.001728	0.000104

m	λ							
	8.5	9	9.5	10	15	20	25	30
13	0.039506	0.050376	0.061706	0.072908	0.095607	0.027116	0.003323	0.000240
14	0.023986	0.032384	0.041872	0.052077	0.102436	0.038737	0.005935	0.000513
15	0.013592	0.019431	0.026519	0.034718	0.102436	0.051649	0.009891	0.001027
16	0.007221	0.01093	0.015746	0.021699	0.096034	0.064561	0.015455	0.001925
17	0.003610	0.005786	0.008799	0.012764	0.084736	0.075954	0.022727	0.003397
18	0.001705	0.002893	0.004644	0.007091	0.070613	0.084394	0.031566	0.005662
19	0.000763	0.001370	0.002322	0.003732	0.055747	0.088835	0.041534	0.008941
20	0.000324	0.000617	0.001103	0.001866	0.041810	0.088835	0.051917	0.013411
21	0.000131	0.000264	0.000499	0.000889	0.029865	0.084605	0.061807	0.019159
22	0.000051	0.000108	0.000215	0.000404	0.020362	0.076914	0.070235	0.026126
23	0.000019	0.000042	0.000089	0.000176	0.013280	0.066881	0.076342	0.034077
24	0.000007	0.000016	0.000035	0.000073	0.008300	0.055735	0.079523	0.042596
25	0.000002	0.000006	0.000013	0.000029	0.00498	0.044588	0.079523	0.051115
26	0.000001	0.000002	0.000005	0.000011	0.002873	0.034298	0.076464	0.058979
27		0.000001	0.000002	0.000004	0.001596	0.025406	0.070800	0.065532
28			0.000001	0.000001	0.000855	0.018147	0.063215	0.070213
29				0.000001	0.000442	0.012515	0.054495	0.072635
30					0.000221	0.008344	0.045413	0.072635
31					0.000107	0.005383	0.036623	0.070291
32					0.000050	0.003364	0.028612	0.065898
33					0.000023	0.002039	0.021676	0.059908
34					0.000010	0.001199	0.015938	0.05286
35					0.000004	0.000685	0.011384	0.045308
36					0.000002	0.000381	0.007906	0.037757
37					0.000001	0.000206	0.005342	0.030614
38						0.000108	0.003514	0.024169
39						0.000056	0.002253	0.018591
40						0.000028	0.001408	0.013943

注：不在表中的概率可在 Excel 中用函数 POISSON.DIST(x,λ,0)查找。

附表3　标准正态分布表

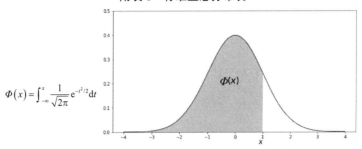

$$\Phi(x) = \int_{-\infty}^{x} \frac{1}{\sqrt{2\pi}} e^{-t^2/2} \mathrm{d}t$$

x	0	1	2	3	4	5	6	7	8	9
0.0	0.5000	0.5040	0.5080	0.5120	0.5160	0.5199	0.5239	0.5279	0.5319	0.5359
0.1	0.5398	0.5438	0.5478	0.5517	0.5557	0.5596	0.5636	0.5675	0.5714	0.5753
0.2	0.5793	0.5832	0.5871	0.5910	0.5948	0.5987	0.6026	0.6064	0.6103	0.6141
0.3	0.6179	0.6217	0.6255	0.6293	0.6331	0.6368	0.6406	0.6443	0.6480	0.6517
0.4	0.6554	0.6591	0.6628	0.6664	0.6700	0.6736	0.6772	0.6808	0.6844	0.6879
0.5	0.6915	0.6950	0.6985	0.7019	0.7054	0.7088	0.7123	0.7157	0.7190	0.7224
0.6	0.7257	0.7291	0.7324	0.7357	0.7389	0.7422	0.7454	0.7486	0.7517	0.7549
0.7	0.7580	0.7611	0.7642	0.7673	0.7704	0.7734	0.7764	0.7794	0.7823	0.7852
0.8	0.7881	0.7910	0.7939	0.7967	0.7995	0.8023	0.8051	0.8078	0.8106	0.8133
0.9	0.8159	0.8186	0.8212	0.8238	0.8264	0.8289	0.8315	0.8340	0.8365	0.8389
1.0	0.8413	0.8438	0.8461	0.8485	0.8508	0.8531	0.8554	0.8577	0.8599	0.8621
1.1	0.8643	0.8665	0.8686	0.8708	0.8729	0.8749	0.8770	0.8790	0.8810	0.8830
1.2	0.8849	0.8869	0.8888	0.8907	0.8925	0.8944	0.8962	0.8980	0.8997	0.9015
1.3	0.9032	0.9049	0.9066	0.9082	0.9099	0.9115	0.9131	0.9147	0.9162	0.9177
1.4	0.9192	0.9207	0.9222	0.9236	0.9251	0.9265	0.9279	0.9292	0.9306	0.9319
1.5	0.9332	0.9345	0.9357	0.9370	0.9382	0.9394	0.9406	0.9418	0.9429	0.9441
1.6	0.9452	0.9463	0.9474	0.9484	0.9495	0.9505	0.9515	0.9525	0.9535	0.9545
1.7	0.9554	0.9564	0.9573	0.9582	0.9591	0.9599	0.9608	0.9616	0.9625	0.9633
1.8	0.9641	0.9649	0.9656	0.9664	0.9671	0.9678	0.9686	0.9693	0.9699	0.9706
1.9	0.9713	0.9719	0.9726	0.9732	0.9738	0.9744	0.9750	0.9756	0.9761	0.9767
2.0	0.9772	0.9778	0.9783	0.9788	0.9793	0.9798	0.9803	0.9808	0.9812	0.9817
2.1	0.9821	0.9826	0.9830	0.9834	0.9838	0.9842	0.9846	0.9850	0.9854	0.9857
2.2	0.9861	0.9864	0.9868	0.9871	0.9875	0.9878	0.9881	0.9884	0.9887	0.9890
2.3	0.9893	0.9896	0.9898	0.9901	0.9904	0.9906	0.9909	0.9911	0.9913	0.9916
2.4	0.9918	0.9920	0.9922	0.9925	0.9927	0.9929	0.9931	0.9932	0.9934	0.9936
2.5	0.9938	0.9940	0.9941	0.9943	0.9945	0.9946	0.9948	0.9949	0.9951	0.9952
2.6	0.9953	0.9955	0.9956	0.9957	0.9959	0.9960	0.9961	0.9962	0.9963	0.9964
2.7	0.9965	0.9966	0.9967	0.9968	0.9969	0.9970	0.9971	0.9972	0.9973	0.9974
2.8	0.9974	0.9975	0.9976	0.9977	0.9977	0.9978	0.9979	0.9979	0.9980	0.9981
2.9	0.9981	0.9982	0.9982	0.9983	0.9984	0.9984	0.9985	0.9985	0.9986	0.9986
3.0	0.9987	0.9990	0.9993	0.9995	0.9997	0.9998	0.9998	0.9999	0.9999	1.0000

注：不在表中的概率可在 Excel 中用函数 NORM.S.DIST(x,1)查找。也可用此表反查标准正态分布的分位数，即在 Excel 中用函数 NORM.S.INV(α)查找标准正态分布显著性水平为 α 的下侧分位数，显然，NORM.S.INV(1-α)是显著性水平 α 的上侧分位数。

附表 4　t 分布上侧分位数 $t_\alpha(n)$ 表

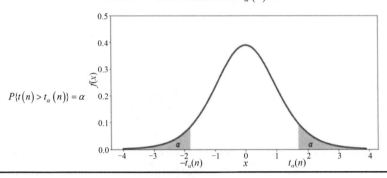

$P\{t(n) > t_\alpha(n)\} = \alpha$

n	α					
	0.250	0.100	0.050	0.025	0.010	0.005
1	1.0000	3.0777	6.3138	12.7062	31.8205	63.6567
2	0.8165	1.8856	2.9200	4.3027	6.9646	9.9248
3	0.7649	1.6377	2.3534	3.1824	4.5407	5.8409
4	0.7407	1.5332	2.1318	2.7764	3.7469	4.6041
5	0.7267	1.4759	2.0150	2.5706	3.3649	4.0321
6	0.7176	1.4398	1.9432	2.4469	3.1427	3.7074
7	0.7111	1.4149	1.8946	2.3646	2.9980	3.4995
8	0.7064	1.3968	1.8595	2.3060	2.8965	3.3554
9	0.7027	1.3830	1.8331	2.2622	2.8214	3.2498
10	0.6998	1.3722	1.8125	2.2281	2.7638	3.1693
11	0.6974	1.3634	1.7959	2.2010	2.7181	3.1058
12	0.6955	1.3562	1.7823	2.1788	2.6810	3.0545
13	0.6938	1.3502	1.7709	2.1604	2.6503	3.0123
14	0.6924	1.3450	1.7613	2.1448	2.6245	2.9768
15	0.6912	1.3406	1.7531	2.1314	2.6025	2.9467
16	0.6901	1.3368	1.7459	2.1199	2.5835	2.9208
17	0.6892	1.3334	1.7396	2.1098	2.5669	2.8982
18	0.6884	1.3304	1.7341	2.1009	2.5524	2.8784
19	0.6876	1.3277	1.7291	2.0930	2.5395	2.8609
20	0.6870	1.3253	1.7247	2.0860	2.5280	2.8453
21	0.6864	1.3232	1.7207	2.0796	2.5176	2.8314
22	0.6858	1.3212	1.7171	2.0739	2.5083	2.8188
23	0.6853	1.3195	1.7139	2.0687	2.4999	2.8073
24	0.6848	1.3178	1.7109	2.0639	2.4922	2.7969
25	0.6844	1.3163	1.7081	2.0595	2.4851	2.7874
26	0.6840	1.3150	1.7056	2.0555	2.4786	2.7787
27	0.6837	1.3137	1.7033	2.0518	2.4727	2.7707
28	0.6834	1.3125	1.7011	2.0484	2.4671	2.7633
29	0.6830	1.3114	1.6991	2.0452	2.4620	2.7564
30	0.6828	1.3104	1.6973	2.0423	2.4573	2.7500
31	0.6825	1.3095	1.6955	2.0395	2.4528	2.7440

n	α					
	0.250	0.100	0.050	0.025	0.010	0.005
32	0.6822	1.3086	1.6939	2.0369	2.4487	2.7385
33	0.6820	1.3077	1.6924	2.0345	2.4448	2.7333
34	0.6818	1.3070	1.6909	2.0322	2.4411	2.7284
35	0.6816	1.3062	1.6896	2.0301	2.4377	2.7238
36	0.6814	1.3055	1.6883	2.0281	2.4345	2.7195
37	0.6812	1.3049	1.6871	2.0262	2.4314	2.7154
38	0.6810	1.3042	1.6860	2.0244	2.4286	2.7116
39	0.6808	1.3036	1.6849	2.0227	2.4258	2.7079
40	0.6807	1.3031	1.6839	2.0211	2.4233	2.7045
41	0.6805	1.3025	1.6829	2.0195	2.4208	2.7012
42	0.6804	1.3020	1.6820	2.0181	2.4185	2.6981
43	0.6802	1.3016	1.6811	2.0167	2.4163	2.6951
44	0.6801	1.3011	1.6802	2.0154	2.4141	2.6923
45	0.6800	1.3006	1.6794	2.0141	2.4121	2.6896

注：不在表中的分位数可在 Excel 中查找，函数 T.INV(α,n)可得 $t(n)$分布显著性水平为 α 的下侧分位数，显然 T.INV($1-\alpha$,n)是 α 的上侧分位数。

附表 5 χ^2 分布上侧分位数 $\chi^2_\alpha(n)$ 表

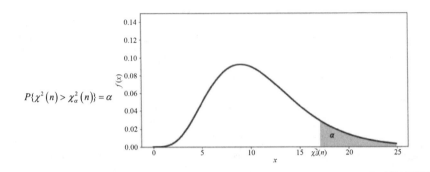

$$P\{\chi^2(n) > \chi^2_\alpha(n)\} = \alpha$$

n	α											
	0.995	0.990	0.975	0.950	0.900	0.750	0.250	0.100	0.050	0.025	0.010	0.005
1	0.000	0.000	0.001	0.004	0.016	0.102	1.323	2.706	3.841	5.024	6.635	7.879
2	0.010	0.020	0.051	0.103	0.211	0.575	2.773	4.605	5.991	7.378	9.210	10.597
3	0.072	0.115	0.216	0.352	0.584	1.213	4.108	6.251	7.815	9.348	11.345	12.838
4	0.207	0.297	0.484	0.711	1.064	1.923	5.385	7.779	9.488	11.143	13.277	14.860
5	0.412	0.554	0.831	1.145	1.610	2.675	6.626	9.236	11.070	12.833	15.086	16.750
6	0.676	0.872	1.237	1.635	2.204	3.455	7.841	10.645	12.592	14.449	16.812	18.548
7	0.989	1.239	1.690	2.167	2.833	4.255	9.037	12.017	14.067	16.013	18.475	20.278
8	1.344	1.646	2.180	2.733	3.490	5.071	10.219	13.362	15.507	17.535	20.090	21.955
9	1.735	2.088	2.700	3.325	4.168	5.899	11.389	14.684	16.919	19.023	21.666	23.589
10	2.156	2.558	3.247	3.940	4.865	6.737	12.549	15.987	18.307	20.483	23.209	25.188
11	2.603	3.053	3.816	4.575	5.578	7.584	13.701	17.275	19.675	21.920	24.725	26.757
12	3.074	3.571	4.404	5.226	6.304	8.438	14.845	18.549	21.026	23.337	26.217	28.300
13	3.565	4.107	5.009	5.892	7.042	9.299	15.984	19.812	22.362	24.736	27.688	29.819
14	4.075	4.660	5.629	6.571	7.790	10.165	17.117	21.064	23.685	26.119	29.141	31.319
15	4.601	5.229	6.262	7.261	8.547	11.037	18.245	22.307	24.996	27.488	30.578	32.801
16	5.142	5.812	6.908	7.962	9.312	11.912	19.369	23.542	26.296	28.845	32.000	34.267
17	5.697	6.408	7.564	8.672	10.085	12.792	20.489	24.769	27.587	30.191	33.409	35.718
18	6.265	7.015	8.231	9.390	10.865	13.675	21.605	25.989	28.869	31.526	34.805	37.156
19	6.844	7.633	8.907	10.117	11.651	14.562	22.718	27.204	30.144	32.852	36.191	38.582
20	7.434	8.260	9.591	10.851	12.443	15.452	23.828	28.412	31.410	34.170	37.566	39.997
21	8.034	8.897	10.283	11.591	13.240	16.344	24.935	29.615	32.671	35.479	38.932	41.401
22	8.643	9.542	10.982	12.338	14.041	17.240	26.039	30.813	33.924	36.781	40.289	42.796
23	9.260	10.196	11.689	13.091	14.848	18.137	27.141	32.007	35.172	38.076	41.638	44.181
24	9.886	10.856	12.401	13.848	15.659	19.037	28.241	33.196	36.415	39.364	42.980	45.559
25	10.520	11.524	13.120	14.611	16.473	19.939	29.339	34.382	37.652	40.646	44.314	46.928
26	11.160	12.198	13.844	15.379	17.292	20.843	30.435	35.563	38.885	41.923	45.642	48.290
27	11.808	12.879	14.573	16.151	18.114	21.749	31.528	36.741	40.113	43.195	46.963	49.645
28	12.461	13.565	15.308	16.928	18.939	22.657	32.620	37.916	41.337	44.461	48.278	50.993

n	α											
	0.995	0.990	0.975	0.950	0.900	0.750	0.250	0.100	0.050	0.025	0.010	0.005
29	13.121	14.256	16.047	17.708	19.768	23.567	33.711	39.087	42.557	45.722	49.588	52.336
30	13.787	14.953	16.791	18.493	20.599	24.478	34.800	40.256	43.773	46.979	50.892	53.672
31	14.458	15.655	17.539	19.281	21.434	25.390	35.887	41.422	44.985	48.232	52.191	55.003
32	15.134	16.362	18.291	20.072	22.271	26.304	36.973	42.585	46.194	49.480	53.486	56.328
33	15.815	17.074	19.047	20.867	23.110	27.219	38.058	43.745	47.400	50.725	54.776	57.648
34	16.501	17.789	19.806	21.664	23.952	28.136	39.141	44.903	48.602	51.966	56.061	58.964
35	17.192	18.509	20.569	22.465	24.797	29.054	40.223	46.059	49.802	53.203	57.342	60.275
36	17.887	19.233	21.336	23.269	25.643	29.973	41.304	47.212	50.998	54.437	58.619	61.581
37	18.586	19.960	22.106	24.075	26.492	30.893	42.383	48.363	52.192	55.668	59.893	62.883
38	19.289	20.691	22.878	24.884	27.343	31.815	43.462	49.513	53.384	56.896	61.162	64.181
39	19.996	21.426	23.654	25.695	28.196	32.737	44.539	50.660	54.572	58.120	62.428	65.476
40	20.707	22.164	24.433	26.509	29.051	33.660	45.616	51.805	55.758	59.342	63.691	66.766
41	21.421	22.906	25.215	27.326	29.907	34.585	46.692	52.949	56.942	60.561	64.950	68.053
42	22.138	23.650	25.999	28.144	30.765	35.510	47.766	54.090	58.124	61.777	66.206	69.336
43	22.859	24.398	26.785	28.965	31.625	36.436	48.840	55.230	59.304	62.990	67.459	70.616
44	23.584	25.148	27.575	29.787	32.487	37.363	49.913	56.369	60.481	64.201	68.710	71.893
45	24.311	25.901	28.366	30.612	33.350	38.291	50.985	57.505	61.656	65.410	69.957	73.166

注：不在表中的上侧分位数可在 Excel 中用函数 CHISQ.INV.RT(α,n) 查找 $\chi^2(n)$ 分布显著性水平为 α 的上侧分位数，显然 CHISQ.INV.RT$(1-\alpha,n)$ 为 α 的下侧分位数.

附表6 　F 分布上侧分位数 $F_\alpha(m,n)$ 表

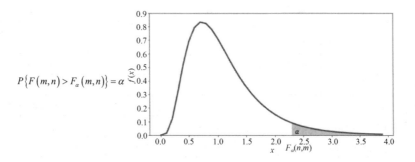

$$P\{F(m,n) > F_\alpha(m,n)\} = \alpha$$

1. $\alpha=0.10$

n	m																		
	1	2	3	4	5	6	7	8	9	10	12	15	20	24	30	40	60	120	∞
1	39.86	49.50	53.59	55.83	57.24	58.20	58.91	59.44	59.86	60.19	60.71	61.22	61.74	62.00	62.26	62.53	62.79	63.06	63.33
2	8.53	9.00	9.16	9.24	9.29	9.33	9.35	9.37	9.38	9.39	9.41	9.42	9.44	9.45	9.46	9.47	9.47	9.48	9.49
3	5.54	5.46	5.39	5.34	5.31	5.28	5.27	5.25	5.24	5.23	5.22	5.20	5.18	5.18	5.17	5.16	5.15	5.14	5.13
4	4.54	4.32	4.19	4.11	4.05	4.01	3.98	3.95	3.94	3.92	3.90	3.87	3.84	3.83	3.82	3.80	3.79	3.78	3.76
5	4.06	3.78	3.62	3.52	3.45	3.40	3.37	3.34	3.32	3.30	3.27	3.24	3.21	3.19	3.17	3.16	3.14	3.12	3.10
6	3.78	3.46	3.29	3.18	3.11	3.05	3.01	2.98	2.96	2.94	2.90	2.87	2.84	2.82	2.80	2.78	2.76	2.74	2.72
7	3.59	3.26	3.07	2.96	2.88	2.83	2.78	2.75	2.72	2.70	2.67	2.63	2.59	2.58	2.56	2.54	2.51	2.49	2.47
8	3.46	3.11	2.92	2.81	2.73	2.67	2.62	2.59	2.56	2.54	2.50	2.46	2.42	2.40	2.38	2.36	2.34	2.32	2.29
9	3.36	3.01	2.81	2.69	2.61	2.55	2.51	2.47	2.44	2.42	2.38	2.34	2.30	2.28	2.25	2.23	2.21	2.18	2.16
10	3.29	2.92	2.73	2.61	2.52	2.46	2.41	2.38	2.35	2.32	2.28	2.24	2.20	2.18	2.16	2.13	2.11	2.08	2.06
11	3.23	2.86	2.66	2.54	2.45	2.39	2.34	2.30	2.27	2.25	2.21	2.17	2.12	2.10	2.08	2.05	2.03	2.00	1.97
12	3.18	2.81	2.61	2.48	2.39	2.33	2.28	2.24	2.21	2.19	2.15	2.10	2.06	2.04	2.01	1.99	1.96	1.93	1.90
13	3.14	2.76	2.56	2.43	2.35	2.28	2.23	2.20	2.16	2.14	2.10	2.05	2.01	1.98	1.96	1.93	1.90	1.88	1.85
14	3.10	2.73	2.52	2.39	2.31	2.24	2.19	2.15	2.12	2.10	2.05	2.01	1.96	1.94	1.91	1.89	1.86	1.83	1.80
15	3.07	2.70	2.49	2.36	2.27	2.21	2.16	2.12	2.09	2.06	2.02	1.97	1.92	1.90	1.87	1.85	1.82	1.79	1.76
16	3.05	2.67	2.46	2.33	2.24	2.18	2.13	2.09	2.06	2.03	1.99	1.94	1.89	1.87	1.84	1.81	1.78	1.75	1.72
17	3.03	2.64	2.44	2.31	2.22	2.15	2.10	2.06	2.03	2.00	1.96	1.91	1.86	1.84	1.81	1.78	1.75	1.72	1.69
18	3.01	2.62	2.42	2.29	2.20	2.13	2.08	2.04	2.00	1.98	1.93	1.89	1.84	1.81	1.78	1.75	1.72	1.69	1.66
19	2.99	2.61	2.40	2.27	2.18	2.11	2.06	2.02	1.98	1.96	1.91	1.86	1.81	1.79	1.76	1.73	1.70	1.67	1.63
20	2.97	2.59	2.38	2.25	2.16	2.09	2.04	2.00	1.96	1.94	1.89	1.84	1.79	1.77	1.74	1.71	1.68	1.64	1.61
21	2.96	2.57	2.36	2.23	2.14	2.08	2.02	1.98	1.95	1.92	1.87	1.83	1.78	1.75	1.72	1.69	1.66	1.62	1.59
22	2.95	2.56	2.35	2.22	2.13	2.06	2.01	1.97	1.93	1.90	1.86	1.81	1.76	1.73	1.70	1.67	1.64	1.60	1.57
23	2.94	2.55	2.34	2.21	2.11	2.05	1.99	1.95	1.92	1.89	1.84	1.80	1.74	1.72	1.69	1.66	1.62	1.59	1.55
24	2.93	2.54	2.33	2.19	2.10	2.04	1.98	1.94	1.91	1.88	1.83	1.78	1.73	1.70	1.67	1.64	1.61	1.57	1.53
25	2.92	2.53	2.32	2.18	2.09	2.02	1.97	1.93	1.89	1.87	1.82	1.77	1.72	1.69	1.66	1.63	1.59	1.56	1.52
26	2.91	2.52	2.31	2.17	2.08	2.01	1.96	1.92	1.88	1.86	1.81	1.76	1.71	1.68	1.65	1.61	1.58	1.54	1.50
27	2.90	2.51	2.30	2.17	2.07	2.00	1.95	1.91	1.87	1.85	1.80	1.75	1.70	1.67	1.64	1.60	1.57	1.53	1.49
28	2.89	2.50	2.29	2.16	2.06	2.00	1.94	1.90	1.87	1.84	1.79	1.74	1.69	1.66	1.63	1.59	1.56	1.52	1.48
29	2.89	2.50	2.28	2.15	2.06	1.99	1.93	1.89	1.86	1.83	1.78	1.73	1.68	1.65	1.62	1.58	1.55	1.51	1.47
30	2.88	2.49	2.28	2.14	2.05	1.98	1.93	1.88	1.85	1.82	1.77	1.72	1.67	1.64	1.61	1.57	1.54	1.50	1.46

续表

n	m																		
	1	2	3	4	5	6	7	8	9	10	12	15	20	24	30	40	60	120	∞
40	2.84	2.44	2.23	2.09	2.00	1.93	1.87	1.83	1.79	1.76	1.71	1.66	1.61	1.57	1.54	1.51	1.47	1.42	1.38
60	2.79	2.39	2.18	2.04	1.95	1.87	1.82	1.77	1.74	1.71	1.66	1.60	1.54	1.51	1.48	1.44	1.40	1.35	1.29
120	2.75	2.35	2.13	1.99	1.90	1.82	1.77	1.72	1.68	1.65	1.60	1.55	1.48	1.45	1.41	1.37	1.32	1.26	1.19
∞	2.71	2.30	2.08	1.94	1.85	1.77	1.72	1.67	1.63	1.60	1.55	1.49	1.42	1.38	1.34	1.30	1.24	1.17	1.00

2. $\alpha=0.05$

n	m																		
	1	2	3	4	5	6	7	8	9	10	12	15	20	24	30	40	60	120	∞
1	161.4	199.5	215.7	224.6	230.2	234.0	236.8	238.9	240.5	241.9	243.9	245.9	248.0	249.1	250.1	251.1	252.2	253.3	254.3
2	18.51	19.00	19.16	19.25	19.30	19.33	19.35	19.37	19.38	19.40	19.41	19.43	19.45	19.45	19.46	19.47	19.48	19.49	19.50
3	10.13	9.55	9.28	9.12	9.01	8.94	8.89	8.85	8.81	8.79	8.74	8.70	8.66	8.64	8.62	8.59	8.57	8.55	8.53
4	7.71	6.94	6.59	6.39	6.26	6.16	6.09	6.04	6.00	5.96	5.91	5.86	5.80	5.77	5.75	5.72	5.69	5.66	5.63
5	6.61	5.79	5.41	5.19	5.05	4.95	4.88	4.82	4.77	4.74	4.68	4.62	4.56	4.53	4.50	4.46	4.43	4.40	4.37
6	5.99	5.14	4.76	4.53	4.39	4.28	4.21	4.15	4.10	4.06	4.00	3.94	3.87	3.84	3.81	3.77	3.74	3.70	3.67
7	5.59	4.74	4.35	4.12	3.97	3.87	3.79	3.73	3.68	3.64	3.57	3.51	3.44	3.41	3.38	3.34	3.30	3.27	3.23
8	5.32	4.46	4.07	3.84	3.69	3.58	3.50	3.44	3.39	3.35	3.28	3.22	3.15	3.12	3.08	3.04	3.01	2.97	2.93
9	5.12	4.26	3.86	3.63	3.48	3.37	3.29	3.23	3.18	3.14	3.07	3.01	2.94	2.90	2.86	2.83	2.79	2.75	2.71
10	4.96	4.10	3.71	3.48	3.33	3.22	3.14	3.07	3.02	2.98	2.91	2.85	2.77	2.74	2.70	2.66	2.62	2.58	2.54
11	4.84	3.98	3.59	3.36	3.20	3.09	3.01	2.95	2.90	2.85	2.79	2.72	2.65	2.61	2.57	2.53	2.49	2.45	2.40
12	4.75	3.89	3.49	3.26	3.11	3.00	2.91	2.85	2.80	2.75	2.69	2.62	2.54	2.51	2.47	2.43	2.38	2.34	2.30
13	4.67	3.81	3.41	3.18	3.03	2.92	2.83	2.77	2.71	2.67	2.60	2.53	2.46	2.42	2.38	2.34	2.30	2.25	2.21
14	4.60	3.74	3.34	3.11	2.96	2.85	2.76	2.70	2.65	2.60	2.53	2.46	2.39	2.35	2.31	2.27	2.22	2.18	2.13
15	4.54	3.68	3.29	3.06	2.90	2.79	2.71	2.64	2.59	2.54	2.48	2.40	2.33	2.29	2.25	2.20	2.16	2.11	2.07
16	4.49	3.63	3.24	3.01	2.85	2.74	2.66	2.59	2.54	2.49	2.42	2.35	2.28	2.24	2.19	2.15	2.11	2.06	2.01
17	4.45	3.59	3.20	2.96	2.81	2.70	2.61	2.55	2.49	2.45	2.38	2.31	2.23	2.19	2.15	2.10	2.06	2.01	1.96
18	4.41	3.55	3.16	2.93	2.77	2.66	2.58	2.51	2.46	2.41	2.34	2.27	2.19	2.15	2.11	2.06	2.02	1.97	1.92
19	4.38	3.52	3.13	2.90	2.74	2.63	2.54	2.48	2.42	2.38	2.31	2.23	2.16	2.11	2.07	2.03	1.98	1.93	1.88
20	4.35	3.49	3.10	2.87	2.71	2.60	2.51	2.45	2.39	2.35	2.28	2.20	2.12	2.08	2.04	1.99	1.95	1.90	1.84
21	4.32	3.47	3.07	2.84	2.68	2.57	2.49	2.42	2.37	2.32	2.25	2.18	2.10	2.05	2.01	1.96	1.92	1.87	1.81
22	4.30	3.44	3.05	2.82	2.66	2.55	2.46	2.40	2.34	2.30	2.23	2.15	2.07	2.03	1.98	1.94	1.89	1.84	1.78
23	4.28	3.42	3.03	2.80	2.64	2.53	2.44	2.37	2.32	2.27	2.20	2.13	2.05	2.01	1.96	1.91	1.86	1.81	1.76
24	4.26	3.40	3.01	2.78	2.62	2.51	2.42	2.36	2.30	2.25	2.18	2.11	2.03	1.98	1.94	1.89	1.84	1.79	1.73
25	4.24	3.39	2.99	2.76	2.60	2.49	2.40	2.34	2.28	2.24	2.16	2.09	2.01	1.96	1.92	1.87	1.82	1.77	1.71
26	4.23	3.37	2.98	2.74	2.59	2.47	2.39	2.32	2.27	2.22	2.15	2.07	1.99	1.95	1.90	1.85	1.80	1.75	1.69
27	4.21	3.35	2.96	2.73	2.57	2.46	2.37	2.31	2.25	2.20	2.13	2.06	1.97	1.93	1.88	1.84	1.79	1.73	1.67
28	4.20	3.34	2.95	2.71	2.56	2.45	2.36	2.29	2.24	2.19	2.12	2.04	1.96	1.91	1.87	1.82	1.77	1.71	1.65
29	4.18	3.33	2.93	2.70	2.55	2.43	2.35	2.28	2.22	2.18	2.10	2.03	1.94	1.90	1.85	1.81	1.75	1.70	1.64
30	4.17	3.32	2.92	2.69	2.53	2.42	2.33	2.27	2.21	2.16	2.09	2.01	1.93	1.89	1.84	1.79	1.74	1.68	1.62
40	4.08	3.23	2.84	2.61	2.45	2.34	2.25	2.18	2.12	2.08	2.00	1.92	1.84	1.79	1.74	1.69	1.64	1.58	1.51
60	4.00	3.15	2.76	2.53	2.37	2.25	2.17	2.10	2.04	1.99	1.92	1.84	1.75	1.70	1.65	1.59	1.53	1.47	1.39
120	3.92	3.07	2.68	2.45	2.29	2.18	2.09	2.02	1.96	1.91	1.83	1.75	1.66	1.61	1.55	1.50	1.43	1.35	1.25
∞	3.84	3.00	2.60	2.37	2.21	2.10	2.01	1.94	1.88	1.83	1.75	1.67	1.57	1.52	1.46	1.39	1.32	1.22	1.00

3. $\alpha=0.025$

n	m																		
	1	2	3	4	5	6	7	8	9	10	12	15	20	24	30	40	60	120	∞
1	648	800	864	900	922	937	948	957	963	969	977	985	993	997	1001	1006	1010	1014	1018
2	38.51	39.00	39.17	39.25	39.30	39.33	39.36	39.37	39.39	39.40	39.41	39.43	39.45	39.46	39.46	39.47	39.48	39.49	39.50
3	17.44	16.04	15.44	15.10	14.88	14.73	14.62	14.54	14.47	14.42	14.34	14.25	14.17	14.12	14.08	14.04	13.99	13.95	13.90
4	12.22	10.65	9.98	9.60	9.36	9.20	9.07	8.98	8.90	8.84	8.75	8.66	8.56	8.51	8.46	8.41	8.36	8.31	8.26
5	10.01	8.43	7.76	7.39	7.15	6.98	6.85	6.76	6.68	6.62	6.52	6.43	6.33	6.28	6.23	6.18	6.12	6.07	6.02
6	8.81	7.26	6.60	6.23	5.99	5.82	5.70	5.60	5.52	5.46	5.37	5.27	5.17	5.12	5.07	5.01	4.96	4.90	4.85
7	8.07	6.54	5.89	5.52	5.29	5.12	4.99	4.90	4.82	4.76	4.67	4.57	4.47	4.41	4.36	4.31	4.25	4.20	4.14
8	7.57	6.06	5.42	5.05	4.82	4.65	4.53	4.43	4.36	4.30	4.20	4.10	4.00	3.95	3.89	3.84	3.78	3.73	3.67
9	7.21	5.71	5.08	4.72	4.48	4.32	4.20	4.10	4.03	3.96	3.87	3.77	3.67	3.61	3.56	3.51	3.45	3.39	3.33
10	6.94	5.46	4.83	4.47	4.24	4.07	3.95	3.85	3.78	3.72	3.62	3.52	3.42	3.37	3.31	3.26	3.20	3.14	3.08
11	6.72	5.26	4.63	4.28	4.04	3.88	3.76	3.66	3.59	3.53	3.43	3.33	3.23	3.17	3.12	3.06	3.00	2.94	2.88
12	6.55	5.10	4.47	4.12	3.89	3.73	3.61	3.51	3.44	3.37	3.28	3.18	3.07	3.02	2.96	2.91	2.85	2.79	2.72
13	6.41	4.97	4.35	4.00	3.77	3.60	3.48	3.39	3.31	3.25	3.15	3.05	2.95	2.89	2.84	2.78	2.72	2.66	2.60
14	6.30	4.86	4.24	3.89	3.66	3.50	3.38	3.29	3.21	3.15	3.05	2.95	2.84	2.79	2.73	2.67	2.61	2.55	2.49
15	6.20	4.77	4.15	3.80	3.58	3.41	3.29	3.20	3.12	3.06	2.96	2.86	2.76	2.70	2.64	2.59	2.52	2.46	2.40
16	6.12	4.69	4.08	3.73	3.50	3.34	3.22	3.12	3.05	2.99	2.89	2.79	2.68	2.63	2.57	2.51	2.45	2.38	2.32
17	6.04	4.62	4.01	3.66	3.44	3.28	3.16	3.06	2.98	2.92	2.82	2.72	2.62	2.56	2.50	2.44	2.38	2.32	2.25
18	5.98	4.56	3.95	3.61	3.38	3.22	3.10	3.01	2.93	2.87	2.77	2.67	2.56	2.50	2.44	2.38	2.32	2.26	2.19
19	5.92	4.51	3.90	3.56	3.33	3.17	3.05	2.96	2.88	2.82	2.72	2.62	2.51	2.45	2.39	2.33	2.27	2.20	2.13
20	5.87	4.46	3.86	3.51	3.29	3.13	3.01	2.91	2.84	2.77	2.68	2.57	2.46	2.41	2.35	2.29	2.22	2.16	2.09
21	5.83	4.42	3.82	3.48	3.25	3.09	2.97	2.87	2.80	2.73	2.64	2.53	2.42	2.37	2.31	2.25	2.18	2.11	2.04
22	5.79	4.38	3.78	3.44	3.22	3.05	2.93	2.84	2.76	2.70	2.60	2.50	2.39	2.33	2.27	2.21	2.14	2.08	2.00
23	5.75	4.35	3.75	3.41	3.18	3.02	2.90	2.81	2.73	2.67	2.57	2.47	2.36	2.30	2.24	2.18	2.11	2.04	1.97
24	5.72	4.32	3.72	3.38	3.15	2.99	2.87	2.78	2.70	2.64	2.54	2.44	2.33	2.27	2.21	2.15	2.08	2.01	1.94
25	5.69	4.29	3.69	3.35	3.13	2.97	2.85	2.75	2.68	2.61	2.51	2.41	2.30	2.24	2.18	2.12	2.05	1.98	1.91
26	5.66	4.27	3.67	3.33	3.10	2.94	2.82	2.73	2.65	2.59	2.49	2.39	2.28	2.22	2.16	2.09	2.03	1.95	1.88
27	5.63	4.24	3.65	3.31	3.08	2.92	2.80	2.71	2.63	2.57	2.47	2.36	2.25	2.19	2.13	2.07	2.00	1.93	1.85
28	5.61	4.22	3.63	3.29	3.06	2.90	2.78	2.69	2.61	2.55	2.45	2.34	2.23	2.17	2.11	2.05	1.98	1.91	1.83
29	5.59	4.20	3.61	3.27	3.04	2.88	2.76	2.67	2.59	2.53	2.43	2.32	2.21	2.15	2.09	2.03	1.96	1.89	1.81
30	5.57	4.18	3.59	3.25	3.03	2.87	2.75	2.65	2.57	2.51	2.41	2.31	2.20	2.14	2.07	2.01	1.94	1.87	1.79
40	5.42	4.05	3.46	3.13	2.90	2.74	2.62	2.53	2.45	2.39	2.29	2.18	2.07	2.01	1.94	1.88	1.80	1.72	1.64
60	5.29	3.93	3.34	3.01	2.79	2.63	2.51	2.41	2.33	2.27	2.17	2.06	1.94	1.88	1.82	1.74	1.67	1.58	1.48
120	5.15	3.80	3.23	2.89	2.67	2.52	2.39	2.30	2.22	2.16	2.05	1.94	1.82	1.76	1.69	1.61	1.53	1.43	1.31
∞	5.02	3.69	3.12	2.79	2.57	2.41	2.29	2.19	2.11	2.05	1.94	1.83	1.71	1.64	1.57	1.48	1.39	1.27	1.00

4. $\alpha=0.01$

n	m																		
	1	2	3	4	5	6	7	8	9	10	12	15	20	24	30	40	60	120	∞
1	4052	5000	5403	5625	5764	5859	5928	5981	6022	6056	6106	6157	6209	6235	6261	6287	6313	6339	6366
2	98.50	99.00	99.17	99.25	99.30	99.33	99.36	99.37	99.39	99.40	99.42	99.43	99.45	99.46	99.47	99.47	99.48	99.49	99.50
3	34.12	30.82	29.46	28.71	28.24	27.91	27.67	27.49	27.35	27.23	27.05	26.87	26.69	26.60	26.50	26.41	26.32	26.22	26.13

续表

n	m																		
	1	2	3	4	5	6	7	8	9	10	12	15	20	24	30	40	60	120	∞
4	21.20	18.00	16.69	15.98	15.52	15.21	14.98	14.80	14.66	14.55	14.37	14.20	14.02	13.93	13.84	13.75	13.65	13.56	13.46
5	16.26	13.27	12.06	11.39	10.97	10.67	10.46	10.29	10.16	10.05	9.89	9.72	9.55	9.47	9.38	9.29	9.20	9.11	9.02
6	13.75	10.92	9.78	9.15	8.75	8.47	8.26	8.10	7.98	7.87	7.72	7.56	7.40	7.31	7.23	7.14	7.06	6.97	6.88
7	12.25	9.55	8.45	7.85	7.46	7.19	6.99	6.84	6.72	6.62	6.47	6.31	6.16	6.07	5.99	5.91	5.82	5.74	5.65
8	11.26	8.65	7.59	7.01	6.63	6.37	6.18	6.03	5.91	5.81	5.67	5.52	5.36	5.28	5.20	5.12	5.03	4.95	4.86
9	10.56	8.02	6.99	6.42	6.06	5.80	5.61	5.47	5.35	5.26	5.11	4.96	4.81	4.73	4.65	4.57	4.48	4.40	4.31
10	10.04	7.56	6.55	5.99	5.64	5.39	5.20	5.06	4.94	4.85	4.71	4.56	4.41	4.33	4.25	4.17	4.08	4.00	3.91
11	9.65	7.21	6.22	5.67	5.32	5.07	4.89	4.74	4.63	4.54	4.40	4.25	4.10	4.02	3.94	3.86	3.78	3.69	3.60
12	9.33	6.93	5.95	5.41	5.06	4.82	4.64	4.50	4.39	4.30	4.16	4.01	3.86	3.78	3.70	3.62	3.54	3.45	3.36
13	9.07	6.70	5.74	5.21	4.86	4.62	4.44	4.30	4.19	4.10	3.96	3.82	3.66	3.59	3.51	3.43	3.34	3.25	3.17
14	8.86	6.51	5.56	5.04	4.69	4.46	4.28	4.14	4.03	3.94	3.80	3.66	3.51	3.43	3.35	3.27	3.18	3.09	3.00
15	8.68	6.36	5.42	4.89	4.56	4.32	4.14	4.00	3.89	3.80	3.67	3.52	3.37	3.29	3.21	3.13	3.05	2.96	2.87
16	8.53	6.23	5.29	4.77	4.44	4.20	4.03	3.89	3.78	3.69	3.55	3.41	3.26	3.18	3.10	3.02	2.93	2.84	2.75
17	8.40	6.11	5.18	4.67	4.34	4.10	3.93	3.79	3.68	3.59	3.46	3.31	3.16	3.08	3.00	2.92	2.83	2.75	2.65
18	8.29	6.01	5.09	4.58	4.25	4.01	3.84	3.71	3.60	3.51	3.37	3.23	3.08	3.00	2.92	2.84	2.75	2.66	2.57
19	8.18	5.93	5.01	4.50	4.17	3.94	3.77	3.63	3.52	3.43	3.30	3.15	3.00	2.92	2.84	2.76	2.67	2.58	2.49
20	8.10	5.85	4.94	4.43	4.10	3.87	3.70	3.56	3.46	3.37	3.23	3.09	2.94	2.86	2.78	2.69	2.61	2.52	2.42
21	8.02	5.78	4.87	4.37	4.04	3.81	3.64	3.51	3.40	3.31	3.17	3.03	2.88	2.80	2.72	2.64	2.55	2.46	2.36
22	7.95	5.72	4.82	4.31	3.99	3.76	3.59	3.45	3.35	3.26	3.12	2.98	2.83	2.75	2.67	2.58	2.50	2.40	2.31
23	7.88	5.66	4.76	4.26	3.94	3.71	3.54	3.41	3.30	3.21	3.07	2.93	2.78	2.70	2.62	2.54	2.45	2.35	2.26
24	7.82	5.61	4.72	4.22	3.90	3.67	3.50	3.36	3.26	3.17	3.03	2.89	2.74	2.66	2.58	2.49	2.40	2.31	2.21
25	7.77	5.57	4.68	4.18	3.85	3.63	3.46	3.32	3.22	3.13	2.99	2.85	2.70	2.62	2.54	2.45	2.36	2.27	2.17
26	7.72	5.53	4.64	4.14	3.82	3.59	3.42	3.29	3.18	3.09	2.96	2.81	2.66	2.58	2.50	2.42	2.33	2.23	2.13
27	7.68	5.49	4.60	4.11	3.78	3.56	3.39	3.26	3.15	3.06	2.93	2.78	2.63	2.55	2.47	2.38	2.29	2.20	2.10
28	7.64	5.45	4.57	4.07	3.75	3.53	3.36	3.23	3.12	3.03	2.90	2.75	2.60	2.52	2.44	2.35	2.26	2.17	2.06
29	7.60	5.42	4.54	4.04	3.73	3.50	3.33	3.20	3.09	3.00	2.87	2.73	2.57	2.49	2.41	2.33	2.23	2.14	2.03
30	7.56	5.39	4.51	4.02	3.70	3.47	3.30	3.17	3.07	2.98	2.84	2.70	2.55	2.47	2.39	2.30	2.21	2.11	2.01
40	7.31	5.18	4.31	3.83	3.51	3.29	3.12	2.99	2.89	2.80	2.66	2.52	2.37	2.29	2.20	2.11	2.02	1.92	1.80
60	7.08	4.98	4.13	3.65	3.34	3.12	2.95	2.82	2.72	2.63	2.50	2.35	2.20	2.12	2.03	1.94	1.84	1.73	1.60
120	6.85	4.79	3.95	3.48	3.17	2.96	2.79	2.66	2.56	2.47	2.34	2.19	2.03	1.95	1.86	1.76	1.66	1.53	1.38
∞	6.63	4.61	3.78	3.32	3.02	2.80	2.64	2.51	2.41	2.32	2.18	2.04	1.88	1.79	1.70	1.59	1.47	1.32	1.00

5. $\alpha=0.005$

n	m																		
	1	2	3	4	5	6	7	8	9	10	12	15	20	24	30	40	60	120	∞
1	16211	20000	21615	22500	23056	23437	23715	23925	24091	24224	24426	24630	24836	24940	25044	25148	25253	25359	25464
2	198.5	199.0	199.2	199.3	199.3	199.3	199.4	199.4	199.4	199.4	199.4	199.4	199.45	199.46	199.47	199.47	199.48	199.49	199.50
3	55.55	49.80	47.47	46.19	45.39	44.84	44.43	44.13	43.88	43.69	43.39	43.08	42.78	42.62	42.47	42.31	42.15	41.99	41.83
4	31.33	26.28	24.26	23.15	22.46	21.97	21.62	21.35	21.14	20.97	20.70	20.44	20.17	20.03	19.89	19.75	19.61	19.47	19.32
5	22.78	18.31	16.53	15.56	14.94	14.51	14.20	13.96	13.77	13.62	13.38	13.15	12.90	12.78	12.66	12.53	12.40	12.27	12.14
6	18.63	14.54	12.92	12.03	11.46	11.07	10.79	10.57	10.39	10.25	10.03	9.81	9.59	9.47	9.36	9.24	9.12	9.00	8.88

续表

n	m																		
	1	2	3	4	5	6	7	8	9	10	12	15	20	24	30	40	60	120	∞
7	16.24	12.40	10.88	10.05	9.52	9.16	8.89	8.68	8.51	8.38	8.18	7.97	7.75	7.64	7.53	7.42	7.31	7.19	7.08
8	14.69	11.04	9.60	8.81	8.30	7.95	7.69	7.50	7.34	7.21	7.01	6.81	6.61	6.50	6.40	6.29	6.18	6.06	5.95
9	13.61	10.11	8.72	7.96	7.47	7.13	6.88	6.69	6.54	6.42	6.23	6.03	5.83	5.73	5.62	5.52	5.41	5.30	5.19
10	12.83	9.43	8.08	7.34	6.87	6.54	6.30	6.12	5.97	5.85	5.66	5.47	5.27	5.17	5.07	4.97	4.86	4.75	4.64
11	12.23	8.91	7.60	6.88	6.42	6.10	5.86	5.68	5.54	5.42	5.24	5.05	4.86	4.76	4.65	4.55	4.45	4.34	4.23
12	11.75	8.51	7.23	6.52	6.07	5.76	5.52	5.35	5.20	5.09	4.91	4.72	4.53	4.43	4.33	4.23	4.12	4.01	3.90
13	11.37	8.19	6.93	6.23	5.79	5.48	5.25	5.08	4.94	4.82	4.64	4.46	4.27	4.17	4.07	3.97	3.87	3.76	3.65
14	11.06	7.92	6.68	6.00	5.56	5.26	5.03	4.86	4.72	4.60	4.43	4.25	4.06	3.96	3.86	3.76	3.66	3.55	3.44
15	10.80	7.70	6.48	5.80	5.37	5.07	4.85	4.67	4.54	4.42	4.25	4.07	3.88	3.79	3.69	3.58	3.48	3.37	3.26
16	10.58	7.51	6.30	5.64	5.21	4.91	4.69	4.52	4.38	4.27	4.10	3.92	3.73	3.64	3.54	3.44	3.33	3.22	3.11
17	10.38	7.35	6.16	5.50	5.07	4.78	4.56	4.39	4.25	4.14	3.97	3.79	3.61	3.51	3.41	3.31	3.21	3.10	2.98
18	10.22	7.21	6.03	5.37	4.96	4.66	4.44	4.28	4.14	4.03	3.86	3.68	3.50	3.40	3.30	3.20	3.10	2.99	2.87
19	10.07	7.09	5.92	5.27	4.85	4.56	4.34	4.18	4.04	3.93	3.76	3.59	3.40	3.31	3.21	3.11	3.00	2.89	2.78
20	9.94	6.99	5.82	5.17	4.76	4.47	4.26	4.09	3.96	3.85	3.68	3.50	3.32	3.22	3.12	3.02	2.92	2.81	2.69
21	9.83	6.89	5.73	5.09	4.68	4.39	4.18	4.01	3.88	3.77	3.60	3.43	3.24	3.15	3.05	2.95	2.84	2.73	2.61
22	9.73	6.81	5.65	5.02	4.61	4.32	4.11	3.94	3.81	3.70	3.54	3.36	3.18	3.08	2.98	2.88	2.77	2.66	2.55
23	9.63	6.73	5.58	4.95	4.54	4.26	4.05	3.88	3.75	3.64	3.47	3.30	3.12	3.02	2.92	2.82	2.71	2.60	2.48
24	9.55	6.66	5.52	4.89	4.49	4.20	3.99	3.83	3.69	3.59	3.42	3.25	3.06	2.97	2.87	2.77	2.66	2.55	2.43
25	9.48	6.60	5.46	4.84	4.43	4.15	3.94	3.78	3.64	3.54	3.37	3.20	3.01	2.92	2.82	2.72	2.61	2.50	2.38
26	9.41	6.54	5.41	4.79	4.38	4.10	3.89	3.73	3.60	3.49	3.33	3.15	2.97	2.87	2.77	2.67	2.56	2.45	2.33
27	9.34	6.49	5.36	4.74	4.34	4.06	3.85	3.69	3.56	3.45	3.28	3.11	2.93	2.83	2.73	2.63	2.52	2.41	2.29
28	9.28	6.44	5.32	4.70	4.30	4.02	3.81	3.65	3.52	3.41	3.25	3.07	2.89	2.79	2.69	2.59	2.48	2.37	2.25
29	9.23	6.40	5.28	4.66	4.26	3.98	3.77	3.61	3.48	3.38	3.21	3.04	2.86	2.76	2.66	2.56	2.45	2.33	2.21
30	9.18	6.35	5.24	4.62	4.23	3.95	3.74	3.58	3.45	3.34	3.18	3.01	2.82	2.73	2.63	2.52	2.42	2.30	2.18
40	8.83	6.07	4.98	4.37	3.99	3.71	3.51	3.35	3.22	3.12	2.95	2.78	2.60	2.50	2.40	2.30	2.18	2.06	1.93
60	8.49	5.79	4.73	4.14	3.76	3.49	3.29	3.13	3.01	2.90	2.74	2.57	2.39	2.29	2.19	2.08	1.96	1.83	1.69
120	8.18	5.54	4.50	3.92	3.55	3.28	3.09	2.93	2.81	2.71	2.54	2.37	2.19	2.09	1.98	1.87	1.75	1.61	1.43
∞	7.88	5.30	4.28	3.72	3.35	3.09	2.90	2.74	2.62	2.52	2.36	2.19	2.00	1.90	1.79	1.67	1.53	1.36	1.01

注：不在表中的上侧分位数可在 Excel 中用函数 F.INV.RT(α,m,n)查找 $F(m,n)$分布显著性水平为 α 的上侧分位数，显然 F.INV.RT(1-α,m,n)是 α 的下侧分位数。

习题参考答案

习题 1

1.（1）$\Omega = \{11,12,21,13,31,14,41,22,23,32,24,42,33,34,43,44\}$，$A=\{12,21,24,42\}$，

$B=\{11,12,21,13,31,14,41,23,32,34,43\}$

（2）$\Omega = \{$甲输,乙输,和棋$\}$，$A=\{$乙输,和棋$\}$，$B=\{$和棋$\}$

（3）$\Omega = \left\{(x,y)\,|\,x^2 + y^2 \leqslant 1, x,y \in R\right\}$，$A = \left\{(x,y)\,|\,x^2 + y^2 \leqslant \dfrac{\sqrt{3}}{2}, x,y \in R\right\}$

（4）$\Omega = \{$正正正正,正正正次,正正次正,正正次次,正次正正,正次正次,次正正正,次正正次,次正次正,次正次次,正次次,次次$\}$，$A = \{$正正正正,正正正次,正正次正,正正次次,正次正正,正次正次,次正正正,次正正次,次正次正,次正次次$\}$

2.（1）$A\bar{B}\bar{C}$　（2）$AB\bar{C}$　（3）ABC　（4）$A\cup B\cup C$　（5）$\overline{A\cup B\cup C}$

（6）$\overline{AB\cup BC\cup AC}$　（7）$\overline{ABC}$　（8）$AB\cup BC\cup AC$

3.（1）被选学为不是干部的少数民族女生；（2）学生干部都是女生且都为少数民族；

（3）学生干部都是少数民族；（4）没有女生是少数民族。

4.A 与 B 相容，A 与 C 不相容，B 与 C 不相容。

5.$1 - \dfrac{C_5^2}{C_8^2} = \dfrac{9}{14}$

6.（1）$\dfrac{C_6^3}{C_{10}^3} = \dfrac{1}{6}$　（2）$\dfrac{C_5^3}{C_{10}^3} = \dfrac{1}{12}$

7.（1）$\dfrac{C_3^1}{C_{10}^1} = \dfrac{3}{10}$　（2）$\dfrac{C_7^1 C_3^1}{C_{10}^2} = \dfrac{7}{15}$，$\dfrac{C_7^2}{C_{10}^2} = \dfrac{7}{15}$

8.$\dfrac{C_{10}^4 C_4^3 C_3^2}{C_{17}^9} = \dfrac{252}{2431}$

9.$\dfrac{P_9^7}{9^7} = \dfrac{181440}{4782969} \approx 0.038$

10.$\dfrac{2}{m+1}$

11.$\dfrac{2Tt - t^2}{T^2}$

12. $P\left(AB\bar{C}\right)=P\left(AB\right)P(\bar{C}\mid AB)=P\left(A\right)P(B\mid A)\times0.6=0.18$

13. $p+q-r,\ r-p,\ r-q,\ 1-r$

14. $P\left(A\cup B\cup C\right)=P\left(A\right)+P\left(B\right)+P\left(C\right)-P\left(AB\right)-P\left(AC\right)-P\left(BC\right)+P\left(ABC\right)=0.625$

15. 0.25

16. （1）$\dfrac{28}{45}$ （2）$\dfrac{1}{45}$ （3）$1-\dfrac{28}{45}-\dfrac{1}{45}=\dfrac{16}{45}$ （4）$\dfrac{1}{5}$ （全概率公式）

17. 11（伯努利概型）

18. 0.36

19. $1-0.997^{1000}\approx0.95$

20. 0.6（全概率公式）

21. 0.4806

22. $\dfrac{9}{13}$

23. $\dfrac{C_{200}^{3}499^{197}}{500^{200}}$

24. （1）0.32076 （2）0.436

25. （1）$\dfrac{2}{5}$ （2）$\dfrac{690}{1421}$

26. $\dfrac{1283}{6^{4}}$

习题 2

1.

X	20	5	0
p	0.0002	0.0010	0.9988

2.（1）

X	3	4	5
p_k	$\dfrac{1}{10}$	$\dfrac{3}{10}$	$\dfrac{6}{10}$

（2）

X	1	2	3	4	5	6
p_k	$\dfrac{11}{36}$	$\dfrac{9}{36}$	$\dfrac{7}{36}$	$\dfrac{5}{36}$	$\dfrac{3}{36}$	$\dfrac{1}{36}$

3.

X	0	1	2
p_k	$\dfrac{22}{35}$	$\dfrac{12}{35}$	$\dfrac{1}{35}$

4.（1）$P\{X=k\}=pq^{k-1},\ k=1,2\cdots$

（2）$P\{X=k\}=0.45(0.55)^{k-1}$，$k=1,2,\cdots$，$p=\sum\limits_{k=1}^{+\infty}P\{X=2k\}=\dfrac{11}{31}$

5．（1）

X	1	2	3	...
p_k	$\dfrac{1}{3}$	$\left(\dfrac{2}{3}\right)\times\dfrac{1}{3}$	$\left(\dfrac{2}{3}\right)^2\times\dfrac{1}{3}$	...

（2）

Y	1	2	3
p_k	$\dfrac{1}{3}$	$\dfrac{1}{3}$	$\dfrac{1}{3}$

（3）$\dfrac{8}{27}$，$\dfrac{38}{81}$

6．（1）$C_5^2\times0.1^2\times0.9^3$　　　　　（2）$C_5^3\times0.1^3\times0.9^2+C_5^4\times0.1^4\times0.9^1+0.1^5$

（3）$1-C_5^4\times0.1^4\times0.9^1+0.1^5$　　（4）$1-0.9^5$

7．（1）$1-\sum\limits_{i=0}^{2}C_5^i0.3^i\times0.7^{5-i}$　　（2）$1-\sum\limits_{i=0}^{2}C_7^i0.3^i\times0.7^{7-i}$

8．（1）$0.9^5\approx0.349$　　　　　　　　（2）$C_{10}^1\times0.1^1\times0.9^9+C_{10}^2\times0.1^2\times0.9^8\approx0.581$

（3）$0.9^5\approx0.590$　　　　　　　　（4）$0.581\times0.590\approx0.343$

（5）$0.349+0.343=0.692$

9．（1）$\dfrac{1}{C_8^4}=\dfrac{1}{70}$

（2）猜对的概率仅为$C_{10}^3\times\left(\dfrac{1}{70}\right)^3\times\left(\dfrac{69}{70}\right)^7$，约万分之三，此概率太小，按实际推断原理，认为确实有区分能力。

10．$e^{-6}\approx0.0025$

11．（1）$\dfrac{4^8}{8!}e^{-4}\approx0.0298$　　　　　（2）$1-\dfrac{4^0}{0!}e^{-4}-\dfrac{4^1}{1!}e^{-4}-\dfrac{4^2}{2!}e^{-4}\approx0.5665$

12．（1）$e^{-\frac{3}{2}}\approx0.2231$　　　　　　　（2）$1-e^{-\frac{5}{2}}\approx0.9179$

13．（1）$\dfrac{1}{3}e^{-\frac{1}{3}}\approx0.2388$　　　　　（2）$e^{-2t}>0.5$，即 $t<\dfrac{\ln2}{2}$ h ≈20.79min

14．$P\{X\leqslant10\}=\sum\limits_{k=0}^{10}C_{5000}^k(0.0015)^k(1-0.0015)^{5000-k}\approx\sum\limits_{k=0}^{10}\dfrac{7.5^k}{k!}e^{-7.5}$，用 Excel 计算可得 $P\{X\leqslant10\}\approx0.8622$。

15．$P\{X\geqslant2\}=1-P\{X<2\}\approx1-e^{-0.1}-0.1\times e^{-0.1}\approx0.0047$

16．（1）$F(x)=\begin{cases}0,&x<0,\\1-p,&0\leqslant x<1\\1,&x\geqslant1\end{cases}$　　（2）$F(x)=\begin{cases}0,&x<3\\\dfrac{1}{10},&3\leqslant x<4\\\dfrac{4}{10},&4\leqslant x<5\\1,&x\geqslant5\end{cases}$

17. $F(x)=\begin{cases}0, x<0\\ \dfrac{x}{a}, 0\leqslant x<a\\ 1, x\geqslant a\end{cases}$

18. （1）$1-\mathrm{e}^{-1.2}$ （2）$\mathrm{e}^{-1.6}$ （3）$\mathrm{e}^{-1.2}-\mathrm{e}^{-1.6}$ （4）$1-\mathrm{e}^{-1.2}+\mathrm{e}^{-1.6}$ （5）0

19. （1）$\ln 2$，1，$\ln\dfrac{5}{4}$ （2）$f(x)=\begin{cases}\dfrac{1}{x}, 1<x<\mathrm{e}\\ 0, 其他\end{cases}$

20. （1）$F(x)=\begin{cases}0, x<1\\ 2(x+\dfrac{1}{x}-2), 1\leqslant x<2\\ 1, x\geqslant 2\end{cases}$

（2）$F(x)=\begin{cases}0, x<0\\ \dfrac{x^2}{2}, 0\leqslant x<1\\ -1+2x-\dfrac{x^2}{2}, 1\leqslant x<2\\ 1, x\geqslant 2\end{cases}$

21. $1-\left(\dfrac{1}{3}\right)^5+\mathrm{C}_5^1\dfrac{2}{3}\times\left(\dfrac{1}{3}\right)^4=\dfrac{232}{243}$

22. $P\{Y=k\}=\mathrm{C}_5^k\mathrm{e}^{-2k}(1-\mathrm{e}^{-2})^{5-k}$，$k=0,1,\cdots,5$；$P\{Y\geqslant 1\}\approx 0.5167$

23. $\dfrac{3}{5}$

24. （1）$P\{2<X\leqslant 5\}=0.5328$，$P\{-4<X\leqslant 10\}=0.9995$，$P\{|X|>2\}=0.6977$，$P\{X>3\}=0.5$

（2）$c=3$ （3）$d\leqslant 0.4368$

25. （1）$P\{X\leqslant 105\}=0.3383$，$P\{100<X\leqslant 120\}=0.5952$ （2）129.74

26. 0.0455

27. $\sigma=31.20$

28. $\mathrm{C}_5^2\left(2-2\varPhi(1)\right)^2\left(2\varPhi(1)-1\right)^3\approx 0.3204$

29. $F(x)=\begin{cases}0, x<0\\ 0.2+0.8x/30, 0\leqslant x<30\\ 1, x\geqslant 30\end{cases}$

30. 证明：根据非负性及归一性去证明。

31.

Y	0	1	4	9
p_k	$\dfrac{1}{5}$	$\dfrac{7}{30}$	$\dfrac{1}{5}$	$\dfrac{11}{30}$

32. （1）$f_Y(y)=\begin{cases}\dfrac{1}{y}, 1<y<\mathrm{e}\\ 0, 其他\end{cases}$ （2）$f_Y(y)=\begin{cases}\dfrac{1}{2}\mathrm{e}^{-y/2}, y>0\\ 0, y\leqslant 0\end{cases}$

33．（1）$f_Y(y) = \begin{cases} \dfrac{1}{y\sqrt{2\pi}}\mathrm{e}^{-(\ln y)^2/2}, & y > 0 \\ 0, & y \leqslant 0 \end{cases}$

（2）$f_Y(y) = \begin{cases} \dfrac{1}{2\sqrt{\pi(y-1)}}\mathrm{e}^{-(y-1)/4}, & y > 1 \\ 0, & y \leqslant 1 \end{cases}$

34．（1）$f_Y(y) = \dfrac{1}{3}\dfrac{1}{\sqrt[3]{y^2}}f(\sqrt[3]{y}), \quad y \neq 0$

（2）$f_Y(y) = \begin{cases} \dfrac{1}{2\sqrt{y}}\mathrm{e}^{-\sqrt{y}}, & y > 0 \\ 0, & y \leqslant 0 \end{cases}$

35．$f_W(w) = \begin{cases} \dfrac{1}{8}\sqrt{\dfrac{2}{w}}, & 162 < w < 242 \\ 0, & \text{其他} \end{cases}$

36．$f_\theta(y) = \dfrac{9}{10\sqrt{\pi}}\mathrm{e}^{-\frac{81}{100}(y-37)^2}$

习题 3

1．（1）放回抽样的情况

Y	X	
	0	1
0	$\dfrac{25}{36}$	$\dfrac{5}{36}$
1	$\dfrac{5}{36}$	$\dfrac{1}{36}$

（2）不放回抽样的情况

Y	X	
	0	1
0	$\dfrac{45}{66}$	$\dfrac{10}{66}$
1	$\dfrac{10}{66}$	$\dfrac{1}{66}$

2．（1）

Y	X			
	0	1	2	3
0	0	0	$\dfrac{3}{35}$	$\dfrac{2}{35}$
1	0	$\dfrac{6}{35}$	$\dfrac{12}{35}$	$\dfrac{2}{35}$
2	$\dfrac{1}{35}$	$\dfrac{6}{35}$	$\dfrac{3}{35}$	0

（2）$P\{X>Y\}=\dfrac{19}{35}$，$P\{Y=2X\}=\dfrac{6}{35}$，$P\{X+Y=3\}=\dfrac{4}{7}$，$P\{X<3-Y\}=\dfrac{2}{7}$

3．（1）$\dfrac{1}{8}$　（2）$\dfrac{3}{8}$　（3）$\dfrac{27}{32}$　（4）$\dfrac{2}{3}$

4．（1）证明：

$$P\{X<Y\}=\int_0^{+\infty}\int_0^y\left[f(x,y)\mathrm{d}x\right]\mathrm{d}y=\int_0^{+\infty}\int_0^y\left[f_X(x)f_Y(y)\mathrm{d}x\right]\mathrm{d}y$$

$$=\int_0^{+\infty}\left[f_Y(y)\int_0^y f_X(x)\mathrm{d}x\right]\mathrm{d}y=\int_0^{+\infty}f_Y(y)\left[F_X(y)-F_X(0)\right]\mathrm{d}y=\int_0^{+\infty}f_Y(y)F_X(y)\mathrm{d}y$$

（2）$\dfrac{\lambda_1}{\lambda_1+\lambda_2}$

5．$F_X(x)=\begin{cases}1-\mathrm{e}^{-x},x>0\\0,其他\end{cases}$，$F_Y(y)=\begin{cases}1-\mathrm{e}^{-y},y>0\\0,其他\end{cases}$

6．

Y	X			
	0	1	2	$P\{Y=j\}$
0	$\dfrac{1}{8}$	0	0	$\dfrac{1}{8}$
1	$\dfrac{1}{8}$	$\dfrac{2}{8}$	0	$\dfrac{3}{8}$
2	0	$\dfrac{2}{8}$	$\dfrac{1}{8}$	$\dfrac{3}{8}$
3	0	0	$\dfrac{1}{8}$	$\dfrac{1}{8}$
$P\{X=i\}$	$\dfrac{1}{4}$	$\dfrac{2}{4}$	$\dfrac{1}{4}$	1

7．$f_X(x)=\begin{cases}2.4x^2(2-x),0\leqslant x\leqslant1\\0,其他\end{cases}$

$f_Y(y)=\begin{cases}2.4y(3-4y+y^2),0\leqslant y\leqslant1\\0,其他\end{cases}$

8．$f_X(x)=\begin{cases}\mathrm{e}^{-x},x>0\\0,其他\end{cases}$，$f_Y(y)=\begin{cases}y\mathrm{e}^{-y},y>0\\0,其他\end{cases}$

9．（1）$c=\dfrac{21}{4}$

（2）$f_X(x)=\begin{cases}\dfrac{21}{8}x^2(1-x^4),-1\leqslant x\leqslant1\\0,其他\end{cases}$，$f_Y(y)=\begin{cases}\dfrac{7}{2}y^{5/2},0\leqslant y\leqslant1\\0,其他\end{cases}$

10．（1）

X	51	52	53	54	55
p_k	0.28	0.28	0.22	0.09	0.13

Y	51	52	53	54	55
p_k	0.18	0.15	0.35	0.12	0.20

（2）

k	51	52	53	54	55
$P\{Y=k \mid X=51\}$	$\dfrac{6}{28}$	$\dfrac{7}{28}$	$\dfrac{5}{28}$	$\dfrac{5}{28}$	$\dfrac{5}{28}$

11.（1） $P\{X=n\}=\dfrac{14^{n}\mathrm{e}^{-14}}{n!}$, $n=0,1,2,\cdots$

$P\{Y=m\}=\dfrac{\mathrm{e}^{-7.12}(7.14)^{m}}{m!}$, $m=0,1,2,\cdots$

（2）当 m=0,1,2,…时， $P\{X=n \mid Y=m\}=\dfrac{\mathrm{e}^{-6.86}(6.86)^{n-m}}{(n-m)!}$, $n=m,m+1,\cdots$

当 n=0,1,2…时， $P\{Y=m \mid X=n\}=\dbinom{n}{m}(0.51)^{m}(0.49)^{n-m}$, $m=0,1,\cdots,n$

（3） $P\{Y=m \mid X=20\}=\dbinom{20}{m}(0.51)^{m}(0.49)^{20-m}$, $m=0,1,2,\cdots,20$

12.（1）当 0<y≤1 时，

$f_{X|Y}(x|y)=\begin{cases}\dfrac{3}{2}x^{2}y^{-3/2},&-\sqrt{y}<x<\sqrt{y}\\0,&\text{其他}\end{cases}$

$f_{X|Y}(x|y=\dfrac{1}{2})=\begin{cases}3\sqrt{2}x^{2},&-\dfrac{1}{\sqrt{2}}<x<\dfrac{1}{\sqrt{2}}\\0,&\text{其他}\end{cases}$

（2）当 -1<x<1 时， $f_{Y|X}(y|x)=\begin{cases}\dfrac{2y}{1-x^{4}},&x^{2}<y<1\\0,&\text{其他}\end{cases}$

$f_{Y|X}(y|x=\dfrac{1}{3})=\begin{cases}\dfrac{81}{40}y,&\dfrac{1}{9}<y<1\\0,&\text{其他}\end{cases}$ $\qquad f_{Y|X}(y|x=\dfrac{1}{2})=\begin{cases}\dfrac{32}{15}y,&\dfrac{1}{4}<y<1\\0,&\text{其他}\end{cases}$

（3） $P\{Y\geqslant\dfrac{1}{4}|X=\dfrac{1}{2}\}=1$, $P\{Y\geqslant\dfrac{3}{4}|X=\dfrac{1}{2}\}=\dfrac{7}{15}$

13. 当 $|y|<1$ 时， $f_{X|Y}(x|y)=\begin{cases}\dfrac{1}{1-|y|},&|y|<x<1\\0,&\text{其他}\end{cases}$

当 0<x<1 时， $f_{Y|X}(y|x)=\begin{cases}\dfrac{1}{2x},&|y|<x\\0,&\text{其他}\end{cases}$

14.（1） $f(x,y)=\begin{cases}x,&0<y<\dfrac{1}{x},0<x<1\\0,&\text{其他}\end{cases}$

（2）$f_Y(y) = \begin{cases} \dfrac{1}{2}, 0 < y < 1 \\ \dfrac{1}{2y^2}, 1 \leqslant y < +\infty \\ 0, 其他 \end{cases}$ （3）$P\{X > Y\} = 1/3$

15．$P\{X < Y\} = \dfrac{1}{3}$

16．（1）放回抽样时相互独立，不放回抽样时，不独立。（2）不独立。

17．（1）$f(x,y) = \begin{cases} \dfrac{1}{2}e^{-y/2}, 0 < x < 1, y > 0 \\ 0, 其他 \end{cases}$

（2）$1 - \sqrt{2\pi}\left(\Phi(1) - \Phi(0)\right) \approx 0.1445$

18．（1）$y > 0$ 时，$f_{X|Y}(x|y) = \begin{cases} \lambda e^{-\lambda x}, x > 0 \\ 0, x \leqslant 0 \end{cases}$

（2）

Z	0	1
p_k	$\dfrac{\mu}{\lambda + \mu}$	$\dfrac{\lambda}{\lambda + \mu}$

$F_Z(z) = \begin{cases} 0, z < 0 \\ \dfrac{\mu}{\lambda + \mu}, 0 \leqslant z < 1 \\ 1, z \geqslant 1 \end{cases}$

19．$Z = X + Y$ 的概率密度为

$f_Z(z) = \begin{cases} z^2, 0 < z < 1 \\ 2z - z^2, 1 \leqslant z < 2 \\ 0, 其他 \end{cases}$

20．$f_z(z) = \begin{cases} 1 - e^{-z}, 0 < z < 1 \\ (e-1)e^{-z}, z \geqslant 1 \\ 0, 其他 \end{cases}$

21．（1）$f_Z(z) = \begin{cases} \dfrac{z^3 e^{-z}}{6}, z > 0 \\ 0, z \leqslant 0 \end{cases}$ （2）$f_W(x) = \begin{cases} \dfrac{x^5 e^{-x}}{120}, x > 0 \\ 0, x \leqslant 0 \end{cases}$

22．（1）不独立 （2）$f_z(z) = \begin{cases} \dfrac{1}{2}z^2 e^{-z}, z > 0 \\ 0, 其他 \end{cases}$

23．$Z = X + Y$ 的概率密度为

$f_z(z) = \begin{cases} (z-2)e^{2-z}, z > 2 \\ 0, 其他 \end{cases}$

24. $Z=X/Y$ 的概率密度为

$$f_z(z)=\begin{cases}\dfrac{1}{(z+1)^2},z>0\\0,z\leqslant 0\end{cases}$$

25. （1）$b=4$　（2）$f_X(x)=\begin{cases}2\mathrm{e}^{-2x},x>0\\0,其他\end{cases}$,　$f_Y(y)=\begin{cases}2\mathrm{e}^{2y},y>0\\0,其他\end{cases}$

（3）$F_N(x)=1-\mathrm{e}^{-4x},\ x>0$

26. 设寿命为 X，则所求概率为 $\left(P\{X\geqslant 180\}\right)^4\approx 0.1587^4\approx 0.00063$

27. 证明：设 X 和 Y 的分布函数为 $F(x)$，令 $M=\min(X,Y)$ 则 $F_M(x)=1-\left(1-F(x)\right)^2$，因此有 $P\{a<M\leqslant b\}=F_M(b)-F_M(a)=\left(1-F(a)\right)^2-\left(1-F(b)\right)^2=(P\{X>a\})^2-(P\{X>b\})^2$。

28. （1）$P\{X=2|Y=2\}=0.2$，$P\{Y=3|X=0\}=\dfrac{1}{3}$

（2）

V	0	1	2	3	4	5
p_k	0	0.04	0.16	0.28	0.24	0.28

（3）

U	0	1	2	3
p_k	0.28	0.30	0.25	0.17

（4）

W	0	1	2	3	4	5	6	7	8
p_k	0	0.02	0.06	0.13	0.19	0.24	0.19	0.12	0.05

习题 4

1. 1，−0.1，−1.2，1.1，1.09，4.36
2. 4，2.4
3. （1）1（2）0.5h
4. 2/3，7/2，1/18，2/9
5. 12，−12，3
6. 设 Y 为工厂赢利，则 Y 的分布律为

Y	−200	100
p_i	$P\{X\leqslant 1\}=1-\mathrm{e}^{-0.25}\approx 0.2212$	$P\{X>1\}=1-0.2212=0.7788$

求得 $E(Y)=33.64$。

7. 每个球放入同号盒子里的概率都是 $\dfrac{1}{n}$，设 $A=$"每个球配对成功"，显然 $P(A)=\dfrac{1}{n}$，因

此 $X \sim B\left(n, \dfrac{1}{n}\right)$，$E(X) = n \times \dfrac{1}{n} = 1$。

8. 设 A 为某人第一季度生日，依题意得 $P(A) = 0.25$，设 X 为三人中在第一季度生日的人数，则 X 的分布律如下

Y	0	1	2	3
p_i	$\left(\dfrac{3}{4}\right)^3$	$C_3^1\left(\dfrac{3}{4}\right)^2 \times \dfrac{1}{4}$	$C_3^2\left(\dfrac{1}{4}\right)^2 \times \dfrac{3}{4}$	$\left(\dfrac{1}{4}\right)^3$

得 $E(Y) = 0.75$。

9. X 的分布为

Y	0	1	2	3
p_i	0.504	0.398	0.092	0.006

得 $E(X) = 0.6$，$D(X) = 0.46$。

10. 设 X 为乙箱中次品数，则其分布律为

X	0	1	2	3
p_i	$\dfrac{1}{20}$	$\dfrac{9}{20}$	$\dfrac{9}{20}$	$\dfrac{1}{20}$

得 $E(X) = 1.5$。

11. 4

12. $P\left\{X > \dfrac{\pi}{3}\right\} = \dfrac{1}{2}$，得 $Y \sim B\left(4, \dfrac{1}{2}\right)$，$E(Y) = 2$，$D(Y) = 1$，$E(X^2) = 2^2 + 1 = 5$。

13. 1

14. $8/9$

15. 概率密度函数可变换为 $f(x) = \dfrac{1}{\sqrt{2\pi}\sqrt{\dfrac{1}{2}}}e^{-\dfrac{(x-1)^2}{2 \times \frac{1}{2}}}$，显然 $X \sim N\left(1, \dfrac{1}{2}\right)$，所以 $E(X) = 1$，$D(X) = 0.5$。

16. $E(Y) = E(X^2) = \displaystyle\int_0^{\frac{\pi}{2}} x^2 \cos x \, dx = \dfrac{\pi^2}{4} - 2$，$E(Y^2) = E(X^4) = \displaystyle\int_0^{\frac{\pi}{2}} x^4 \cos x \, dx = \dfrac{\pi^4}{16} - 3\pi^2 + 24$，$D(Y) = 20 - 2\pi^2$

17. 2，$\dfrac{1}{3}$

18. $\dfrac{7}{6}$，$\dfrac{7}{6}$，$-\dfrac{1}{36}$，$-\dfrac{1}{11}$，$\dfrac{5}{9}$

19. 证明：求协方差为 0，证明不相关；而 $P\{X=-1\}P\{Y=-1\} = \dfrac{9}{64} \neq P\{X=-1, Y=-1\} = \dfrac{1}{8}$，故不独立。

20. $\dfrac{2}{3}$，$\dfrac{1}{18}$，$\dfrac{1}{36}$

21. （1）$E(X) = \displaystyle\int_{-\infty}^{0} \dfrac{1}{2}x e^x \, dx + \int_0^{+\infty} \dfrac{1}{2}x e^{-x} \, dx = 0$

$$E\left(X^2\right)=\int_{-\infty}^{0}\frac{1}{2}x^2\mathrm{e}^x\mathrm{d}x+\int_{0}^{+\infty}\frac{1}{2}x^2\mathrm{e}^{-x}\mathrm{d}x=2,\quad D(X)=2$$

（2）$E\left(|X|\right)=\int_{-\infty}^{+\infty}\frac{1}{2}|x|\mathrm{e}^{-|x|}\mathrm{d}x=1$，$E\left(X,|X|\right)=\int_{-\infty}^{+\infty}\frac{1}{2}x|x|\mathrm{e}^{-|x|}\mathrm{d}x=0$，$\mathrm{cov}\left(X,|X|\right)=0$，不相关

22. $\dfrac{k!}{\lambda^k}$（做 K 次分部积分）

习题 5

1. （1）0.709　（2）0.875

2. 0.3493

3. （1）0.9778　（2）$n\geqslant102.64\approx103$

4. 0.96

5. 设 X 为 300 件中的次品数，按次品率 0.005 可得 $P\{X>6\}=0.000082$，发生的概率极小，因此不相信次品率不超过 0.005。

6. （1）把第 i 只蛋糕的价格设为随机变量 X_i，$i=1,2,\cdots,300$，显然它们独立同分布可得 $E(X_i)=1.29$，$D(X_i)=0.0489$，根据中心极限定理可知，总收入 $\sum\limits_{i=1}^{300}X_i$ 近似服从 $N\left(300\times1.29,300\times0.0489\right)$，标准化后可求得 $P\{\sum\limits_{i=1}^{300}X_i>400\}\approx0.0003$。

（2）设 $Y_i=\begin{cases}1,第i个蛋糕是1.2元的\\0,第i个蛋糕不是1.2元的\end{cases}$，$i=1,2,\cdots,300$，$E(Y_i)=0.2$，$D(Y_i)=0.16$，则 1.2 元蛋糕的总售出数 $\sum\limits_{i=1}^{300}Y_i$ 近似服从 $N\left(300\times0.2,300\times0.16\right)$，标准化后可求得。

习题 6

1. 略。

2. $E\left(\bar{X}\right)=\lambda$，$D\left(\bar{X}\right)=\dfrac{\lambda}{n}$，$E\left(S^2\right)=\lambda$

3. 由 $\bar{X}\sim N\left(52,\dfrac{6.3^2}{36}\right)$ 可得 $P\{50.8\leqslant\bar{X}\leqslant53.8\}=0.8302$

4. 由 $\bar{X}\sim N\left(80,\dfrac{20^2}{100}\right)$，可得 $P\{|\bar{X}-80|>3\}\approx0.1336$

5. 由 $\bar{X}\sim N\left(\mu,\dfrac{36}{n}\right)$，可得 $P\left\{\dfrac{|\bar{X}-\mu|}{6/\sqrt{n}}\leqslant\dfrac{\sqrt{n}}{6}\right\}\geqslant0.95$，查表得 $\dfrac{\sqrt{n}}{6}\geqslant1.96$，解得 $n\geqslant138.29$，

取 $n=139$。

6．证明：$X_1 - 2X_2 \sim N(0,20)$，$3X_3 - 4X_4 \sim N(0,100)$，所以 $\dfrac{X_1 - 2X_2}{\sqrt{20}} \sim N(0,1)$，

$\dfrac{3X_3 - 4X_4}{10} \sim N(0,1)$，从而 $a(X_1 - 2X_2)^2 + b(3X_3 - 4X_4)^2 = \left(\dfrac{X_1 - 2X_2}{\sqrt{20}}\right)^2 + \left(\dfrac{3X_3 - 4X_4}{10}\right)^2 \sim$

$\chi^2(2)$。

7．0.6731

8．证明：（1）$\displaystyle\sum_{i=1}^{n}(X_i - a)^2 - n(\bar{X} - a)^2 = \sum_{i=1}^{n}(X_i^2 - 2aX_i + a^2) - n(\bar{X}^2 - 2a\bar{X} + a^2)$

$= \displaystyle\sum_{i=1}^{n} X_i^2 - 2a\sum X_i + na^2 - n\bar{X}^2 + 2an\bar{X} - na^2$

$= \displaystyle\sum_{i=1}^{n} X_i^2 - 2an\bar{X} + na^2 - n\bar{X}^2 + 2an\bar{X} - na^2 = \sum X_i^2 - n\bar{X}^2$

$= \displaystyle\sum_{i=1}^{n} X_i^2 - 2n\bar{X}^2 + n\bar{X}^2 = \sum_{i=1}^{n} X_i^2 - 2\bar{X}\sum_{i=1}^{n} X_i + \sum_{i=1}^{n} \bar{X}^2$

$= \displaystyle\sum_{i=1}^{n}(X_i^2 - 2\bar{X}X_i + \bar{X}^2) = \sum_{i=1}^{n}(X_i - \bar{X})^2$

（2）根据（1）的结果，令 $a = 0$，即可证。

9．（1）0.8966　（2）0.9834

10．略。

习题 7

1．$\hat{\mu} = 1.257$，$\hat{\sigma} = 0.037$

2．$\dfrac{3}{2}\bar{X}$

3．（1）$\hat{\theta} = -\dfrac{n}{\displaystyle\sum_{i=1}^{n} \ln X_i}$　（2）$\hat{\theta} = \dfrac{n}{a\displaystyle\sum_{i=1}^{n} X_i^a}$　（3）$\hat{\theta} = \dfrac{1}{n}\displaystyle\sum_{i=1}^{n} X_i$

4．$\hat{\lambda} = \dfrac{1}{n}\displaystyle\sum_{i=1}^{n} X_i$，$P(X=0) = \mathrm{e}^{-\frac{1}{n}\sum_{i=1}^{n} X_i}$

5．$\dfrac{1}{\bar{X}}$

6．$\hat{\theta} = \dfrac{n}{\displaystyle\sum_{i=1}^{n} \ln X_i^{-1}} - 1$；$\hat{\theta}_{矩} = \dfrac{2\bar{X} - 1}{1 - \bar{X}}$

7．$\dfrac{1}{2(n-1)}$

8. （1）$2\bar{X}$　　（2）$\dfrac{4\sigma^2}{n} = \dfrac{4\dfrac{\theta^2}{20}}{n} = \dfrac{\theta^2}{5n}$

9. $\dfrac{n}{\sigma^2}S_1^2 \sim \chi^2(n)$，$\dfrac{n-1}{\sigma^2}S_2^2 \sim \chi^2(n-1)$，因此 $D\left(\dfrac{n}{\sigma^2}S_1^2\right) = 2n$，$D\left(\dfrac{n-1}{\sigma^2}S_2^2\right) = 2(n-1)$，

则 $D(S_1^2) = \dfrac{2\sigma^4}{n} < D(S_1^2) = \dfrac{2\sigma^4}{n-1}$，因此 S_1^2 较 S_2^2 更有效。

10. 略。

11. （1）$\left(\bar{X} - u_{0.1/2}\dfrac{\sigma}{\sqrt{16}}, \bar{X} - u_{0.1/2}\dfrac{\sigma}{\sqrt{16}}\right) = (2.121, 2.219)$

　（2）$\left(\bar{X} - t_{0.1/2}(15)\dfrac{S}{\sqrt{16}}, \bar{X} - t_{0.1/2}(15)\dfrac{S}{\sqrt{16}}\right) = (2.1175, 2.1325)$

12. $\left(\bar{X} - t_{0.05/2}(15)\dfrac{S}{\sqrt{16}}, \bar{X} - t_{0.05/2}(15)\dfrac{S}{\sqrt{16}}\right) = (2.690, 2.720)$

13. $n \geqslant \left(\dfrac{2\sigma}{L}\mu_{\frac{\alpha}{2}}\right)^2$

14. $\dfrac{(n-1)S^2}{\sigma^2} \sim \chi^2(8)$，根据 $\alpha = 0.05$ 查表找到 $\chi_{\alpha/2}^2(8)$ 及 $\chi_{1-\alpha/2}^2(8)$，计算得到置信区间为 $(7.4, 21.1)$。

15. （1）$\left(\bar{X} - t_{0.05/2}(19)\dfrac{S}{\sqrt{20}}, \bar{X} - t_{0.05/2}(19)\dfrac{S}{\sqrt{20}}\right) = (5.107, 5.313)$

　（2）σ^2 的置信区间为 $\left(\dfrac{(n-1)S^2}{\chi_{\alpha/2}^2(19)}, \dfrac{(n-1)S^2}{\chi_{1-\alpha/2}^2(19)}\right) = (0.028, 0.103)$，开方可得 σ 的置信区间约为 $(0.17, 0.32)$。

16. σ^2 的置信区间为 $\left(\dfrac{(n-1)S^2}{\chi_{\alpha/2}^2(9)}, \dfrac{(n-1)S^2}{\chi_{1-\alpha/2}^2(9)}\right) = (37.43, 260.70)$，开方可得 σ 的置信区间约为 $(6.12, 16.24)$。

习题 8

1. 有变化。

2. 能。

3. 正常。

4. 不符合。

5. （1）拒绝 H_0。（2）不能拒绝 H_0。

6. 能。

7. 可以。

8. 有。

9. 有显著性差异，不相同。

10. 可以。

11. 有影响。

12. 合格。

13. 提高了。

14. 可以。

15. 否。

习题 9

1. $\hat{y} = 24.629 + 0.059x$

2. $\hat{y} = 2.484 + 0.760x$，回归效果显著。

3. （1）可以　（2）$\hat{y} = 13.96 + 12.55x$　（3）0.999，拒绝 H_0

4. （1）$\hat{y} = 79.37 - 0.1237$　（2）62.4，拒绝 H_0　（3）$[35.41, 39.69]$

5. 无显著性影响。

参考文献

[1]魏宗舒. 概率论与数理统计教程[M]. 北京：高等教育出版社，1983.

[2]盛骤，谢式千，潘承毅. 概率论与数理统计[M]. 3 版. 北京：高等教育出版社，2001.

[3]吴赣昌. 概率论与数理统计（经管类）[M]. 5 版. 北京：中国人民大学出版社，2017.

[4]卫淑芝，熊德文，皮玲. 大学数学概率论与数理统计[M]. 北京：高等教育出版社，2020.

[5]田霞. 基于 Python 的概率论与数理统计实验[M]. 北京：电子工业出版社，2022.

[6]马舰. 概率论与数理统计[M]，北京：北京航空航天大学出版社，2020.

[7]熊万民，杨波. 概率论与数理统计[M]. 长春：东北师范大学出版社，2018.

[8]李秋敏. 概率论与数理统计——基于 Excel[M]. 北京：电子工业出版社，2021.

[9]邓光明，何宝珠，刘筱萍，等. 概率论与数理统计[M]. 上海：上海交通大学出版社，2020.

[10]苏连塔，陈明玉. 概率论与数理统计——基于 R[M]. 北京：电子工业出版社，2017.